U0180816

21 世纪经典工程结构设计解析丛书

经 典 回 眸

广东省建筑设计研究院有限公司篇

广东省建筑设计研究院有限公司　编

中国建筑工业出版社

图书在版编目（CIP）数据

经典回眸. 广东省建筑设计研究院有限公司篇 / 广
东省建筑设计研究院有限公司编. — 北京：中国建筑工
业出版社，2023.8
（21世纪经典工程结构设计解析丛书）
ISBN 978-7-112-29032-1

Ⅰ. ①经…　Ⅱ. ①广…　Ⅲ. ①建筑结构—结构设计—
作品集—中国—现代　Ⅳ. ①TU318

中国国家版本馆 CIP 数据核字（2023）第 150623 号

责任编辑：刘瑞霞　辛海丽
责任校对：张　颖

21世纪经典工程结构设计解析丛书
经典回眸　广东省建筑设计研究院有限公司篇
广东省建筑设计研究院有限公司　编

*

中国建筑工业出版社出版、发行（北京海淀三里河路9号）
各地新华书店、建筑书店经销
国排高科（北京）信息技术有限公司制版
天津图文方嘉印刷有限公司印刷

*

开本：880毫米×1230毫米　1/16　印张：29　字数：848千字
2023年9月第一版　　2023年9月第一次印刷
定价：**298.00** 元
ISBN 978-7-112-29032-1
（41658）

丛书编委会

主编单位： 北京市建筑设计研究院有限公司

参编单位： 中国建筑设计研究院有限公司

华东建筑设计研究院有限公司

上海建筑设计研究院有限公司

同济大学建筑设计研究院（集团）有限公司

中国建筑西南设计研究院有限公司

中国建筑西北设计研究院有限公司

中南建筑设计院股份有限公司

广东省建筑设计研究院有限公司

启迪设计集团股份有限公司

丛书总序

伴随着中国的城市化进程，我国土木与建筑工程领域经历了高速发展时期，行业技术水平在大量工程实践中得到了长足发展。工程结构设计作为土木与建筑工程领域的重要组成部分，不仅关乎建筑物的安全与稳定，更直接影响着建筑的功能和可持续性。21世纪以来，随着社会经济发展和人们生活需求的逐步提升，一大批超高层办公楼、体育场馆、会展中心、剧院、机场、火车站相继建成。在这些大型复杂项目的设计建造过程中，研发的先进技术得以推广应用，显著提升了项目品质。如今，我国建筑业发展总体上仍处于重要战略机遇期，但也面临着市场风险增多、发展速度受限的挑战，总结既往成功经验，继续保持创新意识，加强新技术推广，才能适应市场需求，促进建筑业的高质量发展。

为了更好地实现专业知识与经验的集成和共享，推动行业发展，国内十家处于领军地位的建筑设计研究院汇聚了21世纪以来经典工程项目的设计研究成果，编撰成系列丛书，以记录、总结团队在长期实践过程中积累的宝贵经验和取得的卓越成绩。丛书编委会由十家大院的勘察设计大师和总工程师组成，经过悉心筛选，从数千个项目中选拔出200余项代表性大型复杂项目，全面展现了我国工程结构设计在各个方向的创新与突破。丛书所涉及的项目难度高、规模大、技术精，具有普通工程无法比拟的复杂性。这些案例均由在一线工作的项目负责人主笔撰写，因此描述细致深入，从最初的结构方案选型，到设计过程中的结构布置思考与优化，再到结构专项技术分析、构造设计和试验研究等，进行了系统性的梳理归纳，力求呈现大型复杂工程在设计全过程中的思维方式和处理策略。

理论研究与工程实践相结合，数值分析与结构试验相结合，是丛书中经典工程的设计特点。土木工程是实践性很强的学科，只有经得起工程检验的研究成果才是有生命力、有潜力的。在大型复杂工程的设计建造过程中，对新技术、新工艺的需求更高，对设计人员也是很大的考验，要求在充分理解规范的基础上，大胆创新，严谨验证，才能保证研发成果圆满落地，进而推动行业的发展进步。理论与实践的结合，在本套丛书中得到了很好的体现，研究团队的技术成果在其中多项工程得到应用，比如大兴国际机场、雄安站、上海中心大厦、中央电视台新台址CCTV主楼等项目，加快了建造速度，提升了建筑品质，取到了良好的效果。

本套丛书开创了国内大型建筑设计院合作著书的先河，每个大院以一册的形式总结自己的杰出工程案例，不仅是对各大院在工程结构设计领域成就的展示，也是对我国工程结构设计整体实力的展示。随着结构材料性能提高、组合结构发展、分析手段完善、设计方法进步，新型高性能材料、构件和结构体系不断涌现，这些新材料、新技术和新工艺对推动建筑行业科技进步起到了重要作用，在向工程技术人员提出了更高挑战的同时也提供了创新空间。未来的土木工程学科将是追求高性能、高质量发展的学科，工程结构设计领域的发展需要不断的学习、积累和创新。希望这套丛书能够为广大结构工程师和相关从业人员提供有价值的参考，激发他们的灵感和创造力。同时，也希望通过这套丛书的分享和传播，进一步推动我国工程结构设计领域的创新和进步，为我国城镇建设和高质量发展贡献更多的智慧和力量。

中国工程院院士
清华大学土木工程系教授
2023 年 8 月

本书编委会

顾　问：陈　星

主　编：罗赤宇

副主编：苏恒强　卫　文　林景华　李恺平　区　彤

　　　　周敏辉　蔡凤维

编　委：（按姓氏拼音排序）

　　　　蔡赞华　陈思亚　陈应荣　何　军　何郎平

　　　　李　宁　廖旭钊　任恩辉　谭　坚　王华林

　　　　王仕琪　翁泽松　杨代恒　叶冬昭　叶国认

　　　　张连飞　张艳辉　朱耀洲

序

建筑是技术与艺术的融合。回顾漫漫历史长河，人类未曾停止过对建筑空间探索与挑战。时至今日，伴随着社会进步和高质量发展，从小空间到大跨度、大悬挑、超高层，设计师们一次又一次通过技术创新不断刷新建筑空间的形态和城市天际线的极限。建筑师的想象力，推动了结构技术的发展；结构工程师的创造力，成就了建筑师的梦想。建筑与结构共同为人们带来美的体验和安全保障。

1952 年创办至今，广东省建筑设计研究院有限公司（简称广东省建院）已在勘察设计行业历经 70 载探索实践，一代代广东省建院设计师在"坚固安全"与"舒适美观"中持续寻求适应时代、引领行业的最优解，在协作与碰撞中互相成就，以期达到建筑艺术与建筑技术的完美融合。20 世纪 80～90 年代，在容柏生院士带领下，以 63 层广东国际大厦为代表的高层建筑，广东省建院在应用无粘结预应力楼板和地震区钢筋混凝土结构高层建筑设计及楼板无粘结预应力技术应用方面达到了国际先进水平。21 世纪，在更多新技术、新材料、新工艺的支持下，从广州亚运会主场馆到汕头亚青会主场馆，从白云国际机场 T1 航站楼到 T2 航站楼，以及正在建造的 T3 航站楼，广东省建院实现了大跨度建筑结构的高端创新，构建了复杂非线性三维形态的多专业协同技术。

七十周年院庆期间，广东省建院有幸受北京市建筑设计研究院有限公司邀约，与全国其他多个大型设计院共同协作编撰这一套丛书，对 21 世纪以来各院的经典项目结构设计进行深度解析，组织成系列出版。这套丛书沉淀了我国现代建筑结构设计行业系列成果，有益于建筑设计与结构设计的融合共生与发展，有助于促进同行之间的技术交流与思想碰撞，有益于建筑设计与结构设计的融合共生发展，传播有价值的工程智慧。广东省建院分册荟萃了 20 个经典项目的结构设计成果，从实用的角度出发，向读者呈现各项目结构设计的特点与精髓，以经典结构项目启发建筑创作和结构创新，与行业共同推进未来美好人居环境建设的新发展。

全国工程勘察设计大师
广东省建筑设计研究院有限公司首席总建筑师
2023 年 9 月于广州

前　言

　　本书是广东省建筑设计研究院有限公司（简称广东省建院）应北京市建筑设计研究院有限公司的编写邀请，通过对广东省建院 21 世纪主要工程项目的建筑结构设计过程中采用的关键技术、标准应用、新技术与新材料的研究与推广进行归纳总结，提升结构工程师对工程项目的总体把控能力与施工现场问题处理能力。编制的主旨为推动行业建筑结构设计技术的发展，为同类型项目建筑结构设计提供参考和借鉴。

　　本书的编制原则为实用简明、图文并茂、全面统一，以广东省建院 2000 年以来的 20 个大型工程项目实际案例为基础，进行技术及经验总结，着重新技术、新材料的应用，对科技研发成果进行整理。项目种类涵盖了综合交通枢纽、体育场馆、博物馆、会展中心、地下空间、大型商业综合体、超高层建筑等。结构新技术运用涉及新型大跨度空间结构、超大跨度复杂连体结构、复杂体型超高层建筑框架-核心筒结构体系、岩溶地区地基基础设计研究、地下室全逆作法设计研究以及装配式钢-混凝土组合结构技术及体系研究，贴合国家关于建筑"绿色、节能、环保"的建造政策要求。

　　本书介绍的复杂结构设计在概念设计的基础上进行拓展和创新，有机结合并灵活运用现代技术，切合时代脉搏，并综合从标准应用、设计创新、高效建造的角度，展示了经典设计项目应用的现代建筑结构技术对我国大跨度建筑结构、超高层建筑结构技术发展的影响，彰显了广东省建院"科技兴院、技术本源"、扎根科技创新和技术推广，推动建设行业高质量发展的精神。希望广东省建院以"传承创新，构筑未来"的结构设计理念打造的经典结构设计能为行业同类型项目提供经验借鉴，以此推动行业设计技术的高质量发展。

　　本书所列工程项目是依据当时有效的国家、行业及地方有关标准进行设计的，广大读者在参考或借鉴时应注意根据现行国家、行业及地方有关标准进行调整。

　　限于作者水平，欢迎广大读者对本书提出宝贵建议或意见。

目 录

第 1 章

广州白云国际机场一号、二号航站楼 / 001

第 2 章

深圳宝安机场卫星厅工程 / 039

第 3 章

昆明南站 / 065

第 4 章

广州亚运综合馆 / 091

第 5 章

汕头亚青会场馆项目（一期） / 115

第 6 章

佛山岭南明珠体育馆 / 139

第 7 章

广东省博物馆新馆 / 155

第 8 章

中山博览中心 / 177

第 9 章

珠江新城核心区市政交通项目 / 195

第 10 章

昆明万达广场超高层双塔楼 / 211

第 11 章

沈阳华强金廊城市广场（一期） / 233

第 12 章

广州高德置地冬广场 / 255

第 13 章

正佳广场东、西塔 / 273

第 14 章

白云绿地金融中心 / 289

第 15 章

广州报业文化中心 / 313

第 16 章

广州名盛广场 / 339

第 17 章

哈密市民广场 / 361

第 18 章

广州之窗 / 383

第 19 章

广州无限极广场 / 403

第 20 章

珠海市横琴新区保利国际广场二期工程 / 427

全书延伸阅读扫码观看

第 1 章

广州白云国际机场一号、二号航站楼

1.1 工程概况

1.1.1 建筑概况

广州白云国际机场位于广州市白云区人和镇与花都区花东镇交界处，一号、二号航站楼总体鸟瞰图如图 1.1-1 所示（其中东四指廊、西四指廊为三期工程），一号航站楼总平面图如图 1.1-2 所示，二号航站楼总平面图如图 1.1-3 所示。

图 1.1-1 一号、二号航站楼总体鸟瞰图（左下方朝北）

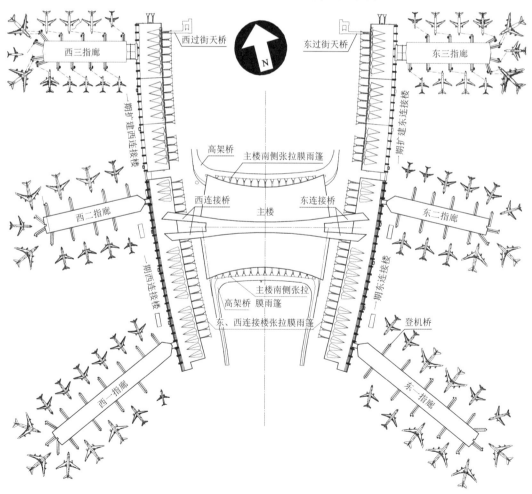

图 1.1-2 一号航站楼总平面图

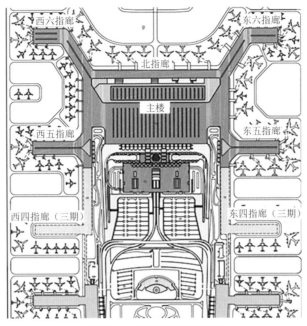

图 1.1-3 二号航站楼总平面图

一号航站楼工程包括一期及一期扩建工程，航站楼一期工程的建设规模为 35 万 m²，包括主楼及相连通的东连接楼、西连接楼、东一指廊、东二指廊、西一指廊、西二指廊，2003 年 9 月建成；航站楼一期扩建工程（又称东三指廊、西三指廊及相关连接楼工程）总建筑面积约为 15 万 m²，包括东三指廊、西三指廊、相关的东连接楼和西连接楼，2009 年 12 月建成。二号航站楼位于 1 号航站楼北侧，分为航站楼主楼与航站楼指廊两部分，其设计年旅客吞吐量 4500 万人次，一期总机位 78 个，其中近机位 65 个，建筑面积 65.87 万 m²，屋盖面积约 25 万 m²。二号航站楼与主楼同期建成的指廊为东五指廊、东六指廊、西六指廊和北指廊。位于一号、二号航站楼之间的东四指廊、西四指廊则属于目前在建的三期扩建工程，四指廊建设完成后，一号、二号航站楼将连成整体。

交通中心及停车楼（GTC）位于二号航站楼主楼的南面，建筑面积 20.84 万 m²（地下建筑面积 9.35 万 m²），为地下 2 层地上 3 层的钢筋混凝土框架结构建筑，作为二号航站楼的配套服务设施，其主要功能为二号航站楼进出港的旅客与地面各种交通工具（城轨、地铁、大巴、出租车及私车）换乘的场所。二号航站楼及 GTC 于 2018 年 2 月竣工验收。

1.1.2　设计条件

1. 主体控制参数

结构设计基准期为 50 年，结构安全等级为一级，结构重要性系数 $\gamma_0 = 1.1$，抗震设防分类为重点设防类（乙类），地基基础设计等级为甲级，基本抗震设防烈度为 6 度，抗震措施设防烈度为 7 度，设计地震分组为第一组，场地类别为 II 类。

2. 风荷载

场地 50 年重现期基本风压为 0.5kN/m²，地面粗糙度类别为 B 类。因建筑体型复杂，屋面造型及构造特殊，对风荷载敏感，规范并没有对此类结构及屋面形式给出体型系数和风振系数，故委托广东省建筑科学研究院进行刚性模型测压风洞试验及风致响应和等效静力风荷载研究，二号航站楼还进行了风环境评估。

风洞试验模型采用工程塑料制成的刚性模型，一期航站楼的模型比例为 1∶500，在考虑周边建筑物影响的情况下，每间隔 15°一个、共进行了 24 个角度的测量；二号航站楼的模型比例为 1：400，每间隔 10°一个、共进行了 36 个角度的测量。

1.2 建筑特点

两座主楼屋面均为双向曲面，一号航站楼主楼屋面的形状为"龟背"状双向曲面，曲面的母线为圆弧。屋面的水平面投影上大致呈矩形，四边为双向弧形变化，水平投影尺寸大致为 325m×240m，平面具有两个对称轴。屋面四个方向均有悬挑，东西向从桁架边缘悬挑长度约为 5.8m，南北向从轴线外挑长度为弧线变化，变化范围约为 7.6～22.7m。二号航站楼主楼平面尺寸略有增大，其东西面宽 432m，南北进深为 288.6m，平面为单轴对称，屋面为自由曲面，前端悬挑 18m。

两座航站楼连接楼的建筑形式不同，一号航站楼的连接楼是相对独立的建筑，通过颈部通道与一指廊、二指廊、三指廊连通；屋面的形状为单向曲面，母线（径向）为多段圆弧线，沿一条水平圆弧线扫掠生成屋面曲面；屋面的水平面投影为扇环形，长边为弧线，一期屋面水平投影尺寸约为 469m×64m，一期扩建屋面水平投影尺寸大致为 373m×64m。二号航站楼连接楼则与指廊融为一体，连接五指廊和六指廊；屋面为自由曲面，连接楼与指廊部分的平面外轮廓尺寸为 666.6m×267.2m。

指廊的体型为狭长形，屋面亦为双向曲面。一号航站楼指廊屋面为狭长的"龟背"形双向曲面，一指廊水平投影尺寸约为 340.5m×38.6m，二指廊水平投影尺寸约为 234m×38.6m，三指廊水平投影尺寸约为 207m×50m。二号航站楼指廊指屋面为自由曲面，各指廊宽度有所区别，其中北指廊 32m、东五指廊 45m、东六指廊 50m、西五指廊 50m、西六指廊 50m、端部 60m。

1．高大空间新型顶棚

一号航站楼主楼和指廊顶层天棚不设吊顶，钢桁架外露，顶棚为超大跨度箱形压型钢板，板底设有吸声孔，以降低噪声和消除回声。光滑的顶棚表面极具装饰效果，同时提供最佳的顶棚表面间接光。二号航站楼的三维曲面的室内空间吊顶由标准化、直线形的旋转天花叶片组成。使自然光线从天窗透过云状屋顶引入，从旋转的叶片之间洒落，形成柔和的漫射光，避免了天窗日光的直接照射。

2．人字形高大支承柱

高大支承柱是大跨度场馆建筑的重要构件，柱高达到 15～30m。白云机场航站楼采用了人字形柱设计，一号航站楼采用三管组合的人字形柱，二号航站楼采用变截面单管人字形柱。人字形柱位于主楼和连接楼陆侧的主要立面处，其受力合理、造型新颖轻巧。

3．新型玻璃幕墙体系

一号航站楼采用点式玻璃幕墙体系，主楼南、北立面及连接楼陆侧立面的幕墙二次结构采用索-平面桁架结构体系，主体落地桁架外露，玻璃幕墙位于落地桁架内侧，幕墙上端通过链杆与屋盖结构相连接，只传递水平力，不传递竖向力。连接楼空侧立面为圆弧形点式玻璃幕墙，自圆弧形金属屋面圆滑过渡，幕墙玻璃单元采用钢化夹胶玻璃，玻璃支承于圆弧形钢管。二号航站楼则采用横明竖隐的玻璃幕墙系统，玻璃板块尺寸为 3.0m×2.5m。二次结构采用立体钢桁架为主要受力构件，横向铝合金横梁为抗风构件，竖向吊杆为竖向承重构件。

4．新型金属屋面体系

航站楼屋面采用铝镁锰直立锁边金属屋面，并设置玻璃纤维保温层，金属屋面通过 T 形角码和衬檩支承在超大跨度箱形压型钢板上。屋面板通过横向结构缝适当分段，以减少温度作用对金属屋面体系的影响。

5. 索膜结构应用

航站楼在采光天窗、雨篷、连接桥等部位采用了索膜结构设计。一号航站楼主楼建筑中部沿纵向设置长条形采光窗，采光窗屋面采用 PTFE 涂层的玻璃纤维膜结构，具有半透光的效果，为出发厅提供了合适的自然光线。二号航站楼入口处停车场同样采用膜结构，屋面材料也采用 PTFE 涂层的玻璃纤维膜。

1.3 体系与分析

1.3.1 方案对比

1. 一号航站楼

白云国际机场一号航站楼主体钢结构经对比分析，采用管桁架结构。与当时常见的结构形式相比，具有形式新颖、外观简洁、受力性能优越、方便安装等优点，是国内较早大规模采用管桁架结构的工程之一。我国过去受到钢管自动切割设备技术的影响，管桁架在空间结构中的应用受到限制，随着技术的进步，借助多维数控相贯线切割机技术，管桁架结构应用日益广泛。一期扩建工程沿用一期工程的结构形式，采用大型管桁钢架结构，并加以改进，采用了铸钢节点、管内预应力管桁架、之字形桁架布置、更大跨度的箱形压型钢板屋面板等新技术。一号航站楼总建筑面积 500000m²，总屋盖投影面积 230300m²，总用钢量 27600t。

（1）主楼

一号航站楼主楼屋盖结构如图 1.3-1 所示，采用钢桁架结构，大跨度三角形主桁架支撑于内部大混凝土柱和外部人字形柱上。主桁架间距约 18m 且带有长达 23m 的悬挑。大混凝土柱之间设一帽形桁架用以支撑占据东西向带状玻璃纤维张拉膜。主桁架之间为跨长略大于 14m 的屋面压型钢板（C 型）。

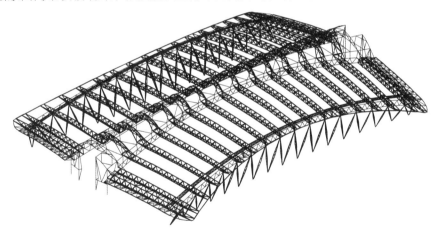

图 1.3-1 一号航站楼主楼屋盖结构透视图

主楼侧向力由屋面压型钢板，经大混凝土柱、人字形柱和后张拉混凝土框架体系抵抗。屋面风荷载首先传到屋面压型钢板；然后，南北向将由主桁架传到大混凝土柱。东西向由大混凝土柱上端和人字形柱上端的纵向桁架传到各自的柱子上。后张拉混凝土楼盖梁柱框架体系在两个方向抵抗幕墙传来的风荷载。通过变化三角形主桁架高度和自身转动以形成近似几何球形屋面。主桁架支撑于梯形大混凝土空心柱和人字形钢柱上。两种柱按弧线排列。主桁架在大混凝土柱的支撑高度为 41.9～21.0m 不等。主桁架在人字形柱的支撑高度为 35.7～14.7m 不等。每一主桁架相对邻近主桁架绕支撑点线自转 2°以形成曲面。

（2）连接楼

一期连接楼的屋面压型钢板和玻璃纤维张拉膜支撑在弯曲落地式主三角形钢管桁架上。主桁架之间设有次桁架和曲梁，用于支撑屋面压型钢板、张拉膜和玻璃幕墙。

一期扩建连接楼的屋盖结构布置做了改进，采用之字形管桁架结构体系（图 1.3-2）。它是由主桁架与屋盖支撑系统相结合而形成，由 Y 形分叉主桁架构成屋盖结构体系，主桁架在陆侧一跨分叉成两个较小的三角形分叉桁架，沿纵向形成之字形平面布置，作为屋盖支撑体系。分叉桁架兼作老虎窗（膜结构采光天窗）的边桁架，使屋盖在老虎窗开口处的平面刚度得以增强。屋盖的纵向设置了三道纵向桁架。老虎窗的膜结构预应力对屋盖钢结构产生较大的水平拉力，为了抵抗拉力，为膜结构张拉提供较刚的边界条件，在老虎窗间屋盖设置了使用圆钢管的二级水平支撑。之字形管桁架结构体系的采用，省去了一期工程连接楼屋盖的水平支撑桁架和纵向连系桁架，既提高了屋盖结构的稳定性和整体性，又不影响建筑外观。

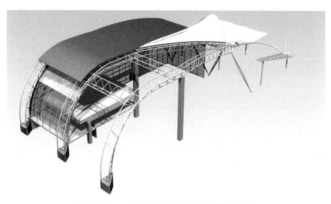

图 1.3-2 一号航站楼连接楼（一期扩建）

（3）指廊

一期指廊平面钢桁架以 12m 间距设置，上铺 B 型屋面压型钢板。主桁架为 T 形截面弦杆和圆管腹杆。主桁架支撑在两混凝土柱上。一期扩建指廊主桁架（图 1.3-3）为 18m 柱距、中间跨度 35m、两端各悬挑 7.3m 的预应力拉索拱形钢管立体桁架。混凝土柱顶处纵向次桁架为三角形圆钢管空腹桁架，承受和传递玻璃幕墙传来的水平风荷载。天窗处次桁架即为天窗架，位于主桁架之上，是钢管空间桁架，自成抗力体系，承受着天窗各种荷载。这 3 道次桁架共同构成主桁架稳定的支撑。混凝土柱顶处的两榀次桁架部分隐藏在顶棚之内，其腹杆的布置巧妙地和顶棚、灯具结合在一起，成为建筑装饰的一部分，而天窗次桁架则隐藏在天窗下的透光膜结构吊顶之内，相比一期，整个屋盖体系外观显得更为简洁、美观。

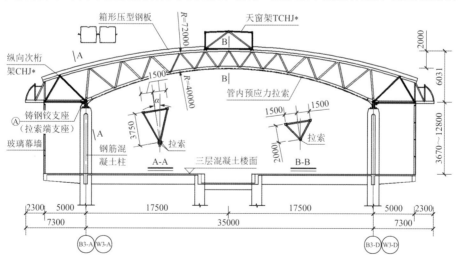

图 1.3-3 一号航站楼指廊（一期扩建）主桁架

指廊钢屋盖采用了预应力拉索拱形钢管桁架，有效地减少了桁架的结构高度、改善了桁架的内力分布。预应力拉索拱形钢管立体桁架通过铸钢铰支座与三层的混凝土柱相连。主桁架跨中结构高度为 2m，往两端逐渐增大，至混凝土柱顶处增至 3.75m。在混凝土柱顶处、跨中天窗处共设了 3 道纵向次桁架作为支撑。

由于采用了预应力拉索拱形钢管桁架的结构形式，相比一期，在主桁架的开间及跨度均增加了50%的情况下，跨中结构高度却减少了11%。

2. 二号航站楼

本工程方案设计阶段考虑不同柱网间距支承屋面的结构方案，柱距方案一：横向柱网间距为18m、纵向为两跨柱距（108m＋18m），檐口悬挑24m；柱距方案二：横向柱网间距为18m，纵向为单跨156m；柱距方案三：横向柱网间距为36m的网架结构方案；柱距方案四：横向柱网间距为36m、纵向柱距为（54m＋45m＋54m）。

对于屋盖钢结构，结构设计进行了网架结构、桁架结构及加肋网架结构的方案对比分析，并进行了加索结构的适用性分析，分析了预应力桁架（张弦梁）结构、张弦梁＋网架结构、箱形梁＋拉索结构、双箱形梁＋拉索结构、桁架＋拉索结构等方案的可行性。

其中与一号航站楼类似的倒三角立体管桁架结构体系，桁架高度$H=6$m，两上弦杆间距$L=4$m。主桁架弦杆各节点间距约为8m主桁架：下部支撑柱采用混凝土结构，外排柱直径2.2m，内侧柱直径1.5m；用钢量约95kg/m^2。

张弦梁＋网架结构方案的主桁架采用倒三角立体管桁架高度$H=3$m，上弦杆水平间距$L=3$m，桁架矢高5.5m，预应力索垂度为2m，张弦桁架间布置正放四角锥网架结构网架高度为1.8m，下部支撑柱采用混凝土结构，直径1.5m，用钢量约93.5kg/m^2。

加肋网架方案采用正放四角锥网架结构，在柱对应位置采用网架加层对屋面进行加强，形成加强网格结构，网格尺寸为3m×3m，网架高度取值采用两种，分别为：一般屋面网架结构中心线（下同）高度2.5m，对应柱部位双层网架，总高度为6m，用钢量约52kg/m^2，如图1.3-4所示。

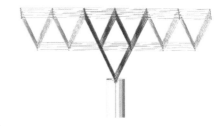

图 1.3-4 加肋网架方案

结构方案对比结论：根据建筑专业调整，最终柱网确定为横向间距36m，纵向间距为54m、45m、54m。综合考虑建筑吊顶要求及屋盖钢结构的经济适用性，最终选择加肋网架方案，对网架加肋处进行抽空处理。

1.3.2 结构布置

1. 一号航站楼

1）地基基础

根据地质资料揭示，自上而下的土（岩）层为：①松散杂填土、耕土；②可塑粉质黏土；③松散粗砂；④可塑-软塑粉质黏土；⑤松散砾砂；⑥软塑-流塑粉质黏土；⑦灰岩。约有1/4的钻孔发现有土洞、溶洞或溶沟、溶槽；约有1/3的钻孔发现有软土，软土分布在溶沟、溶槽之上，沟槽越深，软土堆积越厚。场区内最高的土洞高29m，最高的溶洞高22m，基岩的埋深为15～60m，大部分基岩的埋深为25～35m，基岩为微风化石灰岩，岩石单轴饱和抗压强度为26～178MPa。石灰岩岩溶发育，石芽、石柱、石墩、溶沟、溶槽、溶洞、落水洞等纵横交错，布满全区，岩面之上，分布着能形成土洞的软塑-流塑状软土。

初步设计时面临多种基础方案选择，分别是天然地基浅基础、中等深度摩擦桩基础以及端承桩深基础。为了检验各种摩擦桩的承载力，先后进行了带钢桩靴预应力管桩、开口预应力管桩、管桩＋桩底压力灌浆、管桩＋桩侧注浆等、夯扩桩等多种摩擦桩型的静载荷破坏试验。综合这些试验，我们认为：在石灰岩岩溶地区，摩擦桩是一种可行的基础形式，由于单桩承载力较低，可用于地面、登机桥、雨篷等较为次要的结构。为了防止沉桩过程土洞坍塌及验证桩的承载力，沉桩机械宜采用静压桩机。

场区的岩溶主要是小的溶洞及岩溶裂隙，连通的大溶洞不多，大部分基岩埋深为 25～35m，施工嵌岩混凝土灌注桩是可行的。设计采用的嵌岩冲孔桩基础是受力可靠、沉降小、受其他因素影响小。主体结构采用嵌岩冲孔混凝土灌注桩，桩直径为 600mm、800mm、1000mm、1200mm、1400mm。每桩均作超前钻，根据超前钻的结果做好穿越岩溶的施工准备工作及确定终孔标高。当灌注桩穿越土洞时，可抛填泥块或袋装黏土填充土洞。当桩遭遇溶洞或溶沟槽时，在抛填泥块的同时掺抛片石填充溶洞，若土洞或溶洞的高度较大，可采用钢护筒。钢护筒造价高，要求施工精确，在实际中应用不多。若岩面倾斜，可反复修孔，纠正无效再用抛填掺石块或片石的黏土处理。如遇塌孔，回填黏土，加大泥浆密度，反复冲击造壁后，继续冲孔。桩孔附近常备 200m³ 以上的泥浆及 50m³ 以上的黏土泥块、石块、片石，松散黏土用袋装好，以备应急救险使用。

2）主楼

（1）混凝土结构

下部混凝土结构楼盖采用框架结构，楼盖采用连续单向板肋梁楼盖（图 1.3-5）。主楼的轴网为两组圆弧轴网，典型的环向轴线间距为 18m，典型的径向轴线间距为 9m〔按 B（T）轴弦长，B（T）轴为主楼最外一列楼层柱所在环向轴线〕，支承楼盖梁板的柱网为 18m×18m〔环向柱距按 B（T）轴弦长〕。框架梁采用后张有粘结预应力混凝土结构，次梁采用后张无粘结预应力混凝土结构。结构平面设置两条横向结构缝和一条纵向结构缝，将混凝土楼盖结构分成 6 个单元，最大单元尺寸为 120m×80m。采用双柱法分缝，结构缝两侧混凝土柱均不伸上顶层，楼盖结构缝与屋面和屋盖分缝对齐。

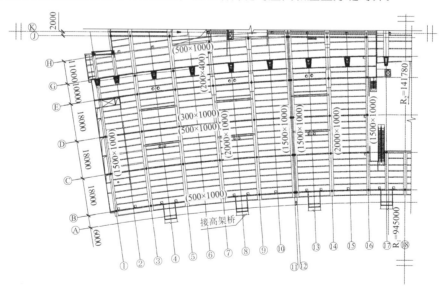

图 1.3-5　一号航站楼主楼楼盖结构平面图（三层，1/4 平面）

（2）钢屋盖结构平面

主楼屋盖支承柱为混凝土巨型柱和人字形柱，巨型柱与人字形柱（上支座）间距为 76.9m。主楼屋盖平面见图 1.3-6，屋盖轴网与楼盖轴网对齐，主桁架所在柱网由楼盖轴网每两根抽掉一根而得到。考虑屋盖超长，屋盖结构及屋面板用两条横向结构缝分为三段，屋盖结构缝位于⑪～⑫轴和㉔～㉕轴之间，与混凝土楼盖结构的分缝位置对齐。

屋盖主体结构采用管桁架钢结构体系，横向主桁架（TT-1～TT-9）采用三角形立体管桁架，沿径向轴线布置，典型主桁架间距大约为18m〔按B（T）轴弦长〕，端部主桁架间距为9m〔按B（T）轴弦长〕。纵向桁架为平面桁架，共5道，分别沿人字形柱列上支座（TT-19～TT-27）、G（N）轴（附近）（TT-10～TT-18）、K轴（TT-37～TT-44）。其中2道纵向桁架设置在平面两边，3道设在中部膜结构屋盖，既增强屋盖整体性，又满足膜结构屋盖的受力需要。

屋盖上弦设有2道横向水平支撑和2道纵向水平支撑。横向水平支撑设在端部和悬臂端，与两榀主桁架连成整体。纵向桁架在长边附近设置，并形成水平放置的平面桁架。密铺于主桁架上弦之间的超大跨度箱形压型钢板起到连接各主桁架及提供主桁架侧向约束和支撑作用，也可起到阻止桁架上弦面外失稳的作用。

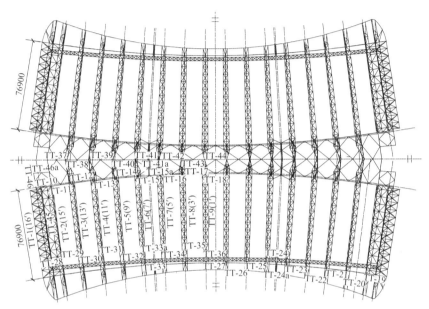

图1.3-6　一号航站楼主楼屋盖结构平面布置图

屋面采用超大跨度箱形压型钢板承重，不设檩条。箱形压型钢板为跨长略大于14m，直接支承于主桁架之间。主楼屋面近似几何球形，通过变化三角形主桁架支座高度和自身转动以形成近似几何球形屋面。

（3）钢屋盖主桁架

屋盖横向主桁架采用三角形截面曲线相贯焊接立体管桁架（图1.3-7），为单跨带一端悬臂桁架或三跨带两端悬臂桁架，单跨或边跨跨度76.9m，中间跨跨度22.1～45m，悬臂长度7.6～22.7m，位于屋盖中部的桁架中间跨跨度和悬臂长度最小，向两端逐渐减小。

桁架侧面采用与弦杆K形连接的斜腹杆形式，顶面（底面）采用与弦杆T形连接的直腹杆形式，节点为有间隙相贯焊接管节点，采用双向偏心节点实现腹杆之间的间隙，腹杆之间无搭接，按等强坡口焊缝相贯管节点设计。

悬臂端和边跨桁架横截面为倒置的等腰三角形，桁架宽度按线性变化，人字形柱处为3.8m，混凝土巨型柱处为5.25m（圆管中心距）。混凝土巨型柱处为主桁架内支座，截面加宽有利于桁架受力。边跨桁架高度相等，上下弦在桁架平分面（桁架平分面为通过下弦且垂直于桁架顶面的平面）的投影为两条同心圆弧，圆弧半径分别为570750mm和565750mm，因此桁架高度为2.5m；悬臂跨为变高度，在悬臂端部汇交成一点。边跨和悬臂的桁架杆件采用圆管，弦杆截面尺寸为ϕ508mm×(16～25)mm，腹杆截面尺寸为ϕ244.5mm×(7.1～12)mm。

中间跨桁架横截面过渡为正放的等腰三角形，上弦为单管，由对称的两段不同心的圆弧钢管连接而成，两根下弦为直线管，弦杆在中间跨跨中汇交成一段竖线（杆）。中间跨桁架的下弦杆和腹杆采用圆管，下弦杆截面尺寸为ϕ323.9mm×(8～16)mm，腹杆截面尺寸为ϕ244.5mm×(7.1～16)mm。由于中间跨桁架兼作膜结构屋面的骨架，因此此处桁架上弦杆采用方管，截面为 2-500mm×300mm×12.5mm（双管合并成一根 600mm 宽截面）。

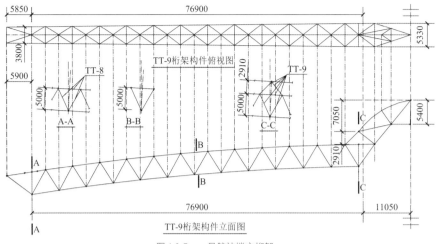

图 1.3-7 一号航站楼主桁架

3）连接楼

（1）混凝土结构

一期连接楼下部混凝土结构楼盖采用框架结构（一期扩建与之相似），楼盖采用连续单向板肋梁楼盖。支承楼盖梁板的柱网大致为 18m×18m，次梁跨度大致为 18m，间距为 2.5～3m。次梁沿结构单元长向布置，利用次梁及框架梁的预应力筋抵抗超长混凝土的伸缩应力，楼板为钢筋混凝土板。框架梁采用后张有粘结预应力混凝土结构，次梁采用后张无粘结预应力混凝土结构。

采用两条结构缝将结构分为三段，采用双柱法设置结构缝，结构缝一侧根柱子伸上顶层作为屋盖的支承柱，混凝土结构分缝不与屋面和屋盖分缝对齐。

东连接楼首层梁板顶面结构标高为−0.500m，二层梁板顶面结构标高为 3.500m，三层梁板顶面结构标高为 8.000m。西连接楼首层梁板顶面结构标高为−1.700m，二层梁板顶面结构标高为 2.300m，三层梁板顶面结构标高为 6.800m。

（2）钢屋盖结构平面

一期连接楼屋盖平面投影呈扇环形状〔图 1.3-8（a）〕。主桁架采用三角形立体圆管桁架，桁架间距约为 18m，沿径向布置。纵向设置了五道次桁架，次桁架的间距为 10～15m，次桁架的高度为 1～2.9m。由于老虎窗的设置削弱了屋盖结构的整体性，采用穿过老虎窗的纵向立体次桁架，对削弱部位进行了加强，增强屋盖的整体稳定性。为保证主桁架的稳定，在屋架的每个受力单元的两个端开间均设置了满跨布置的 1m 高的交叉桁架以作为屋盖支撑系统。

一期扩建工程对屋盖结构进行了改进，采用之字形管桁架结构体系，它是由主桁架与屋盖支撑系统相结合而形成〔图 1.3-8（b）〕。它由 Y 形分叉主桁架组成，主桁架在陆侧一跨分叉成两个较小的三角形分叉桁架，沿纵向形成之字形平面布置，作为屋盖支撑体系。分叉桁架兼作老虎窗（膜结构采光天窗）的边桁架，使屋盖在老虎窗开口处的平面刚度得以增强。屋盖的纵向设置了三道纵向桁架，一道位于 EB（WB）轴附近，一道位于 EC（WC）轴，一道位于 EF（WF）轴附近。之字形管桁架结构体系的采用，省去了一期工程连接楼屋盖的水平支撑桁架和纵向连系桁架〔图 1.3-8（b）〕，既提高了屋盖结构的稳定性和整体性，又不影响建筑外观。老虎窗的膜结构预应力对屋盖钢结构产生较大的水平拉力，为了抵抗拉力，为膜结构张拉提供较刚的边界条件，在老虎窗间屋盖设置了使用圆钢管的二级水平支撑，以增大局部水平刚度。

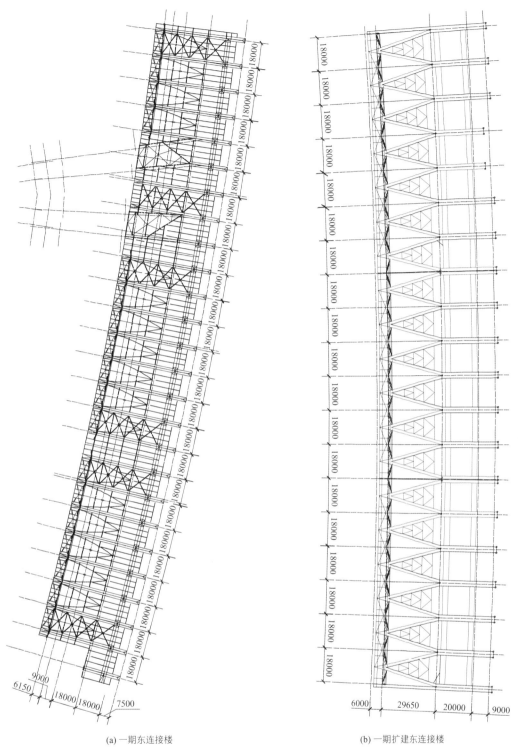

(a) 一期东连接楼   (b) 一期扩建东连接楼

图 1.3-8　连接楼屋盖结构平面布置图

（3）钢屋盖主桁架

一期连接楼的主桁架是由圆钢管相贯焊接而成的双跨倒三角形立体桁架（图 1.3-9），两根上弦杆之间保持为等距离，侧面斜腹杆与弦杆的连接采用有偏心带间隙的 K 形连接节点，腹杆之间无搭接，以避免出现无法焊接的隐藏焊缝。主桁架的每段弦杆采用大功率数控型钢弯曲机冷弯成形，然后在现场用带衬板的全熔透焊缝进行拼接。弦杆分段变厚度，壁厚为 12～16mm。主桁架的空侧端由弦杆弯曲后直接支承在基础上，每根主桁架的陆侧端支承在一对人字形柱上，主桁架的跨中座通过球铰支座支承在一条直径为 1.2m 的钢筋混凝土圆柱上。人字形柱的上下铰支座均采用圆柱形销轴铰支座，上下铰的销轴轴线相互平行，容许人字形柱在桁架平面内自由摆转，但又保证人字形柱在桁架平面外的稳定。

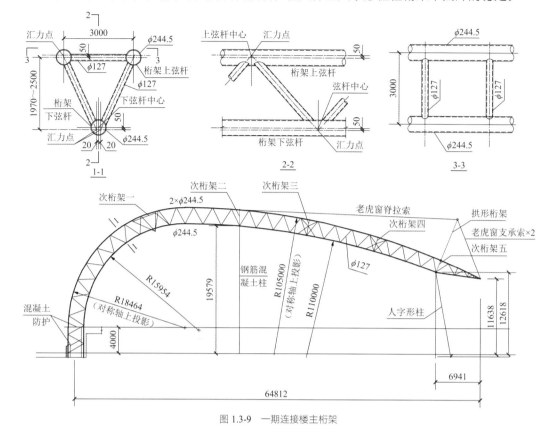

图 1.3-9 一期连接楼主桁架

一期扩建连接楼主桁架与一期连接楼主桁架相似，不同之处在于陆侧跨，桁架对半分为两根分叉桁架，以形成之字形屋盖结构体系。

4）指廊

（1）混凝土结构

一期指廊下部混凝土结构楼盖采用框架结构，楼盖采用连续单向板肋梁楼盖。一、二指廊支承楼盖梁板的柱网为10m×12m，次梁跨度为12m，间距为2.5～3.8m。次梁沿结构单元长向布置，利用次梁及框架梁的预应力筋抵抗超长混凝土的收缩应力，楼板为钢筋混凝土板。框架梁采用后张有粘结预应力混凝土结构，次梁采用后张无粘结预应力混凝土结构。

一指廊采用三条结构缝将结构分为四段，二指廊采用两条结构缝将结构分为三段。采用双柱法设置结构缝，结构缝一侧柱子伸上顶层作为屋盖的支承柱，混凝土结构分缝不与屋面和屋盖分缝对齐。

一期扩建指廊下部混凝土结构楼盖设计与一期指廊相似，支承楼盖梁板的柱网为11m×9m和13m×9m，次梁跨度为9m，间距为2.45～3.8m。

（2）钢屋盖结构平面

一期指廊屋面主桁架为12m开间、中间跨度24m、两端各悬挑7145m的平面桁架（图1.3-10），通过铰支座与三层的混凝土柱相连，三层柱高5.05～14.38m。

在主桁架的悬臂端、混凝土柱顶处、天窗处共设了6道纵向次桁架。其中，悬臂端纵向次桁架为三角形圆钢管空腹桁架，承受和传递玻璃幕墙传来的水平风荷载，天窗处次桁架即为天窗架，位于主桁架之上，是方钢管空间桁架，自成抗力体系，承受着天窗荷载，由天窗架在主桁架支座处设置双侧隅撑，支撑在天窗架下弦节点与主桁架下弦节点之间，是保证主桁架下弦稳定的重要支撑。除混凝土柱顶处的两榀次桁架外，其他次桁架都隐藏在屋盖之内，整个屋盖体系外观显得较为简洁。

一期扩建指廊钢屋盖的结构平面布置与一期相似，主桁架为18m柱距、中间跨度35m、两端各悬挑7.3m。

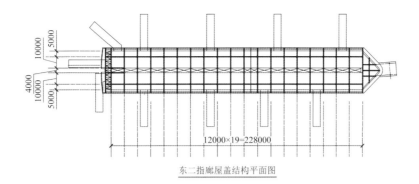

东二指廊屋盖结构平面图

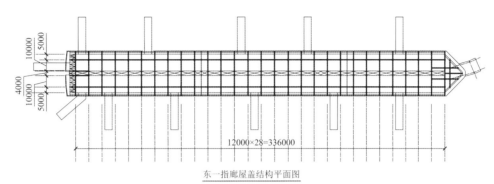

东一指廊屋盖结构平面图

图 1.3-10　一期指廊屋盖结构平面布置图

（3）钢屋盖主桁架

一期指廊主桁架（图 1.3-11）上下弦为拱形弧线，桁架高在跨中为 2.252m，往两端逐渐减小，至混凝土柱顶处减至 1.7m。主桁架弦杆为方钢管□250mm × (12～16)mm，斜腹杆为□160mm × (6～8)mm，竖腹杆为□100mm × 160mm × 5mm，均采用热成形方管。

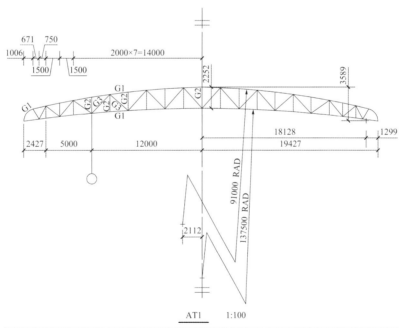

AT1　1:100

桁架编号	杆件编号	截面	截面尺寸/mm（高×宽×腹板厚×翼缘厚）	杆件总长/m	每米质量/（kg/m）	杆件总质量/kg	桁架总质量/kg
AT1	G1	□250×12	250×250×12	79.778	88.5	7060.353	9566.973
	G2	□100×5	100×100×5	34.524	14.7	507.503	
	G3	□160×8	160×160×8	53.168	37.6	1999.117	

图 1.3-11　一期指廊主桁架

指廊主桁架采用部分搭接的 KT 形节点，施工时斜腹杆先以全周焊缝和弦杆焊接，此时两根受力大的斜腹杆之间为间隙型，然后再将受力小、尺寸也小的竖腹杆焊接在弦杆和斜腹杆上，成为部分搭接节点。

一期扩建指廊主桁架采用预应力拉索拱形钢管桁架（图 1.3-12），有效地减少了桁架的结构高度、改善了桁架的内力分布。预应力拉索拱形钢管立体桁架通过铸钢铰支座与三层的混凝土柱相连。主桁架跨中结构高度为 2m，往两端逐渐增大，至混凝土柱顶处增至 3.75m。在混凝土柱顶处、跨中天窗处共设了 3 道纵向次桁架作为支撑。

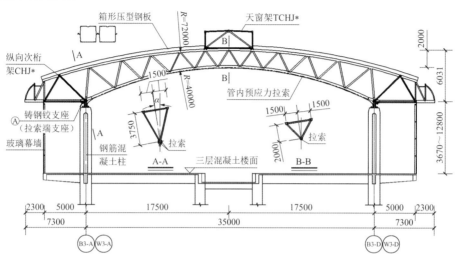

图 1.3-12　一期扩建指廊主桁架

由于采用了预应力拉索拱形钢管桁架的结构形式，相比一期，在主桁架的开间及跨度均增加了 50% 的情况下，跨中结构高度却减少了 11%。

2．二号航站楼

1）地基基础

二号航站楼的地基基础设计基本沿用一号航站楼的方案，支承上部各楼层结构柱下基础采用端承型冲（钻）孔灌注桩，持力层为微风化灰岩，有 ϕ800、ϕ1200、ϕ1400、ϕ2200 四种直径，单桩承载力特征值 3750～260000kN，桩长 18～68m。地下行李系统和登机桥的基础采用摩擦端承型预应力管桩（PHC500-AB），桩长控制大于 18m，为减沉疏桩基础。

2）主楼和指廊

（1）混凝土结构

航站楼平面外轮廓尺寸为 643m×295m，指廊长度超过 1000m，平面不规则，为避免过大的温度应力对结构的不利影响及抗震要求，通过设置温度缝（兼防震缝作用）将结构分割成数个较为规则的结构单元，分区示意如图 1.3-13 所示。

①航站楼主楼分为 6 个结构单元

主楼 A 平面尺寸为 181m×108m、主楼 B 平面尺寸为 216m×108m、主楼 C 平面尺寸为 181m×108m、主楼 D 平面尺寸为 181m×154m（凹角尺寸为 73m×64m）、主楼 E 平面尺寸为 216m×154m、主楼 F 平面尺寸为 181m×154m（凹角尺寸为 73m×64m）。

②航站楼指廊分为 13 个结构单元

北指廊 A 平面尺寸为 162m×31m、北指廊 B 平面尺寸为 216m×31m、北指廊 C 平面尺寸为 162m×31m。西连接指廊 A 平面尺寸为 32m×99m、西连接指廊 B 平面尺寸为 32m×117m、西连接指廊 C 平面尺寸为 79m×144m、西连接指廊 D 平面尺寸为 32m×82m，东连接指廊与西连接指廊对称。西五指廊 A 平面尺寸为 86m×50m、西五指廊 B 平面尺寸为 90m×50m，东五指廊与西五指廊对称。西六指廊 A 平面尺寸为 122m×60m、西六指廊 B 平面尺寸为 130m×50m、西六指廊 C 平面尺寸为 130m×50m，东六指廊和西六指廊对称。

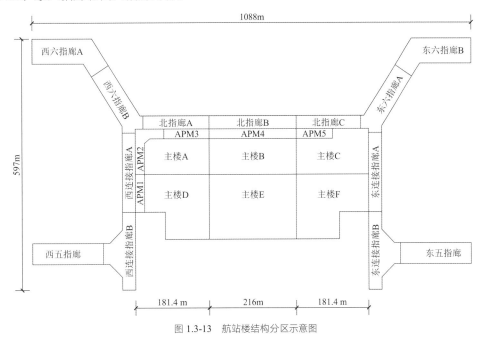

图 1.3-13 航站楼结构分区示意图

（2）钢屋盖

①主楼钢屋盖

主楼屋盖跨度为 54m＋45m＋54m，柱距 36m，采用带加强层（双层）网架结构，节点为焊接球。支承屋盖的柱为连续的单管人字形钢管柱及钢管混凝土柱，柱顶支座采用万向球铰支座，材质为 Q345B。

②指廊钢屋盖

钢屋盖采用正交正放四角锥焊接球网架，跨度 36m，柱距 18m，网架的杆件采用无缝钢管、埋弧焊管、直缝高频电焊管，节点采用热压成型焊接空心球，圆钢管及空心球均采用 Q345B 钢。钢屋盖采用钢球铰支座与柱顶连接。屋面采用檩条支承的铝镁锰金属屋面系统。航站楼指廊钢结构和土建分区基本一致，分为 13 个结构单元。

（3）其他钢结构

①登机桥钢结构

登机桥有三种典型类型。第一种为单层登机桥，高度约为 9m；第二种为二层登机桥，高度约为 13.5m；第三种为三层登机桥，高度约为 18m，跨度为 24m、24m＋12m 或 18m＋18m。三种类型均为钢桁架结构。

②室内钢结构

室内钢结构包含室内办票岛、室内轻钢屋、连接钢桥等。材质均为 Q345B。办票岛采用轻钢结构，结构形式为钢框架（支撑）、桁架结构，截面采用箱形、H 型钢、钢管。连接钢桥及钢室内钢结构主要采用 H 型钢梁或箱梁截面，支座采用万向球铰支座，支座处设置在混凝土梁或者钢管混凝土柱及普通混凝土柱上。

③室外膜结构

室外膜结构采用骨架膜结构，骨架采用钢结构，膜材采用 PTFE 膜材。PTFE 膜材抗拉强度经向为 4400N/3cm，纬向为 3500N/3cm，自重(1300±130)g/m，膜材厚度为(0.8±0.05)mm，经向抗撕裂强度为 294N，纬向抗撕裂强度为 294N，弹性模量采用生产企业提供的数值或通过试验确定，且经、纬向不小于 1800MPa。钢结构采用框架结构体系，框架柱采用钢管柱，框架梁采用钢管梁，材质均为 Q235B。

（4）航站楼钢网架屋盖结构主要构件截面

航站楼网架弦杆网格尺寸为 3m，双层网架之间网架高度为 2.5m，加强网架高度为 6m，网架节点采用热压成型焊接空心球。网架杆件截面为 P60.3mm × 5mm～P426mm × 20mm，焊接球尺寸为ϕ220mm × 8mm～ϕ800mm × 30mm。

1.3.3　性能评价方法

二号航站楼动力弹塑性模型计算采用 ABAQUS 软件，ABAQUS 中构件的损坏主要以混凝土的受压损伤因子及钢材的塑性应变程度作为评定标准。钢材借鉴 FEMA356 标准中塑性变形程度与构件状态的关系，设定钢材塑性应变为屈服应变的 2、4、6 倍时分别对应轻微损坏、轻度损伤和中度损坏。钢材屈服应变近似为 0.002，则上述三种状态钢材对应的塑性应变分别为 0.004、0.008、0.012。

剪力墙混凝土单元受压出现刚度退化和承载力下降的程度通过受压损伤因子D_c来描述，D_c指混凝土的刚度退化率，如受压损伤因子达到 0.5，则表示抗压弹性模量已退化 50%。另外，因剪力墙边缘单元出现受压损伤后，整个剪力墙构件的承载力不会立即下降，故考虑剪力墙受压损伤横截面面积可作为其严重损坏的判断标准。

1.3.4　结构分析

1．一号航站楼

1）分析依据

航站楼一期工程结构设计按 2000 年时有效规范设计，按照当时规范，本项目可不进行地震作用计算；航站楼一期扩建工程结构设计按 2005 年时有效规范设计。对于国内规范空白的部分内容，参考美国和欧洲规范进行补充分析。

2）分析程序

屋盖钢结构静力分析及规范验算采用 STAAD 和 ANSYS 两个程序进行计算。STAAD 为主要计算程序，先采用线弹性分析进行各基本荷载工况效应计算，然后进行工况的线性组合并进行规范验算。ANSYS 为复核程序，先采用几何非线性弹性分析进行各基本荷载工况效应计算，然后进行线性工况组合。主体钢结构计算时，如果钢结构与下部混凝土相连接，采用含相连下部混凝土结构的整体模型。混凝土结构部分的计算采用 PKPM-SATWE 程序，采用混凝土结构分离模型，考虑相连钢结构传来的各工况反力。主体结构非线性分析采用 ANSYS 程序。

3）主体钢结构分析

（1）主楼

①规范验算

由结构缝将钢屋盖分为三块，较低的两块呈东西对称，取其中一块作为分析对象，为 Low 区，较高的一块为 High 区，计算模型见图 1.3-14。

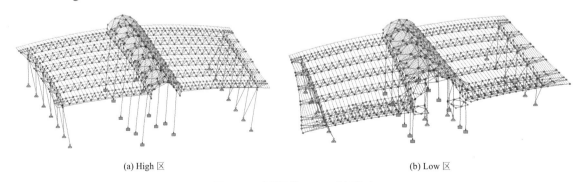

(a) High 区　　　　　　　　　　　　　　(b) Low 区

图 1.3-14　主楼屋盖 STAAD 分析模型

经计算，High 区屋盖结构主桁架（跨度 76.9m）跨中最大竖向位移为−152.83mm，挠跨比为 1/503 < 1/400。在风荷载作用下，巨型柱的最大X向柱顶位移为 47.56mm，最大X向侧移角为 1/1134 < 1/550。Low 区屋盖结构主桁架（跨度 76.9m）跨中最大竖向位移为−143.98mm，挠跨比为 1/534 < 1/400。在风荷载作用下，巨型柱的最大X向柱顶位移为−19.88m，最大X向侧移角为 1/2219 < 1/550。均满足规范要求。

②整体稳定分析

采用整体建模分析，每块箱形压型钢板的横截面近似视为宽 368mm、高 310mm、壁厚 1.9mm 的薄壁箱形，分布宽度为 461mm。箱形压型钢板计算模型简化为两端简支梁。结构缝两侧悬臂屋面板采用内嵌 W12×16 轧制宽翼缘 H 型钢加强，加强后的压型钢板截面面积和惯性矩取压型钢板与 H 型钢之和。初始缺陷取最大位移（节点合位移）为$L/300$，考虑几何非线性，分析程序采用 ANSYS。

图 1.3-15（b）为屋盖边区段整体结构在 6 倍荷载作用下的变形。从整体上看，荷载-位移曲线并不呈现非线性特征［图 1.3-15（a）］，体现了屋面压型钢板的传力作用。在整体协同工作时，TT1-2 的侧移量稍大于其单榀工作状态，而 TT4 的侧移量急剧下降，只略大于 TT1-TT2 的侧移量，说明了压型钢板在屋面平面内轴压力作用下产生压缩。整体结构呈现强度破坏特征，没有出现失稳的迹象，稳定安全系数大于 5。

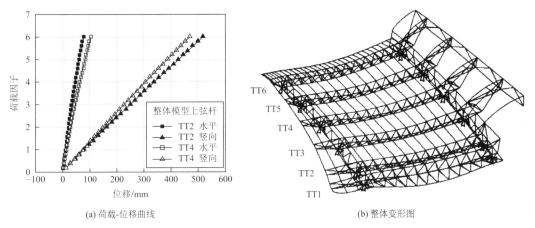

(a) 荷载-位移曲线　　　　　　　　　　　　　　(b) 整体变形图

图 1.3-15　屋盖边区段分析结果

（2）连接楼

钢结构与混凝土结构整体建模，采用单榀主桁架模型（图 1.3-16），模型宽度为主桁架间距，坐标轴Z向为铅锤方向，Y向沿平面的径向/主桁架方向，X向沿平面的环向。模型切断部位的杆件端部的Y向和Z向平动自由度被释放。

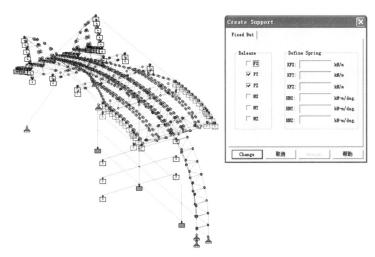

图 1.3-16　一期连接楼计算模型

所有杆件均采用 Beam 单元，桁架腹杆与弦杆的连接假定为铰接，腹杆杆端弯矩被释放，使用刚度较大的连杆考虑偏心相贯节点的影响。变截面空间组合钢管柱近似用一根轴向刚度等效的等直圆管模拟，柱两端假定为固定铰接。圆弧形的杆件用分段的直线杆件模拟。

膜结构天窗的索参与结构整体计算，近似按两端铰接的直梁考虑，索被赋予 MEMBER TENSION（只受拉）属性。膜不参与结构整体建模，膜反力作为外力施加到主体结构上，膜反力由单独的膜结构分析得到。整体结构计算时，膜结构反力对主体结构的偏心作用，通过设置刚度较大的连杆考虑。

（3）指廊钢结构

指廊钢屋盖采用了预应力拉索拱形钢管桁架，有效地减少了桁架的结构高度、改善了桁架的内力分布。预应力桁架沿下弦曲线布索，与常见的预应力简支桁架有区别，为了研究其力学特点，找出关键的控制参数，可将其简化成两折线模型，拉索与桁架中性轴的偏心用刚性杆模拟，忽略预应力损失及拉索自身刚度的影响，计算简图及 M、N、V 图如图 1.3-17 和图 1.3-18 所示。

用结构力学的方法可得到跨中挠度Δc的计算式，取 $q = 2.5\text{kN/m}$、$P = 1340\text{kN}$、$L = 35\text{m}$、$H = 4.03\text{m}$，分析各几何参数（h_1、h_2、H）与跨中挠度（Δc）的关系如图 1.3-19 所示。

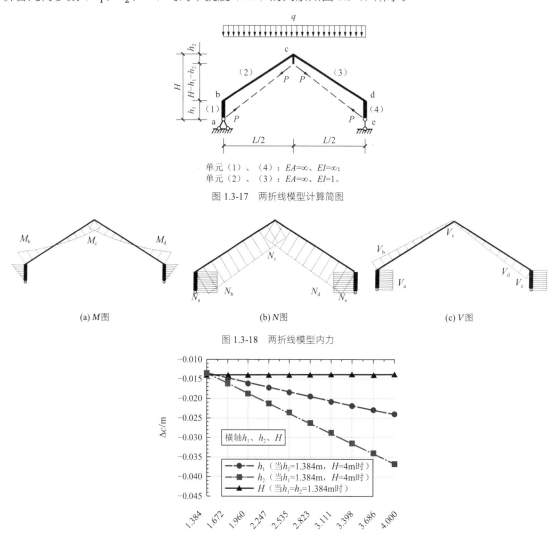

图 1.3-17　两折线模型计算简图

(a) M图　　　(b) N图　　　(c) V图

图 1.3-18　两折线模型内力

图 1.3-19　几何参数与跨中挠度关系

2. 二号航站楼

（1）小震弹性计算分析

采用 MIDAS/Gen 进行计算分析。经计算，X 向地震作用下最大位移角为 1/467，Y 向地震作用下最大位移角为 1/700，均不大于 1/250，满足规范的要求。

（2）单点单向动力弹塑性时程分析

采用大型通用有限元软件 ABAQUS，根据结构施工图建立计算分析模型，梁、柱、楼板及剪力墙构件配筋根据结构施工图输入，结构整体模型如图 1.3-20 所示。

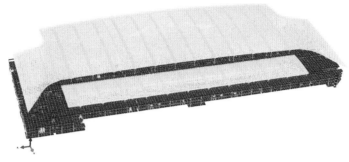

图 1.3-20　结构整体模型

计算采用《混凝土结构设计规范》GB 50010—2010 附录 C 提供的受拉、受压应力-应变关系作为混凝土滞回曲线的骨架线；加上损伤系数（d_c、d_t）构成了一条完整的混凝土拉压滞回曲线；钢材采用等向强化二折线模型和 Mises 屈服准则，强化段的强化系数取 0.01。ABAQUS 有限元软件的剪力墙和楼板采用壳单元 S4R，梁、柱构件采用梁单元 B31。

根据提供的安评报告，对罕遇地震验算选择一组人工波和两组天然波作为非线性动力时程分析的地震输入，三向同时输入，地震波计算持时取 15s；水平向地震为主方向时，水平向 PGA 调整为 125Gal，竖向调整为 81.25Gal；竖向地震为主方向时，竖向 PGA 调整为 125Gal，水平向调整为 50.0Gal。

计算结果表明，结构一条人工波和两条天然波剪重比均为 10% 左右；结构参考点顶点位移最大值分别为 0.1516m（混凝土结构X向）、0.1599m（混凝土结构Y向）、0.2413m（钢结构支撑X向）、0.1999m（钢结构支撑Y向）；混凝土结构参考点层间位移角最大值分别为 1/168（混凝土结构X向）和 1/150（混凝土结构Y向），满足规范限值要求；钢结构支撑部分参考点最大层间位移角分别为 1/115（X向）和 1/139（Y向）。

结构框架柱、钢管混凝土柱塑性损伤如图 1.3-21 所示。结构个别框架柱柱顶出现塑性应变，最大塑性应变为 2.775×10^{-3}，属于轻微损伤，部分首层框架柱钢筋发生屈服，最大塑性应变为 0.0028。个别钢管柱出现塑性应变，最大塑性应变为 3.848×10^{-3}，属轻微损伤，混凝土未出现受压损伤。

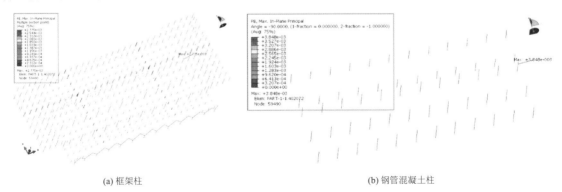

(a) 框架柱　　　　　　　　　　　　　　　　　(b) 钢管混凝土柱

图 1.3-21　单点单向动力弹塑性时程分析框架柱、钢管混凝土柱塑性损伤

少部分框架梁出现屈服，最大塑性应变为 1.079×10^{-3}，属于轻微损伤，少部分框架梁出现屈服，最大塑性应变为 0.001，其余大部分框架梁完好无损。

（3）多点多向动力弹塑性时程分析

行波法是一种常见的考虑地震非一致性的计算方法，适用于一般平坦、均匀的场地上的长、大跨工程结构。行波的时滞主要由结构支撑间距L和波速C_s决定，相位差大小则由地震本身决定。根据地质勘查报告该结构地质剪切波速约为180m/s，结构主要柱距约为18m，因此，结构各柱之间地震波存在0.1s相位差，依次类推，据此对结构进行多点激振输入。地震传播方向如图1.3-22所示。

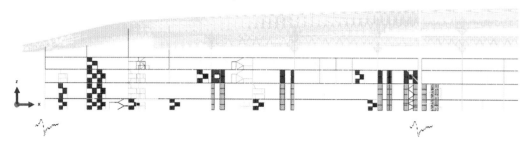

图1.3-22　地震传播方向

计算结果表明，采用多点激振计算方法一条人工波和两条天然波结构剪重比均为5%左右；结构参考点顶点位移最大值分别为0.1703m（混凝土结构X向）、0.1335m（混凝土结构Y向）、0.3921m（钢结构支撑X向）、0.1992m（钢结构支撑Y向）；混凝土结构参考点层间位移角最大值分别为1/62（混凝土结构X向）和1/65（混凝土结构Y向），满足规范限值要求；钢结构支撑部分参考点最大层间位移角分别为1/71（X向）和1/140（Y向）。

结构框架柱、钢管混凝土柱钢材塑性损伤如图1.3-23所示。结构个别框架柱柱顶出现塑性应变，最大塑性应变为4.669×10^{-3}，属于轻度损伤，部分首层框架柱钢筋发生屈服，最大塑性应变为0.0047。个别钢管柱出现塑性应变，最大塑性应变为1.169×10^{-3}，属轻微损伤，混凝土未出现受压损伤。

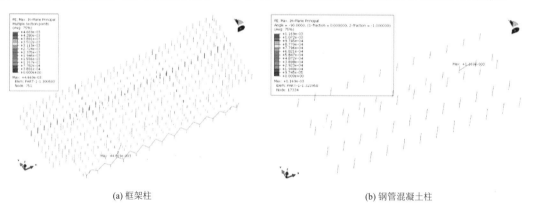

(a) 框架柱　　　　　　　　　　　　　　　　(b) 钢管混凝土柱

图1.3-23　多点多向动力弹塑性时程分析框架柱、钢筋混凝土柱塑性损伤

少部分框架梁出现屈服，最大塑性应变为8.598×10^{-3}，属于中度损伤，少部分框架梁出现屈服，最大塑性应变为0.009，其余大部分框架梁完好无损。

1.4　专项设计

1.4.1　人字形柱和变截面空间组合钢管柱设计

1. 概况

变截面空间组合钢管柱是由三根圆钢管（支管）组成的三角形变截面（三管梭形钢格构）格构式组合柱（图1.4-1）。柱中横截面最大，两端柱轴线汇交成一点（汇力点）。

在柱的中部3根钢管撑开成三角形格构式柱，其三角形组合截面设计成沿长度线性变化，各柱的变化斜率相同，柱的外形呈两头小中间大的榄核形。3 根圆钢管由隔板连接，钢板厚度不小于 20mm，用坡口全焊透焊缝与支管管壁焊接。隔板不穿过支管，支管为连续结构，除支管转折处（最大截面处）在支管内设加劲板外，其他与隔板连接部位支管内不设加劲板。柱的两端节点可采用钢管相贯焊接节点或铸钢节点。

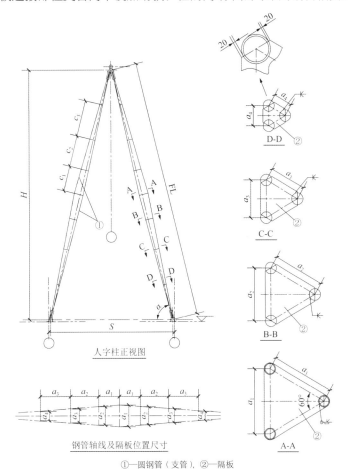

图 1.4-1　人字形柱和变截面空间组合钢管柱

2．数值分析

采用 ANSYS 程序分析柱子的稳定性，同时考虑几何非线性与材料非线性，用弧长法跟踪计算柱子的极限承载力，不计残余应力影响。柱肢采用管单元 Pile20（梁单元的一种）；隔板采用 Shell181 单元；两柱端相贯处管截面，采用面积等效方法（管径不变，变化管壁厚度），仍采用 Pile20 单元。

极限和弹性极限状态下管的变形与应力分布如图 1.4-2 所示。

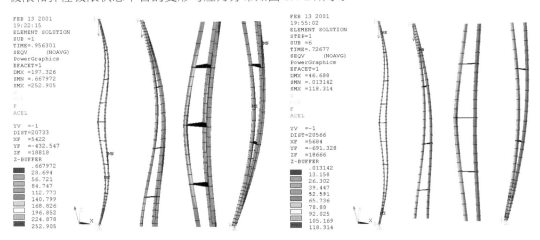

图 1.4-2　极限和弹性极限状态下管的变形与应力分布（典型）

3．试验研究

采用足尺模型试验，柱试件设计图纸为实际工程施工图，选择其中 RZ2、RZ3、RZ5 三种尺寸，柱长分别为 18.985m、22.922m、29.465m。最高的一根柱（29m 柱）破坏形状为"S"形，挠度值相对较大位置处的有关测试曲线如图 1.4-3 所示。其计算极限承载力为 3740kN，试验极限承载力为 3820kN，计算与试验结果比较的误差为 2.14%。可知二者误差较小，吻合很好。因此，用数值分析的极限承载力评价组合钢管柱设计的可靠性是可信的。

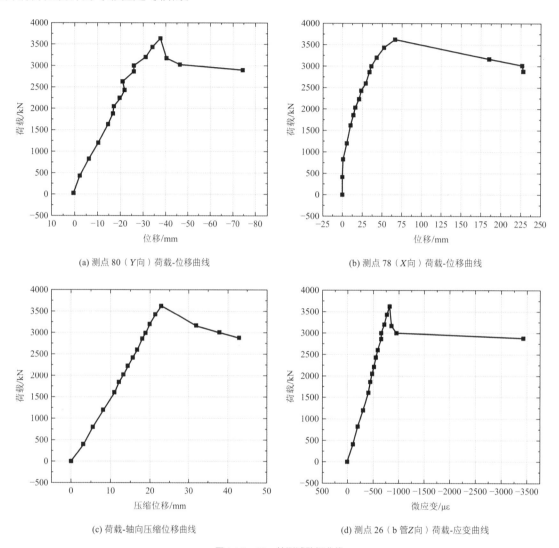

(a) 测点 80（Y向）荷载-位移曲线

(b) 测点 78（X向）荷载-位移曲线

(c) 荷载-轴向压缩位移曲线

(d) 测点 26（b 管Z向）荷载-应变曲线

图 1.4-3　29m 柱测试数据曲线

1.4.2　超大跨度箱形压型钢板屋面设计

1．概况

超大跨度箱形压型钢板是由两块压制成型的钢板扣合在一起的箱形截面压型钢板（图 1.4-4）。钢板采用满足《连续热镀锌钢板及钢带》GB/T 2518 的连续热镀锌钢板或钢带，为"结构级"，性能级别为 250级或 350 级，双面镀锌量≥275g/m²，端板采用 Q235B 钢。

2．数值分析

箱形压型钢板是一组合的空间薄壁构件，由于板型较为复杂，需进行非线性有限元分析。分析考虑几何非线性（大位移）和材料非线性，进行屈服、屈曲、屈曲后全过程的受力分析。

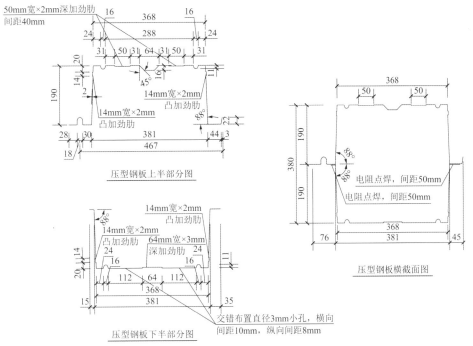

图 1.4-4　箱形压型钢板板型（典型）

计算模型按照实际截面尺寸和实际跨度建模（图 1.4-5）。由于薄壁构件，各种纵、横向的加劲肋对构件受力影响较大，建模时均按实际尺寸输入。钢材均采用理想弹塑性模型，屈服准则为 von Mises。端板屈服强度为 235N/mm²，压型钢板屈服强度为 350N/mm²，压型钢板强度不考虑冷弯效应。

图 1.4-5　箱形压型钢板有限元模型

分析了箱形压型钢板简支板的前 20 阶屈曲模态（线性屈曲分析）。其中第 1～11、14、19 模态均为下半部分下翼缘局部屈曲模态，第 12 和 13 模态为上半部分上翼缘局部屈曲模态，第 15～18、20 模态为上半部分上翼缘和侧板同时局部屈曲模态。

非线性屈曲分析表明，箱形压型钢板的受力可分为线性阶段、弹塑性阶段、屈曲阶段、屈曲后阶段（图 1.4-6）。压型钢板屈曲时，上翼缘呈波浪状屈曲，上半部两侧壁局部向外鼓出。屈曲后箱形压型钢板变形发展迅速，呈弯折压扁状。

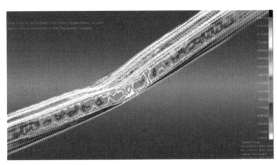

图 1.4-6　von Mises 应力及变形图（屈曲后阶段）

分析得到的荷载-挠度全过程曲线如图 1.4-7（曲线部分）所示。在线性阶段呈明显的曲线，刚度最大；进入弹塑性阶段后刚度开始减小；在极值附近，压型钢板屈曲。屈曲后位移增长较快，刚度较明显减小。分析得到的极限荷载为 3.97kN/m²，此时位移为 265mm。

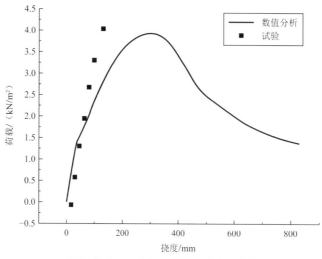

图 1.4-7　数值分析荷载-挠度曲线与试验结果

3．试验研究

试件为 1∶1 足尺试件，截面形式有 A2、A3、A3 拼装组合三种，跨度有 12.8m 和 15.2m，壁厚有 1.4mm 和 1.6mm 两种，共 12 件。各试件的破坏形态均为局部失稳破坏，随着荷载的增加，侧翼缘钢板首先出现隐约可见的出平面凸起和凹陷交替局部失稳现象；继续加荷导致梁最终失稳破坏，破坏时梁跨中处产生上翼缘的凹陷和侧翼缘钢板的出平面凸起，侧向连接板也发生侧向弯曲，但点焊点没有脱开。梁在卸去荷载后，有一定的弹性恢复，但由于侧板的凹曲失稳，致使变形没有完全恢复，有较大的塑性变形。

数值分析荷载-挠度曲线与试验结果如图 1.4-7 所示。两者在线性阶段十分接近，进入弹塑性阶段后挠度的数值分析结果偏大。数值分析结果比试验的极限荷载稍小一些，但比较接近，且偏于安全。试验得到的极限荷载为 4.112kN/m²，数值分析得到的极限荷载为 3.97kN/m²，相差 3.6%。说明采用非线性有限元法计算箱形压型钢板的极限荷载是可行的。

1.4.3　穿越溶洞的大小桩设计

1．概况

针对规范中对于端承桩的持力层厚度要求在岩溶地区较难满足，本项目提出一种大小直径桩，并通过数值模拟和静载试验验证其做法的有效性。桩做法如图 1.4-8 所示。

2．桩的数值模拟

采用弹塑性结构分析软件 ABAQUS 进行单桩承载力计算，建立三维的结构计算模型，典型有限元模型如图 1.4-9 所示。

进行五种情况下的单桩竖向静荷载数值模拟试验，分别为：①实际钻孔资料下的变截面桩单桩承载力特征值计算；②溶洞高度增加，假定在变截面桩交接部位 4m 以下至桩端嵌固层以上全是溶洞，计算变截面桩的单桩承载力特征值计算；③假定仅施工 D2200 大桩、下部 D1400 小桩不施工，钻孔资料下的 D2200 大桩的单桩承载力特征值；④假定仅施工 D2200 大桩、下部 D1400 小桩不施工，在大桩底部 4m 以下全是溶洞时，D2200 大桩的单桩承载力特征值；⑤实际钻孔资料下 D1400 小桩单桩承载力特征值。

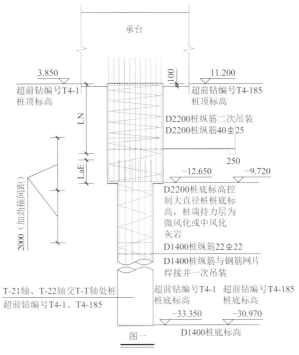

图 1.4-8　桩做法示意图

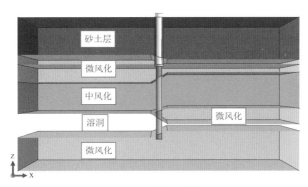

图 1.4-9　有限元模型

　　通过分析得到桩顶的荷载-沉降曲线如图 1.4-10 所示。可知,在 44000kN 处出现第一个拐点,74000kN处出现第二个拐点, 桩下部存在大溶洞时桩位移较大。

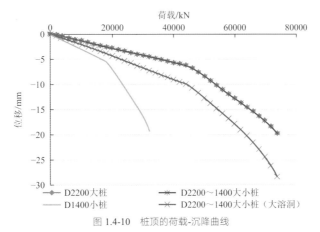

图 1.4-10　桩顶的荷载-沉降曲线

3. 竖向静载试验

　　由于大直径灌注桩承载力高, 开展现场静载试验的难度较人, 选择承载力合适的大小直径桩进行试验, 选择桩径为 D1800～1200, 单桩承载力特征值为 11600kN。从该桩的静载试验结果看, 在 2 倍特征值 23200kN 加载量时，总沉降量为 13.76mm，卸载至零后，残余沉降量为 3.68mm，回弹量为 10.08mm，回弹量占总沉降量的 73.26%，Q-s曲线不是平滑曲线，但未见明显拐点，且每级荷载作用下的沉降均在极短时间稳定，可以看出采用大小直径桩的做法可以达到设计需要的承载力要求。

1.4.4　大型预应力空心楼盖设计

1. 概况

本项目首层行李系统区建筑面层厚度 200mm，使用活荷载为 15kN/m²，跨度为 18m，具有跨度大、荷载大的特殊性。比较了常用的楼盖形式，针对项目提出了新型泡沫填芯预应力混凝土密肋楼盖，预应力筋及标准板跨平面示意图如图 1.4-11 所示，密肋楼盖断面图如图 1.4-12 所示。

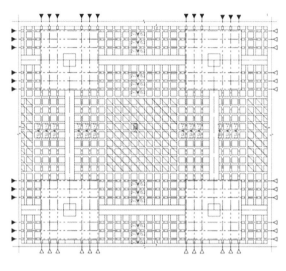

图 1.4-11　预应力筋及标准板跨平面示意图　　　　图 1.4-12　密肋楼盖断面图

2. 数值模拟

采用大型非线性有限元分析软件 ABAQUS 进行计算分析。钢筋为 HRB400，其本构关系在有限元中采用动力强化模型，考虑包辛格效应，但不考虑卸载时的刚度退化现象。楼板及肋梁混凝土强度等级为 C35。在有限元软件中混凝土材料采用弹塑性本构模拟。模型中不考虑钢筋与混凝土之间的粘结滑移，均以钢筋采用 embeded 的方式嵌入混凝土中；本模型的单元类型分为线单元和实体单元两种。钢筋由于其单向受力的特性，采用了两节点线性桁架单元（T3D4）；混凝土均采用三维实体单元 C3D8R，即八节点线性六面体减缩积分单元。计算模型如图 1.4-13 所示，2 倍设计荷载作用下钢筋应力如图 1.4-14 所示。

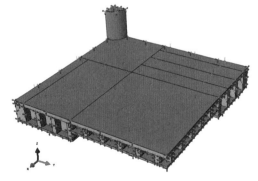
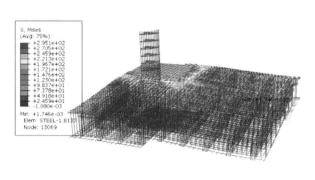

图 1.4-13　计算模型示意图　　　　　　　　图 1.4-14　2 倍设计荷载作用下钢筋应力

计算分析可知，在 1 倍设计荷载作用下，纵向钢筋 Mises 应力较大区域集中于 250mm × 1200mm 的肋梁与承台相连的支座上。通过混凝土拉应力及梁T形截面面积与钢筋实际面积的比值，得到等效钢筋拉应力约为172MPa，未超过钢筋屈服强度360MPa。在2倍设计荷载作用下，钢筋应力最大值为295MPa，位于肋梁支座上表面，未达到钢筋的屈服强度。

3. 荷载-位移曲线

通过增大附加设计荷载计算得到楼盖板荷载-位移曲线如图1.4-15所示。其中，空心楼盖板正中心点处的位移最大，纵坐标为附加设计荷载的倍数（自重除外），横坐标为楼板跨中竖向的位移，竖直向下为正。

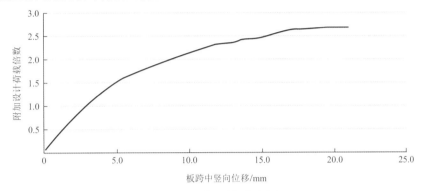

图1.4-15 楼盖板荷载-位移曲线

从荷载-位移曲线可知，当荷载达到1.5倍的设计附加荷载时，曲线近似线性，可认为结构完全处于弹性状态，当荷载为2.7时，曲线切线接近于0，表明楼板接近极限承载力，由于荷载加载至弹塑性下降段时，难以收敛，只能根据曲线的趋势做一个判断，当荷载超过2.7时，结构已经进入塑性失效状态。

1.4.5 预应力钢管混凝土柱井式双梁节点设计

框架柱分为混凝土柱和圆形钢管混凝土柱，其中钢管混凝土柱柱距为36m×36m，直径为1400mm和1800mm，与钢管混凝土柱相连的框架梁跨度为18m。其中，框架梁采用双梁与框架柱相连，双梁截面宽1m，高1m，钢管混凝土柱直径为1.4~1.8m。通过缩小梁柱截面，既能节约建筑空间，又能大大地减少大体量混凝土水化热产生的裂缝问题，避免了单梁钢筋穿钢管柱造成对钢管柱的削弱。

采用大型非线性有限元分析软件ABAQUS对二号航站楼二区直径为1800mm的钢管混凝土边柱双梁节点进行计算分析。钢材为Q345B，钢筋为HRB400，其本构关系在有限元中采用动力强化模型，考虑包辛格效应,但不考虑卸载时的刚度退化现象。该节点混凝土强度等级分为两种，钢管内混凝土为C50，环梁混凝土为C40。在有限元软件中混凝土材料采用塑性损伤模型模拟，梁柱混凝土、柱钢管与牛腿计算模型如图1.4-16所示。

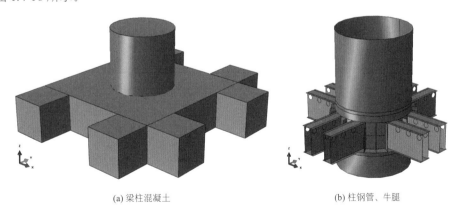

(a) 梁柱混凝土   (b) 柱钢管、牛腿

图1.4-16 井式双梁节点计算模型

1倍设计荷载、2倍设计荷载作用下，梁节点竖向位移分别如图1.4-17所示。可知，1倍设计荷载作

用下，节点最大位移为−6.9mm，为X向梁端部的竖向位移。2 倍设计荷载作用下，节点最大位移为−23.7mm，为X向梁端部的竖向位移。

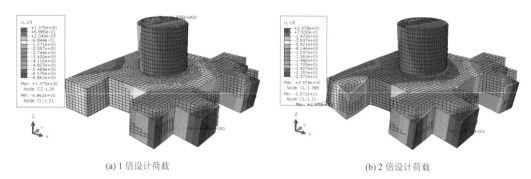

(a) 1 倍设计荷载   (b) 2 倍设计荷载

图 1.4-17　井式双梁节点竖向位移

1 倍设计荷载、2 倍设计荷载作用下，钢材应力分布如图 1.4-18 所示。可知，1 倍设计荷载作用下钢材 Mises 应力最大值为 176.1MPa，位于牛腿上部柱钢管X向受拉侧，未达到钢材的屈服强度标准值 345MPa。2 倍设计荷载作用下，牛腿上部柱钢管X向受拉侧局部范围已达到屈服应力，最大 Mises 应力值为 345MPa，且牛腿与钢管柱连接处出现应力集中，部分钢材应力已经达到了屈服。

通过有限元分析，得到了节点X、Y向的弯矩-转角曲线，如图 1.4-19 所示。可以看出，节点X向的弯矩-转角曲线在弯矩小于 10000kN·m 时，近似为直线段，其直线斜率即节点刚度为 3.79×10^7kN·m/rad，可将梁柱X向的连接视为刚性连接。Y向的弯矩-转角曲线在弯矩为 3000kN·m 时，近似为直线段，其直线斜率即节点刚度为 5.69×10^7kN·m/rad，可将梁柱X向的连接视为刚性连接。

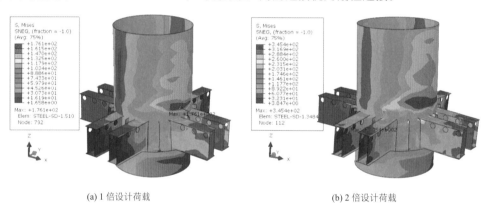

(a) 1 倍设计荷载   (b) 2 倍设计荷载

图 1.4-18　井式双梁节点钢材应力分布

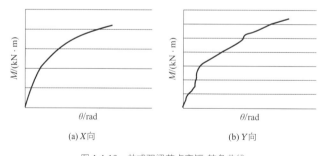

(a) X向   (b) Y向

图 1.4-19　井式双梁节点弯矩-转角曲线

1.4.6　膜结构设计

1. 膜材力学性能

本工程采用 PTFE 膜材，其抗拉强度经向为 4400N/3cm，纬向为 3500N/3cm，自重(1300 ± 130)g/m，

膜材厚度为(0.8 ± 0.05)mm，经向抗撕裂强度为294N，纬向抗撕裂强度为294N，弹性模量采用生产企业提供的数值或通过试验确定，且经、纬向不小于1800MPa。

2．膜结构荷载态分析

膜结构自重取1430g/m²（按0.85mm厚膜材计算）。基本风压为0.5kN/m²（按50年重现期），体型系数取−1.3，风振系数为1.5，风压高度变化系数：按建筑最高20m，B类粗糙度，取值1.25。考虑升、降温±30℃。

3．高架桥张拉膜结构设计

钢结构体现为空间框架结构体系，建筑投影范围约为322m × 39.25m，标准跨距为18m × 28.75m，共17跨，在边柱的两端设置斜撑，纵向框架按无侧移框架计算。

1.0恒荷载 + 1.0活荷载工况作用下，最大位移−23mm < $L/250 = 115$mm，如图1.4-20所示。

考虑稳定后钢结构验算应力比最大为0.6，如图1.4-21所示。

在第二类荷载效应组合（6）1.00恒荷载 + 1.00风荷载工况下变形如图1.4-22所示，最大值为772mm < $L/15 = 18000/15 = 1200$mm，满足各膜单元内膜面相对法向位移不大于单元名义尺寸的1/15的要求。

图1.4-20　1.0恒荷载 + 1.0活荷载竖向位移

图1.4-21　钢结构验算应力比

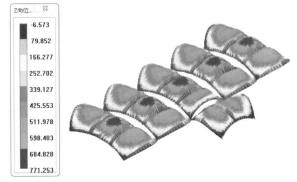

图1.4-22　变形验算

在0.3kN/m²作用下，变形后膜面等高线无圆形区域出现，因此膜面不会因为降水而产生积水。

1.4.7 登机桥结构设计

登机桥为航站楼主要构成部分，除了作为旅客正常登机和到达的作用外，还肩负着整个航站楼的疏散功能。

1. 结构体系

T2航站楼登机桥有3种典型类型，第一类为单层登机桥，高度约为9m，第二类为二层登机桥，高度约为13.5m，第三类为三层登机桥，高度约为18m，跨度为24m、24m+12m或18m+18m。24m跨度登机桥均为4根大钢柱落地，柱子截面□(400～500)mm×26mm，柱脚与混凝土承台连接，主跨度方向采用巨型平面钢桁架体系，高度为4.5～13.5m。上弦、下弦采用400(500)mm×(500～700)mm×20mm焊接箱形截面钢管，竖腹杆采用(250～300)mm×400(500)mm×20mm焊接箱形截面钢管，与桁架上下弦刚接，斜腹杆采用ϕ50～70mm的等强合金钢拉杆（650MPa），与上下弦杆采用销轴连接，斜拉杆采用非预应力拉杆，施加构造预张力。垂直于主跨度方向，梁柱连接采用刚接，形成钢框架；两个平行平面桁架之间亦采用钢梁连接，形成小钢框架；在柱间设斜撑，保证登机桥整体侧向刚度。

单层通道登机桥由两个平面桁架通过钢梁连接起来形成空间结构。

两层登机桥除了具备单层登机桥的特点外，二层人行通道一侧与钢桁架的竖腹杆连接，竖腹杆兼作人行通道的立柱，与人行通道共同受力；另一侧采用ϕ30mm等强合金钢拉悬挂于上弦水平面的钢梁上。并在平面内设置斜杆，保证中间坡道的平面内刚度。

三层通道的登机桥，两侧为18m高的巨型平面桁架，人行通道一侧与平面桁架的竖腹杆连接，共同受力，另一侧采用ϕ30mm等强合金钢拉悬挂于上弦水平面的钢梁上，开洞区域为扶梯位置。典型登机桥模型如图1.4-23所示。

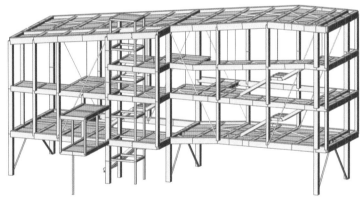

图1.4-23　典型登机桥模型

2. 荷载作用取值及结构材料

屋面恒荷载（屋面体系、吊顶、空调风管）取1.0kN/m²，活荷载取0.5kN/m²，楼层恒荷载（含组合楼板、建筑面层、局部吊顶及其附属材料）取4.5kN/m²，楼层活荷载取3.5kN/m²。基本风压取0.5kN/m²。钢板和型钢采用Q345B，拉杆采用650等强合金钢（屈服强度为650MPa）。销轴采用45号钢或与拉杆配套产品。

3. 结构计算控制指标

登机桥构件的应力比控制在0.90以内，合金钢拉杆的内力控制在最大容许设计内力的0.8倍以下。登机桥的竖向振动频率大于3Hz以满足结构舒适性要求，荷载标准值（DL+LL）作用下最大挠度为1/400，风荷载标准值作用下最大层间位移角为1/400。

1.5 大抗拔力球铰支座试验研究

二号航站楼指廊钢屋盖采用的大抗拔力球铰支座 DBQJZ-GD-3000(2000)-5C 和 DBQJZ-GD-5000(1000)-2C 均为自行设计的非成品固定铰支座（专利号：ZL 2008 1 0028148.0）。为验证支座的性能，委托华南理工大学土木与交通检测中心对支座进行了专门的试验研究。

支座 DBQJZ-GD-3000(2000)-5C 的受压承载力设计值为 3000kN，支座抗拔承载力设计值为 2000kN，支座水平承载力设计值为 2500kN，支座允许转角为 0.02rads，支座尺寸为 ϕ900mm×815mm，铸钢牌号为 G20Mn5QT（CECS 235—2008），PTFE 板最大允许抗压强度为 45MPa。

1.5.1 试验设计

对试件进行了拉弯试验、压弯试验、压剪试验、拉剪试验。拉弯试验装置见图 1.5-1，压弯试验装置见图 1.5-2。压剪试验、拉剪试验装置与压弯试验装置类似，也采用了反力架受力。

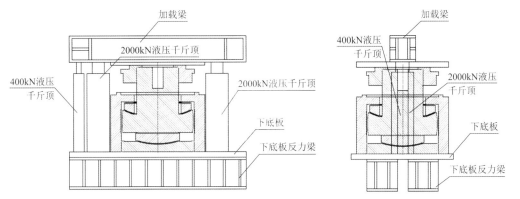

图 1.5-1 拉弯试验装置示意图

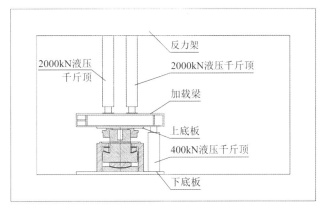

图 1.5-2 压弯试验装置示意图

1.5.2 试验结果

对于拉弯试验和压弯试验，施加转动力矩时，支座均能在小于规范要求的极限弯矩作用下，产生大于 0.02rad 的转动角，因此均满足规范要求。

拉剪试验的荷载-位移曲线见图 1.5-3。由图 1.5-3（a）所示竖向拉力-位移曲线得知，除第一步间隙位移之外，其他荷载步与位移呈线性关系，且最大竖向位移为 10.87mm。如图 1.5-3（b）所示，在水平荷载作用下，水平位移基本上呈线性增长，尤其在后续施荷阶段，最大水平位移为 13.48mm。

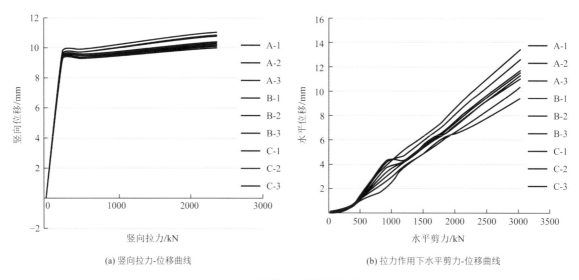

(a) 竖向拉力-位移曲线　　　　　　　　(b) 拉力作用下水平剪力-位移曲线

图 1.5-3　拉剪试验荷载-位移曲线

压剪试验的荷载-位移曲线见图 1.5-4。由图 1.5-4（a）所示竖向压力-位移曲线得知，除第一步间隙位移之外，其他荷载步与位移呈线性关系，且最大竖向位移为 3.9mm。如图 1.5-4（b）所示，在水平荷载作用下，水平位移后期基本上呈线性增长，最大水平位移为 16.02mm。

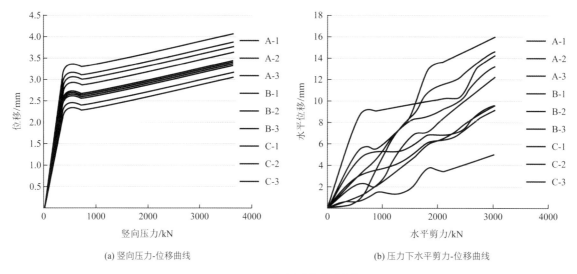

(a) 竖向压力-位移曲线　　　　　　　　(b) 压力下水平剪力-位移曲线

图 1.5-4　压剪试验荷载-位移曲线

1.6　铸钢节点试验研究

1.6.1　试验设计

本次试验根据铸钢节点形状和复杂程度不同，选取四种非常规铸钢节点进行试验，选取的试件位于该项目主楼高架张拉膜雨篷结构中。试验共设计四组试件，每组包含两个完全相同或对称的试件，共计八组试验，其中第一组两个铸钢件模型完全相同，第二、三和四组两个铸钢件为对称关系。铸钢节点 ZJ2 大样图如图 1.6-1 所示。反力架采用上海宝冶钢构有限公司和同济大学共建的大吨位球形反力架；其内部净空直径为 6m，最大加载能力为 3000t，现场安装如图 1.6-2 所示。

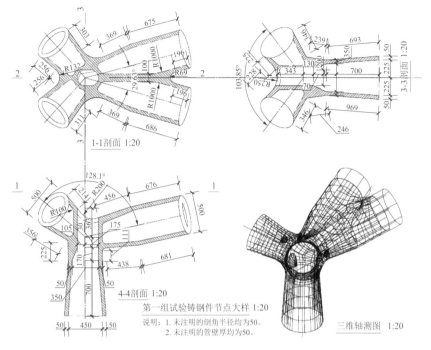

图 1.6-1　铸钢节点 ZJ2 大样图

(a) 试件安装

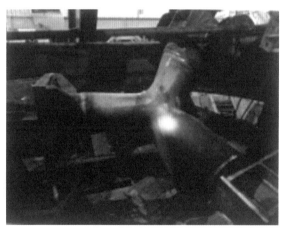

(b) 试件安装完成后全貌

图 1.6-2　现场安装

1.6.2　试验现象与结果

当荷载达到 30 级时，即达到本次试验目标荷载 3 倍荷载设计值时，所有杆件均处于弹性状态。节点应力集中区的应变继续增大，节点域处于弹性范围内。1 号杆的绝对位移达到 44mm。

1.6.3　分析验证

采用通用有限元软件 ABAQUS 对设计荷载作用下的铸钢节点 ZJ2 进行数值分析，有限元模型选用四面体 C3D10I 单元。

1. 1.0 倍设计荷载作用下的分析结果

1.0 倍设计荷载作用下有限元计算结果如图 1.6-3 所示。可知，节点 ZJ2 在经过调整平衡的内力标准值作用下，最大 Mises 应力为 144.3MPa，节点的最大空间位移约为 3.769mm。

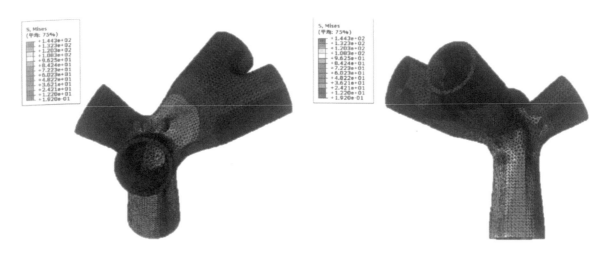

图 1.6-3　ZJ2 在 1.0 倍设计荷载作用下的计算结果（von Mises 应力云图）

2. 极限承载力

为了得出节点的承载力安全系数，进行了极限承载力分析。当加载到 4.01 倍荷载时，程序不收敛，此时节点达到承载力极限状态。4.01 倍设计荷载作用下有限元计算结果如图 1.6-4 所示。节点 ZJ2 最大 Mises 应力为 330.3MPa，超过了材料的屈服强度，节点出现了大面积的塑性区，已无法继续承载。此时节点的最大空间位移为 174.7mm。

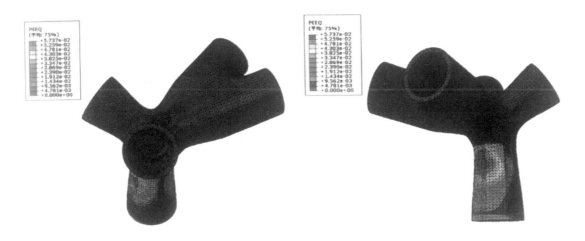

图 1.6-4　ZJ2 在极限荷载作用下的计算结果（PEEQ 塑性应变云图）

1.7　大直径钢管混凝土柱密实度检测及对接焊缝残余应力消减试验

为保证大直径钢管混凝土柱施工质量，进行了 1∶1 的钢管混凝土柱浇筑及检测试验研究。柱试件型号为 T-GGZ-1400，柱高度为 6.27m，分三段焊接而成，钢管壁厚 30mm，钢材为 Q345B，混凝土强度等级为 C50，如图 1.7-1 所示。

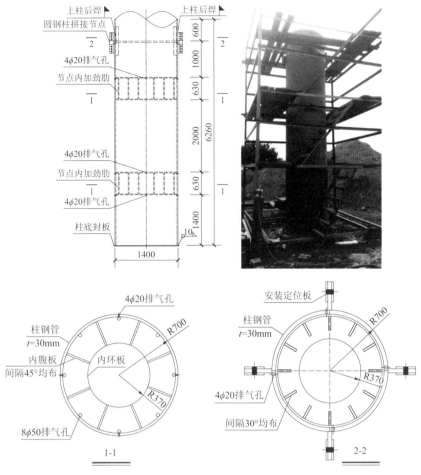

图 1.7-1　钢管混凝土试验柱

1.7.1　试验设计

在 1：1 钢管混凝土柱试件制作时，预先在钢管内埋入三种已知缺陷到指定的位置，三种缺陷分别为空洞、不密实和脱空，具体部位如图 1.7-2 所示。根据已知的缺陷位置，在试验柱中共设置了 4 个测试区：Ⅰ-Ⅰ、Ⅱ-Ⅱ、Ⅲ-Ⅲ、Ⅳ-Ⅳ，每个测试区有 3～7 个测试截面，测试截面分布如图 1.7-3 所示。

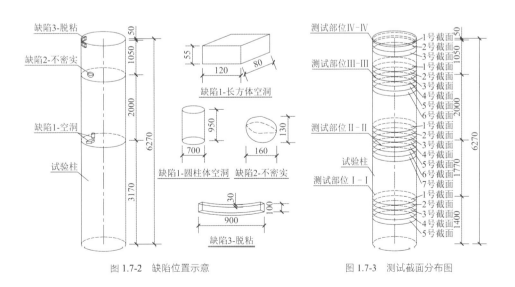

图 1.7-2　缺陷位置示意　　　　　　　图 1.7-3　测试截面分布图

1.7.2 试验现象与结果

综合试验检测结果可知：测试部位Ⅰ-Ⅰ及附近，声速值、幅值、声时值及波形图均未出现异常；测试部位Ⅱ-Ⅱ的截面附近声速值减小，幅值降低，波形异常；测试部位Ⅲ-Ⅲ的截面附近声速值减小，幅值降低，波形异常；测试部位Ⅳ-Ⅳ的截面附近，幅值降低，波形异常。其中，测试部位Ⅰ-Ⅰ部分波形图如图1.7-4所示。根据波形图可知，测试部位Ⅰ-Ⅰ无人为设置缺陷，且检测结果未出现异常，表明大直径钢管混凝土柱浇筑工艺可满足密实度的要求。

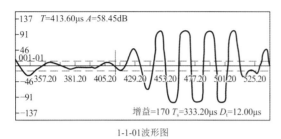 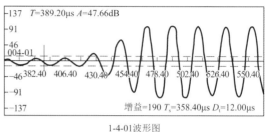

1-1-01波形图　　　　　　　　　　　　　1-4-01波形图

图1.7-4　Ⅰ-Ⅰ部分波形图

1.7.3 大直径钢管混凝土柱焊缝应力消除及检测

根据试验要求对钢管柱对接焊缝残余应力进行消减和检测，消减设备采用豪克能HY2050焊接应力消减仪，检测设备采用HK21B残余应力检测仪，根据应力消减前后测试结果可以看出：对接焊缝应力消减前，测点位置残余应力大部分为拉应力，且数值较大，最大值达到325.95MPa，接近于钢材的屈服强度；消减后，100%的测点将拉应力转化为较小的压应力。由此表明，采用豪克能方法可有效地消减焊接残余应力并产生理想的压应力，在实际工程中应用是可行的。

1.8 结语

广州白云国际机场一号航站楼始建于1998年，是国内较早采用大跨度立体管桁架结构的工程，首次提出等强坡口焊缝管相贯焊接设计、之字形管桁架结构体系、预应力拉索拱桁架结构技术，并设计了国内最大跨度的热成型方（矩）形管桁架结构（跨度54m，最大方管截面为500mm×500mm×22mm）。综合应用这一技术，建成当时国内外最大规模之一的大型管桁架钢结构建筑，跨度达到76.9m，建筑面积50万m²，钢屋盖总投影面积23.03万m²，型钢总用量2.76万t。为我国大跨度钢结构的建设提供了技术和经验，促进了行业的进步。广州白云国际机场一号航站楼工程被国家评为"2008全国优秀设计金奖""2007华夏建设科学技术奖一等奖""2005年全国十大建设科技成就""百年百项杰出土木工程""第五届詹天佑土木工程大奖"，被英国结构工程师学会评为"2005年中国结构大奖"结构特别奖及结构材料素质专项奖两项大奖。

广州白云国际机场二号航站楼于2018年4月26日正式启用。其风格既延续了一号航站楼"漂浮、流动"的设计理念，又新增了庭院、屋面花园等岭南地域特征，打造出"白云—云端漫步—行云流水"的轻盈动感，在继承中发展，在发展中创新。一号、二号航站楼合二为一，交相辉映，开启了广州白云国际机场"双子楼"运营新时代，在广州国际化大都市的建设中比翼齐飞。设计过程中解决了岩溶地区溶洞的探测、桩基础设计、溶洞的处理等；18m大跨度楼面采用预应力混凝土双梁截面，满足建筑净空要求的同时，弥补了规范关于双梁节点计算的空白；对指廊钢筋混凝土排架结构弹性位移角限值进行研究，采用了预应力混凝土柱，优化了柱截面；对交通中心屋面进行了大型乔木与框架结构的耦合振动机理研究，并进行了试验验证，提出了模拟乔木振动的弹簧本构模型；针对屋面非均匀柱距的大跨度网架结构，对网架进行局部"梁式"加强，使网架双向均匀受力，取得了很好的经济效益；沿用一号航站楼设计继续使用了广东省建筑设计研究院有限公司设计发明专利"大抗拔力钢球铰支座"；沿用一号航站楼的入口膜结构设计，并进行了更合理的找形分析，防止积水。对大跨度登机桥结构，进行 TMD 减振舒适度分析，确定了最优质量比。而且，对大型航站楼进行了全过程健康监测，跟踪分析施工期间与施工后结构的受力特性。广州白云国际机场二号航站楼荣获得"中国钢结构金奖""中国建筑学会科学技术奖""华夏建设科学技术奖"及"广东省勘察科学技术奖"等多项奖励，取得的多项技术成果通过整体科学技术成果鉴定，评定等级为国际领先水平。

设计团队

一号航站楼：

广东省建筑设计研究院有限公司（方案＋初步设计＋施工图设计）：
李桢章、李恺平、廖旭钊、梁　志、李伟锋、陈文祥、伍国华、陈宗弼、梁艳云、周敏辉、梁子彪、谭　和、杨新生、陈常清、李松柏、刘斯力、刘　璟、劳智源、陈晓航

美国 URS Greiner Woodard Clyde（一期，方案＋初步设计）

美国 Thornton Tomasetti Group（一期扩建，方案＋初步设计）

二号航站楼：

广东省建筑设计研究院有限公司：
陈　星、区　彤、李桢章、李恺平、谭　坚、傅剑波、谭　和、张连飞、戴朋森、劳智源、张艳辉、林松伟、罗益群、张增球

执笔人：李恺平、区　彤、谭　坚

第 2 章

深圳宝安机场卫星厅工程

2.1 工程概况

2.1.1 建筑概况

深圳宝安国际机场卫星厅工程位于深圳宝安区，东南临近已建深圳 T3 航站楼，西北临近远期 T4 航站楼；为超大型公共交通枢纽建筑，以满足年旅客吞吐量 2200 万人次的使用需求为目标，助力粤港澳大湾区建设，致力打造全球领先的世界级机场群。卫星厅平面呈 X 形，占地面积约 5.6 万 m²，总建筑面积约 23.5 万 m²，整体外轮廓尺寸约为 549m×502m，由西南、东南、西北、东北四个指廊和中央指廊组成。卫星厅地下 1 层、地上 3 层，局部 4 层，钢结构屋面标高最高点为 27.5m。图 2.1-1 为卫星厅建成全景。

图 2.1-1 建成全景

2.1.2 设计条件

1. 主体控制参数

主体控制参数见表 2.1-1。

控制参数 表 2.1-1

项目		标准
结构设计基准期		50 年
建筑结构安全等级		一级
结构重要性系数		1.1
建筑抗震设防分类		重点设防类（乙类）
地基基础设计等级		一级
设计地震动参数	抗震设防烈度	7 度
	设计地震分组	第一组
	场地类别	Ⅲ类
	小震特征周期	0.45s
	大震特征周期	0.50s
	基本地震加速度	0.10g
建筑结构阻尼比	多遇地震	0.035
	罕遇地震	0.05

项目		标准
水平地震影响系数最大值	多遇地震	0.08
	设防烈度地震	0.23
	罕遇地震	0.50
地震峰值加速度	多遇地震	35cm/s²

2．结构抗震设计条件

主体混凝土框架抗震等级为二级，大跨度框架抗震等级为一级，支撑屋盖柱抗震等级为一级，钢框架抗震等级为三级，顶板作为上部结构的嵌固端。

3．风荷载

结构变形验算时，按 50 年一遇取基本风压为 0.75kN/m²，承载力验算时按 100 年基本风压 0.9kN/m²，场地粗糙度类别为 A 类。项目开展了风洞试验，模型缩尺比例为 1∶300。设计中采用了规范风荷载和风洞试验结果进行位移和强度包络验算。

2.2 建筑特点

2.2.1 回应岭南气候特点的室内外遮阳系统

卫星厅采用 X 构型，建筑平面中轴对称。为了达到与 T3 建筑形象协调统一，建筑造型流畅简洁。屋面与幕墙造型一体化，弧形屋面与弧形幕墙构成了圆润且与 T3 航站楼遥相呼应的立面弧线。由于地处岭南沿海地区，气候炎热，为达到良好的节能效果，采用 L 形穿孔铝板遮阳构件，一方面让整体建筑得热率大大降低，节约建筑能耗，另一方面创造了卫星厅独特的建筑形象，使到港旅客一进入登机桥，就能识别到这个建筑物。屋面天窗下方，设置了三角形穿孔板遮阳构件。穿孔板能有效过滤正午时分的太阳光线。依靠自身渐变式三角形穿孔，利用自然光塑造了如雕塑般的室内采光带，具有清晰的旅客导向功能。

2.2.2 标准化、模块化的建造方式

建筑环向采用 18m 柱跨，幕墙采用 2m（高）× 3m（宽）为模数。由于受到塔台视线的限制，卫星厅中央区域控高 27.6m，北指廊从中央区域逐渐降低到 13.5m。设计团队经三维软件模拟，进行多方案比选，最终把幕墙组件规整为几大类，提高了标准化构件的比例。同时，经过设计优化，把弧线拟合为折线，最终以平板玻璃实现顺滑的建筑弧线造型，降低了施工难度以及业主的维护成本及难度（图 2.2-1）。

卫星厅大屋面结构采用三角桁架拱及三角锥网架体系。其中，四个直线指廊及中央指廊外沿区域采用18m × 35m柱网，标准三角桁架拱，每个三角桁架拱组成的图案完全一致。桁架拱与顶棚一一对应，节省了大空间顶棚的转换空间和结构高度。中央指廊其他区域采用标准三角锥网架，并在双子星广场位置演变为单层三角网架，创造了通高 17m 的室内空间。三角桁架及三角锥网架结构大部分为标准组件，在工厂生产后现场组装，节约了施工工期。室内顶棚图案与结构对应，整个顶棚被划分为几种尺寸的大三角形。顶棚图案采用 200mm 宽仿木纹条形板，每个三角形内条板布置顺应大三角形中线，以标准化顶棚产品实现了三维曲面顶棚的造型（图 2.2-2）。

| 图 2.2-1 室外遮阳系统 | 图 2.2-2 顶棚图案 |

2.3 体系与分析

2.3.1 方案对比

卫星厅下部主体采用钢筋混凝土框架结构，屋盖采用钢结构，支撑屋盖柱采用铰接支座从而形成框排架体系。结构方案构思过程中需充分考虑建筑构型需求，了解建筑形体语言，结构布置逻辑与建筑设计逻辑一致，结构成就建筑之美。因此本工程设计过程中，坚持践行建筑结构一体化的设计思路，整个方案的推演中不断向一体化设计靠拢（图 2.3-1）。

图 2.3-1 主楼及指廊建筑室内外 X 形装饰效果图

1. 结构推演方案一：主桁架 + 钢梁（图 2.3-2）

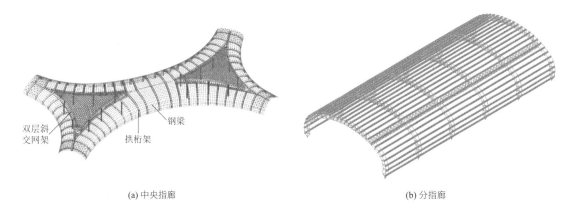

(a) 中央指廊　　　　　　　　　　　　　　　(b) 分指廊

图 2.3-2 方案一：主桁架 + 钢梁

2. 结构推演方案二：单层斜交网壳（图 2.3-3）

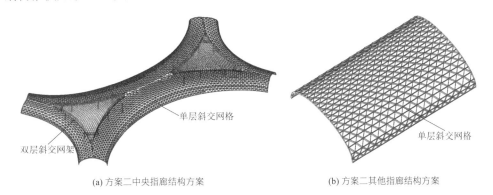

(a) 方案二中央指廊结构方案   (b) 方案二其他指廊结构方案

图 2.3-3   方案二：单层斜交网壳

方案一结构布置简洁，拱桁架高度 2～2.5m，大跨度区域控制在 2.5m，传力路径明确，用钢量合理，方案是可行的；方案二结构布置简洁，结构高度 0.6～1.2m，对建筑净空非常好，但是用钢量不太合理，初步估计在 250kg/m²，结构方案是可行的但需要业主在建筑效果与经济上做权衡考虑。上述两种结构方案，都是从结构专业本身考虑，没有过多考虑建筑构型与建筑装饰，没有达到建筑结构一体化设计的效果。

3. 结构推演方案三：X 形交叉桁架方案（图 2.3-4）

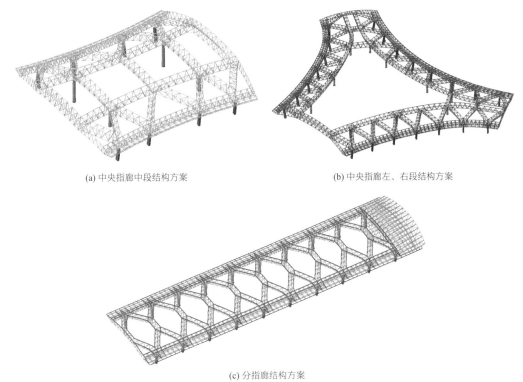

(a) 中央指廊中段结构方案   (b) 中央指廊左、右段结构方案

(c) 分指廊结构方案

图 2.3-4   方案三：X 形交叉桁架方案

本方案采用了 X 形交叉桁架布置，增加桁架平面外刚度，减少次桁架布置及减少面外杆件安装。X 形交叉桁架的结构布置逻辑与建筑整体 X 构型形体一致，与室内 X 形装修效果遥相呼应。X 形交叉桁架方案，既能达到建筑与结构的统一，又能使斜交桁架下弦与建筑装修分割面对应，方便装修安装定位，同时简化了装修龙骨的布置及安装，避免龙骨的二次转换，降低了安装难度，节约龙骨材料及安装措施费用，更精准地实现建筑内部装修造型效果。本方案在用钢量相对合理的基础上，充分体现了建筑结构一体化的设计理念。

2.3.2　结构布置

1.整体结构体系

卫星厅主楼地下局部一层、地上共5层，4层（标高13.8m）以下采用钢筋混凝土框架结构，5层结构为局部楼层，采用钢框架结构，其上为大跨度钢结构屋盖。屋盖为自由曲面形状，由西南、东南、西北、东北四个指廊屋盖和中央指廊屋盖组合而成，呈现出X形。四个指廊柱距为40m，中央指廊最大柱距为80m。四个指廊屋盖采用斜交倒三角桁架结构，中央指廊屋盖采用斜交倒三角桁架与正方四角锥网架的混合结构形式。屋面采用檩条支承的铝镁锰金属屋面系统。

中央指廊屋盖标准跨度为40m及72m，横向柱距为18m，中央指廊部位横向柱距为36m。45m跨度及72m跨度区域采用X形钢桁架结构体系，桁架高度为2.5～5m。桁架之间采用H型钢次梁。主楼三角形区域采用网架结构体系，网架跨度约80m，网架截面高度为3～5.5m，网架节点采用热压成型焊接空心球。钢屋盖采用万向铰接支座或滑动支座、弹簧支座支撑在80°倾斜椭圆形变截面混凝土柱或直混凝土柱上。指廊屋盖跨度为40m，横向柱距为18m，采用X形交叉倒三角钢桁架结构体系，桁架高度为2～3m。桁架之间采用H型钢次梁。钢屋盖采用万向铰接支座或滑动支座、弹簧支座支撑在80°倾斜椭圆形变截面混凝土柱上。

2.屋盖支承条件

钢屋盖采用万向铰接支座或滑动支座、复合阻尼支座支撑在80°倾斜椭圆形变截面混凝土柱或直混凝土柱上（图2.3-5～图2.3-9）。

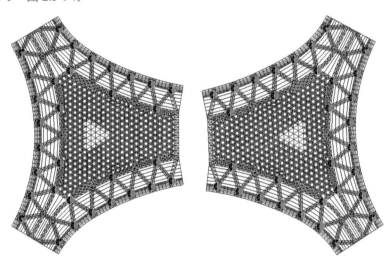

图2.3-5　中央指廊左、右段屋盖支承边界条件

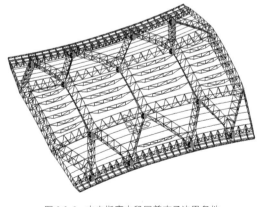

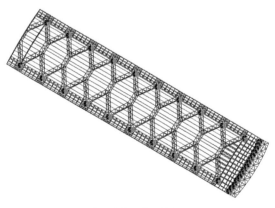

图2.3-6　中央指廊中段屋盖支承边界条件　　　　图2.3-7　东西南北指廊屋盖支承边界条件

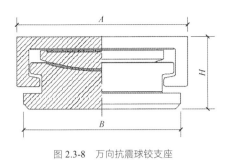

图 2.3-8　万向抗震球铰支座

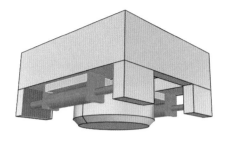

图 2.3-9　复合阻尼支座

2.3.3　性能目标

深圳机场卫星厅为非超限高层建筑，考虑结构重要性，关键部位构件进行抗震性能化设计，性能目标如表 2.3-1 所示。

主要结构构件抗震性能目标　　　　　　　　　　　　　表 2.3-1

结构性能水准描述		设计要求		
		多遇地震	设防烈度地震	罕遇地震
		性能 1：完好、无损坏	性能 3：轻度损坏	性能 4：中度损坏
屋面交叉桁架	桁架弦杆及支座处腹杆	弹性	弹性	弦杆弹性、腹杆不屈服
	其他构件	弹性	局部屈服	局部屈服
屋面网架	支座处弦杆及腹杆	弹性	弹性	弦杆弹性、腹杆不屈服
	其他构件	弹性	局部屈服	局部屈服
支承斜柱和下部框架柱		弹性	斜截面弹性、正截面不屈服	不屈服

2.3.4　结构分析

1. 结构计算模型

计算模型嵌固端取在±0.000 处。混凝土部分主要采用 SATWE 进行分析；钢结构部分主要采用 MIDAS/Gen 软件进行分析设计，并采用 3D3S 软件进行对比分析。本工程所有计算模型均采用包含下部混凝土结构＋上部钢屋盖的整体模型进行分析，计算结果除注明外均为 MIDAS/Gen 整体模型下的计算结果。

2. 模态分析

模态计算采用多重里兹向量法，整体模型前三阶振型分别为平动、平动和扭转振型，计算显示各方向质量参与系数均超过 90%，满足规范要求，以西南、东南指廊为例，周期及质量参与系数如表 2.3-2 所示。

西南、东南指廊模型前 10 阶及第 90 阶振型与累计质量参与系数　　　　　　　　表 2.3-2

模态	周期	X向平动		Y向平动		Z向平动		RZ向	
		质量/%	合计/%	质量/%	合计/%	质量/%	合计/%	质量/%	合计/%
1	1.1353	1.5961	1.5961	1.0205	1.0205	0	0	16.1356	16.135
2	0.9957	8.0073	9.6034	19.1721	20.1925	0.0109	0.0109	0.0205	16.156
3	0.9221	13.1721	22.7755	5.6586	25.8511	0.0001	0.0110	3.8307	19.986
90	0.0337	0	99.9946	0	99.9973	10.6563	98.5150	0.0001	89.269

3．屋盖稳定分析

屈曲分析有助于发现屈曲对结构尤其是构件的影响。采用特征值屈曲分析得到各屈曲模态的荷载系数以及对应的屈曲形态，查看结构构件的薄弱部位。以东南指廊为例，在 1.0 恒荷载 + 1.0 活荷载作用下进行线性屈曲分析，屈曲模态如图 2.3-10 所示。

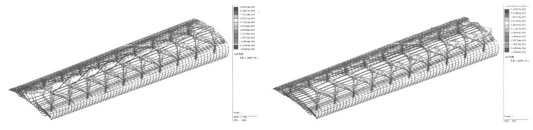

(a) 东南指廊第 1 阶屈曲模态（荷载系数为 18.2）　　　　(b) 东南指廊第 2 阶屈曲模态（荷载系数为 19.89）

图 2.3-10　线性屈曲模态

同样以东南指廊为例取屋盖线性稳定分析跨中最大位移点作为监控位移点，对结构在 1.0 恒荷载 + 1.0 活荷载作用下进行极限稳定承载力分析，屋盖结构进行几何非线性和几何材料双非线性分析并考虑第 1 阶屈曲模态为初始缺陷的影响，荷载系数如图 2.3-11、图 2.3-12 所示，进行几何非线性分析时荷载系数为 14.01，远大于 4.2 的要求，几何材料双非线性分析时荷载系数为 3.82，大于 2.0 的要求，均满足规范设计的要求，可以看出交叉立体桁架具有较高的稳定承载力，交叉桁架本身具有对屋盖结构平面内起到稳定支撑的作用，结构稳定承载力较高有足够的安全储备，此类结构免除了次桁架设置的需求。

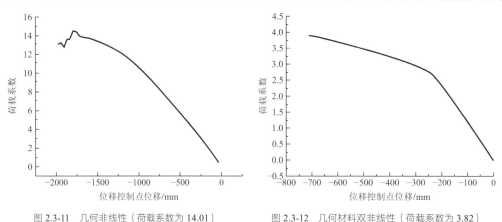

图 2.3-11　几何非线性（荷载系数为 14.01）　　　　图 2.3-12　几何材料双非线性（荷载系数为 3.82）

4．屋盖关键构件性能化分析

根据结构抗震性能目标，大跨度屋顶钢结构进行抗震性能验算，东南（西南）指廊交叉桁架中震弹性下桁架弦杆及支座腹杆应力比 0.68 以下，中震不屈服下桁架弦杆及腹杆应力在 300MPa 以下，个别屋面次梁应力超过屈服强度 345MPa；中央指廊左（右）桁架和网架中震弹性下桁架、网架弦杆及支座腹杆应力比 0.95 以下，中震不屈服下桁架、网架弦杆及支座腹杆应力比在 0.85 以下。大震不屈服东南（西南）指廊和中央指廊桁架、网架弦杆及支座腹杆应力比在 1.0 以下，个别桁架腹杆应力比超 1.0，整体满足抗震性能目标。

5．屋盖施工模拟分析

施工方案及施工的先后顺序对施工过程中结构的稳定性及施工完毕后结构的内力和位移有较大的影响。为指导现场施工，以东南指廊为例，对屋盖结构进行施工模拟。

（1）屋面钢结构施工方案

结合本项目实际场地条件，具体安装流程为：第一步，支撑胎架及柱顶活动支座安装；第二步，安装中间倒三角桁架；第二步，安装挑檐段桁架及中间连系钢梁；第四步，安装两侧倒三角桁架及连系钢梁；第五步，安装挑檐间桁架；第六步，安装端部片式桁架及连系钢梁；第七步，安装悬挑桁架；第八步，按步骤二～五安装相邻屋盖结构；第九步，完成屋盖结构安装；第十步，胎架卸载并拆除支撑措施（图2.3-13）。

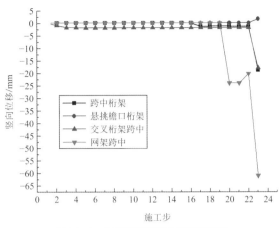

图 2.3-13 全部卸载胎架后屋面结构位移

（2）施工模拟结果及分析

采用 MIDAS/Gen 有限元软件进行施工模拟分析，施工阶段仅考虑结构自重和施工活荷载，考虑到吊装过程中的动力作用，乘以 1.4 放大系数。由计算结果可以看出中间倒三角桁架分段最大吊点反力为 125kN，挑檐段桁架分段最大吊点反力为 144kN，构件最大应力比和位移都较小，最大应力比为 0.1，吊装过程结构本身满足强度和刚度的要求。

由施工模拟全过程分析可知，胎架支撑点最大反力为 172kN，全部卸载后最大位移为 21mm，构件应力比最大值为 0.25，结构强度和刚度满足规范要求。

（3）施工模拟分析与一次成型分析

由一次成型计算结果可以得出，屋面最大位移为 24mm，构件最大应力比为 0.25，从变形规律到受力分布结果都与全过程施工模拟结果较为吻合，施工模拟过程满足设计要求。

2.4 专项设计

2.4.1 异形变截面缓粘结预应力混凝土斜柱分段等效设计

深圳机场卫星厅支撑钢屋盖共布置有 132 根斜柱，从三层楼板开始倾斜，倾斜角度为 80°。斜柱作为大跨度钢桁架屋盖的支撑构件，其形状为"下大上小"变截面异形造型，柱顶和柱底截面分别为 1000mm × 950mm 和 1500mm × 950mm 的异形截面，如图 2.4-1 所示。

图 2.4-1 异形预应力斜柱

1. 设计思路

斜柱顶部受到了钢屋盖作用的竖向力H和水平力V，在恒荷载与活荷载作用下，由于斜柱造型，H自然是竖直向下的，而V的主要作用方向总是水平指向幕墙外，也就是斜柱的倾斜方向，因为倾斜产生的柱底附加弯矩$M_h = H \times d$和因为柱底水平剪力产生的柱底附加弯矩$M_v = V \times h$总是方向相同的，其中d为柱顶和柱底截面形心偏心距，h为柱子高度。倾角越大，偏心距d也就越大，M_h也随之增大。倾斜对柱子产生了不利影响，若配筋不足，会导致柱顶变形过大、柱底开裂、截面承载力不足等问题。考虑到柱子倾斜将导致柱底产生较大的定向附加弯矩，与柱顶水平剪力产生的弯矩叠加作用下对结构有较为不利的影响，因此在柱子倾斜方向两侧配置不同数量的纵向预应力筋，对柱子作用了预应力附加弯矩，与柱子倾斜产生的附加弯矩方向相反，起到了减少柱顶变形、控制结构裂缝、增大截面承载能力的作用，如图 2.4-2 所示。

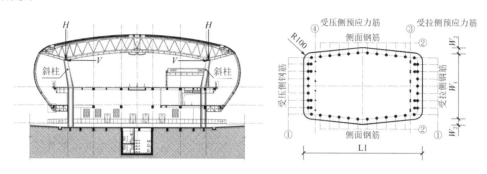

图 2.4-2 斜柱

2. 设计方法

该设计的异形变截面预应力混凝土斜柱，可在一定程度上消除柱身倾斜带来的不利影响。根据柱子的倾斜方向和受力情况，将柱子长度方向两侧分为受压侧与受拉侧，柱子的倾转方向为自受拉侧转向受压侧，通常情况下，受拉侧的钢筋总是受压，受压侧的钢筋总是受拉。在受拉侧与受压侧配置不同数量的通长预应力筋，如图 2.4-3 所示，当受拉侧的总预拉力F_p大于受压侧F'_p时，其合力对柱子产生的附加弯矩M_p将与M_h和M_v反向，因此不对称设置预应力筋在控制裂缝的同时，也可以减少斜柱的柱顶位移，增大斜柱的承载能力。

以下是异形变截面预应力混凝土斜柱的设计步骤：

步骤一，建立结构整体分析模型，采用与斜柱刚度接近的杆件模拟斜柱，获取斜柱的柱底弯矩标准值M_k和设计包络值M_u。

步骤二，将斜柱沿长度方向等分为n段，取每一分段点所在截面为特征截面，作为其上下$h/2n$高度范围内的柱子的表征截面尺寸，将斜柱近似看作由$n-1$段高度为h/n和 2 段高度为$h/2n$的直短柱的组合体，n值越大，斜柱划分越细，计算结果也更为准确。顶部分段采用顶部截面作为特征截面，底部分段采用底部截面作为特征截面，其余分段采用分段居中截面作为特征截面。斜柱的分段示意如图 2.4-4 所示。

步骤三，将各特征截面等效替代为矩形截面，使其面积A和强轴截面惯性矩I_x参数接近特征截面。一般情况下，斜柱主要承受强轴方向的弯矩与剪力，斜柱设计受强轴方向的承载力与刚度控制，因此可用面积与强轴截面惯性矩相近的等效截面来计算设计特征截面。令等效截面宽高分别为b和h，则有$bh = A$，$1/12bh^3 = I_x$，联立可得$h = \sqrt{12I_x/A}$，$b = \sqrt{A^3/12I_x}$，即可得到等效截面尺寸。

步骤四，针对每一分段截面，分别输入受拉侧与受压侧配置的钢筋与预应力筋参数、特征截面对应的荷载值、混凝土强度等级、施加预应力时的混凝土强度、预应力筋张拉控制应力、抗震等级等参数，按照缓粘结预应力矩形柱计算每个分段上的裂缝宽度w_i、特征截面承载力M_{ui}、预应力筋附加弯矩M_{pi}、考虑荷载长期作用影响的刚度B_i。

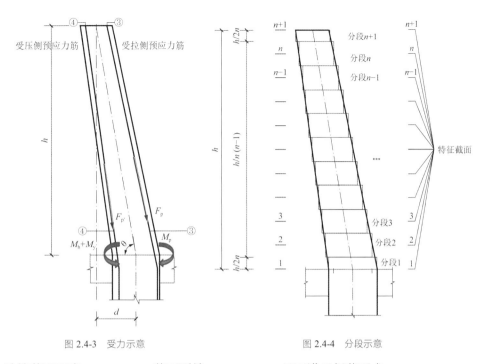

图 2.4-3 受力示意　　　　　图 2.4-4 分段示意

（1）验算截面强度$M_{di} \leqslant M_{ui}$，截面裂缝$w_i \leqslant 0.20$mm 是否满足规范要求。

（2）将各分段的计算结果统计起来，已知各分段长度、刚度、弯矩，可用图乘法计算各分段变形$\Delta_i = [(M_{ki} - M_{pi}) \times \bar{M_i}]/B_i \times l_i$，则柱顶位移$\Delta = \sum_{i=1}^{n+1} \Delta_i$，可验算斜柱位移比$\Delta \sin \theta / H$是否满足规范要求。

步骤五，若截面验算无法满足要求，应调整柱截面或配筋等参数，重新进行计算。

2.4.2　地铁上盖转换板振动影响分析

深圳机场卫星厅站上跨 11 号线隧道的结构底部设置转换板（兼作结构底板），通过隧道两侧三排桩基础将结构竖向力传至地下持力层，转换板长度约 80m，平均宽度约 30m。底板以上共四层（包含局部出屋面），跨越地铁 11 号线的底板跨度约为 12.5m。由于地铁隧道下穿深圳机场卫星厅候机大厅底部，人群密集，旅客众多，有必要评估地铁运行激励导致的结构振动响应。

1．计算目的

本次计算为了分析 11 号线地铁隧道转换板受到地铁竖向激励作用下的结构动态响应，评估转换板位置的舒适度指标，由此判断结构是否需要设置减隔震措施。

2．地铁振动波

本次分析采用的地铁振动波为在某地实测的三条地铁加速度时程波，分别采集于地铁隧道正上方及隧道正上方距离 20m 的位置，主频均为 50Hz 左右，各波详细信息如表 2.4-1 所示，各条波的加速度时程与频谱图如图 2.4-5 所示。

振动波参数　　　　　　　　　　　　　　　　表 2.4-1

波名	测点位置	测点深度	主频	加速度峰值/（m/s²）
MW1	隧道正上方	地表	50Hz	0.0129
MW2	隧道正上方	地表	50Hz	0.0132
MW3	隧道正上方 20m	地表	50Hz	0.055

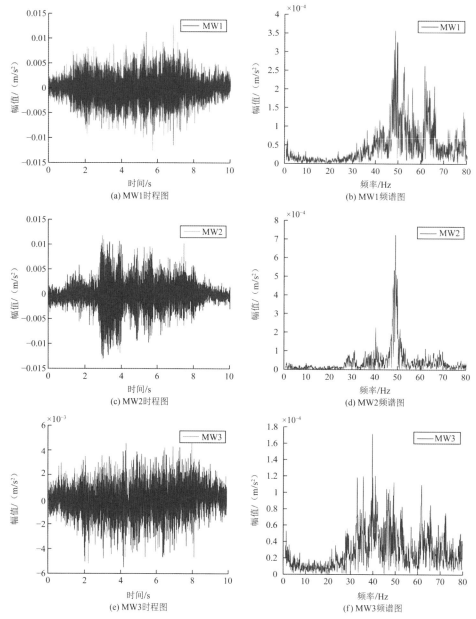

图 2.4-5　地铁加速度时程与频谱图

3. 振动分析

1) 计算模型

　　计算分析采用有限元分析软件 MIDAS/Gen, 计算模型如图 2.4-6、图 2.4-7 所示, 其中框中的范围为地铁转换板的位置, 转换板内设置有三排桩, 桩间距约为 12.5m, 地铁隧道由三排桩中间的通道中穿过, 转换板范围平面尺寸约为 80m × 25m。

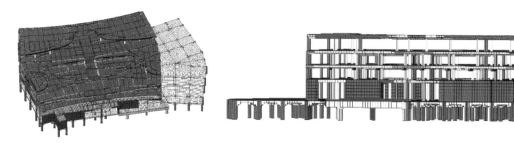

图 2.4-6　振动计算模型及转换板示意　　　　　图 2.4-7　振动计算模型侧视图

2）加载方式

选择了三种方式输入地铁振动时程，对比不同加载方式对计算结果的影响：

（1）地面运动，设定指定时程为地面运动，即全部支座节点输入相应地铁振动时程。

（2）多点激励，指定转换板范围内的支座节点输入地铁振动时程（图2.4-8）。

（3）时变静力，将加速度时程波转换成时变静荷载输入模型，考虑加载区域的重力包括2m厚混凝土板自重、5.3kN/m² 的附加恒荷载以及15.0kN/m² 的活荷载，即加载区域重力 M 为 7030kg/m²，根据牛顿第二定律 $F = ma$，可得输入的时变静荷载应为 $F = 7030a(t)\text{N/m}^2 = 7.03a(t)\text{kN/m}^2$，其中 $a(t)$ 为地铁振动加速度时程（图2.4-9）。

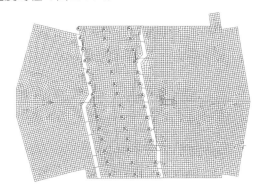
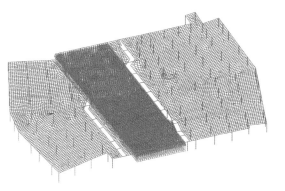

图2.4-8　多点激励加载支座节点　　　　　　　　图2.4-9　时变静荷载加载范围

3）模态分析

由于转换板厚度较大，为了减少其他构件的干扰，能够分析出转换板的一阶竖向振型，采用了简化模型，仅包含转换板及其范围内的竖向构件，如图2.4-10所示。

由模态分析可知，转换板结构的一阶竖向振型为第7振型（图2.4-11），一阶自振频率为15.744Hz，小于地铁振动时程波主频50Hz，且有较大差距。

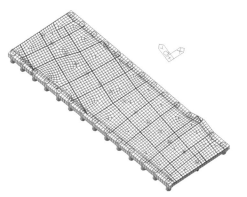
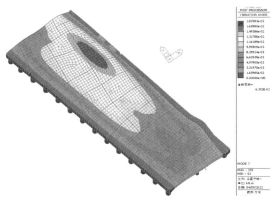

图2.4-10　简化模型　　　　　　　　　图2.4-11　简化模型一阶竖向振型（振型号7）

4）未调幅计算结果

各个模型中，输入各条实测地铁振动激励后，11号地铁隧道转换板面范围内结构加速度响应结果如表2.4-2所示。振动响应结果如图2.4-12～图2.4-14所示。

加速度响应　　　　　　　　　　　　　　　　　　　　　　　　表2.4-2

加载方式	板厚/m	MW1/（mm/s²）	MW2/（mm/s²）	MW3/（mm/s²）
地面运动	2	12.09	12.15	5.11
多点激励	2	11.61	12.23	4.79
时变静力	2	13.63	13.55	5.41

可见，在指定实测地铁振动时程波作用下，转换板位置的地铁振动激励加速度响应最大值为13.63mm/s²，低于规范要求的150mm/s²，满足舒适度要求。

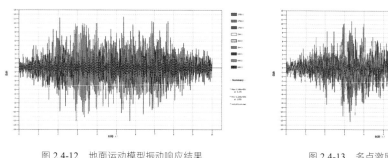

图 2.4-12　地面运动模型振动响应结果　　　　　图 2.4-13　多点激励模型振动响应结果

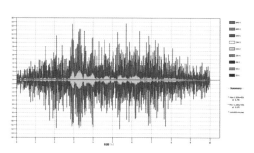

图 2.4-14　时变静力模型振动响应结果

5）调幅计算结果

前述计算分析所采用的实测地铁振动时程波的测量位置均为地表，地铁隧道埋深约为16m，考虑到土层的影响，地表振动相比地铁隧道顶部的振动应有一定程度的幅值衰减。根据同一位置后期超前钻开展后测回的振动情况，地下16m位置地铁振动加速度最大峰值约为0.0259m/s²，大于MW1、MW2、MW3的加速度峰值。考虑到深圳机场卫星厅11号线转换板至地铁隧道距离小于16m，采用最大0.0132m/s²加速度峰值的时程波计算偏于不安全。基于保守考虑，将三条时程波加速度峰值调为0.03m/s²，得到调幅后的三条时程波MW1T、MW2T、MW3T，加速度响应结果如表2.4-3所示。再用调幅波重新进行计算，振动响应结果如图2.4-15～图2.4-17所示。

加速度响应　　　　　　　　　　　　　　　　　　　　　　　　　　表 2.4-3

加载方式	板厚/m	MW1T/（mm/s²）	MW2T/（mm/s²）	MW3T/（mm/s²）
地面运动	2	27.00	27.80	26.15
多点激励	2	28.11	27.61	27.88
时变静力	2	31.71	30.80	29.74

可见，在指定调幅至0.03m/s²的地铁振动时程波作用下，转换板位置的地铁振动激励加速度响应最大值为31.71mm/s²，低于规范要求的150mm/s²，满足舒适度要求。

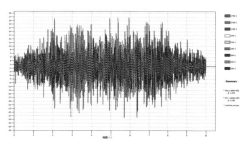 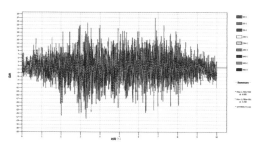

图 2.4-15　地面运动模型振动响应结果（调幅）　　　　　图 2.4-16　多点激励模型振动响应结果（调幅）

经典回眸　广东省建筑设计研究院有限公司篇

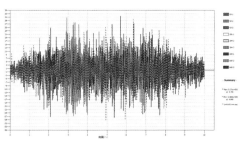

图 2.4-17　时变静力模型振动响应结果（调幅）

6）不同板厚参数分析

由前述计算分析可知，尽管没有采用减隔振措施，深圳机场卫星厅11号线转换板依然在地铁振动激励作用下较好地控制了加速度响应指标，实现了不错的舒适度。可以合理推测是转换板2m的板厚起到了作用，为此进行参数分析，调整转换板板厚为0.5m和0.1m，评估板厚对于舒适度的影响情况。首先进行模态分析，可得0.5m板厚模型一阶自振频率为5.2967Hz，0.1m板厚模型一阶自振频率为0.6454Hz（图2.4-18、图2.4-19）。

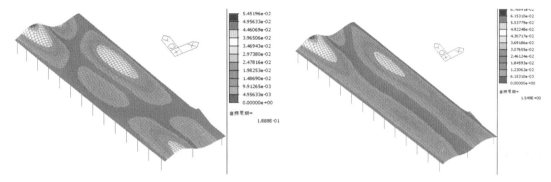

图 2.4-18　0.5m 板厚模型一阶竖向振动振型　　　　　　　　图 2.4-19　0.1m 板厚模型一阶竖向振动振型

输入模型的时程波取 MW1、MW2、MW3、MW1T、MW2T、MW3T 六条时程波，采用时变静力方式加载。将加速度时程波转换成时变静力荷载输入模型，考虑加载区域的重力包括 0.5m/0.1m 厚混凝土板自重、5.3kN/m² 的附加恒荷载以及 15.0kN/m² 的活荷载，即加载区域重力 M 为 3280kg/m²/2280kg/m²，根据牛顿第二定律 $F = ma$，可得输入的时变静力荷载应为 $3.28a(t)$kN/m² 和 $2.28a(t)$kN/m²，其中 $a(t)$ 为地铁振动加速度时程。转换板加速度响应计算结果如表 2.4-4 所示，可见板厚对于转换板加速度响应具有一定的影响，但是由于板厚增加导致输入荷载大幅增加，以至于板厚增大带来的加速度响应的增益效果存在边际效应。

加速度响应计算结果　　　　　　　　　　　　　　　表 2.4-4

加载方式	板厚/m	时程波/（mm/s²）	调幅波/（mm/s²）	自振频率/Hz	板自重/（kN/m²）	附加恒+活/（kN/m²）	输入荷载/（kN/m²）
时变静力	2	13.63	31.71	15.744	50	20.3	$7.03a(t)$
时变静力	0.5	19.52	45.39	5.2967	12.5	20.3	$3.28a(t)$
时变静力	0.1	18.48	55.14	0.6454	2.5	20.3	$2.28a(t)$

7）小结

对深圳机场卫星厅11号线转换板进行舒适度分析，通过地面运动、多点激励、时变静力三种方式输入地铁振动竖向激励，包括最大幅值为 0.0132m/s² 的三条地表实测波和考虑地铁隧道埋深影响调幅至 0.03m/s² 的三条地铁振动调幅波，计算得到转换板在实测波与调幅波激励作用下产生的最大结构加速度响应分别为 13.63mm/s² 和 31.71mm/s²，满足规范舒适度要求，转换板位置无需另行设置结构减隔震措施。

通过调整转换板板厚进行参数分析，可知板厚对于地铁振动的加速度响应具有一定影响，但是存在边际效应，应综合考虑结构的承载力、变形、裂缝和舒适度等因素设置合理的板厚。

2.4.3　超长结构分缝影响分析

指廊与主楼交接处采用设置整体结构缝，主楼下部混凝土在 A、B、C 区交接处设置结构缝，钢结构屋盖是否分缝在本章进行重点分析。研究表明，对于超长大跨空间结构，传统的单点多向地震动输入不能反映空间变化引起的行波效应，使得计算结果比实际偏小。为探讨伸缩缝对整体主楼超长钢结构的影响，分别对整体主楼、分缝主楼进行多点多向和单点多向多遇地震作用下的地震反应分析与温度应力对比分析，并进行罕遇地震作用下的构件损伤对比研究。

1. 多遇地震计算分析

（1）计算模型与分析方法

采用 MIDAS/Gen 软件分别建立整体主楼、分缝主楼两个对比计算模型，如图 2.4-20 所示。混凝土阻尼比为 0.05，钢结构阻尼比为 0.02。设防烈度为 7 度（0.1g），场地类别为Ⅲ类，设计地震分组为第一组，特征周期 $T_g = 0.45$s。采用 2 条实际强震记录 DUZCE 地震波、CHRISTCHURCH 地震波和 1 条人工加速度时程 RGB，加速度峰值为 35cm/m²。沿 X 主方向计算分析，三向地震动以 1.0：0.85：0.65 输入。

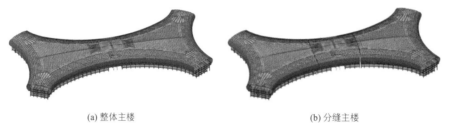

| (a) 整体主楼 | (b) 分缝主楼 |

图 2.4-20　计算模型

多点和单点输入均考虑 X、Y、Z 三向地震动的影响，多点输入考虑行波效应，按场地土类别行波波速为 150m/s，分区如图 2.4-21 所示，调整各支座地震动激励到达时间。

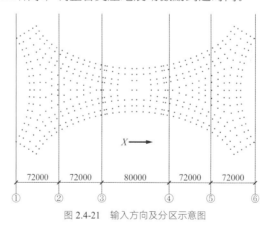

图 2.4-21　输入方向及分区示意图

（2）计算分析结果

从结构动力特性上看，整体主楼前三阶周期分别是 X 向平动、Y 向平动和 Z 向扭转，分缝主楼前三阶周期表现为中间主楼 X 向平动、右主楼 X 向平动和右主楼 Z 向扭转，基本周期比整体主楼略有增大。可见钢结构分缝对结构的动力特性改变不大。定义多点多向输入地震作用时程最大值与单点多向输入地震作用时程最大值的比值为影响因子。从基底剪力对比分析结果来看，整体主楼和分缝主楼基底剪力影响因子均小于 1，可见多点地震反应对基底剪力的影响没有单点地震反应强烈，多点输入下结构各构件振动不同步，叠加为总地震作用时往往互相抵消，导致基底剪力影响因子均小于 1。此外，设置伸缩缝后，行波对基底剪力的影响减小，分缝主楼影响因子大于整体主楼（表 2.4-5）。

基底剪力 表 2.4-5

地震波	多点地震反应		单点地震反应		影响因子	
	整体/kN	分缝/kN	整体/kN	分缝/kN	整体/kN	分缝/kN
CHR	30420	35680	76050	61517	0.40	0.58
DUZ	37210	56150	84568	74867	0.44	0.75
RGB	38740	32390	92238	77119	0.42	0.42
包络值	38740	56150	92238	77986	0.42	0.72

对钢结构关键部位重点构件内力进行对比分析。选取主楼钢结构中 A、B、C、D 四个关键部位点，如图 2.4-22 所示。分别对这四点的钢结构下弦、钢结构腹杆和支撑钢屋盖的混凝土柱的内力进行分析。从表 2.4-6 可知，多点反应下分缝模型各点下弦、腹杆的轴力和 B、C、D 点处框架柱内力比整体模型明显减小，分缝后 A、B、C、D 四点下弦轴力分别减小 56.9%、60.1%、88.1% 和 64.0%，腹杆轴力分别减小 48.0%、38.2%、36.7% 和 82.9%，B、C、D 点框架柱轴力、剪力和弯矩分别减小 57.8%、49.7% 和 49.5%，A 点剪力和弯矩分别增大 7.5% 和 7.6%，轴力减小 37.4%；整体模型中的影响因子基本上大于 1，大部分介于 1.3~2.5，分缝模型影响因子基本上小于 1，大部分介于 0.5~0.8。可见超长钢屋盖设缝分块后，明显减小了行波效应对结构的影响，使得屋盖钢结构在不跨缝的情况下关键构件内力比跨缝下明显减小；对超长结构采用地震反应分析时，多点分析的构件内力比单点分析明显大，设计中不能忽视多点地震的影响，钢结构构件内力应考虑影响因子，适当放大构件内力进行构件设计。对于分缝后的常规结构，可优先选用单点地震反应分析，此时采用多点分析的优势不明显。

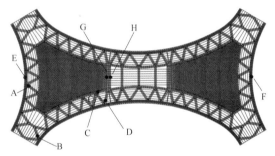

图 2.4-22 重点位置

A、B、C、D 点构件内力 表 2.4-6

位置	多点反应								影响因子							
	整体模型				分缝模型				整体模型				分缝模型			
	A	B	C	D	A	B	C	D	A	B	C	D	A	B	C	D
下弦/kN	564	153	1893	303	243	55	226	109	1.94	1.42	5.46	1.93	0.73	0.50	0.60	0.73
腹杆/kN	102	55	196	146	53	34	124	25	1.65	1.02	1.36	4.29	0.76	0.77	0.86	0.66
柱轴/kN	99	128	243	100	62	54	218	54	1.16	1.16	0.91	1.32	1.02	0.87	0.64	0.81
柱剪/kN	241	175	452	158	259	88	304	126	0.89	1.16	1.05	1.49	0.69	0.62	0.73	0.85
柱弯/(kN·m)	1786	1305	1978	1224	1921	659	1471	977	0.89	1.16	0.77	1.50	0.69	0.62	0.59	0.84

以图 2.4-23 中 E、F 点的 Y 向位移差值作为结构扭转的判断标准。通过对比可知，不同地震波作用下各点振动情况基本相同，以 CHR 天然波为例，提取 E、F 多点和单点输入的地震反应位移时程，对每个时刻 E、F 点的竖向位移做差值，位移差时程曲线如图 2.4-23 所示。可以看出，整体主楼和分缝主楼在多点地震反应下 Y 向位移差值相差不大，变化规律基本相同，但明显大于单点反应，分缝主楼单点反应

竖向位移差值大于整体主楼。多点整体主楼、多点分缝主楼、单点整体主楼、单点分缝主楼的竖向位移最大差值分别为 28mm、33mm、3mm、11mm。可见设置伸缩缝不改变整体结构的扭转效应，多点地震反应结构扭转效应明显大于单点反应，对超长结构扭转效应进行分析时，应考虑多点地震反应的不利影响，设计中应予以重视。

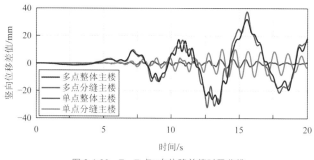

图 2.4-23 E、F 点 Y 向位移差值时程曲线

以图 2.4-23 中伸缩缝两旁 G、H 点的三向位移差值作为分缝相对位移的判断标准。以 CHR 天然波为例，提取 G、H 多点和单点输入的地震反应位移时程，对每个时刻 G、H 点的 X、Y、Z 向位移做差值，由计算结果可以看出，X、Y、Z 向的多点多向地震反应与单点多向位移差时程曲线规律并不相同，多点地震反应位移差不均匀性更明显。X、Y、Z 向多点多向最大位移差分别为 41mm、20mm、16mm，单点多向反应分别为 34mm、14mm 和 11mm。可见对于分缝处的位移，多点地震反应对结构的影响比单点强烈。

2. 罕遇地震作用下关键构件损伤对比

采用 MIDAS/Gen 有限元软件进行罕遇地震作用下的动力弹塑性分析，地震波加速度峰值为 220cm/m²，沿总坐标系 X、Y、Z 三向一致输入，峰值加速度比值分别为 1.0∶0.85∶0.65，对比整体主楼与分缝钢结构屋盖的损伤状况。分析结果表明钢屋盖分缝后，明显降低屋盖对下部支撑柱的约束作用，分缝主楼下方的混凝土柱损伤状况比整体主楼明显减小；主楼钢屋盖的斜交拱桁架弦杆为关键构件，由于分缝主楼减小钢结构的连续长度，地震作用下弦杆损伤状态小于整体主楼；网架腹杆在地震作用下受力变化敏感，整体主楼网架腹杆局部进入轻微损伤状态，分缝主楼减小了钢结构的连续长度，地震作用小于整体主楼，网架腹杆仍处于不需修理可继续使用状态（图 2.4-24、图 2.4-25）。

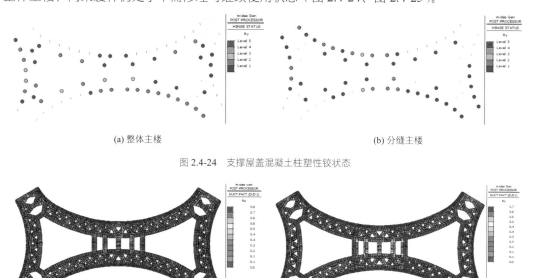

(a) 整体主楼　　　　　　　　　　　　(b) 分缝主楼

图 2.4-24 支撑屋盖混凝土柱塑性铰状态

(a) 整体主楼　　　　　　　　　　　　(b) 分缝主楼

图 2.4-25 钢桁架塑性铰等级

2.4.4　超长屋盖钢结构抗震与抗风分析

1.技术研究背景

本工程地处沿海台风多发地区且高烈度地震区，针对抗风、抗震及屋盖超长结构设计，项目创新采用将抗震滑移球铰支座与黏滞阻尼器组合形成复合阻尼支座应用于支撑屋盖柱柱顶。该技术措施有效起到消能减震（振）及温度应力控制作用，安装方便。同时，为验证支座力学性能符合设计要求还进行了支座性能试验。

2.复合阻尼支座减震（振）效果分析

（1）复合阻尼支座工作原理、构造及特点

新型复合阻尼支座设置在支撑屋盖柱的柱顶，下部通过埋件与混凝土柱相连，上部与钢结构相连。新型复合阻尼支座在竖向提供足够刚度，不产生竖向变形；水平向可在平面内自由滑动，沿阻尼器方向产生位移时，阻尼器产生滞回变形，耗散能量；在垂直阻尼器方向自由滑动时，可释放温度作用下的温度应力；还能绕底座产生自由转角，释放柱顶弯矩。新型复合阻尼支座如图2.4-26所示。

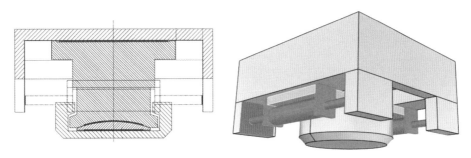

图2.4-26　新型复合阻尼支座

复合型支座既能双向滑动，也能球向转动，适用于强台风、高烈度地区，既能在地震作用下耗能减震，又能在强台风下减少风振影响，是一种性能优良的减震、抗风的支座。

（2）复合阻尼支座布置方式及支座性能参数

卫星厅平面虽划分多个结构缝，但仍然属于超长结构，其中指廊长宽比达到3.95∶1，对于抗震及温度作用较为不利，为减少温度应力、消能减震及减少风振的影响，在结构缝两侧及端头边跨柱顶设置复合阻尼支座。为减少温度应力，沿结构长方向支座设为限位滑动方式；为减少地震作用及风振影响，沿短向（跨度方向）设置黏滞阻尼。复合阻尼支座布置位置及作用方向如图2.4-27所示。

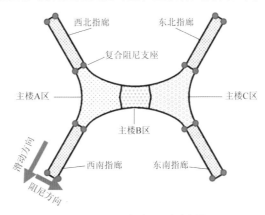

图2.4-27　卫星厅复合阻尼支座布置图

复合阻尼支座在固定万向球铰支座的基础上，沿X向释放水平约束，可以自由滑动，允许滑动位移±50mm；在Y向设有2个黏滞阻尼器，阻尼器外径为80mm，允许产生位移100mm，这样既满足万向球铰转动，又满足水平位移释放的要求。考虑兼顾减震和风振作用的消能效果，复合阻尼支座的技术参数为：输出阻尼力 200kN，阻尼系数 $C = 250$ kN·(s/m)，阻尼指数取 0.3。现场安装如图 2.4-28 所示。

图 2.4-28 现场安装

（3）多遇地震作用下减震分析

四个指廊平面尺寸接近，新型复合阻尼支座减震效果相似，对东南指廊进行分析。为了对比新型复合阻尼支座的减震效果，采用 MIDAS/Gen 软件建立普通结构模型、减震结构模型和滑动结构模型。选取 DUZ、CAP、RGB1 三条地震波，计算结果取包络值，根据《建筑消能减震技术规程》JGJ 297—2013 计算附加阻尼比，CAP、DUZ、RGB1 作用下附加阻尼比分别为 1.08%、1.65% 和 1.71%，平均附加阻尼比为 1.48%。不同地震波作用下，层间剪力包络值如图 2.4-29 所示，可以看出，原结构、消能减震结构、附加阻尼比 1.5% 结构、附加阻尼比 2.6% 结构层间剪力依次减小，其中，消能减震结构与附加阻尼比 1.5% 结构非常接近，可见进行动力时程反应分析时，复合阻尼支座提供的附加阻尼比约为 1.5%。

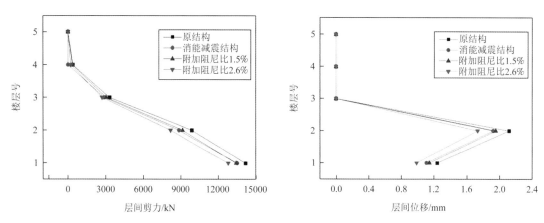

图 2.4-29 层剪力与层位移

复合阻尼支座在地震作用下耗散能量，在 CAP、DUZ 和 RGB1 作用下，最大阻尼力分别为 116kN、131kN、120kN，最大位移分别为 2.4mm、4.6mm、3.8mm。

（4）罕遇地震作用下减震分析

采用 MIDAS/Gen 有限元软件进行罕遇地震作用下的动力弹塑性时程分析，地震波加速度峰值为 220cm/s²，沿总坐标系 X、Y、Z 三向一致输入，峰值加速度比值分别为 1.0：0.85：0.65。在设置复合阻尼支座的小震模型基础上，把地震波峰值调大至 220cm/s，初步分析大震作用下复合阻尼支座的性能。DUZ 地震波作用下，复合阻尼支座滞回曲线可见阻尼器正、负向最大位移分别为 72mm、100mm，正负向最大阻尼力分别为 188kN、195kN。

（5）风荷载时程分析研究

根据中国建筑科学研究院有限公司提供各测点风压系数时程，采用图 2.4-30 计算得到各测点的风压时程曲线。根据风洞试验提供的西南指廊等效静力风荷载，最不利角度为 50°。对该风向角下各测点风压系数时程进行组合。将最不利 50°风向角下的节点动力时程风荷载施加在有限元模型节点上，采用非线性直接积分法进行风振响应时程计算，并对典型节点的风振响应进行分析。求出 0～200s 之间位移和加速度响应时程数据的峰值与均方根来分析支座的减振效果。

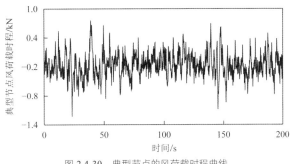

图 2.4-30　典型节点的风荷载时程曲线

建立原结构、消能减震结构、无控结构的三种模型，均保留幕墙结构。风荷载按实际风洞试验结果，区域内各测点每个时刻风压值取平均作为风压时程。提取端部及中间部位六个位置支座上部的位移进行研究分析。

通过对比端部柱位置，可知在风吸侧两端的框架柱，水平无控结构支座顶点位移明显大于其他两种结构，最大值为 43mm，消能减震结构略大于原结构；通过对比两侧端部柱，可知在风压侧两端的框架柱，水平无控结构支座顶点位移明显大于其他两种结构，最大值为 30mm，消能减震结构略大于原结构；通过对比三个部位框架柱，可知在风吸侧的框架柱，中柱水平位移最大值为 21mm，明显小于两端框架柱，消能减震结构与原结构非常接近，但大于水平无控结构；同时在风压侧的框架柱，中柱水平位移最大值为 17mm，明显小于两端框架柱，消能减震结构、原结构和无控结构依次减小。

2.5　试验研究

深圳机场卫星厅工程屋盖支座采用 24 套钢球铰支座 + 黏滞阻尼器复合构成支座来支撑钢屋盖，屋盖单向跨度为 45m，支座为柱顶单点支撑形式，支座荷载大，为非定型产品，是钢结构的重要节点，有必要对复合阻尼支座及阻尼器进行试验检测，试验主要检测支座承受极限拉剪、压剪的性能状态，测定拉弯、压弯性下转动能力及阻尼器的相关工作性能。

2.5.1　试样设计参数

1. 复合阻尼支座参数

支座抗压承载力设计值：5000kN；支座抗拔承载力设计值：2000kN；支座水平承载力设计值：200kN（沿阻尼器轴线方向）；支座允许转角：0.06rad；设计位移量：50mm 和 150mm。

2. 黏滞阻尼器参数

阻尼系数 C [kN/(m/s)$^\alpha$]：300；阻尼指数 α：0.3；设计阻尼力（kN）：100；设计行程（mm）：±125；极限行程（mm）：±150；设计速度（m/s）：0.0257；阻尼器型号：VFD-NL×100×125。

2.5.2　试验内容

支座试验在华南理工大学结构试验室进行。充分考虑支座滑移箱位于支座顶部，为了更好地展示支座滑移后真实状态,本检测项目中试验采用 1:1 足尺试件,且检测时在支座滑移面上增加同钢结构施工一致的 800mm × 800mm × 40mm 的钢板。ZZ2 复合阻尼支座检测试验,包含阻尼支座三个状态（即平衡状态、中间状态及极限状态）下,转动力矩检测、受压承载力检测及受拉承载力检测,共计 9 次试验。试件模型及试件加载设备如图 2.5-1 所示。试验内容包含复合阻尼支座整体检测和黏滞阻尼器检测。

图 2.5-1　试件加载设备

1. 复合阻尼支座检测内容

（1）在支座的平衡状态下（即支座各项位移处于 0 的状态）,检测其压力、拉力、压转及拉转性能,主要试验内容包括支座的转动力矩检测、受压承载力检测及受拉承载力检测;

（2）在支座的中间状态下（即支座各项位移处于 25mm 及 75mm 的状态）,检测其压剪、拉剪、压转及拉转性能,主要试验内容包括支座的转动力矩检测、受压承载力检测及受拉承载力检测;

（3）在支座的极限状态下（即支座各项位移处于 50mm 及 150mm 的状态）,检测其压剪、拉剪、压转及拉转性能,主要试验内容包括支座的转动力矩检测、受压承载力检测及受拉承载力检测。

2. 黏滞阻尼器检测内容

（1）阻尼器力学性能,包含极限位移、最大阻尼力、阻尼力规律性检测;

（2）耐久性,包括疲劳性能和变形性能;

（3）加载频率相关性能。

2.5.3　试验现象与结果

1. 平衡状态下复合阻尼支座检测试验

试验荷载取支座竖向受拉、受压设计承载力的 1.0 倍进行试验,测试内容包含竖向荷载、竖向位移和关键部位应变,试验得到的荷载-位移曲线基本呈线性,同时根据应变花数据,说明支座处于弹性状态,平衡状态下复合阻尼支座的拉力-位移曲线、压力-位移曲线如图 2.5-2、图 2.5-3 所示。

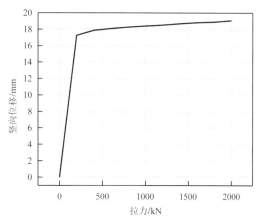

图 2.5-2　平衡状态下拉力-位移曲线

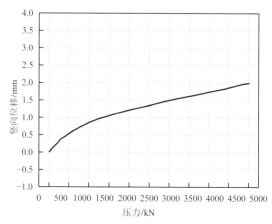

图 2.5-3　平衡状态下压力-位移曲线

2. 中间状态下复合阻尼支座检测试验

试验荷载取支座竖向受拉、受压设计承载力的 1.0 倍，同时水平荷载加载至沿阻尼器方向 75mm，垂直于阻尼器方向 25mm 所匹配力值进行试验，测试内容包含竖向荷载、竖向位移和关键部位应变，试验得到的荷载-位移曲线基本呈线性，同时根据应变花数据，说明支座处于弹性状态，压转与拉转均能达到 0.06rad；中间状态下复合阻尼支座的拉力-应变、压力-应变曲线如图 2.5-4、图 2.5-5 所示。

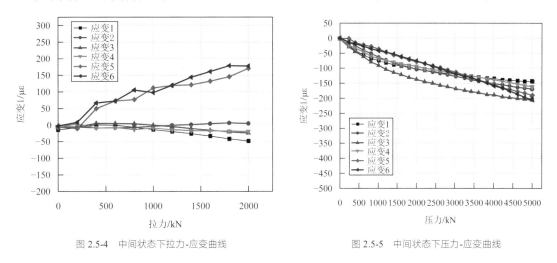

图 2.5-4　中间状态下拉力-应变曲线　　　　图 2.5-5　中间状态下压力-应变曲线

3. 极限状态与 2.0 倍设计荷载下复合阻尼支座检测试验

试验荷载分别取支座竖向受拉、受压设计承载力的 1.0 倍，同时水平荷载加载至沿阻尼器方向 150mm，垂直于阻尼器方向 50mm 所匹配力值，及 2.0 倍竖向压力设计值试验荷载进行试验，测试内容包含竖向荷载、竖向位移和关键部位应变，试验得到的荷载-位移曲线基本呈线性，同时根据应变花数据，说明支座处于弹性状态，压转与拉转均能达到 0.06rad；极限状态下复合阻尼支座的拉力-位移、压力-位移曲线如图 2.5-6、图 2.5-7 所示。

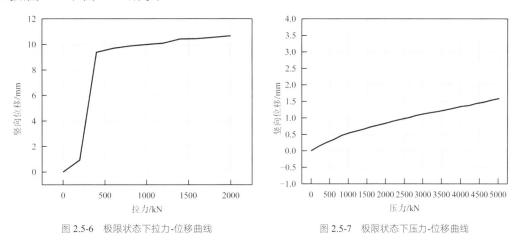

图 2.5-6　极限状态下拉力-位移曲线　　　　图 2.5-7　极限状态下压力-位移曲线

4. 黏滞阻尼器检测

加载设备采用 500kN MTS 系统，在 MTS 加载系统施加双向位移荷载，实现 VFD-NL×100×125 黏滞阻尼器的推拉。检测内容包含极限位移测试、最大阻尼力检验、阻尼系数、阻尼指数与滞回曲线、疲劳性能和最大阻尼力加载频率相关性能试验。检测结果表明送检 VFD-NL×100×125 阻尼器实测正向极限位移均值为 +150.31mm，负向均值为 −150.66mm，实测值均大于 1.2 倍设计值行程（±150mm）；实测最大阻尼力平均值为 90.53kN，在产品设计值（100kN）的 ±10% 以内；满足规范要求单个阻尼器实测值在产品设计值（100kN）的 ±15% 以内；测阻尼系数、阻尼指数实测值偏差在产品设计值的 ±15% 以内，实测值偏差的平均值在产品设计值的±10%以内；地震疲劳加载检验满足要求，不同加载频率时，阻尼器得到的最大阻尼力变化不大，均满足实测阻尼力与理论力误差范围在±15%以内的要求。

2.5.4　试验结论

通过对深圳机场卫星厅工程 ZZ2（B 型复合阻尼）支座（ZGQZ5000-SX）试件进行承载能力试验和转动力矩测定得到以下基本结论：

（1）平衡状态下，1.0 倍竖向压力设计值 5000kN 试验荷载下，支座的竖向位移为 1.59mm；1.0 倍竖向拉力设计值 2000kN 试验荷载下，支座的竖向位移为 19.07mm。试验得到的荷载-位移曲线基本呈线性，同时根据应变花数据，说明支座处于弹性状态。压转与拉转均能达到 0.06rad。

（2）中间状态下（沿阻尼器方向 75mm，垂直于阻尼器方向 25mm），1.0 倍竖向压力设计值 5000kN 试验荷载下，支座的竖向位移为 1.77mm；1.0 倍竖向拉力设计值 2000kN 试验荷载下，支座的竖向位移为 18.96mm。试验得到的荷载-位移曲线基本呈线性，同时根据应变花数据，说明支座处于弹性状态。压转与拉转均能达到 0.06rad。

（3）极限状态下（沿阻尼器方向 150mm，垂直于阻尼器方向 50mm），1.0 倍竖向压力设计值 5000kN 试验荷载下，支座的竖向位移为 1.59mm；1.0 倍竖向拉力设计值 2000kN 试验荷载下，支座的竖向位移为 10.66mm。试验得到的荷载-位移曲线基本呈线性，同时根据应变花数据，说明支座处于弹性状态。压转与拉转均能达到 0.06rad。

（4）2.0 倍竖向压力设计值 10000kN 试验荷载下，支座的竖向位移为 2.01mm；2.0 倍竖向拉力设计值 4000kN 试验荷载下，支座的竖向位移为 19.18mm。试验得到的荷载-位移曲线基本呈线性，同时根据应变花数据，说明支座处于弹性状态。

2.6　结语

深圳机场卫星厅为粤港澳大湾区重要交通枢纽机场，其造型独特、大气、典雅，结合屋盖造型新颖的特点，优选了建筑美观、受力合理的结构形式，全面践行建筑结构一体化设计思路，四个指廊屋盖采用斜交倒三角桁架结构，中央指廊屋盖采用斜交倒三角桁架与正放四角锥网架的混合结构形式，充分发挥了该结构体系的优良结构性能，并完美实现了建筑的造型效果。

在结构设计过程中，主要完成了以下几方面的创新性工作：

1）建筑结构一体化设计

针对复杂空间建筑，提出以表皮作为结构的参数，基于结构创新来表现建筑形态，建筑构建逻辑通过结构逻辑来自由表达的结构建模方法，提出基于建筑构成元素与符号，结构体系的生成逻辑元素化符号化，实现结构与建筑形象统一的一体化设计方法研究，结构布置逻辑与建筑形体语言协调一致，X 形交叉桁架布置与建筑整体 X 形构型及室内装修遥相呼应；方便装修安装定位同时 X 形交叉桁架布置增加桁架平面外刚度，减少次桁架布置，减少了面外杆件安装。

2）异形变截面缓粘结预应力混凝土斜柱分段等效设计方法

针对 80°倾角的异形（呈圆角六边形）清水混凝土斜柱，结合该项目异形变截面斜柱的建筑造型要求，在提高施工便利性的条件下采用缓粘结预应力筋措施，克服有粘结预应力筋波纹管难以穿过斜柱较密配筋的缺陷，提出了异形变截面缓粘结预应力混凝土斜柱分段等效设计方法。

3）超长结构的抗震与抗风设计

本项目屋盖为超长屋盖，且位于沿海台风地区及高烈度地震区，针对如何控制超长屋盖的温度作用及地震与台风作用，采用了复合阻尼支座进行减振（震），提出了钢结构屋盖震振双控与温度应力控制技术，同时减弱脉动风作用并通过支座力学试验研究表明支座具有良好的震振双控性能。

4）地铁上盖转换板的振动分析

针对复杂工况下的地下交通群上盖工程及已运营地铁线路，进行了地铁上盖转换板振动影响分析研究，得出地铁运行对上部结构的振动影响较小，验证结构转换板能满足舒适度要求。

参考资料

[1] 广东省建筑科学研究院. 深圳机场卫星厅风洞试验报告[R]. 2017.

[2] 谭坚, 区彤, 张连飞, 等. 深圳机场卫星厅工程结构关键技术研究[J]. 建筑结构, 2022, 52(14): 41-49.

[3] 张连飞, 区彤, 谭坚, 等. 广州新白云国际机场 T2 航站楼钢屋盖结构设计[J]. 建筑结构, 2016, 46(21): 64-69.

设计团队

广东省设计研究院有限公司（结构方案 + 初步设计 + 施工图设计）：

区　彤、谭　坚、罗赤宇、张连飞、戴朋森、张艳辉、林松伟、石煦阳、李文生、鲁　恒

Aedas 凯达环球建筑设计（建筑方案）

执笔人：张连飞、区　彤

获奖信息

2022 年广东省土木工程詹天佑故乡杯奖

2021 年广东省钢结构协会钢结构金奖（设计类）一等奖

2019 年广东省优秀工程勘察设计建筑信息模型（BIM）专项二等奖

2022 年广东省勘察设计行业协会科学技术二等奖

第 3 章

昆明南站

3.1 工程概况

3.1.1 建筑概况

昆明南站为昆明铁路枢纽内客运系统的重要组成部分，主要承担着云桂、渝昆、昆玉、沪昆客运专线的客车作业，是以铁路为主，集长途汽车、公交、轨道等多种交通方式于一体的综合交通枢纽，是我国西南地区规模最大、抗震设防等级最高的国际性铁路客运交通枢纽。地处昆明市呈贡县吴家营片区，位于正在建设的呈贡新城东面龙潭山下。

主站房区域布置地下一层地下室（出站厅和地下停车场），采用钢筋混凝土框架结构；首层包含基本站台和承轨层，承轨层采用混凝土梁或型钢混凝土梁与型钢混凝土柱结构，站台层采用混凝土梁柱板结构；二层（高架候车厅层）采用型钢混凝土柱与混凝土梁结构，变形缝处采用钢桁架结构体系；三层（商业夹层）及屋盖采用钢结构。总建筑面积 334736.5m²，建筑物室外屋面高度 44.8m。

建筑典型平面图如图 3.1-1 所示，建筑效果图如图 3.1-2 所示。

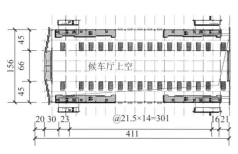

图 3.1-1 建筑典型平面图（m）

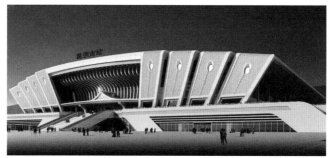

图 3.1-2 新建昆明南站效果图

3.1.2 设计条件

1. 主体控制参数

控制参数见表 3.1-1。

控制参数 表 3.1-1

结构设计基准期	承轨层：100 年	建筑抗震设防分类	重点设防类（乙类）
	其余：50 年		
建筑结构安全等级	一级	抗震设防烈度	8 度
结构重要性系数	1.1	设计地震分组	第三组
地基基础设计等级	一级	场地类别	Ⅱ类
建筑结构阻尼比	钢结构 0.02/混凝土结构 0.05		

2. 风荷载

结构变形验算时，按 50 年一遇取基本风压为 0.3kN/m²，承载力验算时按基本风压的 1.1 倍，场地粗糙度类别为 B 类。项目开展了风洞试验，模型缩尺比例为 1∶200。设计中采用了规范风荷载和风洞试验结果进行位移和强度包络验算。

3.2 设计特点

3.2.1 "桥建合一"的整体结构

昆明南站作为铁路重要枢纽的特大旅客车站,在设计中充分体现了以人为本的设计理念,站房设计吸收机场设计的理念,采用上进下出的流线方式,候车层位于站台层正上方,乘客可在候车室检票通过楼梯、扶梯直接到达站台,减少乘客的步行距离;主站房采用了整体框架结构方案,由混凝土框架结构支撑火车荷载,形成了桥梁 + 建筑(即"桥建合一")的整体结构方案。房屋建筑规范与桥梁规范的协调统一是结构设计的关键问题。

3.2.2 高烈度区抗震研究

昆明南站按照《建筑抗震设计规范》GB 50011—2010 规定和《昆明南新客站主站房、高架车道及落客平台抗震设防专项审查意见》:抗震设防烈度为 8 度,地震加速度为 0.2g,最大水平地震影响系数 $\alpha_{max} = 0.16$,场地类别为 II 类,属于高烈度地震区。主站房属于重点设防类(乙类)建筑,应按本地区抗震设防烈度确定其地震作用,并按提高一度采取抗震措施。通过动力弹塑性分析来确定结构在罕遇地震作用下的破坏过程,保证整体结构能实现基于性能的抗震设计。利用振动台试验检验结构各部分是否达到设计设定的性能目标,特别是研究关键部位的地震响应和破坏形态。

3.2.3 列车振动影响分析

高架候车厅位于高架站台上方,地铁与火车运动所产生的振动会通过结构构件传递到上部的候车层,必须考虑该振动对乘客的影响(舒适度的影响)。《铁路桥涵设计基本规范》TB 10002.1—2005 第 1.0.8条规定:特殊结构及代表性桥梁应进行车桥耦合动力响应综合分析,确保列车运行安全和旅客乘坐舒适。对于昆明南火车站采用"桥建合一"高架站台结构体系而言,地铁及火车的振动不仅对火车中的乘客有影响,而且对于出站厅和候车室的乘客同样有影响。

主要研究列车快速通过昆明南站及制动、启动时所引起的建筑结构动力响应,以解决在列车引起的振动下建筑结构的安全问题及人员舒适性问题。在高烈度区域内的列车振动对结构产生影响,有必要进行定性、定量的分析。

3.2.4 防连续倒塌分析

昆明南站属于超大跨、结构复杂的超大型乙类建筑,其在服役期可能面临结构损伤或性能退化的风险。根据《高层建筑混凝土结构技术规程》JGJ 3—2010,在设计阶段应充分考虑结构的防连续倒塌,通过多渠道减小结构发生连续倒塌的概率。通过分析典型的破坏工况,研究部分重要构件在发生破坏后结构的反应,从而发现结构在防止连续倒塌方面的薄弱环节。

3.2.5 不同截面类型转换的柱节点

屋盖结构支承柱为 1600mm×2200mm 矩形钢管混凝土柱、ϕ1800mm 圆钢管混凝土柱,高架候车室以下的支撑楼面结构的框架柱为 1600mm×2400mm 的矩形型钢混凝土柱。节点处须完成"圆形截面转成宽度更小的矩形截面、钢管混凝土截面转成内置型钢混凝土截面"的转换，水平向则与普通钢筋混凝土梁连接，且为排架柱（相当于悬臂柱）的柱脚固接节点，因此该节点为关键节点，其延性的好坏直接影响整个结构的安全，有必要进行有限元模拟分析，并通过模型载荷试验验证。

3.3 体系与分析

3.3.1 钢屋盖结构方案对比

在方案设计阶段，对钢屋盖考虑了三种结构方案。

方案一：屋盖边跨采用实腹梁，中间跨采用空腹梁，跨中设置了预应力钢拉索、V形撑来调整内力分布、改善挠度。柱网中跨隔一抽一，采用平面桁架作为托架梁（即转换梁），如图3.3-1所示。

方案二：屋盖边跨在中柱处采用Y形分叉实腹梁，中跨跨中、边跨为平行实腹梁，中跨在中柱处为局部桁架（上弦为Y形分叉实腹H型钢，卜弦为H型钢，腹杆为圆钢管）。柱网中跨隔一抽一，中柱下端为外倾的斜柱墩、上端为三叉柱，如图3.3-2、图3.3-3所示。

方案三：屋盖采用"桁网结合"的结构形式，纵横向为钢管桁架主骨架，桁架横截面为倒梯形，桁架间内嵌小网架，如图3.3-4、图3.3-5所示。

图3.3-1 方案一 屋盖结构轴测示意图

图3.3-2 方案二 屋盖结构轴测示意图　　　　图3.3-3 方案二 室内效果图

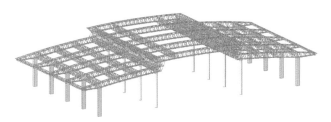

图3.3-4 方案三 屋盖结构轴测示意图　　　　图3.3-5 方案三 室内效果图

结构方案对比结论如下：

根据建筑实际需求，综合考虑安全性、经济性，最终选择了"桁网结合"的结构形式。此种屋盖结构具有以下优点：平面内刚度大、整体性好，更有利于抵抗高烈度的地震作用；桁架、网架杆件截面小、壁厚薄，材料利用率高；内嵌小网架代替了大跨主檩条及支撑，可整体吊装，高空作业量少；构件密集，可为装饰吊顶提供更多吊挂点。

3.3.2 结构布置

1. 主站房结构布置

主站房平面布置根据变形缝分为 12 块，如图 3.3-6 所示：其中 A1~A6 为两层混凝土框架结构，C1~C3 为单层结构混凝土框架结构；B1~B3 为主站房核心区域，其竖向分为承轨层（站台层）、候车层、高架夹层、屋面（图 3.3-7）。主站房剖视图如图 3.3-7 所示。

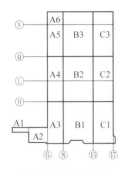

图 3.3-6　站房分区图

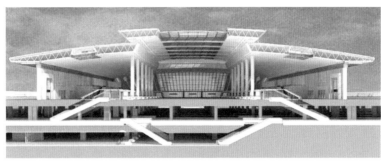

图 3.3-7　昆明南站主站房剖视图

站房区域布置地下一层地下室（出站厅和地下停车场），采用钢筋混凝土框架结构；首层包含基本站台和承轨层，承轨层采用混凝土梁或型钢混凝土梁与型钢混凝土柱结构，站台层采用混凝土梁柱板结构；二层（高架候车厅层）采用型钢混凝土柱与混凝土梁结构，变形缝处采用钢桁架结构体系；三层（商业夹层）采用钢结构；屋面采用梯形桁架结构。建筑物室外屋面高度 44.8m。站房最大平面尺寸 226m×430.5m，顺轨方向为 226m，垂直于轨道方向为 430.5m，主要轴网为 10.75m×22m、21.5m×22m。高架候车室内 3 跨跨度分别为 44m、66m、44m，垂直于轨道方向的基本跨度为 21.5m。

主站房承轨层采用型钢混凝土梁柱结构体系，其基本柱网为 10.75m×22m。型钢混凝土柱截面尺寸为 2500mm×2500mm 和 1800mm×1800mm，顺轨方向的型钢混凝土框架梁截面尺寸为 1800mm×2600mm，横轨方向 21.5m 跨度的型钢混凝土梁截面尺寸为 1800mm×2800mm，10.75m 跨度钢筋混凝土梁截面尺寸为 1800mm×2000mm。B2 区承轨层典型结构布置见图 3.3-8。主站房高架候车室基本柱网为 21.5m×22m，采用钢筋混凝土梁型钢混凝土柱结构。结构布置见图 3.3-9。主站房 B2~B3 区还包含部分商业夹层，夹层标高为 16.500m，商业夹层为钢框架结构，结构布置见图 3.3-10。

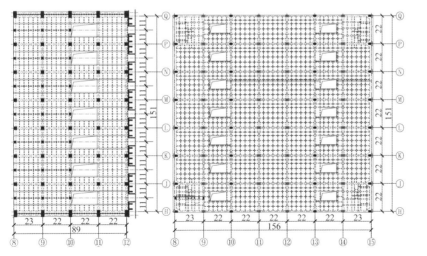

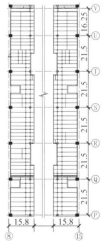

图 3.3-8　B2 区承轨层布置图（单位：m）　　图 3.3-9　B2 区候车层布置图（单位：m）　　图 3.3-10　商业夹层布置图（单位：m）

2. 屋面结构布置

主站房屋盖采用"桁网结合"的结构形式，纵横向为钢管桁架主骨架，桁架横截面为倒梯形，桁架间内嵌填充网架（图 3.3-11～图 3.3-13）。主站房屋盖总覆盖面积 74800m²，顺轨向中间跨 66m，边跨柱距 44m，两边各悬挑 15m；横轨向标准跨柱距 21.5m，局部柱距 37m。主站房柱子候车厅以上边柱采用 2200mm×1600mm 矩形钢管混凝土柱，中柱采用φ1800mm 圆钢管混凝土柱。主站房屋面顺轨向布置了两道抗震缝，将结构分成 B1、B2、B3 三个分区，横轨向宽 150.5m，B1 区屋面桁架轴测图如图 3.3-14 所示。

高架候车厅支承钢屋盖的悬臂排架柱采用钢管混凝土柱（中柱截面为圆形、边柱为矩形），而三层楼面梁为普通钢筋混凝土梁、二层以下框架柱为钢骨混凝土柱。三种结构形式交会产生了多种截面连接、转换的复杂节点。作为悬臂柱的根部节点，其构造须满足完全固结的刚度要求，其强度须满足设防地震下完全弹性、罕遇地震下基本弹性的要求。

入口处扇形幕墙结构采用平面桁架结构，主入口处沿建筑造型空间倾斜布置，疏散出口处为竖直向布置，幕墙平面桁架上端与屋面空间桁架连接，连接处屋面顺轨向设置四边形空间桁架连成整体，弦杆下端铰接支承于下部混凝土楼面，其中，边榀及中间榀桁架弦杆下端由混凝土柱直接支承，其他弦杆由混凝土大梁支承（图 3.3-15～图 3.3-17）。

木亭下部周边支承钢梁采用实腹钢梁结构，钢梁横截面为箱形；木亭上方的曲线形钢柱亦采用实腹钢梁结构，钢梁横截面为箱形，上下两端均采用可单向转动的铰接支座与主体结构相连，在曲折位置设置了三道水平稳定撑杆。

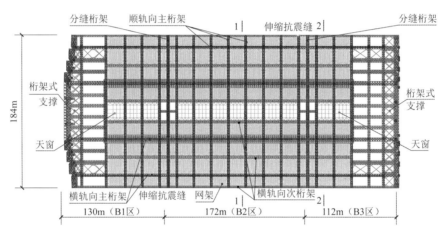

图 3.3-11 屋盖结构平面布置图

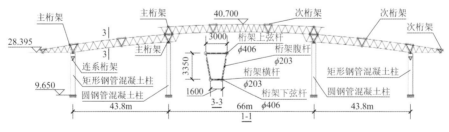

图 3.3-12 标准跨空间桁架剖面图

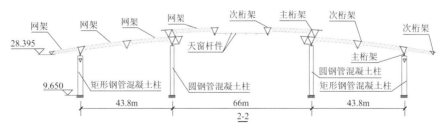

图 3.3-13 标准跨网架剖面图

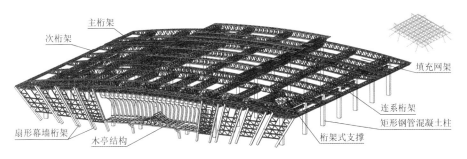

图 3.3-14 B1 区屋面桁架轴测图

图 3.3-15 正面效果图

图 3.3-16 室内效果图

图 3.3-17 侧面效果图

3. 防震缝、伸缩缝、变形缝

昆明南站平面尺寸为 226m × 435m，为避免过大的温度应力对结构产生不利影响，横轨方向通过设置两道变形缝分割平面成三部分，分别位于Ⓠ、Ⓗ轴，顺轨向也通过设置两道变形缝将平面分割成三部分。在承轨层（±0.000m）以下采用双柱设缝，缝宽 150mm，高架层（9.500m）采用钢桁架布置于一个柱跨，一端滑动，另一端固定，如图 3.3-18 所示。屋面分缝位置与下部结构缝位置同跨，见图 3.3-19。采用桁架悬挑的形式将屋面完全断开。变形缝将昆明南站站房分为 A1～A6、B1～B3、C1～C3 等 12 个区域。

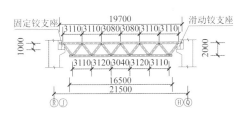

图 3.3-18 变形缝处桁架布置图

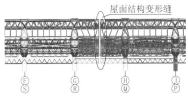

图 3.3-19 屋面结构变形缝分布

3.3.3 性能目标

考虑铁路站房设计的要求，对承轨层和主要支撑柱等重要构件提高抗震设防，参照《建筑抗震设计规范》GB 50011—2010 性能化设计的内容，拟定昆明南站抗震设计参数选取及抗震性能目标：

根据《建筑抗震设计规范》GB 50011—2010 的要求及工程的实际情况，本工程在多遇地震（小震）作用下满足抗震性能第 1 水准的要求，即昆明南站站房所有构件处于弹性，满足承载力和变形的要求，保证小震不坏。

设防地震（中震）作用下，采用必要的抗震措施，保证中震可修的目标可以实现。关键节点和重要构件：承轨层梁和柱、支撑屋面结构柱子、转换梁——承载力性能 2（中震弹性），变形控制性能 3；一般构件，其他梁柱、0.000～9.500m 的柱子——性能 3（中震不屈服）。罕遇地震作用下，变形符合规范的要求，采取必要的措施实现大震不倒的目标，满足抗震性能第 4 水准的要求。

3.3.4 "桥建合一"结构抗震设计方法

结构首层为出站换乘大厅，其顶层称为承轨结构层，主要用于火车停靠及旅客上下车使用。该层采用钢筋混凝土框架结构，主框架梁及承托列车轨道次梁为钢骨混凝土梁或普通钢筋混凝土梁，框架柱为钢骨钢筋混凝土柱。

本层作为承托列车的主要载体，其构件设计应满足铁路工程相关设计规范的要求；同时，本层作为上部站房结构的一部分，也必须满足相关民用建筑设计规范的要求，因此本层结构设计必须兼顾铁路工程和民用建筑的相关要求。为此，特按如下要求进行设计：

采用整体模型进行计算，本层活荷载按《铁路桥涵设计基本规范》TB 10002.1—2005 中的规定并根据昆明南站房的具体布置取值，鉴于枢纽型车站，列车经过和停留频繁，列车荷载作为可变荷载，其组合值系数、频遇值系数和准永久系数采用了与汽车库中汽车可变荷载相同的系数。其中，结构自重及附属设备、混凝土收缩和徐变的影响、基础变位的影响为永久荷载，其余均为可变荷载，如表 3.3-1 所示。

荷载所对应的分项系数、组合值系数、频遇值系数和准永久系数 表 3.3-1

荷载名称	分项系数	组合值系数	频遇值系数	准永久值系数	荷载名称	分项系数	组合值系数	频遇值系数	准永久值系数
结构自重及附属设备	1.2 或 1.35				人行道人行荷载	1.3	0.7	0.6	0.5
混凝土收缩和徐变的影响	1.2				风力	1.4	0.6	0.4	0
基础变位的影响	1.2				温度作用	1.4	0.6	0.5	0.4
列车竖向静活荷载	1.3	0.7	0.7	0.6	长钢轨断轨力	1.3	0.7	0.7	0.6
列车竖向动力作用	1.3	0.7	0.7	0.6	地震作用	1.3			
制动力或牵引力	1.3	0.7	0.7	0.6	横向摇摆力	1.3	0.7	0.7	0.6
长钢轨纵向水平力（伸缩力和挠曲力）	1.3	0.7	0.7	0.6					

基于此，考虑列车在线路上不同位置和站场内的不同位置对承轨层的不利影响，求出各构件的设计内力，并根据此内力进行构件设计。抗震设计时，分别进行多遇地震、设防地震和罕遇地震作用下的地震计算，结构安全等级为一级。

铁路桥梁专业根据《铁路桥涵设计基本规范》TB 10002.1—2005 中的规定进行荷载组合，求出各构件的包络内力，并根据此内力按照《铁路桥涵钢筋混凝土和预应力混凝土结构设计规范》TB 10002.3—2005 的容许应力法进行构件设计。抗震计算采用整体计算模型，计算参数采用《铁路工程抗震设计规范》GB 50111—2006 设计地震的设计参数，计算出构件的包络内力，并根据此内力按照《铁路桥涵钢筋混凝土和预应力混凝土结构设计规范》TB 10002.3—2005 的容许应力法进行构件设计。

综上所述，建筑结构设计时充分考虑《铁路桥涵设计基本规范》TB 10002.1—2005 中的荷载及荷载组合，采用建筑结构相关规范进行抗震设计，最后用桥梁专业规范复核截面，使之满足桥梁相关规范的要求。

3.3.5 结构动力弹塑性分析

采用 ABAQUS 进行非线性计算分析。钢筋混凝土梁柱单元采用了中建研科技股份有限公司开发的混凝土材料用户子程序进行模拟。在弹塑性分析过程中，同时考虑了几何非线性及材料非线性。所有非线性因素在计算分析开始时即被引入，且贯穿整个分析的全过程。

采用四边形或三角形缩减积分壳单元于模拟楼板。采用梁单元模拟结构楼面梁、柱等。该单元基于铁木辛柯（Timoshenko）梁理论，考虑梁、柱的剪切变形刚度。对于施工过程中两端铰接的构件，采用释放自由度的方法进行模拟，并在地震输入下变为连接单元连接或者约束方程连接，保持与弹性设计一致。

钢材本构采用双线性随动硬化模型。考虑包辛格效应,在循环过程中,无刚度退化。计算分析中,设定钢材的强屈比为1.2,极限应变为0.025。混凝土本构采用弹塑性损伤模型,该模型能够考虑混凝土材料拉压强度差异、刚度及强度退化以及拉压循环裂缝闭合呈现的刚度恢复等性质。混凝土材料轴心抗压和轴心抗拉强度标准值按《混凝土结构设计规范》GB 50010—2010。出于保守考虑,计算中混凝土均不考虑截面内横向箍筋的约束增强效应,仅采用规范中建议的素混凝土参数。

1. 地震输入的选择

据《建筑抗震设计规范》GB 50011—2010的要求,在进行动力时程分析时,按建筑场地类别和设计地震分组选用两组实际地震记录和一组人工模拟的加速度时程曲线。弹性时程分析时,每条时程曲线计算所得结果底部剪力不应小于振型分解反应谱法计算结果的65%,多条时程曲线计算所得结构底部剪力的平均值不应小于振型分解反应谱法计算结果的80%。分析结果如表3.3-2所示。

单向输入罕遇地震弹性时程分析与反应谱分析结构基底剪力   表3.3-2

项目	X/kN	X向各波/反应谱	Y/kN	Y向各波/反应谱
反应谱	1995240	—	1844122	—
L0437	2227869	112%	2234224	121%
L0587	2211922	111%	2379238	129%
人工波	2183270	109%	2064346	112%
各主输入方向波均值	2207687	111%	2140373	121%

根据选出的三组地震记录、采用主次方向输入法(即X、Y向依次作为主次方向),如图3.3-20所示,分别以L0437、L0587、L851为主波同时输入竖向地震波,作为本次昆明南站主站房结构动力弹塑性分析的输入,其中三方向输入峰值比为1:0.85:0.65(主方向:次方向:竖向),主方向波峰值取为400Gal。

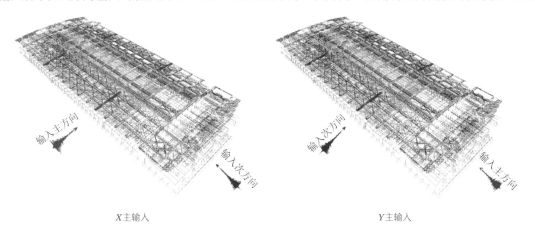

X主输入   Y主输入

图3.3-20 地震波输入方法

2. 动力弹塑性分析结果及分析

1)基本频率分析

采用ABAQUS进行动力弹塑性分析。在罕遇地震弹塑性时程分析之前,进行了SAP2000模型及ABAQUS模型的模态分析对比,计算结果如表3.3-3所示,结构总质量与周期差别均很小。图3.3-21给出了模型的前三阶振型图及其结构振型描述。结构第一阶振型为B2区域Y向平动,结构第二阶振型为B2区域X向平动。结构第七阶振型为B2区域扭转振型,ABAQUS模型中第一扭转振型的周期与第一水平振型周期之比为0.790,满足《高层建筑混凝土结构技术规程》JGJ 3—2010第4.3.5条中比值不超过0.85的规定。

MIDAS 模型、SAP2000 模型与 ABAQUS 模型计算结果比较　　　　　　　　表 3.3-3

周期	MIDAS（原模型）	SAP2000	ABAQUS	模态说明
结构总质量（重力荷载代表值）/t	482378	481207	481158	—
T_1/s	1.094	1.121	1.111	B2 区域 Y 向一阶平动
T_2/s	1.010	1.014	1.016	B2 区域 X 向一阶平动
T_3/s	0.971	0.980	0.976	B3 区域 Y 向一阶平动
T_4/s	0.966	0.971	0.957	B1 区域 Y 向一阶平动
T_5/s	0.948	0.954	0.910	B1 区域扭转
T_6/s	0.940	0.941	0.884	屋盖跨中竖向振动
T_7/s	0.862	0.864	0.858	B2 区域扭转

$T_1 = 1.11s$　B2 区域 Y 向一阶平动　　　　$T_2 = 1.01s$　B2 区域 X 向一阶平动　　　　$T_3 = 0.97s$　B3 区域 Y 向一阶平动

图 3.3-21　前三阶振型示意图

2）罕遇地震动力弹塑性分析

（1）基底剪力响应

表 3.3-4 给出了结构整体模型和分区域的基底剪力峰值及其剪重比统计结果。三组波、6 种工况输入下，结构地震反应剪重比约为 36%～58%。

罕遇地震时程分析底部剪力对比　　　　　　　　表 3.3-4

方向	地震波	区域 B1		区域 B2		区域 B3		整个模型	
		基底剪力/kN	剪重比	基底剪力/kN	剪重比	基底剪力/kN	剪重比	基底剪力/kN	剪重比
X 主方向	人工波	921585	57.7%	918143	55.4%	728029	49.67%	2132587	45.2%
	L0437	827940	51.9%	907735	54.7%	604067	41.21%	2111580	44.7%
	L0587	658434	41.3%	777517	46.9%	532601	36.33%	1799450	38.1%
Y 主方向	人工波	673313	42.2%	872326	52.6%	707243	48.25%	1704530	36.1%
	L0437	647678	40.6%	764194	46.1%	638454	43.56%	1897390	40.2%
	L0587	742372	46.5%	934972	56.4%	723242	49.34%	2345682	49.7%

（2）楼层位移及层间位移角响应

X 向作为地震输入主方向时，结构顶点位移最大出现在 B2 区域，在天然波 L0437、X 主方向输入时，位移为 348mm；楼面结构的层间位移角均小于 1/50；屋面结构与楼面结构之间最大层间位移角为 1/51。Y 向作为地震输入主方向时，结构顶点位移最大出现在 B1 区域，在天然波 L0437，Y 主方向输入时，位移为 263.7mm；楼面结构的层间位移角均小于 1/50；屋面结构与楼面结构之间最大层间位移角为 1/75。

3. 罕遇地震弹塑性与弹性分析结果比较

表 3.3-5 给出了罕遇地震弹塑性与弹性分析基底剪力的比较。可以看出，由于结构在罕遇地震作用

下混凝土发生损伤乃至破坏，出现了塑性变形，结构的侧向刚度随之减弱，使得基底剪力较弹性分析的基底剪力小，弹塑性的结果约是弹性结果的81.4%～98.6%。

罕遇地震弹塑性与弹性分析基底剪力对比   表 3.3-5

输入主方向	分析方法	人工波	L437 波	L587 波	包络值
X	弹塑性/kN	2132587	2111580	1799450	2132587
	弹性/kN	2183270	2227869	2211922	2227869
	弹塑性/弹性	97.7%	94.8%	81.4%	97.7%
Y	弹塑性/MN	1704530	1897390	2345682	2345682
	弹性/MN	2064347	2234224	2379238	2379238
	弹塑性/弹性	82.6%	84.9%	98.6%	98.6%

4．罕遇地震作用下结构的损伤破坏情况

1）型钢混凝土构件

型钢混凝土构件主要包含型钢混凝土柱和型钢混凝土梁。图 3.3-22 所示为地震工况下型钢混凝土构件内型钢塑性应变分布。型钢构件在人工波和天然波 L0437 地震作用下型钢塑性应变较大，最大塑性应变为 5108με，承轨层以下的柱内型钢基本处于弹性状态，承轨层与候车层之间的型钢混凝土柱大部分区域塑性发展很小，仅在⑧轴和⑮轴候车层的柱顶位置塑性发展较为明显。型钢混凝土梁处于弹性阶段。

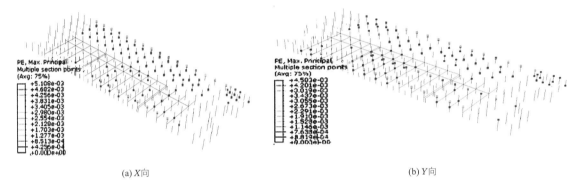

(a) X向   (b) Y向

图 3.3-22 型钢混凝土构件内型钢塑性应变分布

2）钢管混凝土构件

钢管混凝土构件主要包含矩形钢管混凝土柱和圆钢管混凝土柱。其构件主要分布于候车层至钢结构屋顶部分，图 3.3-23 所示为地震工况下钢管混凝土构件内型钢塑性应变分布。钢管混凝土构件天然波 L0437 地震作用下型钢塑性应变较大，最大塑性应变为 3647με，大部分钢管混凝土构件塑性应变较小，塑性发展较为明显的柱为候车层及商业夹层的⑧轴和⑮轴柱脚位置。在 B1 区域和 B3 区域还存在少量混凝土柱，混凝土柱内钢筋塑性应变分布如图 3.3-24 所示。可以看出钢筋的塑性发展较小，仅在局部位置的塑性发展较大。

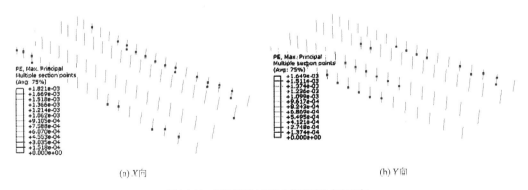

(a) X向   (b) Y向

图 3.3-23 钢管混凝土构件内型钢塑性应变分布

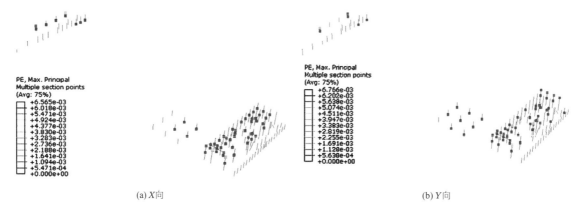

(a) X向   (b) Y向

图 3.3-24　钢管混凝土柱内钢筋塑性应变分布

3）楼面混凝土梁

楼面结构的混凝土梁包含承轨层和候车层内的混凝土梁。混凝土梁内钢筋的塑性应变分布如图 3.3-25、图 3.3-26 所示。可以看出钢筋的塑性发展较小，仅在局部洞口位置的塑性发展较大。

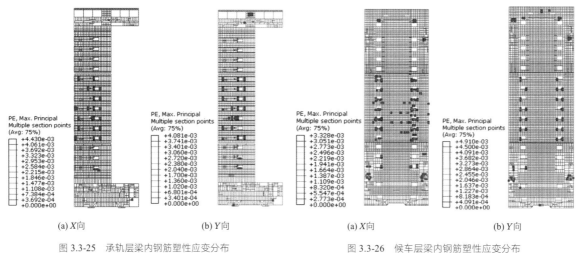

(a) X向　　　　　(b) Y向   (a) X向　　　　　(b) Y向

图 3.3-25　承轨层梁内钢筋塑性应变分布   图 3.3-26　候车层梁内钢筋塑性应变分布

4）楼面及屋面钢结构

楼面钢结构主要包含候车厅变形缝附近的楼面桁架梁、商业夹层和商业夹层屋顶的钢梁及其少量钢柱。如图 3.3-27 所示，楼面钢梁的塑性发展较小，个别钢柱的塑性发展较大，塑性发展较大的柱分布在商业夹层的角柱。如图 3.3-28 所示，屋面钢结构塑性发展总体较小，仅在局部很小区域出现较大塑性发展。

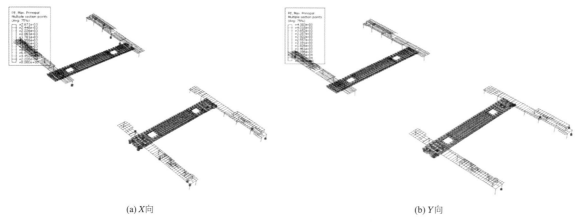

(a) X向   (b) Y向

图 3.3-27　楼面型钢塑性应变分布

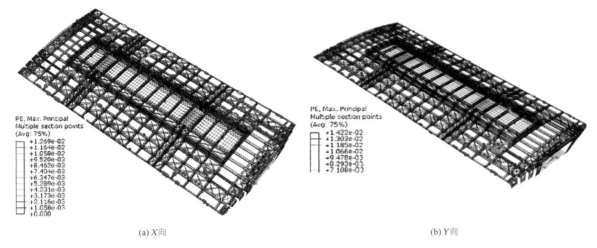

(a) *X*向   (b) *Y*向

图 3.3-28　屋面型钢塑性应变分布

5. 小结

通过对昆明南站进行的三组地震记录、双向输入并调换主次方向，共计六个计算分析工况的 8 度罕遇地震动力弹塑性分析，对本工程结构在 8 度罕遇地震作用下的抗震性能评价如下：

（1）在选取的三组罕遇地震水平地震记录、三向作用弹塑性时程分析下，最大层间位移角均不超过规范限值 1/50 的要求，能够满足"大震不倒"的要求。

（2）型钢混凝土梁和承轨层以下的柱内型钢基本处于弹性状态，仅有部分柱端屈服。

（3）钢管混凝土构件的钢管构件塑性发展较小，塑性发展较为明显的柱为候车层及商业夹层的⑧轴和⑮轴柱脚位置。

（4）混凝土梁、柱内钢筋局部屈服，除局部夹层位置塑性发展较大外，其他位置塑性发展较小。

（5）楼面钢梁、屋面钢结构的塑性发展总体较小，仅在局部很小区域出现明显的塑性发展。

综上，通过对结构进行的罕遇地震、三组地震波、三向作用、两个主方向输入的动力弹塑性计算及分析，本结构能够满足"大震不倒"要求，重要构件的塑性发展被限制在一定范围之内。

3.4 专项设计

3.4.1 防连续倒塌设计

1. 防连续倒塌设计方法

本项目中采用了动力弹塑性时程分析下的拆杆法。结构局部构件发生破坏时，从初始状态条件发生变化，在构件失效时结构进行内力、变形和刚度重分布。考虑结构初始平衡态可避免将全部竖向荷载立即加在包含失效构件的新结构中，使构件的内力重新分布而令更多的竖向荷载传递到其他梁柱。

2. 防连续倒塌设计

昆明南站为典型的框架结构体系，屋面为桁架结构，主要荷载的传力路径如下：

（1）屋面及楼面恒荷载或活荷载等竖向荷载，通过屋面桁架或楼面的梁板传递至框架柱，通过框架柱传递至基础，如图 3.4-1 所示。

（2）屋面上吸风风荷载与竖向荷载类似，通过屋面桁架传递至框架柱，再由框架柱传递至基础；水平风荷载通过一侧框架结构的梁柱传递至楼层梁和屋面桁架，再由楼层梁及屋面桁架传递全其他跨的框架柱，最终由框架柱传递至基础，如图 3.4-2 所示。

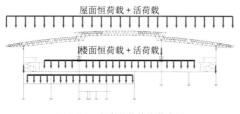

图 3.4-1　竖向荷载的传递路径

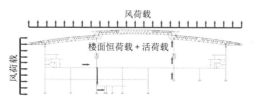

图 3.4-2　风荷载的传递路径

3．防连续倒塌分析

昆明南站主站房通过结构温度缝将其分成三个完全独立的结构区域，三个结构区域的结构体系基本一致，为了节约计算成本，可选取结构的一个单元进行防连续性倒塌分析。结构区域 B1、B3 部分端部均有大量的竖向支撑构件与屋面连接，结构的冗余度较多，结构偏于安全，拆除部分钢柱结构更不易发生破坏，所以选择对于防连续性倒塌分析更为不利的 B2 结构区域分析（图 3.4-3）。

当框架柱作为唯一的一种竖向构件发生破坏时，会导致框架梁的跨度加倍或者悬挑，进而可能导致该柱附近的框架梁甚至局部屋盖破坏，发生连续倒塌。

昆明南站站房中柱破坏时，如果四周的框架柱能够承担增加的破坏处的屋盖荷载，结构能够在一个新的受力稳定位置保持平衡，结构不会发生连续倒塌。

当中柱在站台层下方破坏时，屋面荷载通过上半段中柱传递至楼面梁上，而楼面梁的跨度由于下半段中柱破坏而加倍，局部结构破坏。站台层的梁和屋面桁架及上半段中柱形成了空腹桁架，共同承担楼面和屋面荷载。若节点区不发生破坏，结构不会发生连续倒塌。

荷载在边柱破坏后，由中柱向四面传导改为向三面传导，后续承担荷载的构件减少，同时边柱分摊的荷载减少，是否发生连续倒塌仍需进一步分析。角柱的破坏产生了大悬挑的梁及桁架，荷载只能向两个方向的竖向构件传递，比边柱更为不利。

4．防连续性倒塌分析模型假定与输入条件

昆明南站支撑屋面结构的主体是位于⑧轴、⑩轴、⑬轴、⑮轴的钢管混凝土柱，这几个轴线上的柱子发生破坏都将严重影响屋面结构的支撑体系。相对于中间跨，边跨柱子破坏后，边跨桁架的悬挑距离为原来距离的 3 倍。故选择边跨的⑧轴、⑩轴柱破坏进行连续性倒塌分析，主要考虑以下三种破坏情形（图 3.4-4～图 3.4-6）：

（1）假设 B2 区边跨高架层上支承屋面的⑨轴与⑩轴交点处钢管混凝土柱发生破坏，部分屋面结构失去支座。最大位移出现在⑩轴处拆除柱附近的悬挑端，稳定后最大位移达 1.53m。

（2）B2 区边跨高架层上支承屋面的⑨轴与⑧轴交点处钢管混凝土柱发生破坏，部分屋面结构失去支座。结构的变形集中在⑧轴处的悬挑端，最大位移出现在拆除柱附近的悬挑端，最大位移达 2.249m。

（3）假设 B2 区边跨承轨层与高架层之间的⑨轴与⑧轴交点处型钢混凝土柱发生破坏，部分高架层及屋面结构失去支座。最大位移出现在⑧轴拆除柱附近的屋面悬挑端，最大位移达 1.134m。

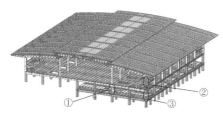

图 3.4-3　拆除点位轴测示意图

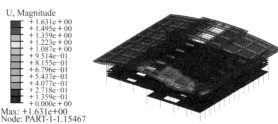

U, Magnitude
+1.631e+00
+1.495e+00
+1.359e+00
+1.223e+00
+1.087e+00
+9.514e-01
+8.155e-01
+6.796e-01
+5.437e-01
+4.077e-01
+2.718e-01
+1.359e-01
+0.000e+00
Max: +1.631e+00
Node: PART-1-1.15467

图 3.4-4　破坏情形 1 的变形图（20s）

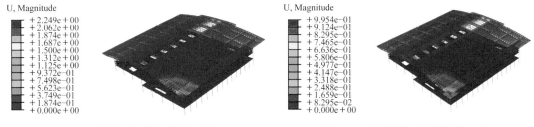

图 3.4-5 破坏情形 2 的变形图（20s）	图 3.4-6 破坏情形 3 的变形图（20s）

5．小结

（1）通过三种破坏工况计算分析发现，破坏柱对应位置处的屋面悬挑端的位移较大，其他区域的位移较小，结构整体应力较小，塑性发展只局限于屋面结构局部区域。在构件破坏后一定时间内结构受力趋于稳定，形成新的结构受力体系，结构未发生连续性倒塌。

（2）昆明南站在关键的角柱和高架层柱破坏时，结构由于形成了大悬挑或者跨度成倍增加，结构的局部位移增大，发生局部破坏，但周边结构仍具有良好的承载能力，不会发生连续倒塌。

3.4.2 特殊节点构造

1．支撑屋面结构柱柱脚节点

站房设计中支撑屋面结构的柱采用型钢混凝土柱或钢管混凝土柱，并与钢筋混凝土梁连接，梁柱节点受力复杂，其中有两类典型关键节点：

（1）梁柱节点 1 由 1800mm×2600mm 型钢混凝土下柱、ϕ1800mm 圆钢管混凝土上柱、呈十字形布置的 4 根 1200mm×2200mm 钢筋混凝土梁组成，如图 3.4-7 所示。

（2）梁柱节点 2 由 1600mm×2400mm 型钢混凝土下柱、1600mm×2200mm 方钢管混凝土上柱、呈 T 形布置的 1 根 1600mm×2800mm 混凝土梁和 2 根 1200mm×2200mm 钢筋混凝土梁组成。

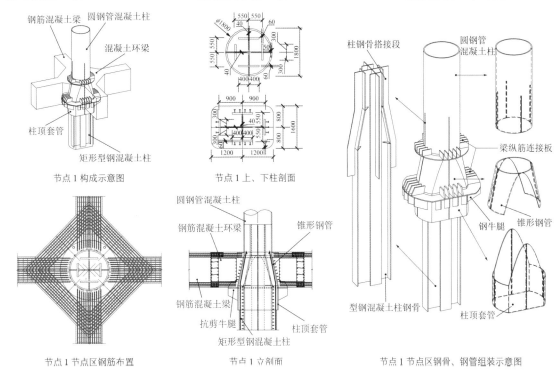

图 3.4-7 梁柱节点 1 示意图

2．钢结构梁柱吊挂式的滑动连接节点

结构在地震作用或温度作用下往往会产生较大的变形。当需要释放这种结构变形时，一般在结构的适当部位将梁柱分开，在柱的牛腿上设置滑动支座，将钢梁置于滑动支座上方。但当钢梁传来的竖向荷载较大时，滑动支座尺寸也会较大，放置支座的牛腿尺寸也相应增加，导致对柱产生较大附加弯矩，这对柱的受力不利。另外，这种构造形式也会造成建筑空间的浪费，影响美观。考虑到上述梁柱滑动连接节点的不足，昆明南站采用了钢结构梁柱吊挂式的滑动连接节点。

如图 3.4-8 所示，将钢牛腿与钢柱焊接连接，钢牛腿与工字钢上翼缘处于同一标高，同时工字钢下翼缘置于钢牛腿下方。钢牛腿与钢梁下翼缘利用一对高强钢丝束吊索连接。牛腿及下翼缘上安装固定锚头约束吊索。该种节点实现了钢梁与钢柱的滑动连接。有效减少了牛腿上竖向力的偏心距，减小附加弯矩对钢柱的不利影响，缩小了柱牛腿尺寸；吊挂式的构造使得节点具有自复位的功能，提高了结构的稳定性；构造简单，性能可靠且便于施工。

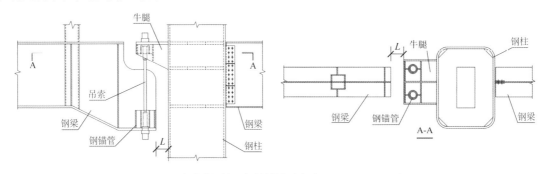

图 3.4-8　钢结构梁柱滑动连接节点（专利号：CN 104963410）

3.4.3　列车振动影响分析

昆明南站采用了桥建合一的高架平台结构体系。本工程通过现有的车与结构动力耦合体系仿真方法，解决车辆-桥梁-站房系统的动力学相互作用问题。同时选择合适的评价体系来对昆明南站各个区域的舒适性进行评判。

1．分析方法

（1）建立车辆-等效桥梁结构的力学计算模型：等效桥梁是指在原来桥梁构件刚度、质量基础上叠加上站房结构对它的刚度、质量贡献，形成的具有等效刚度、质量的新的桥梁构件。然后，利用现有的车辆-桥梁结构动力相互作用的研究成果，对车辆-等效桥梁结构系统进行动力相互作用计算，得到列车车辆对桥梁上轨道梁各节点力的激励时程。

（2）建立桥梁-站房结构的力学计算模型：根据列车车辆对各节点的激励力时程，进行桥梁-站房结构的动力时程计算，根据计算结果对安全性和舒适性进行评判，并提出振动控制的相关建议。

采用 ANSYS 建立有限元模型，结构模型中，梁、柱分别按实际截面建模，以空间梁单元模拟；楼板采用面单元。所有构件均采用弹性材料类型。根据昆明南站的线路特点，共考虑 2 种列车编组：国产 CRH 和谐号动车组，其正线通过站房速度为 140km/h；普通列车 SS7E，正线通过站房速度为 140km/h。车辆单元由 1 个车体、2 个转向架、4 个轮对组成。每一车辆单元共有 23 个自由度。在竖直 Z 方向上，作用力的数值由轮轨密贴理论确定。在横轨 Y 方向上，作用力的数值由 Kalker 蠕滑理论确定。

根据铁道科学研究院 2003 年 7 月提交的《桥梁纵向力综合试验研究报告》中给出的进站时典型车体加速度变化时程，如图 3.4-9 所示。阶段一，从 2～10s，列车制动力线性增加；阶段二，10s 至停车，列车制动力为持平阶段，直至停车。各区段结构反应最大加速度结果如图 3.4-10 所示。

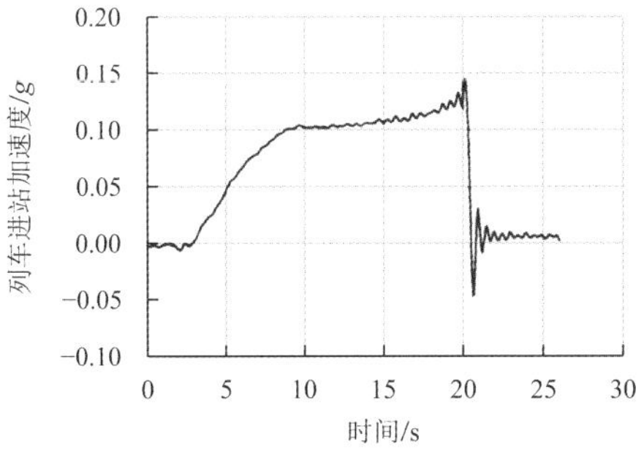

图 3.4-9 列车进站加速度时程

工况	位置	加速度/（mm/s²）		
		竖向	横轨向	顺轨向
过站	站台层	116.6	7.74	3.42
	候车层	14.42	2.17	3.54
	屋顶网架	10.24	13.0	4.26
进站	站台层	91.18	18.83	9.41
	候车层	24.33	8.49	6.61
	屋顶网架	35.11	39.17	23.60
出站	站台层	79.62	16.25	6.46
	候车层	26.43	6.45	9.15
	屋顶网架	34.28	31.73	29.43

图 3.4-10 各区段结构反应最大加速度

2．舒适性评判标准

基于 ISO 2631 的《美国钢结构设计指南 11》。规定了不同环境下，各频率下加速度峰值的上限。在火车站这样的环境下，4～8Hz 人体敏感范围内加速度限值为 1.5%g。

3．计算工况

对沪昆场（轴线Ⓖ、Ⓔ）、昆玉、渝昆、环滇场及云桂（轴线Ⓛ、Ⓝ）、成昆场（轴线Ⓢ、Ⓣ）进行计算，每个场均计算三个工况，分别为：火车过站保持匀速 140km/h、火车进站从 200km/h 减速至 0、火车出站从 0 加速至 200km/h。

4．小结

经过激励幅值、激励频谱、结构反应极值（加速度、位移、应力应变等）分析，得出以下结论：

（1）列车运行时对于承轨结构的竖向激励均为负值，表现为轮对对承轨结构的压力作用，激励峰值主要取决于列车的自重与行车速度，竖向激励力以低频分量为主。节点横向激励表现为持续的往复振荡，变化频率较高。列车进出站时顺轨向力的变化趋势基本与竖向力一致。

（2）由列车引起的站台层及候车层等区域的加速度最大值为 116mm/s²，小于 AISC-11 中规定的舒适度限值 1.5%g（150mm/s²）。站台层及候车层等旅客所在区域的振动级最大值为 66.6dB。以上两点说明昆明南站站房区域满足舒适性要求，不会引起候车旅客的不舒适。

（3）由列车引起的站台层最大竖向变形为 1.98mm，站台层竖向位移响应主要集中在行车所在站台板跨中位置，跨中挠度明显大于周边，随着列车轮对通过各节点，竖向位移做从负向最大到接近零的往复振荡，振荡周期与车速有关。候车层竖向响应较小，主要集中在行车对应上方跨中位置。

（4）由列车引起的结构横轨向和顺轨向响应均较小。横轨向接近于整体平动，顺轨向响应主要集中在行车位置，向两侧递减。列车出站时，站房结构在启动时有一个反应突然增大过程，之后呈周期振荡。进站工况中顺轨向位移响应随着列车进入站房的部分增多而逐渐增大。

（5）列车在各个轴线上行车或进站时，框架柱、框架梁等结构构件的应力水平都很低，各层结构竖向振动的频率分量比较单一。各层振动加速度的主要频率分量一般在 4～12Hz 的低频范围内。

3.5　振动台试验研究

3.5.1　试验设计

建筑物原型室外屋面高约 44.5m（自地面至屋顶），首层平面尺寸约 179m×145m，重力荷载代表值约 15.61 万 t（地上）。设根据振动台台面尺寸限制，模型长度相似比（缩尺比例）为 1/35，根据上节所述的模型材料性能,材料弹模相似比 SE 为 1/2.5;受加载空间的限制,模型密度相似比取 9.333(表 3.5-1)。

相似关系表 表 3.5-1

物理量	相似关系	物理量	相似关系	物理量	相似关系
长度	1/35	应变	1.000	速度	0.2070
弹性模量	1/2.5	应力	1/2.5	水平加速度	1.50
线位移	1/35	密度	9.333	重力加速度	1.0
频率	7.25	时间	0.1380	集中力	0.0003265

在满足试验目的的前提下,对模型结构进行了一定简化。在模型加工过程中,采用微粒混凝土模拟混凝土,细铁丝模拟钢筋,高架候车层以下的型钢柱和型钢梁内的型钢用黄铜模拟。高架候车层以上的钢结构用钢材模拟,截面根据弹模相似比确定。结构体系的简化措施主要有:(1)次梁楼板体系简化为混凝土平板,楼面井字梁简化为十字交梁;(2)模型中不包含幕墙板,仅将幕墙钢结构作为配重施加在各层悬挑桁架根部;(3)屋面用方钢管代替钢桁架,不布置网架及支撑等结构。钢结构的自重及屋面荷载通过在钢结构上布置配重实现。

对简化后模型结构进行计算分析,并将其动力特性与原型结构进行对比。结构简化前后周期对比见表 3.5-2。对比结果表明简化后的模型动力特性与原模型基本一致。

简化模型与原模型的自振周期对比 表 3.5-2

序号	原始模型		简化模型		序号	原始模型		简化模型	
	周期/s	方向	周期/s	方向		周期/s	方向	周期/s	方向
1	1.11	Y	1.08	Y	6	0.50	X	0.50	X
2	0.93	X	0.94	X	7	0.49	Y	0.50	Y
3	0.80	X	0.79	X	8	0.47	X	0.46	X
4	0.65	Y	0.63	Y	9	0.44	X	0.45	X
5	0.63	Y	0.61	X	10	0.42	X	0.41	X

1. 测点布置

试验中结构模型共布置 26 个加速度传感器,测试实际的地震输入及结构反应,其中 X 向 10 个,Y 向 11 个,Z 向 5 个。其中底板布置 3 个(X_0、Y_0、Z_0);楼面布置 13 个;钢结构屋盖布置 10 个。通过粘贴应变片,测量地震作用下关键部位构件的受力情况。应变测点位于底层柱根部、支撑屋盖钢管混凝土柱根部,共布置 21 个应变测点。

2. 试验模型

试验模型在中国建筑科学研究院有限公司振动台实验室内加工完成。底板及下部混凝土结构加工与结构实际施工过程相似,采用逐层施工的方法。每层先安装型钢构件,绑扎竖向构件钢筋,浇筑竖向构件,然后施工水平构件。

3. 地震波选取

试验由 6m×6m 三向六自由度振动台完成。试验设计了四种主要地震工况:8 度小震、8 度中震、8 度大震及 8.5 度大震。小震及中震选用 3 组地震波,进行单向及三向输入,其中单向地震波输入工况选用主方向地震波(表 3.5-3)。大震选用一组地震波,只进行一次三向输入。在每一组试验结束后均对结构模型进行三向白噪声扫频,以测量结构的自振频率、振型阻尼比等动力参数特性,分析各个工况模型的破坏程度。各组地震波反应谱曲线见图 3.5-1(反应谱分析中小震阻尼比取 4%,大震阻尼比取 5%)。

试验共进行了 28 组工况输入。试验模型见图 3.5-2。

试验地震波选择 表 3.5-3

工况	选用波	水平主方向	水平辅方向	竖向
8 度小震 8 度中震	人工波	L850-4	L850-3	L850-5（up）
	天然波 1	L0437	L0436	L0438（up）
	天然波 2	L0587	L0586	L0588（up）
8 度大震	人工波	L850-4	L850-3	L850-5（up）
8.5 度大震	人工波	L850-4	L850-3	L850-5（up）

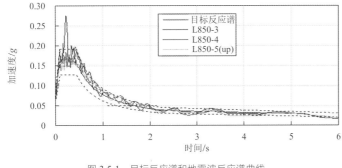

图 3.5-1 目标反应谱和地震波反应谱曲线

图 3.5-2 试验模型

3.5.2 试验现象与结果

1. 试验现象

试验模型经历从 8 度小震到 8.5 度大震的地震波输入过程，峰值加速度从 105Gal 逐渐增大到 765Gal。

（1）8 度小震后模型整体结构振动幅度小，模型其他反应亦不明显，未听到构件破坏响声。小震前个别框架梁及型钢混凝土柱与钢管混凝土柱节点区，出现了微小裂缝，小震过后略有增加，其他构件未见损伤。输入结束后，小震后结构频率几乎未降，说明这些微小裂缝主要是由于模型加工问题造成的，小震作用下结构整体完好，达到了小震不坏的要求。

（2）8 度中震试验中，输入共包括 9 次地震输入。试验过程中，模型结构振动幅度有所增大，但整体结构动力响应不剧烈，听到有轻微震颤响声。未观察到明显扭转。8 度中震后，模型 X、Y 向频率略降，说明结构出现轻微损伤，框架梁端及跨中裂缝有所增加；Ⓐ轴斜柱出现了较明显横向裂缝，斜柱在水平往复荷载作用下会受到一定拉力，柱在拉弯作用下截面端部出现一定损伤。

（3）8 度大震后试验中，包括 1 次三向地震输入。试验过程中，模型振动明显增强，现场可观察到轻微扭转效应。输入结束后对模型外框架进行了观察，框架梁端及跨中裂缝有所增加；型钢混凝土柱出现少量受拉裂缝；Ⓐ轴斜柱开裂损伤加重；钢管混凝土柱、钢结构屋盖等构件均未观察到损伤。模型自振频率进一步下降，其中 X 向一阶降低 13.4%、Y 向一阶降低 11.2%。说明模型整体出现损伤，但结构仍保持良好的整体性，这说明结构具有良好的延性和耗能能力。

（4）8.5 度大震试验中，本级输入共包括 1 次三向地震动输入。试验过程中，模型整体振动较剧烈，位移以整体平动为主，同时出现了较明显的扭转效应。模型未出现新的损伤形式，原有损伤加重。结构自振频率继续下降，其中 X 向一阶降低 17.7%、Y 向一阶降低 14.1%。超设防烈度大震作用下，模型结构虽出现一定损伤，但仍保持了整体性未倒塌，这说明结构有一定的抗震储备能力。

2. 整体模型的动力特性

试验模型经历了从 8 度小震到 8.5 度大震的多次模拟地震作用，在这个过程中模型的自振特性发生了相应变化。试验开始以前，模型为初始状态，此时可测得结构的自振特性。通过每个试验工况后随即进行的白噪声激励工况，可以得到各级地震作用下模型结构的自振特性（包括频率、振型、阻尼比），如表3.5-4所示。

试验模型动力特性对比   表 3.5-4

工况顺序	说明	X向整体模型的动力特性			Y向整体模型的动力特性			Z向整体模型的动力特性	
		一阶频率/Hz	二阶频率/Hz	阻尼比/%	一阶频率/Hz	二阶频率/Hz	阻尼比/%	一阶频率/Hz	阻尼比/%
1	试验前	11.16	20.63	1.80%	7.22	16.90	1.60%	11.6	1.20%
14	8度小震后	10.81	20.45	1.90%	7.08	16.70	1.70%	11.5	1.20%
24	8度中震后	10.43	20.20	2.70%	6.80	16.40	1.90%	11.5	1.20%
26	8度大震后	9.63	19.80	3.10%	6.49	—	2.50%	11.5	1.20%
28	8.5度大震后	9.19	19.70	5.00%	6.28	—	3.50%	11.4	1.20%

3．加速度响应

加速度响应随测点高度的增加，整体呈增大趋势，在下部混凝土楼层增加较平缓，到上部钢结构屋盖测点加速度响应开始迅速增大，8度小震及8度中震工况动力系数结果如图3.5-3所示，在三组地震波中，人工波（L8504）作用下结构X向及Y向加速度响应略大。

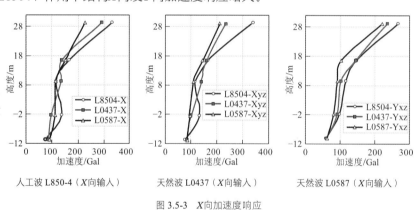

人工波 L850-4（X向输入）   天然波 L0437（X向输入）   天然波 L0587（X向输入）

图 3.5-3   X向加速度响应

图中给出了各震级，承轨层楼面测点加速度及动力系数峰值。试验结果如图3.5-4所示，该测点X向加速度响应较Y向大。

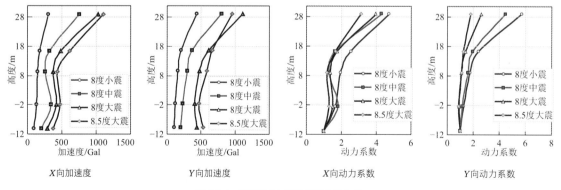

X向加速度   Y向加速度   X向动力系数   Y向动力系数

图 3.5-4   多震级动力系数包络曲线比较

4．扭转位移反应

结构X向端部测点，在三个楼层位移时程基本同步，扭转主要表现为幅值的差异，这是沿X向结构侧向刚度及荷载布置的不对称性造成的；由于主入口复杂造型结构的存在，结构上部刚度较下部更加不均匀，表现为上部两端部测点幅值差明显较下部大。总体上结构X向靠近木亭一侧（⑧轴）测点位移较远离木亭一侧（⑥轴）测点偏小，说明靠近木亭一侧结构抗侧能力较强。

结构Y向端部测点扭转，也主要表现为幅值的差异。Y向结构的不对称主要表现在下部（由于基础标高的不同），结构上部基本对称，因此Y向端部两侧位移时程，在下部相差较大，传至结构上部后扭转已很小，屋盖Y测点位移时程曲线基本重合。总体上，结构下部基础标高较大的⑮轴一侧侧向刚度较⑧轴一侧略大。

5．应变反应

试验过程中测量了底层型钢混凝土柱根、支撑屋盖钢管混凝土柱根、型钢混凝土梁底部的动应变。往复荷载作用下，各点拉、压动应变基本处于对称状态。各级地震作用下，整体动应变水平不高，试验中底层型钢混凝土柱、支撑屋盖钢管混凝土柱结构损伤较小，型钢混凝土梁端及跨中出现细小裂缝（表3.5-5）。

模型各点应变结果 　　　　　　表3.5-5

应变测点位置	8度小震		8度中震		8度大震	
	最小值	最大值	最小值	最大值	最小值	最大值
底层型钢混凝土柱根	−176	154	−505	425	−637	572
支撑屋盖钢管混凝土柱根	−324	244	−784	617	−1076	780
型钢混凝土梁底部	−103	125	−323	294	−639	555

3.5.3　分析验证

1．动力特性对比

如表3.5-6所示，模型动力特性与原型计算值误差均在10%以内，总体上基本符合，能够反映真实结构的动力特性及抗震性能。

动力特性对比 　　　　　　表3.5-6

动力特性	模型试验值	试验推算原型值	原型计算值	计算/试验推算
一阶频率/Hz	7.223	0.997	0.923	0.926
二阶频率/Hz	11.160	1.540	1.624	1.054
Z向频率/Hz	11.600	1.601	1.663	1.039

2．加速度及位移对比

总体上两方向加速度反应计算值与试验结果尚吻合，试验值略小于计算值，这说明模型加工精度良好，能够满足试验设计相似关系要求。位移计算值与试验值相互吻合较好，能够满足试验设计相似关系要求。

3.5.4　试验结论

经过1∶35的模拟地震振动台模型试验，根据试验现象及试验数据，经过分析，得出以下结论：

（1）在弹性阶段，整体模型的动力特性与原型计算结果吻合较好，能满足本次试验设计相似比关系。

（2）结构的加速度反应表明，下部混凝土结构，各层加速度峰值及动力放大系数变化不大，上部钢屋盖加速度峰值及动力放大系数增加较多。

（3）整体模型在经历相当于8度小震作用下，结构整体完好，符合"小震不坏"的要求。

（4）整体模型在经历相当于8度中震作用后，X、Y向的一阶平动频率进一步下降，结构出现轻度损伤。混凝土斜柱在地震往复作用下，端部出现拉弯裂缝。试验现象及动应变结果表明，结构其他关键构件基本保持弹性。

（5）整体模型在经历相当于 8 度大震作用后，下部混凝土 X、Y 向的一阶平动频率分别下降到初始阶段的 82.3%、86.9%；结构损伤增加，但主要构件损伤不严重。

（6）整体模型在经历相当于 8.5 度大震作用后，结构 X、Y 向一阶平动频率进一步下降，分别下降到初始阶段的 82.3%、86.9%，结构损伤加重，但仍保持了较好的整体性，未发生倒塌，说明结构具有良好的变形能力和延性，具有一定的抗震储备能力。

（7）构件的破坏现象及应变测试结果表明，关键构件可满足设计性能指标的要求。

（8）混凝土斜柱在拉弯作用下，端部出现了一定的损伤，建议适当增大配筋率，以加强在地震往复作用下的抗拉能力。

3.6 关键节点试验研究

3.6.1 试验设计

1. 节点模型

站房设计中支撑屋面结构的柱采用型钢混凝土柱或钢管混凝土柱，并与钢筋混凝土梁连接，梁柱节点受力复杂，其中有 2 类典型关键节点：

（1）梁柱节点 1 由 1800mm × 2600mm 型钢混凝土下柱、ϕ1800mm 圆钢管混凝土上柱、呈十字形布置的 4 根 1200mm × 2200mm 的混凝土梁组成。

（2）梁柱节点 2 由 1600mm × 2400mm 型钢混凝土下柱、1600mm × 2200mm 方钢管混凝土上柱、呈 T 形布置的 1 根 1600mm × 2800mm 的混凝土梁和 2 根 1200mm × 2200mm 的混凝土梁组成。

根据实验室空间和加载设备承载能力，试件按 1∶3.5 比例缩尺。各杆件长度取杆件截面尺寸的 3 倍以上，以避免杆件端部约束对节点区受力性能的影响。试件材料与原节点完全相同。节点 1 和节点 2 各加工 1 个试件。模型制作过程中按照实际结构拟采用的节点构造形式和焊接顺序进行。

通过试验验证该节点是否达到设计性能指标；探究该节点区域的受力模式和破坏形态；采用节点有限元分析结果，与试验结果对比，调整有限元分析的参数，为其他复杂节点弹塑性分析提供依据。

2. 加载内力及加载制度

采用单调静力加载，根据和控制内力对应的加载力，按比例在柱端部、梁端部的各加载点同步施加荷载，试验方法满足《混凝土结构试验方法标准》GB/T 50152—2012 的规定。加载内力取自有限元模型中震计算结果，见表 3.6-1。由于两种节点类型相似，试验结果中仅展示节点 1。

试验加载荷载　　　　　　　　　　　　表 3.6-1

十字形节点构件设计内力					T 形节点构件设计内力				
	编号	剪力 /kN	轴力 /kN	加载长度 /mm		编号	剪力 /kN	轴力 /kN	加载长度 /mm
	1	—	−1755	—		1	—	−2196	
	2	325		1557		2	696		1720
	3	325		1557		3	425		1630
	4	325		1557		4	425		1630
	5	325		1557					

3．力加载点和测点布置

应变片、加载点及位移传感器布置如图3.6-1～图3.6-6所示。

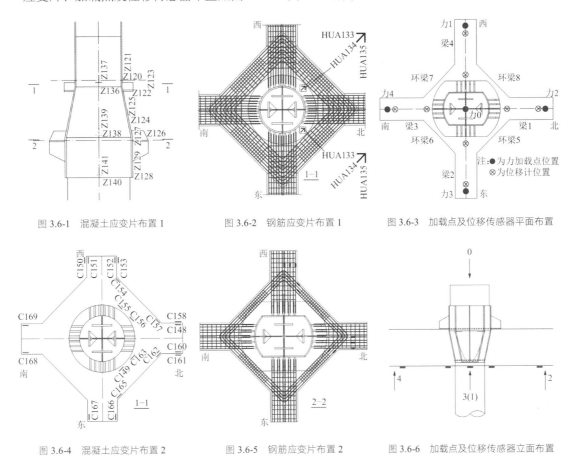

图 3.6-1　混凝土应变片布置 1　　　图 3.6-2　钢筋应变片布置 1　　　图 3.6-3　加载点及位移传感器平面布置

图 3.6-4　混凝土应变片布置 2　　　图 3.6-5　钢筋应变片布置 2　　　图 3.6-6　加载点及位移传感器立面布置

3.6.2　试验现象与结果

破坏情况如图3.6-7、图3.6-8所示，框架梁受拉区中受拉钢筋在环梁外侧范围内应力较大，进入环梁区域后，受拉钢筋应力迅速减小，而环梁受拉区的纵筋应力增长，说明框架梁受拉纵筋的拉力传递至节点区域后，由环梁承担了一部分钢筋拉力，对降低节点区纵筋应力水平有很好的作用。节点区中型钢应力很小，一直在弹性范围内。试件破坏时，各梁和环梁均出现较大裂缝，首先框架梁出现较大裂缝，然后相邻框架梁的斜裂缝在环梁受压区贯通，最终环梁受压区表面混凝土压溃剥离，试件整体破坏，表明环梁与各梁协同工作能力较好。

图 3.6-7　整体破坏情况

图 3.6-8　局部破坏情况

3.6.3 分析验证

为了更清晰地了解试验构件的受力特点及破坏的过程，采用大型通用有限元程序 ABAQUS 模拟试验加载的过程，对试件进行有限元分析，并与试验结果进行对比，以验证试验结果的准确性。

各框架梁的应力分布基本一致，各级荷载作用下，应力较大位置均出现在框架梁与环梁相交的受压区，以及框架梁从加载点至梁根受压侧的斜向切面范围。随着梁端荷载增大，环梁及框架梁的应力逐渐增长，设计控制内力值时，整个节点受压区混凝土应力均小于材料的抗压强度；达到 2 倍设计控制内力值时，混凝土环梁受压区局部达到极限强度，且框架梁侧斜向区域应力增长较快，超过混凝土的抗拉强度；达到 2.4 倍设计控制内力值时，环梁整体应力较大，受压区混凝土应力普遍达到极限抗压强度，框架梁斜向区域损伤严重，混凝土应力不再增长。型钢中应力较大部分为加劲环板，但仍处于弹性阶段，其余部分应力很小，节点区型钢应力为 45MPa。实测的节点区型钢应变最大值为 207 微应变，换算应力为 42MPa，与有限元分析的结果吻合。

节点 1 中钢筋的应力情况，设计控制内力值时，钢筋应力均在弹性阶段，最大应力约为 200MPa；2倍设计控制内力值时，框架梁中纵筋应力为 430MPa，箍筋应力为 300MPa，均达到屈服强度。

有限元分析结果低于试验中试件的承载力，在各级荷载作用下，试验试件的应力大小及分布规律，以及破坏模式，与有限元结果基本一致，表明试验结果准确（图 3.6-9～图 3.6-13）。

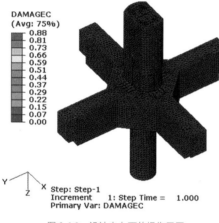

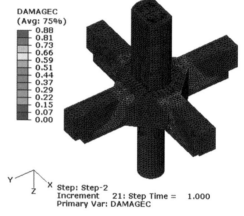

图 3.6-9 设计内力下的损伤云图　　　　　图 3.6-10 2 倍设计内力下的损伤云图

设计控制内力值时，型钢应力

2 倍设计控制内力值时，型钢应力

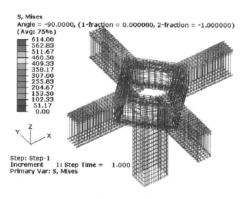

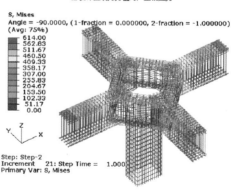

图 3.6-11 设计内力下的应力云图　　　　　图 3.6-12 2 倍设计内力下的应力云图

经典回眸 广东省建筑设计研究院有限公司篇

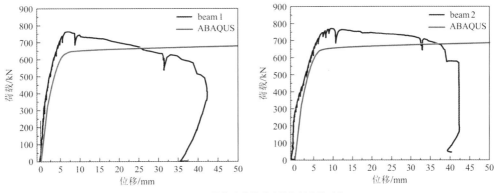

图 3.6-13　梁端位移曲线试验值与计算值对比

3.6.4　试验结论

（1）试验结果表明，节点 1 各梁的极限承载力为 739～782kN（约为 2.4 倍设计控制内力值）。表明节点 1 试件的承载力满足设计要求，且具有足够的安全度。

（2）试件破坏时，首先框架梁出现主裂缝，然后相邻框架梁的斜裂缝在环梁受压区贯通，最终环梁受压区表面混凝土压溃剥离，试件整体破坏，表明环梁与各梁协同工作能力较好。

（3）试验及有限元分析的应力应变结果基本一致。对节点 1 和节点 2，在设计控制内力值时，所有钢筋均未发生屈服；2 倍设计控制内力值时，框架梁纵筋接近或达到极限应力而环梁纵筋未发生屈服，框架梁箍筋达到屈服应力，整个加载过程中，节点区中型钢应力均在弹性范围内。

综上所述，试验及有限元分析结果均表明节点 1 和节点 2 的承载力满足设计要求，且具有足够的安全度。节点中各框架梁具有良好的延性，且节点区环梁的整体刚度较大。

3.7　结语

通过对昆明南站进行弹塑性地震反应分析、振动台模型试验、列车振动影响分析以及关键节点模型试验与有限元分析，将昆明南站的站房结构整体和关键部位的抗震性能进行了全方位的考察。主要的结论如下：

（1）根据 100 年使用年限的 3 组地震记录、双向输入并调换主次方向，共计 6 个计算分析工况的 8 度（0.20g）罕遇地震（峰值加速度 400Gal）动力弹塑性分析，本结构能够满足"大震不倒"要求，重要构件的塑性发展被限制在一定范围之内。站房整体结构及构件均满足设定的抗震性能目标要求。

（2）根据 1:35 的振动台试验数据，在弹性阶段，整体模型的动力特性与原型计算结果吻合较好，能满足本次振动台试验设计相似比关系。在经历相当于 8 度中震作用后，结构出现轻度损伤。混凝土斜柱端部出现拉弯裂缝，其他关键构件基本保持弹性。在经历相当于 8 度大震作用后，X、Y 向的一阶平动频率分别下降到初始阶段的 82.3%、86.9%；结构损伤增加，但主要构件损伤不严重，仍保持了较好的整体性，未发生倒塌，说明结构具有良好的变形能力和延性，具有一定的抗震储备能力。

（3）列车通过速度按照 140km/h 的要求对昆明南站房结构的影响分析结果表明，列车运行时满足结构承载能力、疲劳、舒适度的要求。

（4）选择了三种拆杆工况进行了结构的防连续性倒塌分析。分析发现，破坏柱对应位置处的屋面悬挑端的位移较大，其他区域的位移较小，结构整体应力较小，塑性发展只局限于屋面结构局部区域。在构件破坏后一定时间内结构受力趋于稳定，形成新的结构受力体系，结构未发生连续性倒塌。

（5）为了解昆明南站中 2 类典型关键节点受力性能，保障结构安全，对该关键节点进行了缩尺模型静力试验，同时采用 ABAQUS 模拟试验加载的弹塑性有限元分析，并与试验结果进行对比、验证。试验结果表明，节点 1、2 各梁的极限承载力为 2～2.6 倍设计控制内力值。表明节点 1、2 试件的承载力满足设计要求，且具有足够的安全度。

参考资料

[1] 建研科技股份有限公司. 昆明南站节点试验研究报告[R]. 2013.

[2] 建研科技股份有限公司, 新建昆明南站车站模拟地震振动台模型试验报告[R]. 2013.

[3] 建研科技股份有限公司. 昆明南站站房结构防连续性倒塌分析报告[R]. 2013.

[4] 建研科技股份有限公司. 昆明南站站房结构动力弹塑性分析报告[R]. 2012.

[5] 中国建筑科学研究院. 昆明南站列车振动影响研究报告[R]. 2012.

设计团队

广东省建筑设计研究院有限公司（方案 + 初步设计 + 施工图设计）：
李桢章、廖旭钊、李恺平、陈应专、刘　翔、劳智源、张鸿雁、魏　路、曹兆丰、邓文杰、潘浩彦（结构）

中铁第四勘察设计院集团有限公司（方案 + 初步设计 + 施工图设计）：
张志阳、潘国华、鲍　华、陶　勇、宋怀金、沈　磊（结构）

执笔人：廖旭钊、劳智源、鲍　华、徐乾智、李澄垚

获奖信息

2021 年第十八届詹天佑奖

2018—2019 年度中国建设工程鲁班奖

新建云桂铁路引入昆明枢纽昆明南站站房工程，云南省 2017 年度优秀工程设计一等奖

昆明南站结构设计及专题研究，2017—2018 中国建筑学会建筑设计奖 结构专业二等奖

第 4 章

广州亚运综合馆

4.1 工程概况

4.1.1 建筑概况

本工程建设场地位于广州市南部、番禺片区中东部,是规划中广州新城建设启动区。所在地区属南亚热带海洋性气候,气候温和,雨量充沛,日照充足;建设用地北临风景优美的亚运村莲花湾,与运动村、升旗广场隔水相望,是进入亚运村的门户地区;本工程是举办亚运体育比赛的四大场馆之一,里面分设体育馆(体操)、台球馆、壁球馆及广州亚运历史展览馆;在 2010 年亚运会及亚残运会期间作为体操、艺术体操、蹦床、台球(斯诺克、英式、普尔 8 球、普尔 9 球、法式三边)及壁球等项目的比赛场馆,其中广州亚运历史展览馆赛时作为亚奥理事会和 1~15 届亚运会的展示场所,传扬亚运历史轨迹。

建设规模:本工程建筑总面积为 5.2126 万 m²。其中:

(1)亚运体育馆建筑面积约为 3.0891 万 m²,赛时为 6000 座规模的体操馆。

(2)台球馆可容纳 1000 观众及 26 张球台,壁球馆可容纳 800 观众,设 9 个标准比赛场地,与台球馆合建成台球壁球馆,建筑总面积约 1.5626 万 m²。

(3)历史展览馆赛时使用面积为 0.3677 万 m²,赛后改造为 0.2098 万 m² 的商场及 0.1724 万 m² 展览空间。

屋盖为波浪形的空间三维效果,造型独特。整个屋盖都是不规则、高低不平的三维空间曲面,其任意立剖图都是一条不规则的曲线,在简单中显出飘逸外形(图 4.1-1、图 4.1-2)。

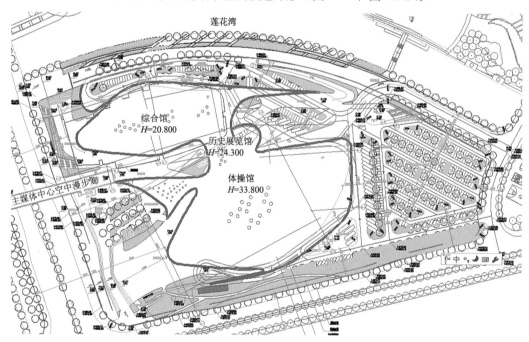

图 4.1-1 总平面图

图 4.1-2 综合体育馆效果图

4.1.2 设计条件

1. 控制参数

控制参数见表 4.1-1。

控制参数　　　　　　　　　　　　　　　　　　　　　　表 4.1-1

项目		标准
结构设计基准期		50 年
建筑结构安全等级		一级
结构重要性系数		1.1
建筑抗震设防分类		重点防类（乙类）
地基基础设计等级		一级
设计地震动参数	抗震设防烈度	7 度
	设计地震分组	第一组
	场地类别	Ⅲ 类
	小震特征周期	0.5s 水平/0.40s 竖向
	大震特征周期	0.55s
	基本地震加速度	0.10g
建筑结构阻尼比	多遇地震	地上：0.035/地下：0.05
	罕遇地震	0.06
水平地震影响系数最大值	多遇地震	0.14（水平）/0.105（竖向）
	设防烈度地震	0.23
	罕遇地震	0.5
地震峰值加速度	多遇地震	35cm/s^2

2. 基本风压

50 年重现期的基本风压值 0.61kN/m^2，用于正常使用极限状态验算；100 年重现期的基本风压值 0.67kN/m^2，用于承载能力极限状态验算。

地面粗糙度类别：B 类。

本工程按风洞试验结果《广州亚运城综合体育馆风洞测压试验数据图表》进行风荷载作用计算。取各控制风向角分别输入模型中计算。

3. 抗震设防烈度

本工程抗震设防类别为乙类，所在地区抗震设防烈度为 7 度，构造措施按抗震设防烈度为 8 度设置。根据场地安全性评价报告的结果取值，常遇地震下的水平最大地震影响系数 $\alpha_{max} = 0.140$（竖向 0.105），水平特征周期 $T_g = 0.50s$（竖向 0.40s）。

4. 温度作用

全年设计温差为±30°，设计合拢温度 20° ± 5°。

5. 荷载标准值

设计荷载主要依据《建筑结构荷载规范》GB 50009—2001，屋面恒荷载取 0.8kN/m^2（未含主体钢结构自重），并添加相关设备荷载及附属结构荷载，包括设备管线、检修马道、玻璃幕墙、顶棚、天沟荷载等；屋面活荷载按非上人屋面取 0.3kN/m²；预留赛后利用的吊挂荷载，10kN/点。ϕ30 钢拉杆预紧力取 30kN。

4.2 建筑特点

建筑设计采用"三馆一体"的设计概念，根据总体规划、原有地势地貌、各项比赛分开进行的特点及节能要求，采用三馆分设，空间造型整合为一体的方式，较好地解决了功能与形式和谐统一的问题。三馆分别设体操馆、台球壁球馆和历史展览馆，历史展览馆在三馆中间，衔接台球壁球馆与体操馆三场馆的结构以两道变形缝分开，不仅各自功能上三馆独立，结构体系也独立（图 4.2-1、图 4.2-2）。

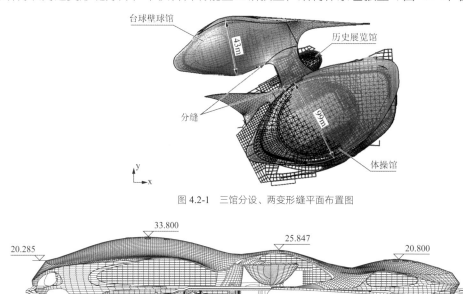

图 4.2-1　三馆分设、两变形缝平面布置图

图 4.2-2　三馆立面图

4.2.1　体操馆特点

依据建筑外形特征、柱网布置、美感要求，结构上，将体操馆屋盖分为相对独立的 3 个大单元，即飘带区单层网壳、比赛区空腹网壳体系、训练区桁架体系，三者通过内外环梁及 H 型钢梁连系合为一体，各单元的独立性强。

体操馆下部结构为三层钢筋混凝土框架结构，上部屋盖结构采用钢结构，平面尺寸为 220m×120m，屋面高度为 34m，钢屋盖投影面积约 2.2 万 m²，最大跨度为 99m。

支撑钢屋盖柱网分为外环柱、内环柱、飘带柱三部分。主结构的外围 0.000m 标高处周圈布置了倾角最大为 13° 的钢管混凝土锥形柱，柱间支撑采用三角桁架，柱底与基础承台刚接。外围柱主要用于支撑结构屋面，承载幕墙荷载并且改善结构的动力性能。内柱设置在看台层标高为 12.700m 上，由直管钢管混凝土柱和钢斜撑组成，提高整个结构的抗侧力性能，支撑 16.3m 及 19.3m 两个钢夹层，柱底通过万向支座铰接于 12.7m 混凝土楼层柱，飘带柱支撑飘带区单层网壳，柱底通过万向支座铰接于基础承台（图 4.2-3）。

下部混凝土结构为现浇框架结构（含局部剪力墙），主要为 0m、5m、12.7m 三个楼层，看台为现浇框架环梁和折梁，混凝土强度等级为 C30，标高楼板采用无粘结预应力楼板，控制温度及开裂。

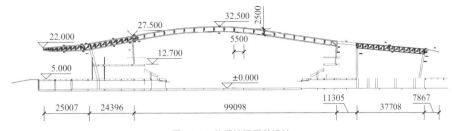

图 4.2-3 体操馆钢屋盖设计

4.2.2 台球壁球馆特点

台球壁球馆下部结构为二层钢筋混凝土框架结构,上部屋盖结构采用钢结构,平面尺寸为 172m × 77m,屋面高度为 20.8m,钢屋盖投影面积约 1.1993 万 m²,最大跨度为 43m。

台球壁球馆由台球馆和壁球馆组成,两馆一体,功能分设,功能分区如图 4.2-4 所示。由于场地功能要求不高,因而柱距较为合理,屋盖结构跨度最大为 50m。台球壁球馆由于体型狭长,长宽比达 3.2,因而决定了结构的纵向刚度比横向大,所以沿横向采用单向受力体系会更为合理,主受力构件可采用桁架和刚架。

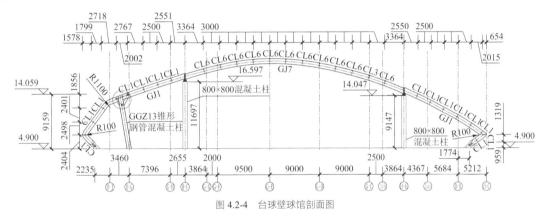

图 4.2-4 台球壁球馆剖面图

4.2.3 历史展览馆特点

历史展览馆由核心筒、楼层、屋盖及大悬挑钢结构组成,底部二层为钢筋混凝土框架结构,三层楼层及屋面采用钢结构,平面尺寸约 68m × 44m,屋面高度为 25.4m,钢屋盖投影面积约 0.2130 万 m²,空间悬挑碗状结构悬挑长度为 34m。

历史展览馆位于体操馆与台球壁球馆之间,主体由核心筒、楼层、屋盖及大悬挑钢结构组成(图 4.2-5)。结构主要包括以下标高:−0.32m(首层),4.8m(二层混凝土楼层),16.75m(三层钢结构楼层),18.25m(三层悬挑端)及钢屋盖(25.4m)。核心筒平面尺寸为 9050mm × 7050mm。

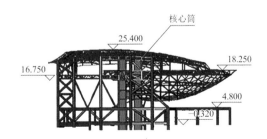

图 4.2-5 历史展览馆立面

4.3 体系与分析

4.3.1 体操馆方案分析

体操馆进行了 5 种方案比较和分析。

（1）桁架结构形式（图 4.3-1）

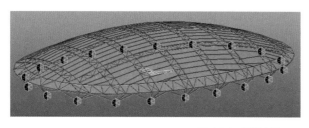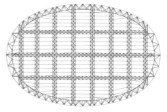

图 4.3-1 桁架方案

主体结构用钢量：80kg/m²；主檩部分用钢量：18kg/m²；钢柱采用ϕ500mm×20mm，主桁架下弦和外圈梁采用ϕ351mm×14mm，主桁架上弦ϕ273mm×12mm。结构最大厚度约 4.2m；结构布置均匀，受力合理。

（2）正交拱加张弦结构形式（图 4.3-2）

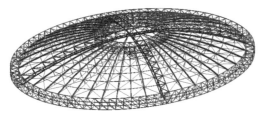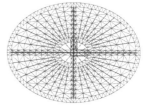

图 4.3-2 正交拱加张弦方案

主体结构用钢量：110kg/m²；主拱上弦：ϕ700mm×22mm，主拱下弦：ϕ500mm×18mm，主拱腹杆：ϕ351mm×12mm，张弦梁：箱形 700mm×300mm×20mm，主索：ϕ60mm，结构最大厚度约 3m。结构受力简单明了，合理利用拱和索的优势，在大跨度结构中可明显减小结构尺寸。

（3）巨型桁架加张弦梁结构（图 4.3-3）

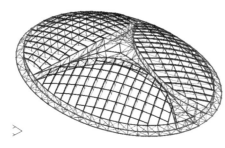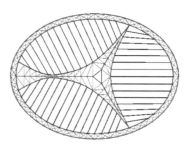

图 4.3-3 巨型桁架加张弦梁方案

主体结构用钢量：120kg/m²；主桁架上下弦：ϕ600mm×20mm，环梁上弦：ϕ700mm×25mm，下弦ϕ600mm×20mm，张弦梁：箱形 700mm×250mm×10mm×15mm，主索：ϕ60mm，结构最大厚度约 5m。结构传力清晰，合理利用桁架和索的优势。

（4）弦支穹顶结构（图 4.3-4）

弦支穹顶结构采用单层网壳与径向预应力斜索、环向预应力索及撑杆组合，结构厚度最大 3.5m，网壳部分用钢量约 50kg/m²，结构整体轻巧，用钢量小。

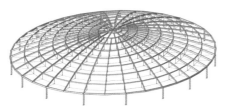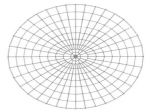

图 4.3-4　弦支穹顶方案

（5）空腹桁架结构（图 4.3-5）

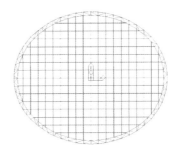

图 4.3-5　空腹桁架体系方案

空腹桁架采用抽空桁架斜腹杆，利用外形拱形曲面均匀布置空腹桁架，结构厚度最大约 3m，用钢量约 100kg/m²，结构整体厚度较小，美观整齐，受力合理，用钢量小。

各方案比较见表 4.3-1，最终确定空腹桁架结构方案。

各方案比较　　　　　　　　　　　　　　　　　　　　　　　　　　　　　　　　表 4.3-1

方案形式	结构厚度/m	方案优点	方案缺点	用钢量/（kg/m²）
桁架结构	4.2	结构受力合理	视觉效果凌乱	98
正交拱加张弦结构	3	结构厚度小	用钢量大	110
巨型桁架加张弦梁结构	5	结构受力合理	结构厚度大	120
弦支穹顶结构	3.5	结构轻巧	施工难度大	50
空腹桁架结构	3	受力合理、视觉效果好	节点刚接	100

4.3.2　台球壁球馆

台球壁球馆由于体型狭长，长宽比达 3.2，因而决定了结构的纵向刚度比横向大，所以沿横向采用单向受力体系会更为合理。主受力构件可采用桁架和刚架，由于场馆建筑不高，最高处才 24m，因而场内净空要求较高，故在这方面刚架要比桁架优胜，且在美观方面，刚架的效果要比桁架好。通过一番比较，最后采用刚架-支撑体系，如图 4.3-6 所示。

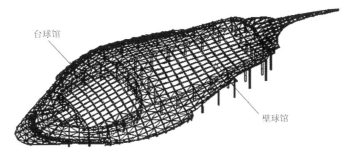

图 4.3-6　台球壁球馆轴测图

屋盖钢结构长度达 230m，温度作用非常敏感，杆件轴力均较大。于是在台球壁球馆中间部位设置一条伸缩缝，用于释放杆件轴向力，保持杆件抗剪能力，使屋盖不至于完全分为两部分，保证面外整体性；同时对屋盖两侧的个别刚架柱脚释放面外的水平位移，以减少温度作用，结构边界条件如图 4.3-7 所示。

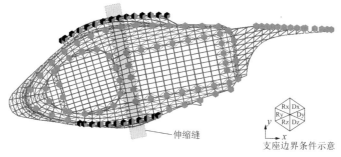

图 4.3-7　屋盖结构边界条件

4.3.3　历史展览馆

本工程方案难点在于结构悬挑组合体很大，长为 34m，宽 30m，厚 11m，内部有建筑功能，不能将其整个设计成巨大桁架形式，且其核心筒尺寸相对较小，悬挑端后部配置不够，核心筒的设计及核心筒下基础的设计方案需要技术比较分析（图 4.3-8）。

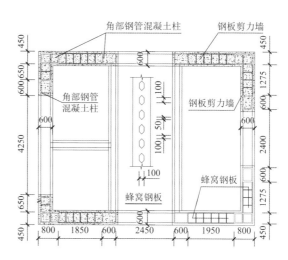

图 4.3-8　历史展览馆支撑体系及核心筒平面图

4.4　专项设计

4.4.1　幕墙结构分析与设计技术

1. 幕墙形式对结构设计的要求

广州亚运城综合体育馆外墙以玻璃幕墙和不锈钢幕墙为主，其中体操馆和台球壁球馆采用拉索形式的玻璃幕墙（图 4.4-1）。

为扩大采光面积，体操馆和台球壁球馆采用横显竖隐方式的半隐框玻璃幕墙，由于 12m 跨度较大，结构设计上该半隐框玻璃幕墙采用横梁与拉索相结合的结构体系，这样既减小横梁的截面尺寸，又能充分发挥拉索的抗拉性能。

图 4.4-1　广州亚运城综合体育馆幕墙实景

幕墙结构通常做法是与主体结构分开单独设计，而实际受力上幕墙结构体系与主体结构并未脱开，主体结构钢管混凝土柱既要作为幕墙的抗风柱承受水平荷载，还要承受幕墙的竖向荷载，因而主体结构在温度荷载、风荷载等作用下的变形对幕墙有着很大影响，尤其是主体结构悬挑处变形复杂，结构设计中尤为关键，否则会出现预应力索松弛、幕墙玻璃破碎的工程质量事故。

因此，单独进行拉索幕墙计算分析与幕墙和主体结构整体建模计算分析，其拉索受力特点有所不同，通过整体建模计算分析对主体结构、拉索幕墙的设计都会起到良好的指导作用。

拉索幕墙结构与主体结构整体建模计算可以得到结构的实际刚度，据此确定的预应力值符合幕墙结构与主体结构整体受力情况。

2. 拉索幕墙的结构特点与节点构造措施

亚运城综合体育馆拉索玻璃幕墙与点式拉索玻璃幕墙不同，幕墙结构形式由玻璃面板、横梁和拉索组成，其连接方式为横梁支撑玻璃面板，竖向拉索一端锚固在地面的钢筋混凝土结构上，另一端锚固在连接支承于两根钢管混凝土柱的横梁上（图 4.4-2）。点式玻璃幕墙的玻璃面板是通过矩形爪点固定，而本工程拉索幕墙的玻璃面板是放置在横置的工字钢横梁上（图 4.4-3）。

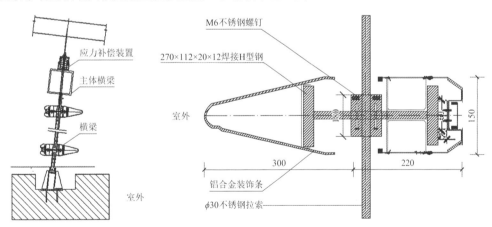

图 4.4-2　幕墙剖面示意图　　　　　　　图 4.4-3　横梁与索连接节点

整个幕墙的受力特点为水平荷载作用于玻璃面板，然后通过横梁传递到主体钢管混凝土柱上。横梁抵抗水平荷载的作用。幕墙的竖向荷载通过玻璃面板传递给横梁，横梁传递给拉索，竖向拉索传递到主体结构上，拉索起到控制横梁的竖向变形及玻璃幕墙的重力荷载传递，不承受水平荷载。

3. 拉索幕墙结构与主体结构整体建模计算分析技术

将幕墙结构与主体结构整体建模分析，拉索直径为 30mm，施加预应力为 100kN，研究各工况对拉索的内力影响，整体结构模型如图 4.4-4 所示。

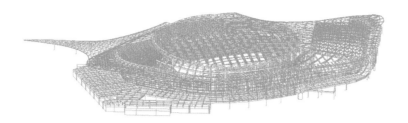

图 4.4-4　整体结构模型

4. 温度作用

温度作用对索的内力有着较大的影响，考虑索的自重、施加预应力及温度作用下，拉索在主体结构中的内力变化。

考虑拉索在施加预应力后温度作用下的内力变化（即荷载态），单独幕墙计算分析时，拉索在施加预应力后，升温时拉索承受的拉力降低，降温时拉索承受的拉力增加。在整体建模分析中可以看到，由于温度对主体结构的影响，从而对幕墙拉索两端的约束产生影响，拉索的受力状态并未完全表现出升温时拉索拉力降低、降温时拉索拉力增加的情况（图 4.4-5）。

其他荷载工况下，如风荷载、地震作用等对拉索产生拉力作用，因此，对于拉索的预应力没有减少，不会使索产生松弛。

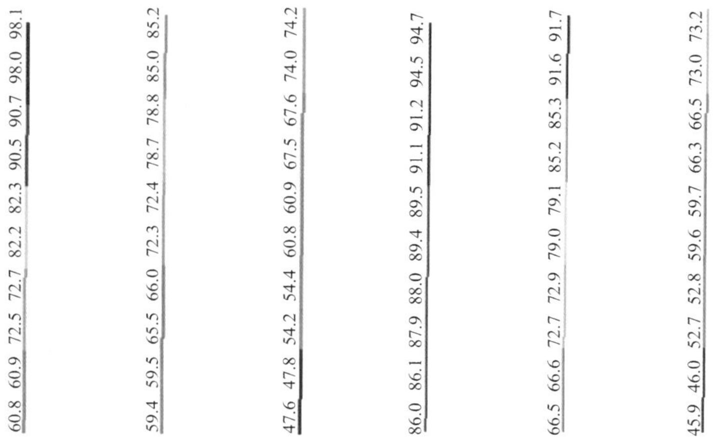

(b) 升温荷载态　　　　　　(c) 降温荷载态

图 4.4-5　三种工况作用

通过对拉索幕墙形式、特点以及广州亚运城综合体育馆拉索玻璃幕墙的分析研究，得出以下几点结论：

（1）幕墙结构与主体结构并未脱开时，利用弹簧刚度在拉索端部节点设计一种应力补偿装置可以有效地控制主体结构产生的位移对拉索预应力带来的不利影响。

（2）幕墙设计中需要考虑主体结构的影响，考虑主体结构竖向位移，对拉索预应力设计会有较准确的把握，减少拉索出现松弛现象。

（3）幕墙与主体结构整体建模有助于分析拉索幕墙的拉索预应力薄弱部位，对幕墙中不同拉索预应力的施加有着指导作用。

4.4.2　体操馆应力蒙皮板设计

1. 应力蒙皮板技术

对于建筑结构来讲，蒙皮效应是指围护结构（主要是屋面和墙面）对主体结构的整体加强作用，这种效应大大加强了结构的空间整体性。蒙皮效应很难明确地量化，它受很多条件影响，不同的工程情况下，蒙皮的作用效应也不同，工程中只将其作为一种结构上的储备。我国的规范尚未对蒙皮效应作出规定。英国应力蒙皮设计规范 BS5950-9 对屋面和墙面围护结构所用压型钢板的应力蒙皮作用包括设计与施工作了详细的规定。

针对体操馆屋面钢结构部分 23m 跨度的悬臂端及 64m 跨度的单层网壳飘带，在其局部结构上铺设 5mm 厚的钢板考虑应力蒙皮作用，如图 4.4-6 所示，局部放大图如图 4.4-7 所示。根据《建筑抗震设计规范》GB 50011—2010"小震不坏，中震可修，大震不倒"的原则进行抗震设计，在弹性工作阶段，不考虑屋面板的蒙皮效应，将其作为一种结构抗风抗震性能的储备，在弹塑性工作阶段，则充分考虑屋面板的蒙皮效应。

为保证钢板和支承构件的可靠连接，减少板本身的挠度，板边嵌固于钢结构上表面，节点大样见图 4.4-8。

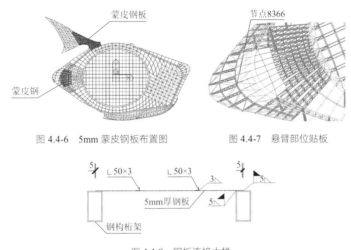

图 4.4-6 5mm 蒙皮钢板布置图   图 4.4-7 悬臂部位贴板

图 4.4-8 钢板连接大样

2．应力蒙皮板的计算分析

根据本工程设置应力蒙皮板的目的，直接对比应力蒙皮板，在结构弹塑性工作阶段，对主体钢结构应力的影响。蒙皮钢板采用有限元中的 6 自由度的壳单元模拟。

根据安评报告采用一组人工波对整体结构进行时程分析，人工波加速度峰值为 232cm/s²，分析时蒙皮板采用实际厚度的壳单元模拟。

从计算结果看出，蒙皮对悬臂部分 X 轴、Y 轴方向位移的影响十分微弱，但对 Z 轴方向位移影响较大。不考虑蒙皮效应时节点 8366 在 Z 轴正、负向的位移峰值分别为 82.08mm 和 −95.88mm，考虑蒙皮效应时节点 8366 在 Z 轴正、负向的位移峰值分别为 59.48mm 和 −77.22mm，节点位移峰值分别减小了 27.53% 和 19.46%。与此同时悬臂结构杆件应力分布更加合理，应力集中有所缓解。

4.4.3 历史展览馆核心筒钢板墙设计及附加基础设计

1．面临的问题

（1）历史展览馆钢结构悬挑组合体造型新颖，悬挑尺寸较大（悬挑长度为 34m，宽 30m，厚 11m），钢结构悬挑部分的内部空间因有建筑功能要求，不能将其整个设计成巨大桁架形式；悬挑端后部结构配置不够，支承条件较差，悬挑部分剖面图如图 4.4-9 所示。整个悬挑部分全部支承在核心筒上，导致核心筒要承受较大的轴力、剪力、倾覆弯矩的共同作用。

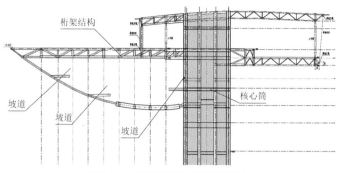

图 4.4-9 历史展览馆悬挑部分剖面图

（2）由于支承悬挑部分的核心筒尺寸相对较小，如图 4.4-9 所示。悬挑端后部结构配置不够，导致核心筒要承受较大的倾覆弯矩。因此，核心筒下部基础的设计不同于常规结构，需进行技术方案比较分析。

2. 结构解决方案——钢板墙、附加基础

根据计算分析，第一阶段按弹性设计，核心筒剪力墙的受弯和受剪承载力，都符合规范要求，但是通过大震作用下动力弹塑性分析发现，大悬挑钢结构根部将水平力传至核心筒的混凝土剪力墙，损伤从剪力墙底部开始发展，应力相对较大，损伤严重。在 15s 时核心筒混凝土受压损伤系数已经达到 90%，混凝土已经被压碎，应对其进行加强。

将钢筋混凝土核心筒中植入钢构件，重新进行大震作用下动力弹塑性分析，并与墙体植入钢板前的混凝土受压损伤和受拉损伤进行对比，对比结果如图 4.4-10 所示。

由核心筒混凝土受拉损伤图可知，植入钢板后有效地减小剪力墙混凝土受拉损伤的范围和程度，加强连梁后的墙体起到一定的耗能作用。

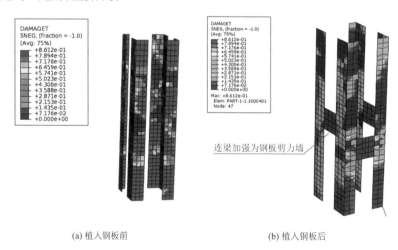

(a) 植入钢板前　　　　　　　　　(b) 植入钢板后

图 4.4-10　混凝土受拉损伤对比

核心筒基础受力的特点是外荷载作用下核心筒基底有较大的倾覆弯矩，且地震作用比风荷载作用大。上部结构设计时要求进行中震及大震的弹性分析，基础设计须保证承担中震及大震时的地震组合作用安全性能。由于历史展览馆的核心筒平面尺寸相对较小，按常规基础设计难以满足设计要求。在综合考虑成本及受力的基础上比较分析，最终确定采用"设计附加基础"的方案，即在主体基础下面外伸附加基础，附加的基础和主体通过基础梁相连。该方案能有效增大基础的抗倾覆能力（图 4.4-11）。

在罕遇地震作用时，结构发生塑型变形，要求首先在基础梁端出现塑性铰，同时还要防止由于基础梁筋屈服渗入节点而影响节点核心区的性能，即保证梁与基础连接的节点范围还处在弹性工作阶段。通过钢筋混凝土基础梁在屈服后刚度降低、变形加大，从而吸收大量的地震能量的过程中来实现"大震不

倒"的目标。该方案可在罕遇地震作用下保证结构的承载能力大于地震作用，满足结构安全要求，同时在附加结构中形成一个良好的消能塑性变形，且施工方便。该基础形式能够在较低廉的成本情况下，明显提高建筑基础承担上部建筑物传递的地震作用的能力。

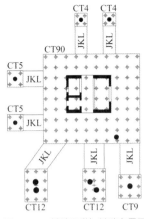

图 4.4-11　基础及附加基础布置图

4.4.4　历史展览馆的减振设计

广州亚运城历史展览馆大悬挑桁架结构内部空间为展览坡道，坡道支承在网壳和桁架结构上，如图 4.4-12 所示。

由于上人屋面 18.25m 标高位于大悬挑端的顶部，且人行振动频率（2.4Hz）接近结构基频（2.36Hz），人行走时会容易引起结构竖向自振，从而导致人行走不舒适。因此，应该对结构进行减振设计。

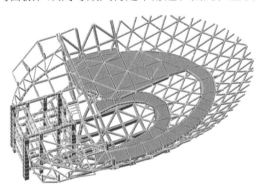

图 4.4-12　历史展览馆内部坡道（MIDAS 计算模型）

1. 减振设计

减振技术包括隔振、消能减振、各种被动控制、主动控制、混合控制等方法，实际应用比较多的是被动控制方法，如调频质量阻尼器（TMD），液体阻尼器（TLD），调液柱型阻尼器（TLCD）等。目前工程中应用较为广泛的是 TMD 减振技术。本工程最终确定附加多重调频质量阻尼器（MTMD）的方法实现结构减振。

2. TMD 减振计算分析

历史展览馆碗端即悬挑屋顶（18m 标高），和历史展览馆内坡道即悬挑结构内部坡道，分别设置 TMD，布置如图 4.4-13 和图 4.4-14 所示，TMD 采用螺旋弹簧和黏滞阻尼的并联组合形式，TMD 细部如图 4.4-15 和图 4.4-16 所示。

减振目标：人群步行激励下，竖向加速度减振效果不小于 50%，且加速度不大于 0.015g。TMD 优化布置及计算通过 MIDAS 软件实现，最终通过实测效果确定。

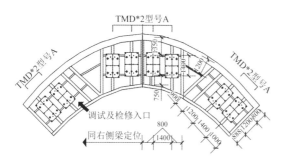
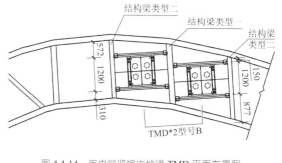

图 4.4-13　历史展览馆碗端 TMD 平面布置图　　　　图 4.4-14　历史展览馆内坡道 TMD 平面布置图

图 4.4-15　历史展览馆采用的 TMD　　　　　图 4.4-16　TMD 局部构造

步行激励分别为 1.6Hz、1.8Hz、2.2Hz、2.4Hz，根据 MIDAS 软件结算结果，悬挑端部竖向振动加速度由 $0.22m/s^2$ 降为 $0.13m/s^2$，降幅 50%，坡道竖向振动加速度由 $0.27m/s^2$ 降为 $0.13m/s^2$，降幅 50%，达到了预期减振目标。

3．TMD 安装后的检测

根据业主要求，TMD 的提供厂家，隔而固（青岛）振动控制有限公司对综合体育馆安装 TMD 前后的振动状态进行了测试。根据测试结果，安装 TMD 之后振动衰减了约 64%，此外，系统结构阻尼比有显著增加，对结构抗震有利。

4.4.5　节点设计

1．体操馆空腹桁架节点

空腹网壳结构可以看作是由纵横双向直腹杆桁架结构正交组成，由于取消了斜腹杆，每个方向桁架本身的上下弦杆与直腹杆连接节点必须设计成刚接，纵、横向桁架的相交节点也必须设计成刚接，次方向弦杆与主方向弦杆刚接才能满足双向受力要求。这里说的刚接是指次方向主受力方向即 M_y 方向能够实现刚接，传递该方向弯矩。由于横向桁架的上下翼缘无法对齐，纵向桁架的加劲肋需要通过计算确定节点刚度，以保证其刚接性能（图 4.4-17）。

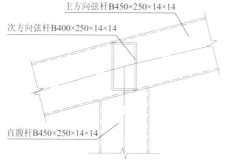

图 4.4-17　空腹网壳节点大样

采用设置不同的加劲肋方案的方法，计算比较以下 7 种节点设计，按上述方法比较其刚接性能，最终确定最为简单又能满足受力要求的节点形式。

7 种加劲形式及计算结果如图 4.4-18～图 4.4-24 所示。

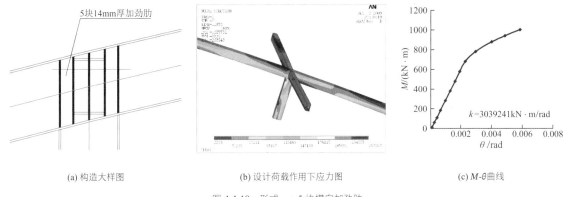

| (a) 构造大样图 | (b) 设计荷载作用下应力图 | (c) M-θ曲线 |

图 4.4-18　形式一：5 块横向加劲肋

从计算结果来看，形式一在设计荷载作用下，Mises 最大应力为 263MPa < 345MPa，满足设计要求，从 M-θ 曲线来看，初始刚度 > 1.13×10^5kN·m/rad，且初始刚度直线段弯矩为 700kN·m > 333kN·m，可认为形式一为刚接节点。

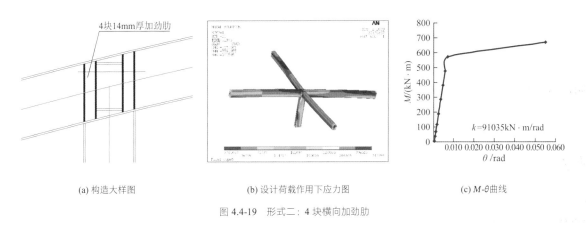

| (a) 构造大样图 | (b) 设计荷载作用下应力图 | (c) M-θ曲线 |

图 4.4-19　形式二：4 块横向加劲肋

从计算结果来看，形式二在设计荷载作用下，Mises 最大应力为 342MPa < 345MPa，满足设计要求，从 M-θ 曲线来看，初始刚度略小于 1.13×10^5kN·m/rad，且初始刚度直线段弯矩 500kN·m > 333kN·m，可认为形式二为刚接节点。

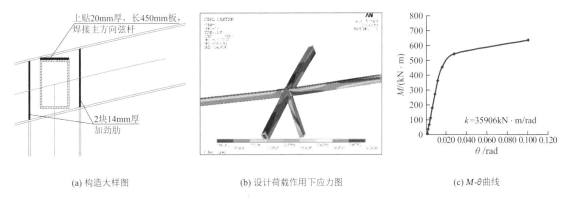

| (a) 构造大样图 | (b) 设计荷载作用下应力图 | (c) M-θ曲线 |

图 4.4-20　形式三：2 块横向加劲肋，次方向弦杆上贴 20mm 厚板

从计算结果来看，形式三在设计荷载作用下，Mises 最大应力达到 345MPa，属应力集中现象，能满足设计要求，从 M-θ 曲线来看，初始刚度 < 1.13×10^5kN·m/rad，不能认为形式三为刚接节点。

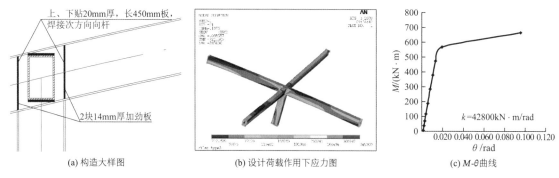

(a) 构造大样图   (b) 设计荷载作用下应力图   (c) M-θ 曲线

图 4.4-21 形式四：2 块横向加劲肋，次方向弦杆上、下贴 20mm 厚板

从计算结果来看，形式四在设计荷载作用下，Mises 最大应力达到 345MPa，属应力集中现象，能满足设计要求，从 M-θ 曲线来看，初始刚度 $< 1.13 \times 10^5 \text{kN} \cdot \text{m/rad}$，不能认为形式四为刚接节点。

(a) 构造大样图   (b) 设计荷载作用下应力图   (c) M-θ 曲线

图 4.4-22 形式五：2 块横向加劲肋，腹杆方向贴 20mm 厚板

从计算结果来看，形式五在设计荷载作用下，Mises 最大应力达到 344MPa，能满足设计要求，从 M-θ 曲线来看，初始刚度 $< 1.13 \times 10^5 \text{kN} \cdot \text{m/rad}$，不能认为形式五为刚接节点。

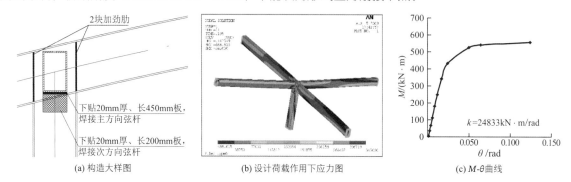

(a) 构造大样图   (b) 设计荷载作用下应力图   (c) M-θ 曲线

图 4.4-23 形式六：2 块横向加劲肋，次方向弦杆、腹杆方向贴 20mm 厚板

从计算结果来看，形式六在设计荷载作用下，Mises 最大应力达到 345MPa，属应力集中现象，能满足设计要求，从 M-θ 曲线来看，初始刚度 $< 1.13 \times 10^5 \text{kN} \cdot \text{m/rad}$，不能认为形式六为刚接节点。

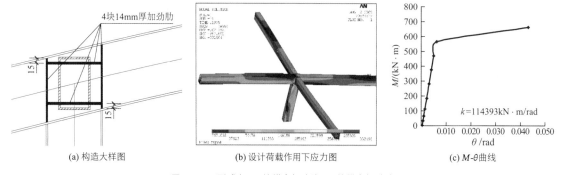

(a) 构造大样图   (b) 设计荷载作用下应力图   (c) M-θ 曲线

图 4.4-24 形式七：2 块横向加劲肋，2 块纵向加劲肋

从计算结果来看，形式七在设计荷载作用下，Mises最大应力为332MPa＜345MPa，满足设计要求，从M-θ曲线来看，初始刚度＞$1.13 \times 10^5 \text{kN} \cdot \text{m/rad}$，且初始刚度直线段弯矩为500kN·m＞333kN·m，可认为形式七为刚接节点。各种节点受力形式比较见表4.4-1。

各种节点受力形式比较　　　　　　　　　　　　　　表4.4-1

节点形式	构造做法	应力	刚度判断
形式一	5块横向加劲肋	满足	满足刚接
形式二	4块横向加劲肋	满足	满足刚接
形式三	2块横向加劲肋，次方向弦杆上贴20mm厚板	满足	不满足刚接
形式四	2块横向加劲肋，次方向弦杆上、下贴20mm厚板	满足	不满足刚接
形式五	2块横向加劲肋，腹杆方向贴20mm厚板	满足	不满足刚接
形式六	2块横向加劲肋，次方向弦杆、腹杆方向贴20mm厚板	满足	不满足刚接
形式七	2块横向加劲肋，2块纵向加劲肋	满足	满足刚接

本工程最终选择了形式七的节点形式。

本工程从研究国内外对钢结构节点刚接、铰接、半刚性连接的分类及其研究现状出发，确定其连接特性主要反映在连接的弯矩-转角（M-θ）关系和初始刚度，推荐了一种钢结构节点刚接的判断方法，即采用初始刚度大于$1.13 \times 10^5 \text{kN} \cdot \text{m/rad}$为判断公式，同时明确节点设计荷载必须在节点的初始刚度即直线段的范围内，两个条件同时满足时可以认为是刚接节点。

该判断准则在任何节点刚性连接判断中具有广泛的推广应用价值。

2. 历史展览馆镂空铸钢鼓形节点与焊接圆筒鼓形节点设计

历史展览馆悬挑端上部为一正交斜放网架，其封边结构为弧形空间桁架。悬挑端下部为曲面碗状支撑结构。其与悬挑端上部网架相贯形成空间悬挑碗状结构，悬挑长度为34m。其底部支承于核心筒，顶部支承于核心筒和楼层桁架。悬挑结构下部曲面网壳节点，为满足节点刚度以及建筑效果，采用镂空铸钢、焊接钢管圆筒两种类型的鼓形节点，如图4.4-25所示。

图4.4-25　鼓形节点

大悬挑钢结构下部的柱面支撑节点要求为刚接，且要满足建筑美观要求。所以，在"碗体"幕墙对应位置采用镂空铸钢鼓形节点，如图4.4-26所示；在有墙面材料遮挡处采用焊接圆筒鼓形节点，内有水平横隔板加劲，如图4.4-27所示。镂空铸钢鼓形节点采用铸钢件牌号为ZG275-485H，屈服强度为275MPa；焊接圆筒鼓形节点采用钢材牌号为Q345，屈服强度为345MPa。

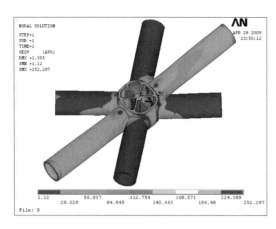
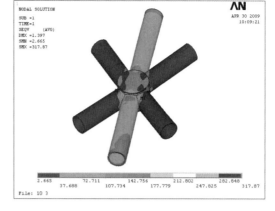

图 4.4-26　镂空铸钢鼓形节点 Mises 应力图　　　　图 4.4-27　焊接圆筒鼓形节点 Mises 应力图

从上述计算结果看出，两种鼓形节点的总体应力水平不高，各管相连接处应力较为集中，镂空鼓形节点和焊接圆筒鼓形节点的平均 Mises 应力均不大于 140MPa，分别小于铸钢屈服强度 275MPa 和焊接钢材的屈服强度 345MPa。

4.5　试验研究

广州亚运会体操馆屋面钢结构部分有 23m 的悬臂端，飘带单层网壳跨度达 64m。在其局部结构上铺设 5mm 厚的钢板考虑应力蒙皮作用，需保证钢板和支承构件的可靠连接，为了减少板本身的挠度，板边嵌固于钢结构上表面，通过试验研究确定蒙皮钢板的力学性能。

体操馆大跨度空间采用空腹网壳刚接节点，最大跨度 92m，纵向空腹桁架与横向空腹桁架连接节点采用刚接节点形式，由于目前规范没有对此类节点的计算方法，虽然节点经过有限元数值分析，但数值计算是通过很多假定完成的，有必要对该节点进行试验，确保大跨度空间结构的安全性。

4.5.1　蒙皮钢板力学性能研究

1. 试验目的

（1）分析此结构形式在周期荷载作用下的滞回曲线和破坏机理，考察其抗震滞回性能，确定不同参数如蒙皮板厚度、蒙皮连接方式的影响。

（2）与未设置蒙皮钢板结构形式在周期荷载作用下的滞回曲线和破坏机理对比分析。

2. 试验设计

根据试验条件，采用缩尺比例模型〔比例约取 0.6（模型/原型）〕，梁高度适当调整（为了分析梁高对蒙皮作用的影响），且取一跨进行分析，每组 2 个，共 6 个试件。试验模型尺寸和试件加载设备如表 4.5-1 和图 4.5-1 所示。

试验模型尺寸　　　　　　　　　　　　　　　　　　　　　　　　　表 4.5-1

试件	箱形梁/mm	跨度×长度×厚度（$b \times l \times t$）/mm	角焊缝	角钢/mm	个数
A 组	B240×120×6×6	1200×3000×3	双面	L40×4	2
B 组	B400×120×6×6	1200×3000×3	单面（贴板角焊缝焊接的形式加强）	L40×4	2
C 组	B400×120×6×6	1200×3000×2	双面	L40×4	2
D 组	B400×120×6×6	1200×3000	做一个独立悬臂梁即可		1

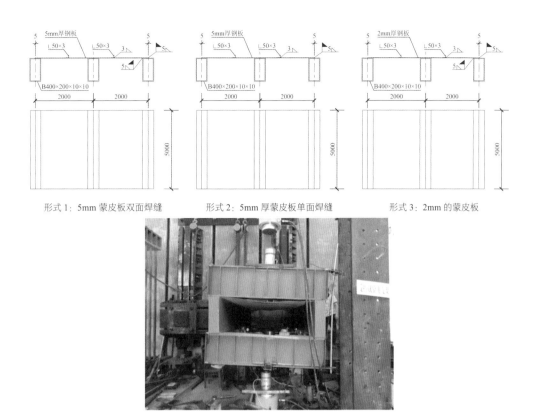

形式1：5mm蒙皮板双面焊缝　　　　形式2：5mm厚蒙皮板单面焊缝　　　　形式3：2mm的蒙皮板

图 4.5-1　试件加载设备

3．试验结果和分析

根据试验及有限元分析得到的滞回曲线，分析各试件的滞回性能，如图 4.5-2 所示。可以看出试验值比较接近但与有限元分析结果相差较大。这是由于有限元模拟中环境以及材料都是理想的，且没有考虑焊缝的影响，因此要比试验的数值大。

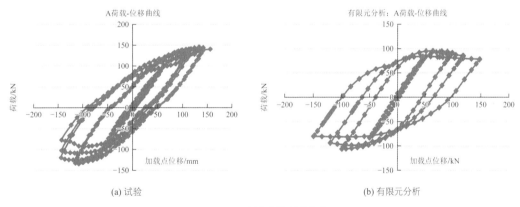

(a) 试验　　　　　　　　　　　　　(b) 有限元分析

图 4.5-2　试件荷载-位移曲线

4．试验结论

通过对 7 个试件的试验和有限元分析，得出以下结论：

（1）每个试件的滞回曲线都比较饱满，具有较好的耗能能力。

（2）有蒙皮的试件，控制在相同的位移，当梁在负弯矩作用下时（千斤顶向下压，使梁上翼缘受拉，蒙皮受拉）比梁在正弯矩作用下荷载略小。这是由于蒙皮的作用，梁侧向失稳得到有效约束，但同时在梁根部上翼缘处产生了一定的集中应力，使梁上翼缘最早出现裂缝，而下翼缘比上翼缘出现裂缝要晚，所以上翼缘的裂缝比下翼缘的发展更厉害，导致负弯矩作用下的承载力比正弯矩作用下的承载力略低。

（3）B的梁截面是A的1.67倍，所以B试件的承载力明显比A试件高。理论计算B的承载力应该是A的2.79倍，实际试验情况为B承载力是A的1.98倍。主要原因是试件节点处过早开裂，节点处焊缝性能不确定，导致构件达不到理想的材料强度。有限元分析结果与理论计算基本一致。

（4）B与C蒙皮的厚度不同，但试件承载力基本相同。因此蒙皮厚度的变化对此试件没有影响。B、C的蒙皮连接方式也略有不同，但蒙皮与梁的连接没有出现任何破坏，所以这两种连接方式对此试件没有影响。

（5）D与B、C梁截面相同，屈服荷载、极限承载力与B、C的一半基本一致。有限元分析结果比试验略高，主要是试验过程中试件的开裂所致。

（6）最终的破坏模式，有蒙皮的都在梁根部开始出现裂缝。而单根梁最终破坏时是失稳，但此时已经过了屈服。箱形截面梁自身平面外稳定性能相对较好，所以没有体现出蒙皮优势。

4.5.2 空腹网壳节点的力学性能研究

1. 试验目的

（1）得到连接节点的初始刚度及极限承载力，判断节点刚接性能。

（2）研究连接节点在周期荷载作用下的滞回曲线和破坏机理，考察其抗震性能。

（3）评估不同节点形式的性能，给出改进建议。

2. 试验设计

本试验共4组试件，每组两个相同试件。不同组的试件梁柱外形尺寸完全相同，只在节点区加劲肋形式不同。其中D型节点为常规加劲型节点，在梁上下翼缘处设置加劲肋，由于加劲肋无法与梁翼缘对齐，加劲肋与翼缘错开50mm。A、B、C型节点则在常规加劲的基础上设置了其他不同形式的加劲肋。试件尺寸见表4.5-2。

试件尺寸 表4.5-2

试件	箱形梁截面/mm	柱高×梁水平长度/mm	加劲肋厚度/mm	加劲肋的放置	个数
A 型	梁：B400×250×14×14 柱：B450×250×14×14	1600×2000	14	梁腹板纵向加劲	2+2
B 型	梁：B400×250×14×14 柱：B450×250×14×14	1600×2000	14	节点处梁柱外表面贴板加劲	4+2
C 型	梁：B400×250×14×14 柱：B450×250×14×14	1600×2000	14	梁上下翼缘加劲	2+2
D 型	梁：B400×250×14×14 柱：B450×250×14×14	1600×2000	14	常规加劲	2

注：对于A、B、C节点加劲肋个数项，前一个数字表示额外设置的加劲肋的个数，后一个表示常规加劲肋个数。

本试验为足尺试验，试验试件尺寸与原型构件相同，参见表4.5-2。不同之处在于梁柱交角由斜交改为正交。

A、B、C、D四种异形节点的模型见图4.5-3～图4.5-6。试件加载设备及有限元分析见图4.5-7、图4.5-8。

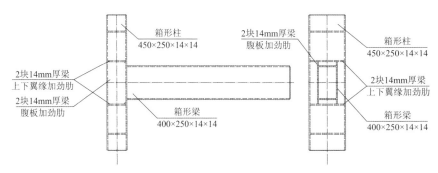

图4.5-3　A型节点模型

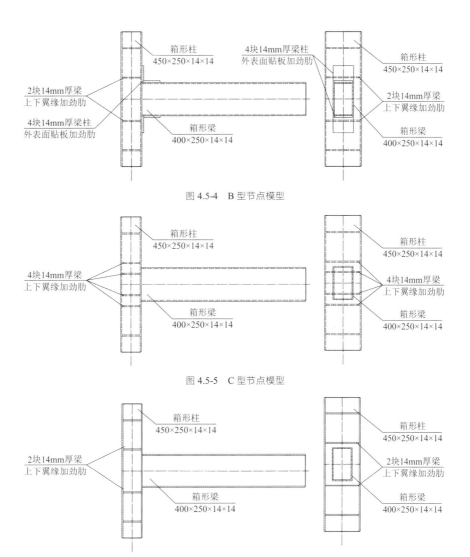

图 4.5-4　B 型节点模型

图 4.5-5　C 型节点模型

图 4.5-6　D 型节点模型

图 4.5-7　试件加载设备

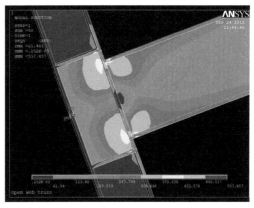

图 4.5-8　有限元分析

3．试验结果和分析

荷载-位移曲线如图 4.5-9 所示。

4．试验结论

（1）A 型节点在梁腹板对应处设置加劲肋，起到了很好的加劲作用，使得大部分加劲肋及梁翼缘、腹板参与受力。A 型节点具有最大的初始转动刚度，屈服荷载和极限荷载，但耗能能力和延性都较差。

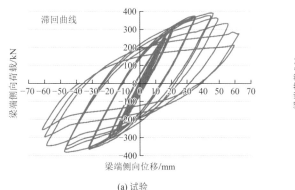

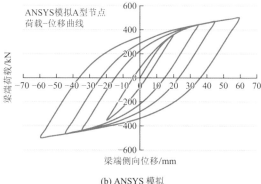

(a) 试验   (b) ANSYS 模拟

图 4.5-9　A 型节点的荷载-位移曲线

（2）B 型节点在梁柱相交处对梁柱翼缘进行贴板加劲，试验结果证明这种方法在弹性段起到了一定的作用，但是带来了屈服后节点性能的恶化，对于极限承载力的提高不如 A、C 节点明显。B 型节点的耗能能力及延性是这 4 种节点中最差的。

（3）C 型节点对于梁翼缘加劲肋进行了加强，设置了 2 块额外的梁腹板加劲肋，对于节点初始刚度和极限承载力有一定的提高，但不如 A 节点明显；C 节点的优势在于，相比其他 3 种节点，其耗能能力和延性都是最好的，特别是塑性转角达到 0.03rad，满足抗震要求。

（4）D 型节点为常规加劲型节点，作为对照组。其初始刚度和极限承载力均为 4 种节点中最低的。由于加劲肋与梁翼缘错开 50mm，大大减弱了其加劲作用，造成柱翼缘板的较大变形。

4.6　结语

本项目结构设计遇到到风荷载取值、拉索幕墙与主体结构变形协调、超长结构温度应力、屋盖风振影响、空心楼盖设计、核心筒过小、人行舒适度、非常规节点设计等设计难题。针对以上难题，并根据本工程的特点，设计上专门对这类屋盖进行了风荷载分析，确定其风荷载数值；提出了拉索幕墙与主体结构整体计算分析方法，解决变形协调问题；设置温度变形缝和可滑动支座释放温度应力；利用应力蒙皮钢板解决悬挑部位和大跨度单层网壳风振响应及作为中、大震的安全储备；核心筒采用钢板剪力墙的形式，增强核心筒刚度，创新性地提出附加基础的形式解决倾覆的问题；利用 TMD 解决人行舒适度问题；利用有限元分析解决节点设计问题，共提出以下八项关键技术。

1. 幕墙结构设计

本项目幕墙采用拉索幕墙形式，拉索吊挂在主体结构上，拉索受力情况与主体结构变形密切相关，相互影响，按通常的做法，拉索幕墙结构与主体结构单独分开设计必然存在很大的误差，现在提出一种拉索幕墙与主体结构整体建模计算分析，可以得到拉索支座的准确刚度，准确地分析拉索及主体结构的受力情况，对拉索式幕墙设计提出一种新的准确的分析方法，防止出现预应力索松弛、幕墙玻璃破碎的工程质量事故。幕墙结构与主体结构共同作用是必须的，可确保幕墙安全。

2. 应力蒙皮钢板设计

体操馆屋面钢结构部分 23m 跨度的悬臂端及 64m 跨度的单层网壳飘带由于建筑层高限制，风振及竖向地震作用下影响比较大，利用在其局部结构上铺设 5mm 厚的钢板考虑应力蒙皮作用，作为一种结构抗风抗震性能的储备，在弹塑性工作阶段，充分考虑屋面板的蒙皮效应，取得了很好的效果。应力蒙皮发明专利技术为大悬臂和应力突变结构提供了一种新的结构形式。

3. 钢板剪力墙及附加基础设计

历史展览馆核心筒平面尺寸相对较小，按普通的钢筋混凝土剪力墙计算，混凝土已经被压碎，损伤严重，无法满足设计要求，将其加强为钢板剪力墙核心筒形式，即在核芯筒剪力墙两侧沿墙高设置钢板，并与角部钢管混凝土柱焊接，墙两侧钢板之间用蜂窝钢板连接；加入钢板后有效地减小剪力墙混凝土受拉损伤的范围和程度，满足了设计要求。

核心筒基础受力的特点是水平力作用下核心筒基底有较大的倾覆弯矩，按常规基础设计难以满足设计要求，现创新性地提出设计附加基础的方案。主体基础下面外伸附加基础，附加基础和主体通过基础梁相连，计算表明，该方案可在罕遇地震作用下保证结构的承载能力大于地震作用，满足结构安全要求，同时在附加结构中形成一个良好的消能塑性变形，且施工方便。流塑淤泥地区采用减振基础很有必要，对使用振动和大震很有帮助，该专利应用广泛。

4. 历史展览馆的减振设计

历史展览馆上人屋面位于大悬挑端的顶部，其竖向频率（2.36Hz）接近人行振动频率（2.4Hz），人行走时会容易引起结构竖向自振，从而导致人行走不舒适，不满足规范设计要求，通过在大悬挑端优化布置 TMD 成功地解决了人行舒适性的问题，通过实测的结果，TMD 减振达到了预期目标：人群步行激励下，竖向加速度减振效果不小于 50%，且加速度不大于 0.015gm/s^2。

5. 复杂节点设计

利用有限元软件对体操馆空腹网壳非常规节点进行对种形式的对比分析，确定各种节点的刚度，提出了判断节点刚接的方法并成功应用于本节点；利用有限元对鼓形相贯节点及铸钢节点进行应力分析。

参考资料

[1] 谭坚, 区彤, 李松柏, 等. 广州亚运城体操馆结构设计[J]. 建筑结构学报, 2010, 31(03): 105-113.

[2] 谭坚, 区彤, 李松柏, 等. 钢结构节点研究[J]. 建筑结构, 2011, 41(S1): 829-835.

[3] 陈星, 张松, 区彤, 等. 广州亚运城历史展览馆结构设计[J]. 建筑结构学报, 2010, 31(03): 114-122.

[4] 陈高峰, 区彤, 李红波, 等. 广州亚运城台球壁球综合馆结构设计[J]. 建筑结构学报, 2010, 31(03): 97-104.

设计团队

广东省设计研究院有限公司（结构方案 + 初步设计 + 施工图设计）：
陈　星、区　彤、谭　坚、傅剑波、李松柏、贾　勇、张　松、陈高峰、李红波、梁杰发

执笔人：区　彤、谭　坚

获奖信息

2010 年荣获中国钢结构金奖（钢结构工程结构设计优秀奖）

2015 年广东省科学技术奖励三等奖

2015 年广东省土木建筑学会科学技术奖励二等奖

2017 年度广东省优秀工程勘察设计奖科技创新专项二等奖

第 5 章

汕头亚青会场馆项目（一期）

5.1 工程概况

5.1.1 建筑概况

汕头大学东校区暨亚青会场馆项目（一期）工程位于广东省汕头市东海岸新区。项目建设规模约为14.8 万 m²，由一个 2.2 万座的体育场、一个 8000 座的体育馆及会议中心、训练场等附属建筑组成，多馆合一，集约高效利用场地资源。赛时，将作为亚青会开幕式和田径、体操比赛训练场地以及主媒体中心，赛后将作为汕头大学东校区的一部分投入运营。建筑建成后实景鸟瞰图如图 5.1-1 所示。

图 5.1-1　亚青会场馆现场实景鸟瞰图

5.1.2 设计条件

1. 主体控制参数

控制参数见表 5.1-1。

控制参数　　　　　　　　　　　　　　　　　　　　　　　表 5.1-1

结构设计基准期	50 年	建筑抗震设防分类	重点设防类（乙类）
建筑结构安全等级	一级	抗震设防烈度	8 度
结构重要性系数	1.1	设计地震分组	第二组
地基基础设计等级	一级	场地类别	III 类
建筑结构阻尼比	整体：0.035；纯混凝土：0.05		

2. 结构抗震设计条件

体育场、体育馆、会议中心混凝土框架抗震等级为一级，室外训练场混凝土框架抗震等级为二级；钢屋盖抗震等级为三级。本项目无地下室，采用首层结构板（基础顶）作为上部结构的嵌固端。

3. 风荷载

项目场地临海，与海岸线直线距离约 270m，属于强台风多发、易发地区。场地粗糙度类别为 A 类，主体结构基本风压值 0.95kN/m²（重现期 100 年，用于承载力计算）、0.80kN/m²（重现期 50 年，用于变形计算）。建筑造型复杂且多场馆连为一体，风压分布复杂，全年风向变化较大，仅根据规范难以准确评估风荷载，还进行了 1：250 的风洞试验，根据试验报告，檐口等效静风荷载最大值为 2.72kN/m²，立面最大值为 2.23kN/m²，风振系数最大值为 2.2，屋面最大极值风吸荷载为 4.5kN/m²，设计中采用了规范风荷载和风洞试验结果进行位移和强度包络验算。

5.2 建筑特点

5.2.1 超大跨度的拱桁架

体育场主入口面临大海，建筑效果上为实现面朝大海，建筑视线更加通透的效果，设置超大跨度无柱空间，体育场实景如图 5.2-1 所示，同时在建设工期紧张的前提下，将跨度选择为 118m，巨大拱桁架拱脚水平推力大，为减少水平推力对管桩的影响，利用首层结构预应力楼板拉住两个拱脚，拱脚连线区域的首层结构板配置双层双向缓粘结预应力（图 5.2-2）。

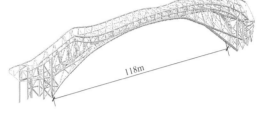

图 5.2-1　体育场实景　　　　　　　　　　　　　　　　图 5.2-2　体育场拱桁图

5.2.2 极具节奏的体育场纤细钢柱阵列

体育场屋面尺寸最大约 300m，整体荷载较大。由于其临海（最近 270m），且汕头为强风多发地区，体育场屋面钢结构采用"预应力柱内拉索 + 弹簧阻尼复合减震支座"的组合，钢柱高度在 20.0～26.5m 之间，实现了西看台区域钢柱纤细、空间通透、屋面檐口轻薄的建筑效果。建筑外围的钢柱主要承受拉力，最小直径只有 600mm。钢柱与钢架有节奏地从屋面落地，形成良好的秩序感。

5.2.3 旋转放射的体育馆单层网壳

体育馆的单层网壳钢穹顶，短轴向结构净跨 94.1m，矢高 8.1m，矢跨比 1/12。为实现秩序中略带动感的效果，呼应灵动活泼的设计概念，整体穹顶径向钢架采用了非中心对称的形式。因场地照明及声场的需求，环向钢梁的布置由中间的圆形过渡到椭圆，马道也随环形钢梁设置。机电送风、排烟等路由被设置在马道顶部，天窗也按照结构的节奏规律分布在穹顶周围。其他可能在场中出现的设备末端均被协调至结构圈之外，为比赛场地保留了整齐清晰的空间（图 5.2-3、图 5.2-4）。

图 5.2-3　体育场钢柱阵列实景　　　　　　　　　　　　图 5.2-4　体育馆实景

5.3 体系与分析

5.3.1 方案对比

1. 体育场方案比选

根据体育场建筑方案造型、装修效果、围护系统、结构受力等因素，结构比选了 2 种方案：平面桁架、倒三角立体桁架，如图 5.3-1、图 5.3-2 所示。

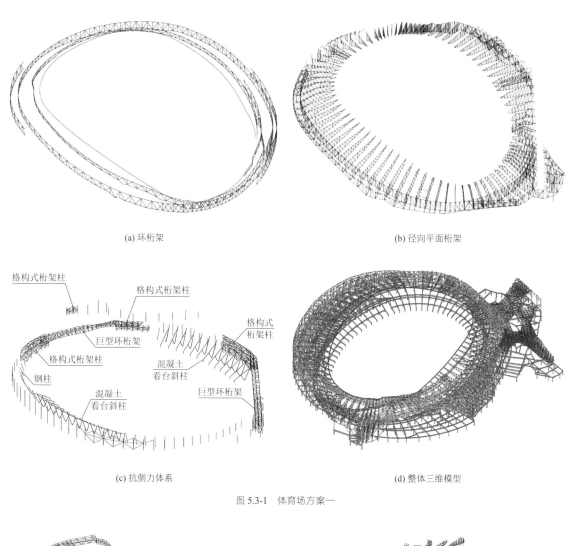

(a) 环桁架　　　　　　　　　　　　　　(b) 径向平面桁架

(c) 抗侧力体系　　　　　　　　　　　　(d) 整体三维模型

图 5.3-1　体育场方案一

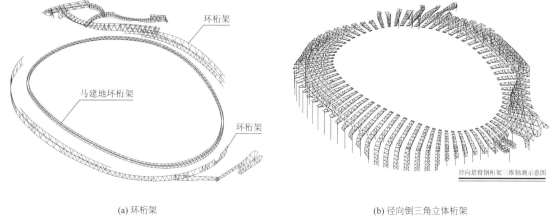

(a) 环桁架　　　　　　　　　　　　　　(b) 径向倒三角立体桁架

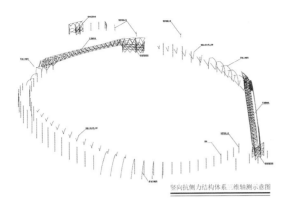
竖向抗侧力结构体系三维轴测示意图

(c) 抗侧力体系

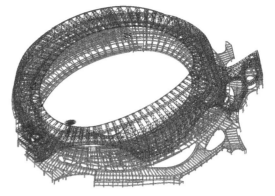

(d) 整体三维模型

图 5.3-2　体育场方案二

方案一的系统构成如下：

（1）竖向抗侧力结构体系由混凝土看台斜柱、格构式桁架柱、钢柱、巨型拱桁架构成；

（2）平面传力体系由环向桁架 + 径向悬臂平面桁架组成。

方案二的系统构成如下：

（1）竖向抗侧力结构体系由混凝土看台斜柱、格构式桁架柱、钢柱、巨型拱桁架构成；

（2）平面传力体系由环向立体桁架 + 径向悬臂倒三角立体桁架组成。

建筑专业在方案推演过程中，曾提出采用全装饰吊顶的方案效果，为减少装修二次龙骨，结构选用更匹配的全网架方案。

各方案局部三维模型对比如图 5.3-3 所示。

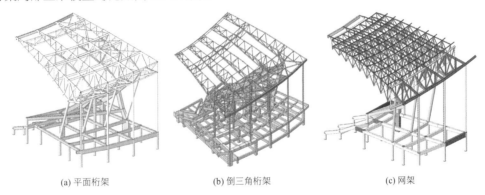

(a) 平面桁架　　　　　　　　(b) 倒三角桁架　　　　　　　　(c) 网架

图 5.3-3　各方案局部三维模型对比

最终根据建筑方案效果，为提高结构整体刚度、减小屋面檩条跨度，选择了倒三角桁架方案。

2. 体育馆方案比选

根据建筑方案效果，体育馆提供了 3 种结构方案：平面正交空腹桁架、平面桁架、单层网壳，如图 5.3-4 所示。

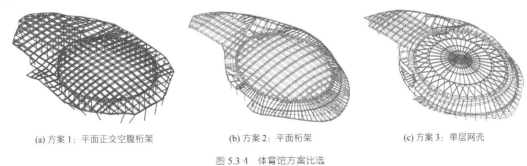

(a) 方案 1：平面正交空腹桁架　　　(b) 方案 2：平面桁架　　　(c) 方案 3：单层网壳

图 5.3-4　体育馆方案比选

最终根据建筑师意见，综合建筑净高、空间效果等选择了单层网壳方案。

5.3.2 结构布置

1. 体育场

结构形式为混凝土框架 +（减震）支撑 + 屋盖钢桁架结构。体育场下部混凝土通过两道结构分缝，体育场分为左右两个计算单元。左单元外圈长度约 350m，右单元外圈长度约 390m。左单元地上 5 层，局部 2 层，右单元地上 4 层。主要的框架梁截面 B400mm × 800mm、B500mm × 1100mm、B800mm × 1100mm 等，框架梁最大跨度 20m，采用缓粘结预应力混凝土梁。典型框架柱截面 Z800mm × 800mm、Z1000mm × 1000mm、D800mm；支撑钢屋盖混凝土斜柱 800mm × 1500mm。看台部分，规则看台采用预制看台，局部异形区域采用现浇。

屋盖钢结构采用悬挑桁架结构形式。体育场钢结构采用"倒三角桁架 + 拱桁架"的形式，由钢柱（含 9 根拉索柱）、巨型拱桁架、径向悬臂钢桁架等组成，结构为双曲造型，悬臂最长达 36.5m，最大跨度为 118m（巨型拱桁架跨度），杆件截面达 φ1000mm × 35mm，总用钢量约 7000t。

体育场钢结构屋盖拱脚水平推力包络设计值达到 6200kN，为减少水平推力对管桩的影响，利用首层结构预应力楼板拉住两个拱脚，拱脚连线区域的首层结构板配置双层双向缓粘结预应力筋 Hϕ^s15.2@500，板带最窄处宽度 5.5m，设置区域如图 5.3-5 所示，推力和预应力达到自平衡效果。

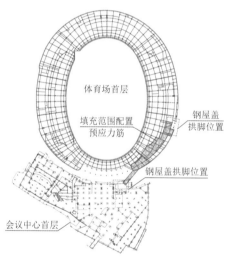

图 5.3-5 体育场拱脚预应力楼板布置图

2. 体育馆

体育馆采用混凝土框架 + 减震支撑 + 屋盖钢桁架结构。下部混凝土不设缝，地上 5 层，局部 2 层。主要的框架梁截面 400mm × 800mm、600mm × 800mm、800mm × 1000mm，框架梁最大跨度 20m，采用缓粘结预应力混凝土梁。典型框架柱截面 800mm × 800mm、1000mm × 1000mm、φ1000mm；看台部分：规则看台采用预制看台，局部异形区域采用现浇。屋盖钢结构中央区采用单层网壳形式，周边采用桁架形式。体育馆屋盖跨度为 94.1m，建筑长度为 226.7m，由斜三角环桁架 + 箱形单层网壳 + 平面桁架组成，杆件截面达 φ1000mm × 30mm，总用钢量达 3800t。

3. 地基处理及基础设计

场地原始地貌为滨海滩涂，新近人工填海造地形成陆地，主要分布有深厚的淤泥夹砂，岩面埋深约 45m，地势平坦。场地吹填料主要为淤泥，含较多粉细砂，局部夹中粗砂及黏土，填筑时间约为 5 年，饱和，呈流塑状为主，无法满足建筑功能及施工设备行走，需进行地基处理。同时场地临海，分布有强透水性的砂层，地下水为海水，氯离子含量高，水位变化同潮汐变化，变化幅度为2～3m，桩基处于干湿交替区，为强腐蚀性。

场地使用功能主要有：建筑消防车道、主入口硬地广场、足球场、锤击桩桩基施工区域、施工便道、设备管线等。由于项目存在不同沉降、不同承载力、不同建设时序等需求，针对具体区域，分别采用了水泥搅拌桩、真空预压、堆载预压、高压旋喷桩、抛石回填砖渣、钢板桩支护，进行地基处理，具体布置范围如图5.3-6所示。各处理区域相互独立，实现了软基处理和桩基础施工有效衔接、同步施工。

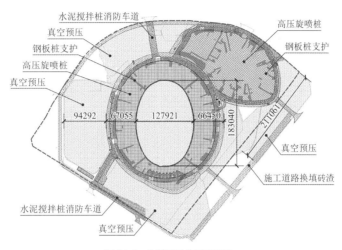

图 5.3-6 地基处理分区平面图

由于场地承载力低，淤泥深厚，经比选后，采用锤击预应力管桩。预应力管桩采用直径为500mm及600mm的PHC管桩，桩端持力层为中粗砂、强风化花岗岩，桩长为40～50m，平均45m，各桩型承载力取值如下：桩径500mm PHC管桩，竖向受压承载力特征值为2400kN（含300kN的负摩阻）；桩径600mm PHC管桩，竖向受压承载力特征值为3200kN（含400kN的负摩阻）、竖向抗拔承载力特征值为400kN；其中，大部分区域采用D500mm管桩，抗拔桩、体育场拱脚抗水平推力处采用D600mm管桩，并在首层设拉梁。

5.3.3 性能目标

本项目为非超限大跨空间结构，主要构件抗震性能目标如表5.3-1所示。

主要构件抗震性能目标   表5.3-1

结构性能水准描述		设计要求		
		多遇地震	设防烈度地震	罕遇地震
		性能1：完好、无损坏	性能3：轻度损坏	性能4：中度损坏
体育场	支座处腹杆、桁架弦杆	弹性	弹性	弦杆弹性、腹杆不屈服
	其他构件	弹性	局部屈服	局部屈服
体育馆	单层网壳	弹性	弹性	不屈服
	其他构件	弹性	局部屈服	局部屈服
BRB支撑		弹性	屈服	屈服
支承屋盖看台斜柱		弹性	斜截面弹性、正截面不屈服	不屈服

5.3.4 结构分析

1. 动力特性与稳度性分析

体育场钢屋盖第 1 阶振型如图 5.3-7 所示,模态分析结果表明,结构动力特性有以下特点:(1)模态周期分布较为密集;(2)结构整体刚度较强,自振周期较小,$T_1 = 1.02s$;(3)结构振型主要表现为大跨大悬臂处的竖向振动,悬臂端振幅较大;(4)局部振型不明显。空间钢结构除要考虑强度问题外,还要考虑稳定失稳问题,在 1.0 恒荷载 + 1.0 活荷载组合工况下计算钢结构的屈曲模态,图 5.3-8 给出了体育场钢屋盖线性屈曲模态图。结果表明,结构第 1 阶线性荷载系数为 13.01,大于 10;屈曲模态分布密集,主要表现为悬挑檐口的局部屈曲失稳。表明结构整体性较好,不因个别杆件或部位屈曲而失稳,结构仍能继续承担荷载,保证结构安全。

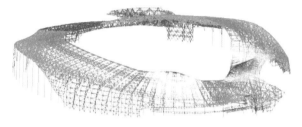

图 5.3-7 体育场钢屋盖第 1 阶振型   图 5.3-8 体育场钢屋盖线性屈曲模态图

体育馆结构第 1 阶振型如图 5.3-9 所示,模态分析结果表明,结构动力特性有以下特点:(1)模态周期分布较为密集;(2)结构整体刚度较强,自振周期较小,$T_1 = 0.83s$;(3)结构振型主要表现为单层网壳跨中处的竖向振动;(4)局部振型不明显。在 1.0 恒荷载 + 1.0 活荷载组合工况下计算钢结构的屈曲模态,图 5.3-10 给出了体育馆结构线性屈曲模态图。结果表明,结构第 1 阶线性荷载系数为 12.6,大于 10;考虑初始缺陷进行几何非线性稳定性分析,取第一阶模态作为初始缺陷,缺陷最大值取跨度$L/300$,得到单层网壳临界荷载系数为 7.9,大于安全系数 4.2。

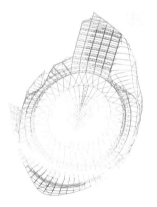 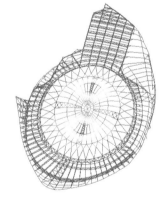

图 5.3-9 体育馆结构第 1 阶振型   图 5.3-10 体育馆结构线性屈曲模态图

2. 温度作用分析

体育场钢屋盖结构单体长度 298m,外周圈长度超过 650m,且设有两处巨型落地拱桁架,结构体量大,整体不设缝,对温度效应考虑是结构设计的关键点之一。以入口拱桁架下弦杆件为例,恒荷载 + 活荷载标准组合工况下产生的轴力为 8561kN,整体升温 30℃工况下产生的轴力为 5439kN,温度效应的占比已经高达 39%,因此有必要对温度作用进行精细化设计。

温度作用对屋盖钢结构受力影响很大,本项目为南北向正放,东西两侧的结构受到太阳直晒的时长存在明显差异,辐射照度的不均匀必然会导致整体结构产生不均匀温度场,为更准确地考虑温度作用,进行了不均匀温度场专项研究工作。

首先通过日照分析模拟屋面太阳辐射照射度进而得到室外综合初始温度场，然后进行热传递分析得到主体结构及屋面结构不均匀温度场，最后根据不均匀温度场进行结构的计算分析设计（图5.3-11、图5.3-12）。

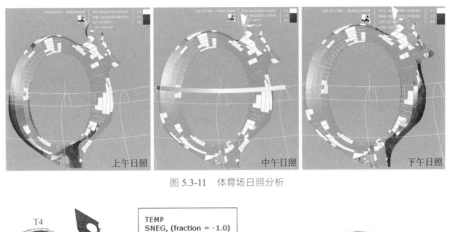

图 5.3-11 体育场日照分析

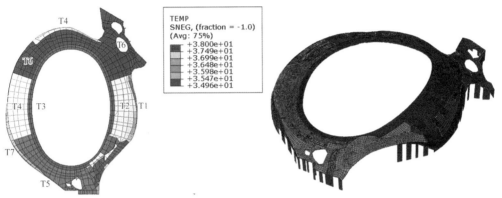

图 5.3-12 某时刻屋面温度分布云图

温度作用的输入有两个关键参数，一是结构使用阶段的温度，二是结构合拢温度。对于有金属屋面系统覆盖的钢结构的温度作用需要考虑屋面层的隔热作用，为验证金属屋面隔热效果及合理确定钢结构温度作用，在现场进行了实测。从结果看（图5.3-13），装饰板最高温度为57℃，钢结构上弦温度27℃，温度相差30℃，表明经过空腔气流层、屋面保温层的隔热后，主体钢结构表面温度已大幅降低（38%～52%），因此，对于非直接暴露的主体钢结构的温度变化规律与当地气象温度（气象局公布的温度）变化规律基本一致，表明有屋面结构覆盖的钢结构使用阶段的温度取值可参考当地气象温度或者选用荷载规范中提供的地区基本气温作为温度取值。

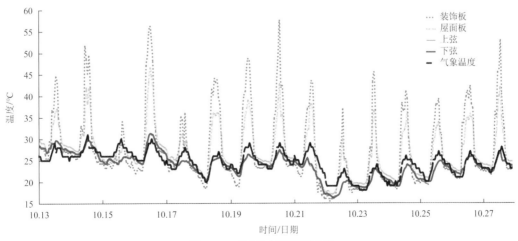

图 5.3-13 半个月内温度实测曲线

汕头地区最低基本气温为6℃，最高基本气温为35℃，同时根据对气温变化比较敏感的金属结构要考虑昼夜气温变化的影响对基本气温进行修正，其基本气温宜根据地理位置增加或降低4～6℃。设计时无法准确预估最终施工合拢温度，但应选择一个合理的合拢温度区间值，保证全年可以合拢施工。现为比较不同合拢温度下温度作用的影响，共计算了7个算例进行对比，温度取值情况见表5.3-2。选取入口拱桁架不同部位的8根杆件轴力进行对比分析，以算例1为基准进行对比，不同合拢温度下轴力比结果如图5.3-14所示。

不同合拢温度算例取值　　　　　　　　　　　　表5.3-2

算例	工况	修正后基本气温 T_s/℃		合拢温度 T_0/℃	最终温差/℃	
		降温	升温		降温	升温
算例1	降温（升温）				−30	30
算例2	降温（升温）	1	40	10	−9	30
算例3	降温（升温）	1	40	15	−14	25
算例4	降温（升温）	1	40	20	−19	20
算例5	降温（升温）	1	40	25	−24	15
算例6	降温（升温）	1	40	30	−29	10
算例7	降温（升温）	1	40	35	−34	5

计算结果表明：（1）在降温工况下，最终温差随合拢温度升高而增大，杆件轴力相应增大；（2）在升温工况下，最终温差随合拢温度升高而减小，杆件轴力相应减小；（3）均匀温度场作用下，升温工况温度作用可统一取30℃进行设计，结果偏保守；降温工况温度作用暂定取30℃设计可满足大部分合拢温度区段要求，如果现场合拢温度超过30℃，应当按实际温度复核计算。本项目最终施工的合拢温度为27℃，在设计工况的温度区段内。

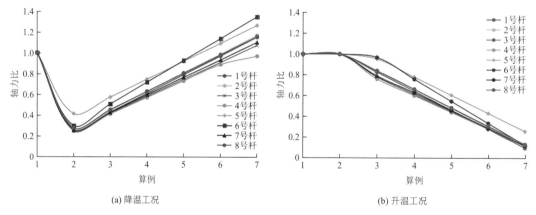

(a) 降温工况　　　　　　　　　　　(b) 升温工况

图5.3-14　不同合拢温度下杆件轴力比图

3. 抗震分析

1）屈曲约束支撑布置方案

体育场采用屈曲约束支撑（BRB）的消能减震设计，BRB的设计原则为小震作用下为弹性支撑并提供结构抗侧刚度，中震作用下进入屈服，充分发挥耗能减震作用，BRB宜布置在地震作用下产生较大支撑内力的部位，即月牙斜看台角部；宜沿结构两个主轴方向分别设置，即沿着径向轴网、环形轴网设置。经试算比选，BRB各层布置如图5.3-15、图5.3-16所示。BRB屈曲芯板为低屈服钢材Q160LY，支撑连接板为Q355B。

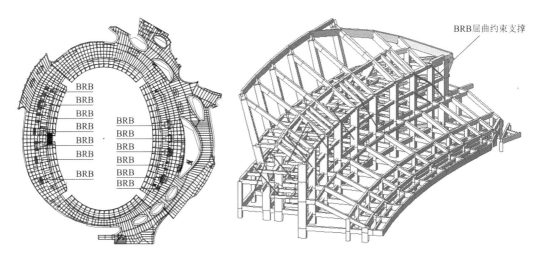

图 5.3-15 体育场 BRB 平面布置图　　　图 5.3-16 体育场屈曲约束支撑三维轴测图

2）多遇地震作用分析

根据设计目标，多遇地震作用下 BRB 处于弹性阶段，不进入屈服，为结构提供抗侧刚度，因此 BRB 按刚度等效原则，以箱形截面钢支撑进行建模计算，且不考虑附加阻尼作用，因而考虑上部屋盖钢结构的附加阻尼作用，综合阻尼比取 0.035。经计算，小震作用下 BRB1 的包络设计值为 625kN，小于弹性承载力设计值 1100kN，BRB2 的包络设计值为 862kN，小于弹性承载力设计值 1400kN。

3）罕遇地震作用分析

采用 MIDAS/Gen 进行罕遇地震作用下的动力弹塑性时程分析，考察结构在罕遇地震作用下的抗震性能。考虑三向地震作用，主方向加速度峰值取 400cm/s²，三向按照 1∶0.85∶0.65 的比例调整，阻尼比为 0.05。选取 1 条人工波、2 条天然波进行计算。

（1）整体计算结果

体育场结构在三向地震作用下的弹塑性分析结果如表 5.3-3 所示，可知，大震作用下基底剪力均能满足规范 4～6 倍小震基底剪力的要求，且最大层间位移角均小于 1/50。

弹塑性分析结果　　　　　　　　　　　　　　　　　表 5.3-3

地震波		人工波 1		天然波 1		天然波 2	
		X向	Y向	X向	Y向	X向	Y向
基底剪力/kN	X向	399900	344600	266300	228100	344800	293200
	Y向	299000	353300	215900	251700	256800	304200
剪力比	X向	4.46	3.84	3.01	2.55	3.85	3.27
	Y向	3.25	3.84	2.35	2.75	2.80	3.31
剪重比/%	X向	23	20	16	14	20	18
	Y向	19	21	13	15	16	18
柱顶最大位移/mm		70	62	37	40	48	57
最大层间位移角		1/86	1/97	1/162	1/150	1/125	1/105

（2）结构塑性铰分布及发展规律

体育场结构在人工波 1 的X向作用下的地震响应最大，列出其塑性损伤情况。由屋盖钢构件铰状态（图 5.3-17）可以看到，屋盖钢结构在大震作用下只有少部分进入轻微损伤，说明结构具有良好的抗震性能。大部分混凝土构件出现轻微损伤，个别构件出现中度损伤，且支撑钢屋盖混凝土柱只出现轻微损伤，施工图设计通过增强配筋以提高其抗弯能力。

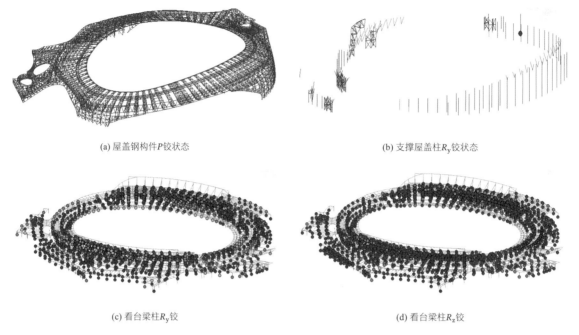

(a) 屋盖钢构件 P 铰状态   (b) 支撑屋盖柱 R_y 铰状态

(c) 看台梁柱 R_y 铰   (d) 看台梁柱 R_z 铰

图 5.3-17　结构塑性铰分布图

（3）BRB 及支撑屋盖柱抗震性能评价

从图 5.3-18 可以看出，BRB 出铰率达 80%，说明 BRB 出铰充分，减震效果明显，满足设计要求。从图 5.3-19 可知，BRB 进入屈服耗能阶段，最大内力为 1528kN，大于屈服承载力 1500kN，小于极限承载力 2400kN。罕遇地震作用下，结构振型阻尼耗能占比为 74.9%，BRB 阻尼耗能占比为 25.1%，表明 BRB 起到了较好的耗能效果。

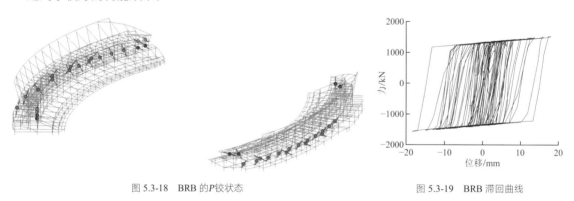

图 5.3-18　BRB 的 P 铰状态   图 5.3-19　BRB 滞回曲线

5.4　专项设计

5.4.1　预应力柱内拉索 + 弹簧阻尼支座的结构体系

1. 新型结构体系

本体系的结构构成如图 5.4-1、图 5.4-2 所示，由前端挑篷结构、前端支撑柱、混凝土看台、后端钢管柱、柱内拉索、拉索锚固端、拉索张拉端、弹簧阻尼支座等组成，现场安装如图 5.4-3 所示。

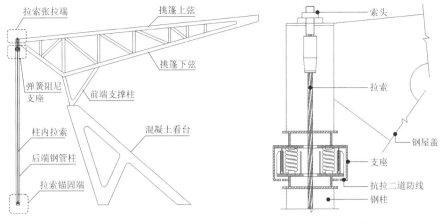

图 5.4-1 结构体系示意图　　　　　图 5.4-2 节点示意图

图 5.4-3 现场安装

本体系的技术要点：

（1）设计可调刚度的弹簧阻尼支座，弹簧环形布置，支座内部预留孔洞用于拉索布置，通过弹簧的数量、大小、高度的调节，实现支座刚度调节，具体如图 5.4-4 所示。

（2）设计高强度预应力索，拉索锚固端设置于下部混凝土结构，张拉端设置于挑篷尾部柱顶位置，便于施工张拉和拉力控制，拉索与前端支撑形成力臂以抵抗倾覆。结构成形前后、屋面系统安装前后均可通过索力调整来控制挑篷前端挠度，使挠度保持在设计范围内。

（3）钢管柱顶部断开，通过弹簧阻尼支座与挑篷结构后端连接，钢管柱与支座的组合和前端支撑形成力臂以抵抗屋盖往上倾覆，通过支座刚度的调节从而调整钢柱的压力。

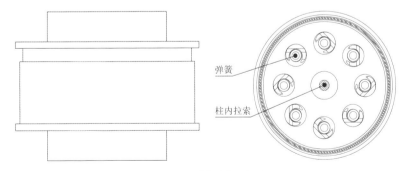

图 5.4-4 弹簧支座示意图

本体系的受力机理：

（1）正常恒荷载＋活荷载垂直大地向下的作用下，传力路径为：挑篷上弦受拉→拉索→下部结构（基础），尾部钢管柱及支座不受力；挑篷下弦受压→前端支撑→混凝土看台结构→下部结构（基础）；整个结构体系一拉一压，有效抵抗倾覆，如图 5.4-5（a）所示。

（2）在强台风荷载（超越了结构自重）垂直大地向上的作用下，传力路径为：挑篷上弦受压→支座受压→尾部钢管柱→下部结构（基础），拉索出现松弛不受力；挑篷下弦受拉→前端支撑→混凝土看台结构→下部结构（基础）；整个结构体系一拉一压，有效抵抗倾覆，如图 5.4-5（b）所示。

（3）水平力作用下，本结构体系配合整体结构布置的环向及水平支撑结构传递水平力，同时本体系的顶部支座可根据需要设计成水平刚度强或弱的支座，合理调整水平力分配传递。

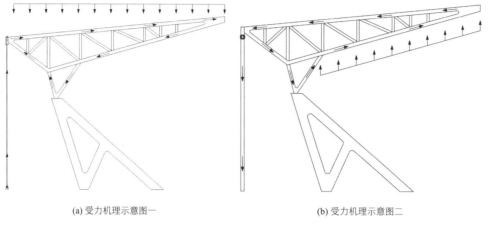

(a) 受力机理示意图一　　　　　　　　(b) 受力机理示意图二

图 5.4-5　受力机理示意图

2. 弹簧阻尼支座的力学性能试验研究

试验研究的相关内容详见 5.5 节。

3. 抗风设计研究

将最不利 350°风向角下的节点动力时程风荷载施加在有限元模型节点上，采用非线性直接积分法进行风振响应时程计算，并对典型节点的风振响应进行分析，求出 0～200s 之间位移和加速度响应时程数据的峰值与均方根来分析支座的减振效果。典型节点的风荷载时程曲线如图 5.4-6（a）所示，节点位置如图 5.4-6（b）所示。

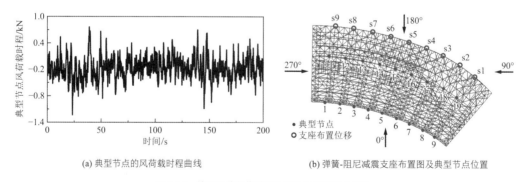

(a) 典型节点的风荷载时程曲线　　　　　(b) 弹簧-阻尼减震支座布置图及典型节点位置

图 5.4-6　抗风设计荷载时程及典型节点位置示意图

对结构进行时域范围内的风振响应分析，并对响应结果进行统计分析。得到风振响应时程的平均值和均方差值，并找出响应时程数据的峰值来作为评价标准分析支座的减振效果。

图 5.4-7 给出节点 11 增设支座前后的位移与加速度响应时程的对比图。图 5.4-8 给出了典型节点减振前后位移与加速度的峰值以及均方根对比图。由图可知，在设置弹簧-阻尼减振支座后，无论是跨中还是悬挑部分上节点的响应均得到明显控制。

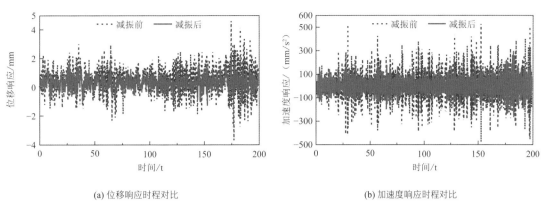

(a) 位移响应时程对比　　　　　　　　　　　　　(b) 加速度响应时程对比

图 5.4-7　节点 11 减振前后位移及加速度响应时程对比

将风振响应进行统计整理，得到各节点在设置支座前后的风振响应及其减振效果，见表 5.4-1、表 5.4-2。由表可知，位移响应峰值减振率达到 9.97%～55.17%，其中悬挑边节点（节点 1～9）最大减振率为 48.40%、跨中节点（节点 10～18）最大减振率为 55.17%；位移响应均方根减振率达到 11.43%～48.34%，其中悬挑边节点最大减振率为 39.02%、跨中节点最大减振率为 48.34%；加速度响应峰值减振率达到 7.91%～62.78%，其中悬挑边节点最大减振率为 32.68%、跨中节点最大减振率为 62.78%；加速度响应均方根减振率达到 12.99%～92.16%，其中悬挑边节点最大减振率为 30.14%、跨中节点最大减振率为 92.16%；考虑总体减振情况，计算出位移响应峰值、均方根与加速度响应峰值、均方根的平均减振率分别为 36.85%、33.88% 和 31.34%、38.79%。在设置支座后，在风致振动作用下结构的位移与加速度响应明显减小，验证了所提弹簧-阻尼减振支座对大跨悬挑结构的风致振动有较好的控制作用，使结构抗风性能得以有效提升。

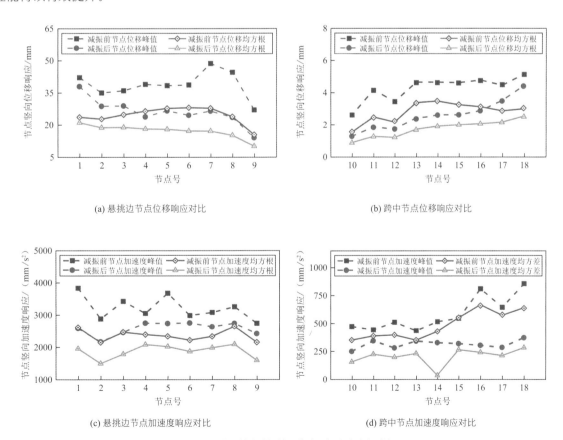

(a) 悬挑边节点位移响应对比　　　　　　　　　　　(b) 跨中节点位移响应对比

(c) 悬挑边节点加速度响应对比　　　　　　　　　　(d) 跨中节点加速度响应对比

图 5.4-8　典型节点减振前后位移及加速度响应对比

节点编号	位移幅值			位移均方根		
	无控/mm	有控/mm	减振率/%	无控/mm	有控/mm	减振率/%
1	42.09	37.89	9.97	23.61	21.03	10.93
2	34.96	28.69	17.94	22.74	18.69	17.81
3	35.98	28.85	19.80	24.78	18.84	23.97
4	38.95	23.75	39.03	26.43	18.12	31.44
5	38.35	26.55	30.76	27.72	17.94	35.28
6	38.65	24.49	36.64	28.05	17.16	38.82
7	48.62	26.42	45.66	27.81	17.1	38.51
8	44.52	23.51	47.19	23.82	15.12	36.52
9	27.04	13.95	48.40	15.39	10.08	34.50
10	2.61	1.26	51.63	1.56	0.9	42.31
11	4.19	1.88	55.17	2.52	1.32	47.62
12	3.44	1.73	49.54	2.22	1.23	44.59
13	4.66	2.40	48.50	3.36	1.74	48.21
14	4.66	2.60	44.26	3.48	1.92	44.83
15	4.62	2.62	43.27	3.27	2.01	38.53
16	4.78	2.91	39.16	3.12	2.1	32.69
17	4.51	3.51	22.09	2.88	2.16	25.00
18	5.13	4.40	14.28	3.03	2.55	15.84

节点编号	加速度幅值			加速度均方根		
	无控/（mm/s²）	有控/（mm/s²）	减振率/%	无控/（mm/s²）	有控/（mm/s²）	减振率/%
1	3835.09	2581.74	32.68	2609.49	1952.97	25.16
2	2880.78	2161.34	24.97	2142.57	1491.03	30.41
3	3426.75	2454.58	28.37	2463.90	1780.77	27.73
4	3051.85	2743.72	10.10	2389.38	2079.09	12.99
5	3676.77	2732.74	25.68	2335.08	2016.57	13.64
6	2985.99	2749.92	7.91	2216.10	1866.00	15.80
7	3081.04	2630.99	14.61	2332.98	1981.95	15.05
8	3257.94	2735.93	16.02	2647.38	2090.46	21.04
9	2742.50	2416.37	11.89	2149.20	1591.98	25.93
10	471.95	247.23	47.62	349.08	154.32	55.79
11	441.81	342.39	22.50	386.46	222.78	42.36
12	510.22	278.48	45.42	395.67	195.72	50.53
13	434.42	339.61	21.82	348.45	229.47	34.15
14	515.06	324.66	36.97	426.96	33.48	92.16
15	545.04	316.47	41.94	550.47	262.95	52.23

节点编号	加速度幅值			加速度均方根		
	无控/（mm/s²）	有控/（mm/s²）	减振率/%	无控/（mm/s²）	有控/（mm/s²）	减振率/%
16	809.62	301.30	62.78	666.57	239.28	64.10
17	644.09	282.67	56.11	572.25	210.99	63.13
18	855.68	369.54	56.81	639.93	281.31	56.04

5.4.2 考虑弹簧阻尼支座的结构防连续倒塌设计

1. 分析工况

以拉杆系统作为第一拆除组，分析第一拆除组失效后剩余结构的动力响应，评价结构的抗连续倒塌性能。若结构未发生连续倒塌，则继续拆除结构达到新的平衡状态下轴拉力最大的拉杆系统，重复上述分析过程，直至拉杆完全拆除。根据内力分组情况，共进行 7 次拆除，第 1 次拆除编号为 1 的拉杆系统，第 n 次拆除编号为 n 的拉杆系统，拆除分组如图 5.4-9 所示。根据工程实际需求，第 1～5 组的拉杆系统为弹簧阻尼支座拉杆系统，第 6、7 组拉杆系统为不含内穿拉索和弹簧阻尼支座的普通钢拉杆系统。

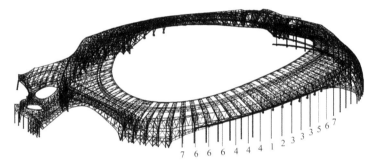

图 5.4-9 拉杆系统拆除分组

为了研究弹簧阻尼支座对屋盖钢结构抗连续倒塌性能的影响，设置三种拉杆系统连续失效工况进行对比：工况 1 不考虑弹簧阻尼支座的作用，分 7 组对拉杆系统一步拆除，拆除包括拉索和拉杆；持时 20s 进行下一组拉杆系统拆除；工况 2 不考虑弹簧阻尼支座的作用，分 7 组对拉杆系统分步拆除，先拆除预应力拉索，持时 10s 后拆除拉杆，持时 10s 后进行下一组拉杆系统分步拆除；工况 3 在工况 2 的基础上，考虑弹簧阻尼支座的弹簧刚度和黏滞阻尼作用。三种工况下第 6、7 组拉杆系统均为一步拆除，拆除后持时 10s。

2. 结构防连续倒塌性能评价

所有拉杆系统拆除过程中，三种工况下结构的应变能时程曲线如图 5.4-10 所示。在第 1 组、第 2 组拉杆系统拆除后，三种工况下结构应变能整体相差不大。在第 3 组拉杆系统拆除后，工况 1、工况 2、工况 3 的应变能增幅依次减小。在最末端时刻，工况 2 比工况 1 减小 6.6%，工况 3 比工况 1、工况 2 分别减小 9.2% 和 3.8%。可见在第 3 组拉杆系统拆除后，三种工况下结构内力重分布的状态发生了改变。第 1、2 组均只拆除 1 组拉杆系统，剩余拉杆系统对主体结构仍然有较强的约束作用。当第 3 组拆除后，拉杆系统竖向约束减弱，结构振动幅度明显增大。弹簧阻尼支座产生滞回变形，耗散能量，减缓了结构应变能的变化幅度，减小杆件分担的能量，使构件内力均匀变化。

为对比非线性动力分析方法与静力分析方法计算结果的差异，提取三种工况和静力分析方法下，所有拉杆系统拆除后结构达到最后平衡状态的竖向位移云图，如图 5.4-11 所示。三种工况下结构最大竖向位移均在西看台上方产生。结构达到平衡状态时，工况 1、工况 2、工况 3 和静力分析方法的竖向位移分别为 386mm、386mm、387mm、383mm。可见，所有拉杆系统全部拆除后，结构未发生连续性坍塌。采用非线性动力分析方法时，不同拆除顺序、弹簧阻尼支座的不同模拟方法对最终时刻节点竖向位移影响不大。非线性动力方法计算结果略大于静力分析方法，采用非线性动力分析方法偏于安全。

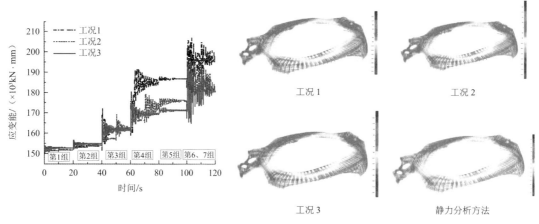

图 5.4-10 结构应变能时程曲线　　　　图 5.4-11 结构竖向位移云图

为进一步对比非线性动力分析方法与静力分析方法计算结果的差异，提取三种工况和静力分析方法下，拉杆系统拆除过程中支座腹杆的应力时程曲线，如图 5.4-12 所示。采用非线性动力分析方法得到关键构件应力曲线随时间增长而变化，最后趋于稳定，静力分析方法得到的是定值。除第 5 组拉杆系统拆除外，非线性动力方法计算的峰值应力均大于静力分析方法。根据拆除工况可知，第 4、5、6 组分别拆除 3、1、3 组拉杆系统。由于第 4 组拆除 3 组拉杆系统后，结构振动幅度较大，在进行第 5 组拆除时结构内力重分布并未完成，第 5 组只拆除 1 组拉杆系统，结构振荡幅度未发生明显变化，使得该拆除组的应力水平低于第 4 组。第 6 组拆除 3 组拉杆系统，结构变形瞬间明显增大，支座腹杆应力再次陡增。可见采用非线性动力分析方法更确切地模拟构件拆除后结构的响应，与静力分析方法相比，偏于安全。随着拉杆系统的拆除，弹簧阻尼支座的减振优势越发明显，特别是在第 4 组。工况 2 考虑钢柱的刚度效应，在分步拆除时支座腹杆应力二次猛增，加剧结构的动态响应，可以认为，二次拆除才是工况 2 真正意义上的拉杆系统失效。弹簧阻尼支座的阻尼单元消耗部分能量，弹簧单元使结构动能与弹簧弹性势能相互转换，杆件内力在动态过程中缓慢分布，避免在分步拆除过程中应力出现二次猛增的不利影响，也使得构件应力变化幅度小于工况 1 时的一次拆除。

拆除拉杆系统过程中，弹簧阻尼支座的耗能曲线如图 5.4-13 所示。在每组拉杆系统拆除后，弹簧阻尼支座的耗能能力迅速增大，大约持续 1s 后，耗能能力趋于平稳。第 1、2 组拉杆系统拆除后弹簧阻尼支座的耗能能力明显小于第 3、4 组。可见随着拉杆系统的逐步拆除，结构竖向约束逐渐减少，拉杆系统拆除后结构的竖向变形与振幅逐步增大，使弹簧阻尼支座的耗能能力增强。

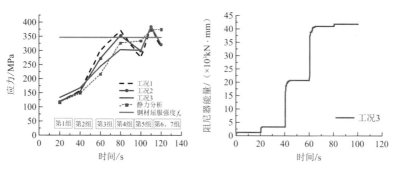

图 5.4-12 应力时程曲线　　　　图 5.4-13 弹簧阻尼支座耗能曲线

5.4.3 旋转悬吊钢坡道舒适度控制

体育场南侧设有一道从二层平台通往屋面的旋转钢坡道，坡道通过悬臂梁与钢柱连接、通过悬吊杆与屋面钢结构连接，如图 5.4-14 所示，根据模态分析可知结构在竖向方向上存在 1 个薄弱位置，对应的第 1 竖向振型频率为 4.8Hz，虽已满足规范 3Hz 的要求，但考虑到本悬吊坡道特殊造型，对人的行动荷载较为敏感，人群活动下可能产生较大的振动，使人感觉不适，需要进行舒适度分析。

行人行走荷载具有复杂性和随机性，选用国际桥梁和结构工程协会建议的步行荷载模型，计算频率分两种工况：1.4Hz（慢走）和 2.4Hz（快跑），振动区域为 8m²，人员密度 0.5 人/m²，换算等效人数后考虑两人可能发生同步频同相位行走工况，经初步分析，两种工况下加速度均不满足要求。考虑采用 TMD 进行舒适度控制，经优化计算，在结构的薄弱位置共布置 4 个 TMD，具体参数见表 5.4-3。

减振系统参数 表 5.4-3

质量/kg	频率/Hz	阻尼比	刚度/（N/m）	质量比
150	3.2~4.5	0.08~0.1	71047	0.15

设置 TMD 前后工况 2 加速度时程曲线如图 5.4-15 所示。由计算结果可知，当人行激励与结构频率成倍数关系的时候，结构出现明显的共振现象，当人数达到一定时，结构的加速度较大，当为慢走时，加速度响应为 195mm/s² 超过规范限值（150mm/s²），当为快跑时，加速度响应为 804mm/s² 超过规范限值（500mm/s²），当采用 TMD 减振后，结构的加速度响应得到明显控制，两种工况下的加速度响应分别为 125mm/s²、333mm/s²，均满足规范要求，减振率分别为 35.8% 和 58.6%，表明设置 TMD 后可有效地控制结构的振动，满足舒适度需求。

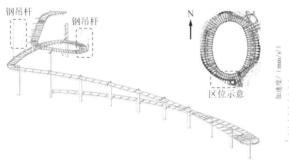
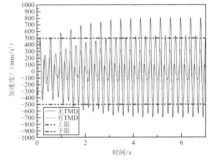

图 5.4-14 钢坡道三维示意图　　　　　　　图 5.4-15 工况 2 加速度时程对比曲线

5.5 试验研究

体育场采用了预应力柱内拉索 + 弹簧阻尼支座的结构体系，支座的力学性能对结构体系尤为关键，为此专门对弹簧-阻尼减振支座开展力学性能试验研究，通过加载试验获得对应的荷载-位移曲线，并计算研究弹簧-阻尼支座的轴向刚度、滞回耗能性能、等效刚度及等效阻尼比等重要参数，考察分析静位移、位移幅值和加载频率对支座力学性能参数的影响。根据试验所得滞回曲线建立力学计算模型，并利用试验所得结果验证力学模型的有效性，进而为弹簧-阻尼减振支座的实际应用及类似结构设计提供参考和指导。

5.5.1 试验设计

支座试验在广州大学力学实验室进行。支座试件按 1：1 足尺进行试验，试件模型及试验加载系统如图 5.5-1、图 5.5-2 所示。支座整体高度为 650mm、长宽为 940mm，主要构件的材质为 Q345 钢；支座内布置的弹簧组由 8 根圆柱螺旋弹簧并联组成,弹簧组总刚度为 10kN/mm,材料采用 60SiMn 弹簧钢,弹簧端部结构形式为并紧磨平,单根弹簧外径为 160mm、内径为 90mm、自由高度为 300mm;支座内的阻尼单元为筒式黏滞阻尼器,阻尼器设计速度为 150mm/s、设计阻尼系数为 6kN·s/mm,所使用阻尼剂为阻尼介质高黏度硅油。

图 5.5-1　弹簧-阻尼减振支座试件模型　　　　　　　图 5.5-2　试验加载系统

5.5.2　试验结果

1．轴向刚度

分别选取加载荷载在 30～300kN、30～150kN、90～240kN 和 180～300kN 之间的数据进行刚度拟合,所得结果如下:支座的拟合刚度随着荷载等级的增高而增加,整体呈上升趋势。荷载区间 30～150kN 的拟合刚度为 7.84kN/mm,低于理论值,根据圆柱螺旋弹簧本身的特性,弹簧加载初始阶段的刚度有非线性特征,故初始时测试刚度偏小;荷载区间 90～240kN 的拟合刚度为 9.77kN/mm,基本与理论值吻合,随着荷载等级增大,弹簧刚度进入线性阶段,且试验初始时的加载误差对结果影响逐渐减小;荷载区间 180～300kN 的拟合刚度为 13.56kN/mm。值得一提的是,30～300kN 荷载区间为弹簧-阻尼的设计使用范围,其拟合刚度为 9.73kN/mm,与理论值基本吻合,误差仅为 2.7%,验证了试验测试与理论结果的一致性。

2．滞回耗能性能

在各个工况下,试验得到的力-位移滞回曲线均为光滑的椭圆,滞回曲线有较好的对称性,说明支座的耗能效果较好,且滞回曲线的形状在各个工况下均未发生变形,证明支座耗能效果稳定。

3．等效刚度

(1)在相同的静位移及位移幅值下,随着加载频率的增加,弹簧-阻尼减振支座的等效刚度逐渐增大,但增大幅度逐渐减小。位移引起的支座力随频率的增加而增大,由于支座位移幅值保持不变,故支座的等效刚度逐渐增大。如静位移为 15mm、位移幅值为 2mm 时,加载频率从 0.2Hz 变化到 1Hz,支座的等效刚度依次为 17.29kN/mm、18.94kN/mm、20.37kN/mm、21.07kN/mm、21.74kN/mm,各个区段增幅分别为 9.53%、7.60%、3.41%、3.19%。

(2)在相同的静位移及加载频率下,随着位移幅值的增加,弹簧-阻尼减振支座的等效刚度逐渐减小,且下降幅度逐渐减小。由于在加载频率不变,增加支座位移幅值时,支座力会随之增加,但位移幅值增加的幅度大于支座力增加的幅度,故最终使等效刚度呈现下降趋势。如静位移为 15mm、加载频率为 0.2Hz 时,位移幅值从 1mm 变化到 6mm,支座的等效刚度依次为 19.33kN/mm、17.29kN/mm、16.41kN/mm、15.64kN/mm,各个区段降幅分别为 10.58%、5.05%、4.72%。

4．等效阻尼比

(1)在相同的静位移及位移幅值下,随着加载频率的增大,弹簧-阻尼减振支座的等效阻尼比逐渐减小，但降幅较小。随着加载频率的增大，支座的滞回耗能有所增加但增幅较小，相比之下等效刚度增幅较大，等效阻尼比是随着加载频率的增大而减小的。如静位移为 15mm、位移幅值为 4mm 时，加载频率从 0.2Hz 变化到 1Hz，支座的等效阻尼比依次为 15.10%、14.81%、14.78%、14.61%、14.29%，各个区段降幅分别为 1.92%、0.18%、1.15%、2.16%。

（2）在相同的静位移及加载频率下，随着位移幅值的增加，弹簧-阻尼减振支座的等效阻尼比逐渐减小，且下降幅度逐渐减小。随着位移幅值的增大，支座的滞回耗能随之增大，但位移幅值增加的幅度远大于支座耗能增加的幅度,等效阻尼比随着位移幅值的增加而减小。如静位移为 15mm、加载频率为 0.2Hz 时，位移幅值从 1mm 变化到 6mm，支座的等效阻尼比依次为 19.71%、16.76%、15.10%、14.81%，各个区段减幅分别为 14.95%、9.93%、1.88%。

5.5.3　分析验证

选取静位移为 15mm、加载频率为 0.2Hz、0.6Hz 和 1.0Hz，位移幅值为 1mm、2mm、4mm 和 6mm 工况条件下的弹簧-阻尼减振支座的滞回曲线进行模拟。将模拟结果与试验结果进行对比，见表 5.5-1。

模拟结果与试验结果对比　　　　　　　　　　　表 5.5-1

工况序号		C21	C22	C23	C24	C29	C30	C31	C32	C37	C38	C39	C40
W_D /（kN·mm）	试验	23.94	72.82	249.09	523.95	25.55	79.25	277.66	585.83	26.87	82.87	292.05	612.60
	模拟	25.56	76.71	260.06	544.14	27.20	83.89	293.02	618.54	28.28	87.10	307.77	642.04
	误差	6.80	5.34	4.40	3.85	6.45	5.85	5.53	5.58	5.23	5.10	5.38	4.81
F_{max} /kN	试验	21.34	37.76	69.80	99.06	25.23	43.25	80.94	113.55	26.16	45.87	85.12	120.76
	模拟	21.47	37.40	70.03	99.69	25.58	43.92	80.83	112.96	26.06	46.58	86.60	120.77
	误差	0.58	0.97	0.32	0.64	1.33	1.53	0.14	0.52	0.41	1.52	1.70	0.01
F_0 /kN	试验	6.58	11.64	20.77	30.72	8.89	12.30	23.61	32.66	8.89	13.53	22.92	33.19
	模拟	6.88	11.91	20.27	29.34	8.40	12.97	22.74	32.00	8.77	13.52	23.93	33.23
	误差	4.61	2.26	2.41	4.48	5.57	5.40	3.69	2.02	1.37	0.06	4.39	0.11

注：F_{max} 为弹簧-阻尼减振支座迟滞回路内的最大力；F_0 为支座迟滞回路内位移为 0 对应的力。

由表 5.5-1 可知，在不同位移激励作用下，弹簧-阻尼减振支座的力学模型计算曲线与试验实测滞回曲线具有相似的曲线特征，两者具有较好的一致性。支座的阻尼耗能、最大响应力与位移为 0 时对应力的试验结果与模型计算结果吻合较好，其误差分别在 7%、1% 与 6% 以内。因此，Kelvin 模型模拟的曲线与支座的实际滞回曲线基本吻合，Kelvin 模型能够较好地反映弹簧-阻尼减振支座的力学性能，可以作为弹簧-阻尼减振支座的力学模型。

5.5.4　试验结论

经过试验研究，并结合力学模型分析，可以得到试验结论如下：

（1）弹簧-阻尼减振支座的轴向刚度随着加载荷载等级的增大而增大，设计荷载区间 30～300kN 内的轴向刚度测试结果为 9.73kN/mm，与理论设计吻合很好，误差仅为 2.7%。

（2）在不同加载条件下，弹簧-阻尼减振支座的迟滞回路的形状饱满稳定，均为较标准的椭圆，表现出较强的耗能性能与稳定性。

（3）在相同的静位移及位移幅值下，随着加载频率的增加，弹簧-阻尼减振支座的阻尼耗能与等效刚度都有不同程度的增加。在 0.2～0.6Hz 的加载频率范围内，加载频率对等效阻尼比影响较大，等效阻尼比随频率的增加急剧下降，在 0.6~1.0Hz 这种变化趋于缓和，但整体依旧呈现下降趋势。

（4）位移幅值对弹簧-阻尼减振支座的滞回性能有明显的影响，增幅最大值为 119.91%。在相同的静位移及加载频率下，随着位移幅值的不断增大，等效刚度、等效阻尼比都在不断减小，并降幅逐渐减小。等效刚度与等效阻尼比随位移幅值增大而减小的最大变化率分别为 14.43%、5.38%。

（5）采用 Kelvin 模型对支座的滞回曲线进行拟合，拟合结果与试验曲线吻合良好，对比误差不超过 7%，验证了其设计方法与力学模型的正确性，为后续结构减振效果分析提供可靠的依据。

5.6　结语

项目作为第三届亚洲青年运动会的开幕式举办地及主比赛场馆，建筑设计充分结合汕头独特的海洋文化，以"飞舞的浪花"为主题，营造出富有灵动气韵，与在地环境融为一体的流动的建筑形象。设计采用了开放的姿态面向大海，通过连续起伏的屋面将多个相互独立的建筑体量融为一体。设计全过程采用全专业一体化设计，复杂的多曲面建筑形态采用全过程数字化设计与控制：在精准控制的外形拟合度、旋转放射的体育馆单层网壳、随形就势的混凝土景观屋面、数控的马道参数化设计、富有韵律的清水混凝土看台等层面均得到了充分展现。将一座具有国际一流水准的多功能体育综合体呈现在汕头东海岸，成为城市崭新地标。

在滨海滩涂软土场地、高烈度、强风多发易发、设计施工周期短等不利因素下，在结构设计过程中，主要完成了以下创新性工作：无砂真空联合堆载预压及格构式高压旋喷短桩技术、屈曲约束支撑 BRB 减震技术、预应力柱内拉索 + 弹簧阻尼支座的新型抗风减振体系、考虑弹簧阻尼支座的结构防连续倒塌设计的动力非线性分析方法。

参考资料

[1]　华南理工大学. 汕头大学东校区暨亚青会场馆项目（一期）结构风荷载和风环境评估报告[R]. 2019.

[2]　广州大学结构力学分析与测试研究中心. 弹簧-阻尼减振支座测试分析报告[R]. 2021.

设计团队

广东省建筑设计研究院有限公司 ADG 建筑创作工作室（方案设计）：
潘　勇（主创建筑师）、易　田

广东省建筑设计研究院有限公司（初步设计 + 施工图设计）：
区　彤、谭　坚、罗赤宇、张艳辉、李文生、石煦阳、杨　新、林全攀、刘淼鑫、张连飞、林松伟、戴朋森、王骁宇

执笔人：张艳辉、区　彤

获奖信息

2022 年第十四届广东省土木工程詹天佑故乡杯奖

2022 年中国建筑金属结构协会中国钢结构金奖

第 6 章

佛山岭南明珠体育馆

6.1 工程概况

6.1.1 建筑概况

佛山岭南明珠体育馆位于佛山市禅城区季华六路北侧，文华路西侧，大福路东侧，在规划中的城市景观轴附近，地段南侧为佛山市广播电视发射塔，是一座集比赛、训练、集会、演出功能于一体，兼顾市民日常休闲、健身，设施先进，具有 8000 座席的现代化综合体育馆，是佛山市迎接 2006 年广东省第十二届运动会的核心建设项目之一。建筑基底面积为 34000m²，总建筑面积为 78000m²，地下一层，地上三层，局部四层。在举办完第十二届省运会之后，将成为佛山市重大体育活动的中心场地，也必然会陆续承办各类国内外重大体育赛事（图 6.1-1）。整个建筑物由一个主馆和两个副馆组成，主馆直径为 128.8m，高度为 35.48m；副馆直径为 78.8m，高度为 26.45m。

图 6.1-1 体育馆实景

6.1.2 设计条件

1. 主体控制参数

控制参数见表 6.1-1。

控制参数 表 6.1-1

结构设计基准期	50 年	建筑抗震设防分类	重点设防类（乙类）
建筑结构安全等级	二级	抗震设防烈度	7 度
结构重要性系数	1.1	设计地震分组	第一组
地基基础设计等级	乙级	场地类别	Ⅱ类
建筑结构阻尼比	0.02/0.05		

2. 结构抗震设计条件

本工程地震作用按 7 度和抗震措施按 8 度进行设计。框架抗震等级二级，穹顶钢结构抗震等级二级。

3. 风荷载

根据《建筑结构荷载规范》GB 50009—2001，基本风压值w_0为 0.5kN/m²，地面的粗糙度为 B 类，风载体型系数取μ_s，风载风振系数β_z和风压高度变化系数μ_z最终按风洞试验取值确定。项目开展了风洞试验，模型缩尺比例为 1∶250。设计中采用了规范风荷载和风洞试验结果进行位移和强度包络验算。

4. 温度作用

本结构钢屋盖未设置变形缝，温差对结构影响较大，结合地区气象资料及结构形态特点，温度作用取值如下：

计算温差（℃）：暴露杆件：　－25.0　+45.0

非暴露杆件：　－20.0　+30.0

合拢温度（℃）：25±4

6.2　建筑特点

6.2.1　钢屋盖结构特点

整个屋面采用连续的穹顶网壳结构，与以往的穹顶结构不同的是：引进了"斗拱"的概念，强调了水平环的作用。在力学合理性方面，改变以往穹顶结构是拱的旋转体这种考虑方法，变为水平环的集结体。穹顶的上半部为压缩环，下部为张力环，水平环采用 H 型钢组成的空间三角形钢桁架，具有足够刚度，水平环桁架通过层间立柱和外斜杆，逐层叠加形成一个牢固的穹顶。层间立柱由 H 型钢和圆钢管组成，外斜杆采用圆钢管，钢材均采用 Q345B。

大馆由 15 层水平环构成，两小馆分别由 10 层水平环构成，三个场馆三层以上通过多层水平环层层叠加，收聚成三个上部相互独立的空间穹顶。水平环层间设置外侧斜杆形成斜交网格，外侧斜交网格与内侧水平环通过偏心节点连接形成空间受力体系，有效地增强了结构刚度和整体稳定性，减小柱脚水平推力，也使结构造型更加美观。下部三层通过中间连廊连为一体，三馆连接处破坏了圆形的整体性，该区域受力较为复杂，对各个穹顶的刚度影响较大，因此必须加强连接区的刚度和强度，确保结构安全，平面布置图如图 6.2-1 所示，建筑效果图如图 6.2-2 所示。钢屋盖的投影面积为 34330m²，用钢量为 6838t，约 197kg/m²。结构构成复杂，有 22000 根杆件，6000 多个节点，而且多根杆件从空间不同角度汇交，节点形式多样，包括采用钢圆管做加劲环的汇交节点、圆管的正偏心相贯间隙接头节点、有穿心板的相贯节点及能同时满足抗拉和抗压的铸钢球铰支座节点对制作、加工、定位、安装提出了很高的要求（图 6.2-3～图 6.2-5）。

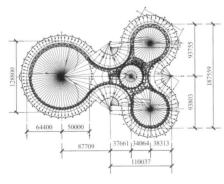

图 6.2-1　平面布置图

图 6.2-2　建筑效果图

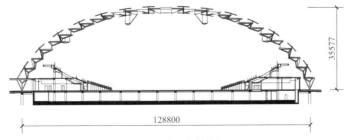

图 6.2-3　主场馆横剖面图

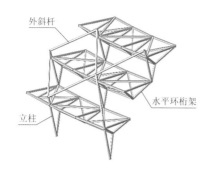

外斜杆
水平环桁架
立柱

图 6.2-4　结构单元布置示意图

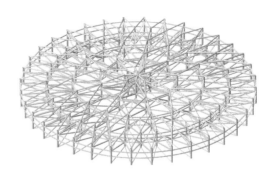

图 6.2-5　主场馆跨中穹顶

从建筑的角度来看，这种结构由于每层水平环间具备开竖向窗的可能性，为建筑师提供了更多的创作空间。屋盖设置多层环状可开启窗带大大地改善了体育馆的通风、采光性能，不但降低了能耗，也丰富了室内空间效果，达到建筑与结构的完美结合（图 6.2-6、图 6.2-7）。

图 6.2-6　主馆穹顶结构实景

图 6.2-7　主馆完成效果

该结构的另一特点就是具有施工便利性，施工过程利用结构特点将稳定的水平环层层叠加，并结合顶部整体提升组成穹顶。工程施工采用场外分段吊装与场内局部进行整体提升相结合的安装方案。将下部环形桁架根据现场吊车能力划分成需要的吊装分段，在地面拼装焊接，然后运输到起吊位置，进行环形桁架分段吊装，定位后在现场焊接形成闭合环，分层逐层往上拼装（图 6.2-8）；三个屋盖穹顶中心部分在场内地面拼装后采用整体提升法吊装就位（图 6.2-9），最后在高空将中心整体提升部分与下部结构闭合、连接成整体。环形桁架和穹顶中心整体提升部分的定位均借助于临时支撑（胎架），避免满堂红脚手架，从而节省施工费用。

图 6.2-8　现场安装图一

图 6.2-9　现场安装图二

6.2.2　混凝土结构特点

本工程除屋盖和中庭局部区域外，其余均采用现浇混凝土结构。根据地质条件和工期要求，基础形式采用预应力管桩。为了满足屋盖结构的整体受力要求,地下室不分缝,总长度约 260m。地下室超长结构底板采用带后浇带的凹板方式来释放温度应力的影响:部分区域建筑由于设备房净高需要底板加深,其他区域在底板中部设置 1m 深的应力沟(图 6.2-10)。首层楼板设置预应力钢筋并加强关键部位的普通钢筋。另外,地下室施工和后浇带闭合刚好是冬季,负温差较小,对结构裂缝的控制非常有利。

由于上部钢结构屋盖柱脚存在很大的水平力,而预应力管桩抗水平力较弱。因此,在钢结构墩柱周边增设楼板,使首层楼面形成一个整体,通过首层楼面和地下室一起承受水平力。同时,加强墩柱周边区域的梁板配筋,并在首层楼板设置预应力。

地上内部结构设置变形缝分为多个结构单元,局部采用单柱变形缝方案(图 6.2-11),满足建筑功能及美观要求。柱顶设置柱帽,铺设油毡后浇筑分缝后的梁板,缝两侧梁板共用一个支撑柱,梁端按铰接计算。

工程竣工至今未出现可见裂缝、漏水、变形过大等现象,实践证明以上措施可靠有效。

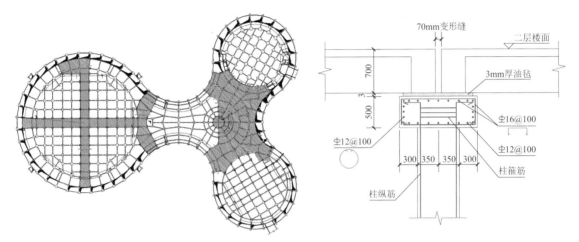

图 6.2-10 底板应力沟布置图　　　　　　图 6.2-11 单柱变形缝方案

6.3 体系与分析

6.3.1 屋顶部分构造

方案阶段,结构设计杆件多且复杂,不少杆件相交角度很小,施工难度较大,如图 6.3-1 所示。现在已按图 6.3-2 改进,受力更为合理。从建筑效果、结构特性和经济指标等方面进行了对比,杆件相对减少,节点制作简单,同时改善了杆件受力性能。

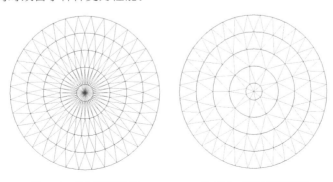

图 6.3-1 优化前穹顶网格　　　　　　图 6.3-2 优化后穹顶网格

6.3.2　强化环向桁架概念

改变下斜杆位置，结构受力分布更合理，同时变十杆汇交为八杆汇交，节点处理相对简单，图 6.3-3 为原有方案构造，图 6.3-4 为优化方案构造；下面三层闭合环的高度由原来的 1m 增加到 1.5～1.8m，如图 6.3-5 所示，层桁架高度调整增加了桁架的刚度，同时杆件受力减小。环向桁架高度从上往下递增，杆件受力明显减小，截面减小，在变形不变条件下，用钢量减少 8%。

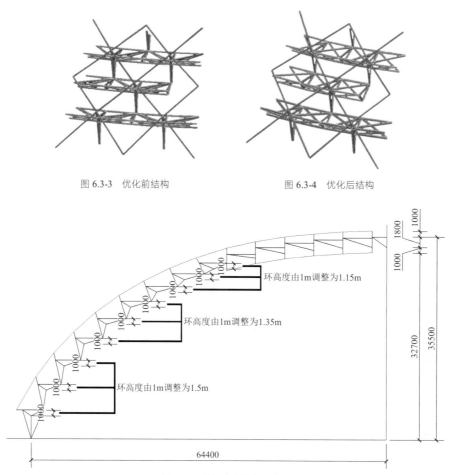

图 6.3-3　优化前结构　　　　　　　图 6.3-4　优化后结构

图 6.3-5　桁架高度优化示意图

6.3.3　结构布置

1. 主要构件截面

每层水平桁架均为三角形立体桁架，1 层桁架由截面 H600mm×400mm×25mm×30mm、箱形 600mm×600mm×40mm×40mm 逐步收缩，10 层桁架调整为 HW200mm×200mm×8mm×12mm、HT200mm×200mm×6mm×8mm 等。

外斜网格采用圆钢管构件，充分利用约束圆钢杆的拉压承载能力，两端采用销轴连接的便利性，节省了工期和造价。

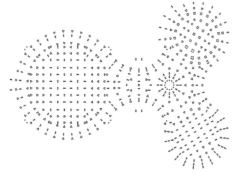

图 6.3-6　桩基平面布置图

2. 基础结构设计

本工程由主场馆、训练馆及大众馆组成，三馆通过中庭连接为一个结构整体。根据地质条件及工程特点，采用锤击式预应力管桩基础（图 6.3-6），桩径 500mm，采用 AB 型管桩，平均桩长约20m，桩端持力层为强风化岩，单桩竖向承载力特征值为1800kN。由于上部钢结构屋盖柱脚对首层楼面产生很大的水平力，在钢结构墩柱周边增设楼板，并加强周边区域的梁板配筋，同时首层楼板设置预应力。

6.3.4 结构分析

1. 结构计算模型和分析程序

采用北京迈达斯技术有限公司开发的 MIDAS/Gen 进行结构分析，并采用美国通用有限元程序 ANSYS 进行比照分析。

计算模型及假定：计算时外斜杆采用桁架单元，其余杆件均采用梁单元，即每个节点均有 u、v、w、θ_x、θ_y、θ_z 六个位移分量，能够准确地反映三维框架单元的轴向、弯曲、扭转及剪切变形。支座采用球铰支座。

采用 MIDAS 和 ANSYS 对结构进行计算的结果如表 6.3-1 所示。由表 6.3-1 可知，两个软件计算所得的自振周期比较接近，反映了结构建模与分析的正确性。

周期计算结果　　　　　　　　　　　　　　　　　　　　　　　　表 6.3-1

参数	T_1/s	T_2/s	T_3（扭转）/s	T_4/s	T_5/s	T_6（扭转）/s
MIDAS	1.0323	0.8596	0.8361	0.6993	0.6385	0.6239
ANSYS	1.0264	0.8545	0.8045	0.6860	0.6499	0.6096

结构位移的计算结果见表 6.3-2，可知，结构的恒荷载（包括钢构架自重和屋面板）、风荷载及温度作用对结构变形影响比较大。根据计算结果，Z 向最大变形（组合值）为131mm，d 为 1/983，满足《网壳结构技术规程》JGJ 61—2003 规定的限值 1/400。

各工况作用下最大位移　　　　　　　　　　　　　　　　　　　　表 6.3-2

荷载类型		X向位移/mm	Y向位移/mm	Z向位移/mm
自重		13.80	15.81	−58.17
恒荷载		11.76	13.78	−50.33
活荷载		5.27	6.65	−21.37
风荷载	0°	6.19	6.86	43.07
	45°	8.43	9.11	39.68
	90°	7.60	11.51	51.44
	135°	5.28	6.30	30.15
	180°	4.52	2.31	13.26
X向地震作用		12.79	3.35	12.97
Y向地震作用		8.13	14.58	9.60
温度荷载		43.57	37.99	56.58

2. 线性整体屈曲分析

使用 ANSYS 对结构进行了线性整体屈曲分析，钢结构屋盖为穹顶结构，结构体系是环形穹顶结构体系。结构分析中使用了两种单元，梁单元采用 beam188，外层杆采用 link180。结构的支座形式采用铰支座。荷载包括：屋面板荷载为 0.6kN/m²，屋面吊顶荷载为 0.6kN/m²，屋面活荷载为 0.5kN/m²。荷载形式转化为单元节点荷载，荷载组合为 1.0 恒荷载 ＋ 1.0 活荷载（包括结构的自重）。根据分析，前 6 阶线性屈曲模态结果如表 6.3-3 所示。

SET	TIME/FREQ	LOAD STEP	SUBSTEP	CUMULATIVE
1	17.440	1	1	1
2	20.244	1	2	2
3	20.267	1	3	3
4	20.598	1	4	4
5	21.070	1	5	5
6	21.087	1	6	6

可以看出，结构最低阶荷载倍率为 17.440 倍。前 6 阶失稳模态变形图如图 6.3-7～图 6.3-12 所示。

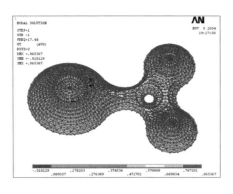

图 6.3-7　第一阶失稳模态（17.440 倍）

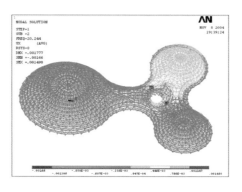

图 6.3-8　第二阶失稳模态（20.244 倍）

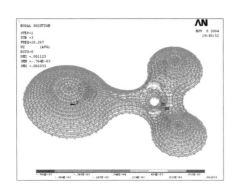

图 6.3-9　第三阶失稳模态（20.267 倍）

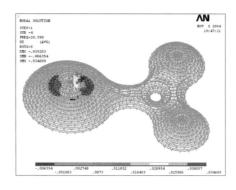

图 6.3-10　第四阶失稳模态（20.598 倍）

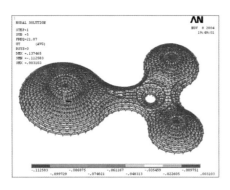

图 6.3-11　第五阶失稳模态（21.070 倍）

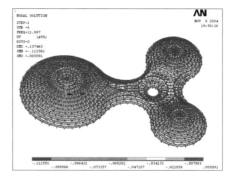

图 6.3-12　第六阶失稳模态（21.087 倍）

3．几何非线性分析

稳定性分析是网壳结构设计中的关键问题。几何非线性稳定分析是综合评价结构稳定承载力的有效办法。结构的稳定性可以从其荷载-位移全过程曲线中得到完整的概念。传统的线性分析方法是把结构的强度和稳定问题分开考虑。事实上，从非线性分析的角度来考察，结构的稳定性问题和强度问题是相互联系在一起的。结构的荷载-位移全过程曲线可以准确地把结构的强度、稳定性以至于刚度的整个变化历程表示得清清楚楚。为了对空间受力性能进行判断，计算网壳结构的临界荷载，对屋盖整体结构的几何非线性做了分析，对整个结构的荷载-位移曲线进行跟踪，其中并未涉及材料塑性的计算。对结构在工况（恒荷载＋活荷载）组合荷载作用下、按规范施加初始缺陷进行了几何非线性稳定性分析，根据《网壳结构技术规程》JGJ 61—2003 规定，可采用结构的最低阶屈曲模态作为初始缺陷分布模态，其计算值按网壳跨度的 1/300 取值。

根据计算结果可知，位于大球顶偏右侧（偏向结合部位）位移最大，提取其 Z 向荷载-位移曲线（图 6.3-13）可以看出，在 3.18 倍荷载（$D+L$）时，结构的变形突然增大，此时达到失稳状态。图 6.3-14～图 6.3-17 分别给出了结构发生失稳时结构空间、X、Y、Z 三个方向的位移图。

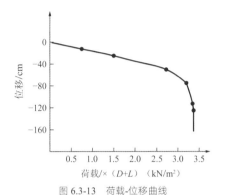

图 6.3-13　荷载-位移曲线

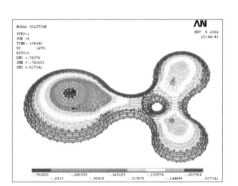

图 6.3-14　结构失稳时的空间立体图（单位：m）

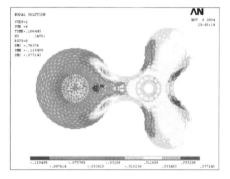

图 6.3-15　结构失稳时 X 水平方向位移（单位：m）

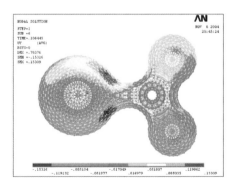

图 6.3-16　结构失稳时 Y 水平方向位移（单位：m）

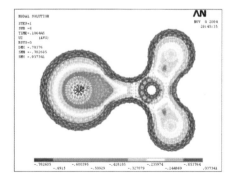

图 6.3-17　结构失稳时 Z 方向位移（单位：m）

结构分析表明，失稳现象发生时，主要受力杆件的应力已先期达到或超过屈服状态，说明结构强度极限状态的到达将先于稳定极限状态。结构体系形成后，在给定的荷载工况下，本屋盖结构的安全性由构件的强度设计和稳定设计控制。该结构具有较强抵抗变形的能力，整体刚度较强。

6.4 主要构件及节点设计

6.4.1 构件设计主要控制参数

采用 MIDAS/Gen 自带的普钢规范校验功能进行各构件的详细设计，包括强度、变形和稳定检验等，构造要求的横截面特性、长细比、板件宽厚比限值等，通过这些检验确定构件在所施加的荷载作用下，是否满足强度、变形和稳定性等要求。根据《钢结构设计规范》GB 50017—2003 和《建筑抗震设计规范》GB 50011—2001 有关规定，立柱的长细比取值为 150，外斜杆的长细比限值取为 150，水平环桁架构件按受压杆件考虑，其长细比限值取为 150，受拉杆件的长细比限值取为 250。杆件的计算长度系数按《钢结构设计规范》GB 50017—2003 规定的计算长度系数的方法确定，对水平环桁架的弦杆等构件，则根据具体连接杆件的相对刚度关系确定。根据计算分析结果，构件设计的控制工况为：1.35 恒荷载 + 0.7 × 1.4 活荷载、1.2 恒荷载 + 0.7 × 1.4 活荷载 ± 1.4 温度荷载、1.2 恒荷载 + 1.4 风荷载 ± 0.7 × 1.4 温度荷载等。

6.4.2 主要节点设计

岭南明珠体育馆穹顶结构杆件构成复杂，节点设计至关重要，节点设计应满足整体分析与设计时刚度及受力要求，应遵循"构件强、节点更强"的原则，充分发挥构件材料的强度，确保节点不先于构件破坏，要求构造简单，制作相对容易，保证其在各种荷载作用下的安全性、可靠性。

对典型节点进行局部有限元分析（图 6.4-1）。全部的节点均运用 ANSYS 进行分析计算。为了保证计算结果的精度，单元网格的划分应尽量细分。分析过程中，除支座铸钢节点外，材料均采用 Q345B，考虑到局部可能出现的应力集中，采用弹塑性模型。材料弹性模量 E_1 为 $2.06 \times 10^5 \text{N/mm}^2$，根据《钢结构设计规范》GB 50017—2003 关于钢材的屈强比及延伸率的要求，这里取强化模量为弹性模量的 1/100，即 $2.06 \times 10^3 \text{N/mm}^2$，泊松比为 0.3，屈服强度 f_y 按规范要求选取。节点设计采用 Mises 强度准则，Mises 应力取：

$$\sigma_s = \sqrt{\frac{1}{2}\left[(\sigma_1 - \sigma_2)^2 + (\sigma_2 - \sigma_3)^2 + (\sigma_1 - \sigma_3)^2\right]} \leqslant 1.1f$$

式中：σ_1、σ_2、σ_3——第 1、第 2 和第 3 主应力；

f——钢材的抗拉、抗压、抗弯强度设计值。

节点杆件内力选取整体计算所得到的内力进行加载，具体选取不同组合如：恒荷载 + 活荷载、恒荷载 + 活荷载 ± 温度荷载等。

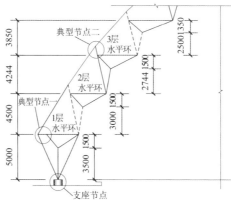

图 6.4-1　典型节点位置

1. 支座铸钢节点

所有支座节点采用铸钢节点（图 6.4-2），即保证节点的几何精度、材料性能又必须满足现场安装要求。铸钢件采用的铸钢材应符合国家标准《一般工程用铸造碳钢件》GB/T 11352—2009 要求，必须满足可焊性要求。铸钢支座的材质参照德国规范 DIN17182，GS-20Mn5，屈服强度 250MPa，抗拉强度 450MPa，延伸率≥22%，D 级冲击功≥34J。化学成分：碳 0.15%～0.18%；Mn1.0%～1.3%；P≤0.015%；S≤0.015%；Cr≤0.305%；Mo≤0.15%；焊接碳当量 Ceg≤0.42。

由图 6.4-3 可以看出，在椎体与圆球结合部位局部应力较大，实际设计时，对球部分改用实心铸钢。

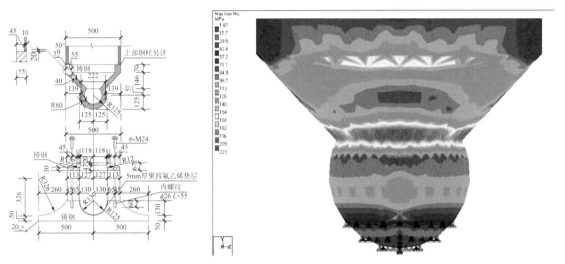

图 6.4-2　支座节点设计大样　　　　　　　　图 6.4-3　支座节点 Mises 应力云图

2. 典型节点一

首层水平环桁架与外斜杆连接处，水平环桁架上弦采用宽翼缘 H 型钢，上、下翼缘在节点区域采用节点板，厚度取翼缘厚度较大者，为了保证节点的刚度，在上下翼缘之间采用圆钢管作为加劲板，圆钢管与悬臂钢管采用相贯焊缝连接，同时在圆钢管内加设一水平加劲板（图 6.4-4），该节点制作与焊接要求在工厂内完成。悬臂钢管与外斜杆通过耳板用销轴连接。节点有限元划分如图 6.4-5 所示，采用弹性分析。节点在悬臂钢管与圆钢管加劲板相贯处局部应力最大，为 308MPa，整个节点区域平均 Mises 应力值约为 80～240MPa。杆件相贯处焊缝应力值在弹性范围内，高应力区仅表现为边界的角点处，根据圣维南原理，可以忽略这部分。对于整个节点的承载能力，我们认为是可行的。材料工作状态时未超过其强度极值。受程序单元数量所限，建模时，焊缝及管中加肋板并未建入。若考虑加肋板的加强作用，管壁四周应力则更小。

节点应力云图及变形如图 6.4-6～图 6.4-9 所示。

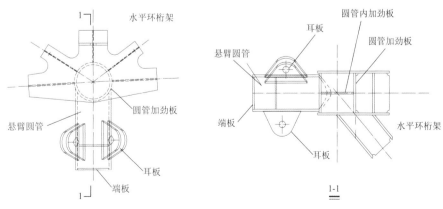

图 6.4-4　典型节点一设计大样

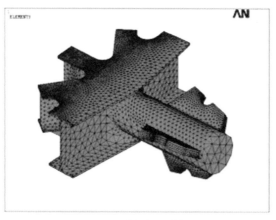

图 6.4-5　节点有限元划分

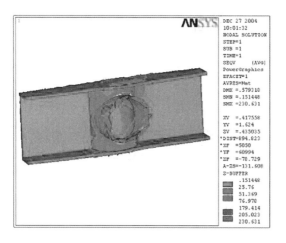

图 6.4-6　相贯处的 Mises 应力云图（单位：MPa）

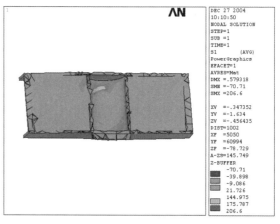

图 6.4-7　相贯处的第一主应力云图（单位：MPa）

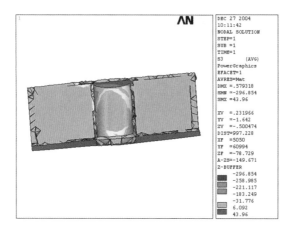

图 6.4-8　相贯处的第三主应力云图（单位：MPa）

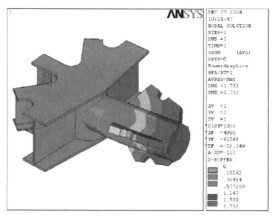

图 6.4-9　节点变形图（单位：mm）

3．典型节点二

水平环桁架与立柱连接，并由立柱向上延伸，然后通过耳板与外斜杆采用销轴连接，如图 6.4-10 所示。悬臂圆管与立柱连接时采用圆钢管过渡，钢管直径及壁厚与悬臂端相同，且在与水平环各杆件相连处设置加劲板以增强节点域刚度，根据受力要求，在耳板与悬臂钢管连接处设置加劲板，避免外斜杆的拉压力对钢管壁产生局部屈曲破坏。计算时，销轴与耳板采用绑定的接触单元来实现。该节点的有限元模型构成包括实体模型、接触设置、荷载约束条件及求解的内容。其有限元划分模型如图 6.4-11 所示。节点应力如图 6.4-12～图 6.4-15 所示。

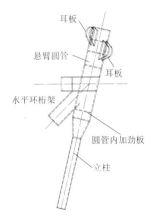

图 6.4-10 典型节点二设计大样图

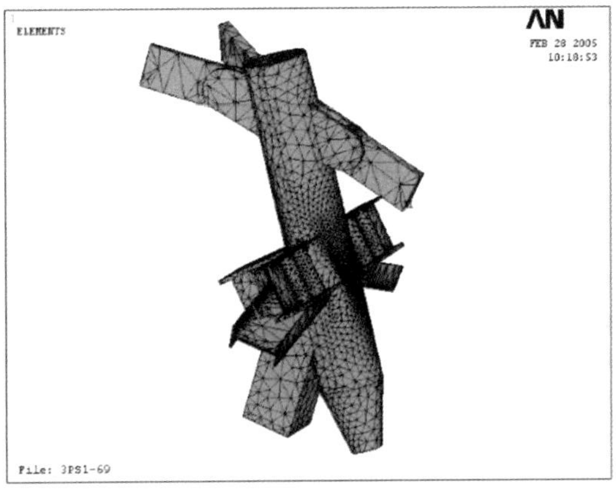

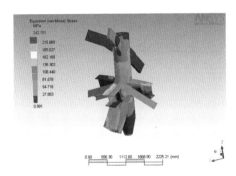

图 6.4-11 节点二有限元划分模型

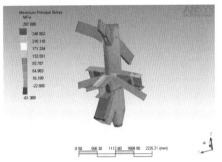

图 6.4-12 Mises 应力云图（单位：MPa）

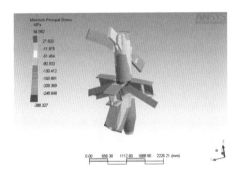

图 6.4-13 第一主应力云图（单位：MPa）

图 6.4-14 第三主应力云图（单位：MPa）

图 6.4-15 三个销轴的等效应力（单位：MPa）

该节点的计算结果表明，节点的全部区域仍处于弹性工作阶段，节点在水平环桁架与悬臂圆钢管相交处局部应力最大，为 243MPa，整个节点区域平均 Mises 应力值约为 160MPa。因此该节点完全可以满足承载能力的要求，节点设计比较合理。

6.5 施工

6.5.1 安装方案

根据本工程的特点，采用高性能大型履带吊车从场外分段吊装与场内局部进行整体提升相结合的安装方案。具体步骤如下：

（1）从第一层向上吊装，第一层桁架作为整个吊装的基准受力点，重点加强处理，特别是上弦内侧受力点。

（2）第二层结构以第一层为基准，将下弦处的撑杆直接与第一层上弦内侧节点进行定位，作为分段竖向主受力点，考虑到分段定位的稳定性，在上弦内侧与支撑胎架进行稳定支撑，支撑形式采用水平和竖向设置，作为桁架分段的定位受力点，如图6.5-1、图6.5-2所示。

（3）依次进行后述分段的吊装，整体结构基本成型（除跨中区穹顶外）。

（4）采用整体提升的方法安装跨中区穹顶。

（5）结构吊装完成后，采用整体分级同步卸载，卸载步骤如表6.5-1所示。

卸载步骤 表6.5-1

序号	说明
Step0	全部安装就位阶段
Step1	内环卸载20%（5mm）
Step2	中环卸载20%（5mm）
Step3	内环卸载20%（5mm）
Step4	中环卸载20%（5mm）
Step5	内环卸载20%（5mm）
Step6	中环卸载20%（5mm）
Step7	内环卸载40%，内环全部卸载
Step8	中环卸载40%，中环全部卸载
第末步	外环全部卸载，支撑全部卸载完毕

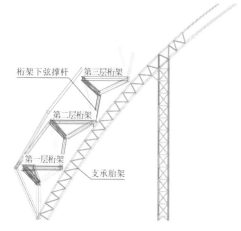

图 6.5-1　安装方案剖面图

图 6.5-2　现场安装实景图

6.5.2　施工模拟分析

进行钢结构胎架分析计算时，只考虑钢结构自重和施工阶段活荷载的影响。模型及分析结果如图6.5-3～图6.5-8所示，卸载后计算变形为72mm，施工过程变形及内力均满足要求。

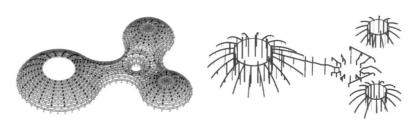

图 6.5-3　跨中穹顶提升前分析模型　　　　图 6.5-4　胎架支撑分析模型

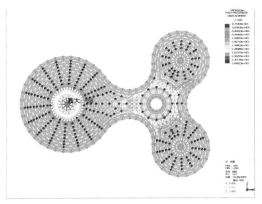

图 6.5-5　成型后竖向位移云图（D_Z）

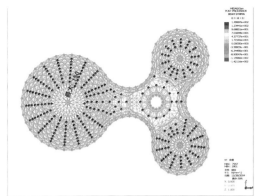

图 6.5-6　成型后应力云图

最大: -72

图 6.5-7　卸载后竖向位移云图（D_Z）

最大: 194

图 6.5-8　卸载后应力云图

6.5.3　施工监测

为了确保施工过程中结构受力与变形始终处于安全范围，且安装完毕结构线形符合设计要求，使结构在使用阶段受力状态接近设计值，在结构施工工程中必须进行严格的施工监测、控制。施工过程中进行两方面的监控内容：

（1）竖向和水平向关键截面、构件的受力状态监测。在结构监测部位表面粘贴应变计，连接应变测试系统，读取安装过程中的应变变化，推算结构受力状态。

（2）结构关键部件的空间位置及变形监测。在结构监测部位表面进行标记，由全站仪观测安装过程中测点坐标变化，校验结构空间位置，推算结构变形情况。

主场馆馆顶中心各期沉降测量值与计算值如表 6.5-2 所示。

主场馆馆顶中心各期沉降测量值与计算值　　　　　　　　　　　　　　　　表 6.5-2

测 量 日 期	高 程 值 /m	相 对 沉 降 /mm		累 计 沉 降 /mm	
	实 测 值	实 测 值	计 算 值	实 测 值	计 算 值
2005.7.19 主馆卸载前	37.2527	—	—	—	—
2005.7.19 主馆卸载后	37.1441	108.6	72.03	108.6	72.03
2005.7.26 屋面工程前	37.1368	7.3	0	115.9	72.03
2006.1.16 屋面工程后	37.0965	47.6	48.829	163.5	120.859

在屋盖结构卸载前后，主场馆馆顶中心点卸载完毕的沉降量为 108.6mm，约为跨度的 1/1185。实测值明显大于计算值，该差异主要由于节点间空隙受力后密贴引起，应力状态基本与计算吻合，结构安全可控。而在屋面工程施工前后，该点的沉降量基本与计算值相同，沉降分布规律与计算规律基本一致，表明屋盖结构进入相对稳定的预期受力阶段。

6.6 结语

（1）该结构方案新颖，引进"斗拱"的概念，强化了水平环桁架的作用，是一种全新的结构形式；

（2）该结构由三个连续的穹顶组成，三馆连接部位是比较明显的薄弱部位，该区域是整个结构整体稳定控制的关键部位；

（3）节点构成复杂，整个结构有6000多个节点，而且种类多样，大量杆件汇交于一点，节点设计应满足整体计算的假定要求。

佛山岭南明珠体育馆是广东省重点工程，建设规模大，科技含量高，其"斗拱式"网壳结构形式是首次在我国应用，其设计经验为其他工程提供了有益的参考及借鉴。

设计团队

广东省建筑设计研究院有限公司：

陈　星、周敏辉、李伟锋、陈文祥、陈应荣

执笔人：周敏辉

顾问团队

SDG 构造集团

获奖信息

2007 年度广东省优秀工程勘察设计一等奖

2008 年度全国优秀工程勘察设计行业奖建筑工程二等奖

第 7 章

广东省博物馆新馆

7.1 工程概况

7.1.1 建筑概况

广东省博物馆新馆是广东省标志性文化工程之一，该馆中标方案通过内部大跨无柱式空间及大范围中庭的设计、外部立面凹凸的层次变化，使得其造型仿佛一件雕通的宝盒；同时，建筑与城市规划相结合，绿化设计起伏有致，宛若灵动丝绸，由博物馆向外延伸，与文化广场融为一体。新馆"装载珍品的容器"的形象简明突出，色彩处理大胆，建筑体形富有创意。建筑外墙采用拉丝金属板和穿孔金属板材，与玻璃和饰面屏风相结合，整体感突出，视觉冲击强烈。

广东省博物馆新馆位于广州市珠江新城中心区南部，濒临珠江，总用地面积 41027m²。周边环境优美，毗邻广州歌剧院、广州市图书馆、广州市第二少年宫。四座文化建筑并列于新城市中心轴线两侧，与中央林荫大道、滨江绿化带共同形成广州文化艺术广场。

广东省博物馆新馆地面以上建筑平面外轮廓尺寸为 114.0m × 114.0m，共计 6 层，分别由地下 1 层和地上 5 层组成。建筑物总高度达 44.65m，总建筑面积约为 66000m²。新馆首层平面图、建筑效果及实景图分别如图 7.1-1、图 7.1-2 所示。

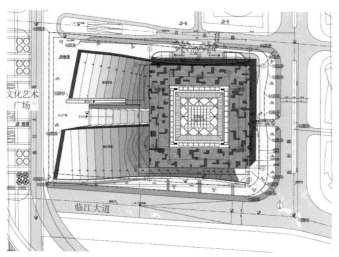

图 7.1-1　建筑首层平面图

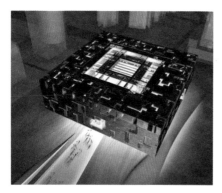

图 7.1-2　建筑效果及实景图

7.1.2 设计条件

1. 主体控制参数

控制参数见表 7.1-1。

项目	标准
结构设计基准期	50 年
使用年限	100 年
建筑结构安全等级	一级
结构重要性系数	1.1
建筑抗震设防分类	乙类
地基基础设计等级	一级
场地类别	Ⅱ类
建筑结构阻尼比（多遇地震）	0.035
体型系数	1.3

2．结构抗震设计条件

地震作用计算采用的抗震设防烈度为 7 度；抗震措施采用 8 度设防烈度。实际计算时，按 50 年及 100 年进行设计，上部结构的嵌固部位设在首层楼面。根据建筑特点，需要考虑竖向地震作用的影响。此外，温度应力及活荷载不利布置等因素也被考虑。

3．风荷载

结构变形验算时，风荷载采用按 100 年重现期确定的基本风压值 0.6kN/m²，地面粗糙类别为 C 类，整体计算时风荷载体型系数取 1.3。由于建筑立面造型复杂，结构形式新颖，需通过风洞试验获取更翔实的风荷载作用参数。

7.2 建筑特点

7.2.1 内外大跨无柱式空间

新馆内部空间组织层层相扣，展厅、回廊、中庭与结构紧密结合，由内向外逐层展开，利用或虚或实的隔断，吸引观众层层而进，自然地形成功能流线形式和功能达成统一的有机整体。作为中心枢纽，中庭层次鲜明，空间广阔，如图 7.2-1 所示。

图 7.2-1 中庭及回廊

外部则如图 7.2-2 所示，在 2 层楼面处通过覆土植被形成高低起伏的山丘，2 层以上向外伸 23.5m，如同双臂展开。从远处看来，博物馆好似飘浮于起伏的小山丘之上。出挑的建筑本体与城市公共绿化在此处交汇，实现内外空间在此处的沟通与交流。

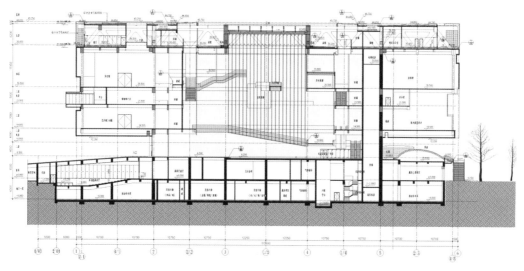

图 7.2-2　新馆建筑剖面图

7.2.2　建筑立面层次复杂

建筑立面外墙采用双色铝合金外墙铝板和彩釉玻璃的组合，使外墙面形成玲珑有致的变化，展现了镂空宝盒的艺术美感。外墙既是镂空的"宝盒"外衣，又为室内营造出丰富的空间效果，建筑立面及实景如图 7.2-3 所示。这种建筑造型充分体现了传统象牙球工艺的艺术美感，但是凹凸错落的立面层次增加视觉享受的同时，也带来对于结构设计的挑战。

图 7.2-3　外立面实景图

7.3　体系与分析

7.3.1　结构体系选择

2 层以上外伸 23.5m 的展厅如果通过悬臂结构来实现，则需在每层单独设置高度约 3m 悬臂构件，会严重影响建筑的使用空间。因此在考虑建筑顶层主要作为净空要求不高的办公区及屋顶花园使用之后，可以在该层设置大跨度的悬臂钢桁架作为主要受力构件，通过在桁架上设置吊杆悬吊外围展厅，以实现建筑在最外圈无落地柱的效果。在经过了多次协商讨论后，决定 2 层以上部分采用内置钢管混凝土剪力墙-钢桁架对挑悬挂结构体系来满足建筑的使用功能和造型需要，结构整体示意如图 7.3-1 所示。

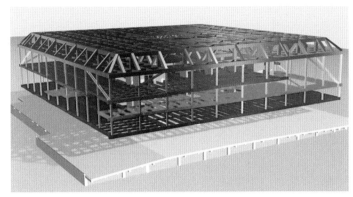

图 7.3-1　整体结构示意图

7.3.2　基础、地下室及层 2

由于承受上部桁架的剪力墙竖向轴力较大，因此基础选用大直径的灌注桩基础，以中、微风化基岩为持力层，这样既能满足结构受力和施工安全的要求，又有利于控制工期和造价。地下室～2 层采用钢筋混凝土框架-剪力墙结构，地下室底板采用无梁体系。为满足建筑的使用要求，地下室不设永久缝，通过设置纵横各一道后浇带，将整个地下室分为较均匀的四块，施工时则采用分块跳浇混凝土的方法。由于施工场地限制，抗裂措施由底板和顶板中设置预应力钢筋的原方案调整为在混凝土中添加网状抗裂纤维，有效减小了温度及混凝土收缩应力对结构的影响。

建筑在 2 层楼面处通过覆土植被形成高低起伏的山丘，局部覆土最高达 3.0m，南、北端需设较大跨度的悬臂梁，最大处达 12.5m，结构上采用不同间距的密肋悬挑梁，如图 7.3-2～图 7.3-4 所示，并通过严格控制预应力度降低悬臂梁挠度；同时，在保证建筑绿化所需覆土厚度的前提下，通过调整梁面标高，满足高低起伏的建筑要求，并达到减少悬臂梁荷载的目标。梁面标高调整后，悬臂梁与内跨梁之间高差最多达 1.5m，需设置如图 7.3-3 所示的转化大梁进行结构过渡。

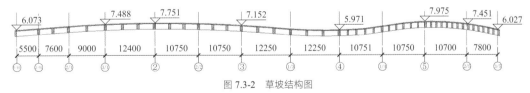

图 7.3-2　草坡结构图

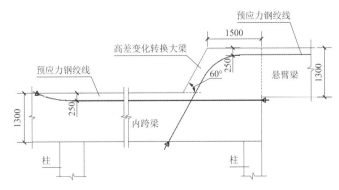

图 7.3-3　草坡结构剖面图

图 7.3-4　草坡现场图

7.3.3 上部竖向抗侧力体系布置

根据建筑平面的布局，在方形四周有建筑竖向交通区域（图 7.3-5），布置结构的竖向抗侧力构件-内置钢管柱混凝土剪力墙，主受力剪力墙设置在沿主轴线方向的四角及轴线交点处（平面布置如图 7.3-6 所示）。

剪力墙内最初计划设置型钢暗柱来增加结构的抗震延性，并在剪力墙之间布置内外两道封闭的型钢混凝土连梁，增加整个结构的抗侧刚度。在综合考虑施工方案实施的可能性之后，最终方案确定为剪力墙内改为设置直径较小的钢管暗柱（桁架腹板间的净距约为 900mm，钢管柱直径为 650mm，采用直缝焊接钢管，钢管柱壁厚按受力大小取 20～35mm，钢管内混凝土强度等级为 C60）。这样既能保证剪力墙内置钢管的连续性，又能保证桁架水平构件和各楼层连梁腹板的连续。

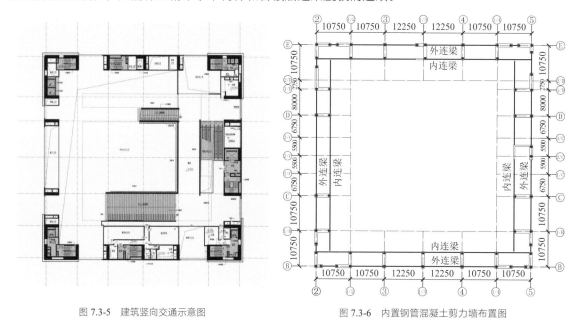

图 7.3-5　建筑竖向交通示意图　　　　　　图 7.3-6　内置钢管混凝土剪力墙布置图

7.3.4 顶部悬挂水平体系

在作为花园及办公层的建筑顶部区域设置顶部悬挂水平体系-矩形钢管空间桁架，下面几层的展厅楼面结构都悬挂在此空间桁架上，桁架下弦为五层楼面结构，上弦为屋面结构。空间桁架体系包括设置在剪力墙上端的 8 榀（纵横各 4 榀）大跨度悬臂钢桁架，以及在悬臂桁架端部设置的封口桁架，该结构体系稳定可靠。为寻求建筑需求、结构安全与工程经济性之间的平衡，对桁架进行了不同方案的试算和分析，包括不同的桁架形式、不同的构件断面形式。经过比选，并与建筑专业协商后，最后选定的桁架形式如图 7.3-7 所示。

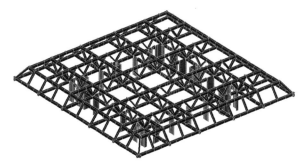

图 7.3-7　顶部桁架示意图

7.3.5 内外悬挂竖向体系

悬挂结构体系是实现建筑最外圈无落地柱效果，以及展厅和中庭的大跨度无柱式空间要求的选择，如图 7.3-8 所示。新馆在悬臂桁架端部的封口桁架上设置钢吊杆，悬挂 3～4 层展厅，如图 7.3-9 所示；对于中庭回廊，同样利用桁架上设置的钢吊杆作为竖向受力构件，如图 7.3-10 所示，这样既能满足建筑要求，又能平衡一部分悬臂桁架产生的弯矩。

吊杆是结构中的重要受力构件，它除承受竖向力外，还要承受外墙传来的风荷载以及地震作用，受力复杂。外围吊杆采用硬吊杆和软吊杆相结合的矩形截面吊杆，并内设预应力钢索。另外在结构的 4 个角部，悬臂桁架最外端和角点之间设置 $2mm \times 700mm \times 40mm$ 的斜拉板，既减少了 4 个角点的挠度，又减小了封口大桁架的尺寸。中庭回廊采用 $\phi299mm \times 16mm$ 和 $\phi219mm \times 16mm$ 的直缝焊接或无缝钢管。

外围吊杆中以钢吊杆为主受力杆件，借此来加强结构的侧向刚度，减小悬吊各楼层的振动；为确保悬挂体系的结构安全，吊杆内设置预应力钢索来作为悬挂体系的二次防线。同时，为避免因预应力过大使吊杆由拉杆转变为压杆，引起压杆失稳，吊杆中钢索的预应力度控制在 20% 左右。由于四角斜拉板的作用，角吊杆在 4 层以上以受压为主，因此角吊杆内不设置预应力。另外，外围吊杆中的预应力与桁架预应力相结合，作为回复力有效减小了整个结构的竖向地震作用。其中，在四角处，由于节点构造需要，角吊杆截面为 $684mm \times 684mm \times 35mm \times 35mm$，其余吊杆截面为 $600mm \times 600mm \times 30mm \times 30mm$。

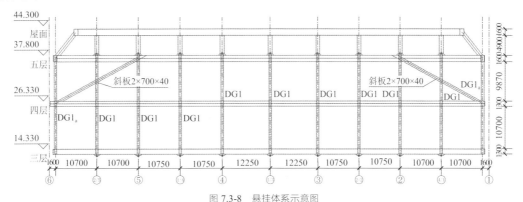

图 7.3-8 悬挂体系示意图

图 7.3-9 外围吊杆立面图及现场施工图

图 7.3-10 内部钢管吊杆

7.3.6 楼盖结构

在最初的方案设计中，下部各楼层的主框梁均采用箱形截面，刚接于剪力墙的箱形钢连梁上，后来考虑到顶部桁架具有足够的刚度，下部楼层是否刚接于剪力墙对整个结构的刚度贡献不大，反而由于悬挂体系的挠度较大而导致刚接处端弯矩过大，需要较大的截面尺寸和板件厚度。

调整思路后，结合试算结果，下部楼层的最终设计定为：和吊杆连接的边框架梁采用箱形截面（□

1000mm×650mm×25mm×12mm）；四个角部主框架梁采用箱形截面（三层Ⅱ1300mm×1000mm，其他Ⅱ1100mm×1000mm），刚接于剪力墙的箱形钢连梁上，以增加角部的抗扭刚度；刚接于剪力墙端的4m范围内加大板件厚度并浇筑混凝土与钢梁共同抗弯，有效减小梁截面，降低钢梁应力，控制用钢量；其余框架梁采用工字形截面铰接于剪力墙的箱形钢连梁及边框架梁上，且为了减小钢梁截面，采用三段式变截面〔跨中为Ⅰ1100mm×400mm×28mm×12mm，两边为Ⅰ（600mm～1100mm）×（320mm～400mm）×25mm×12mm〕。

为加强角部的抗扭刚度，四角次梁双向布置（截面为Ⅰ800mm×300mm×18mm×10mm）；其余次梁主要沿平行于主梁的方向单向布置，间距约3.0m，铰接于剪力墙的箱形钢连梁及边框架梁上，如图7.3-11所示。这样的布置能将竖向荷载尽量传至剪力墙，既减轻了桁架的负担，又控制了与次梁平行的主梁高度，同时加强了墙体和楼面之间的连接。为减小用钢量，次梁也采用三段式变截面〔跨中为Ⅰ1100mm×300mm×20mm×10mm，两边为Ⅰ（600mm～1100mm）×（250mm～300mm）×18mm×10mm〕。楼板厚度为110mm，局部削弱较大的部位楼板厚度加大至140mm。

经过上述布置优化后，悬挂部分楼层主次梁的高度均有效控制在1000mm以内，为建筑提供了较好的空间效果，且与传统的主梁刚接、次梁双向布置方案相比，节省用钢量近1500t，取得了良好的经济效益。

对于凸出于中庭的悬挂部分，由于建筑专业不允许在侧面有任何的斜向构件，采用密肋梁使各个板件自身形成稳定体系，外端利用中庭吊幕中的方吊杆200mm×120mm×16mm×16mm承担竖向力，另一端则延伸并固定于剪力墙连梁或楼面钢梁。同时为减小该部位在地震作用下的水平摆动，在板底增设斜交支撑，并在其延伸部位的钢梁底封钢板，加强抗扭刚度，如图7.3-12中的填充部分。

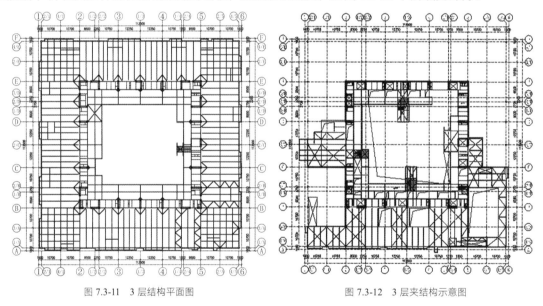

图7.3-11 3层结构平面图   图7.3-12 3层夹结构示意图

因为博物馆使用功能特殊，为避免楼层产生较大的振动，对展品造成影响，结构上在3～4层的建筑外墙中设置橡胶垫，有效减小地震作用及人行荷载产生的振动。另外，为减小悬挂结构的自重，在厚度较大的楼板内设置了轻质加气混凝土砌块。

7.3.7 立面钢架

建筑外墙凹凸有致，层次鲜明，空间感强烈。经常采用的幕墙设计体系在此难以运用，洞口位置、尺寸以及外凸内凹长度的变换均给设计工作带来挑战。经过研究，以不同形式的空间钢架（图7.3-13、图7.3-14）作为支撑骨架，将立面分割来适应建筑要求。

图 7.3-13　外立面钢构件空间示意图　　图 7.3-14　外立面凹凸部位钢构件现场施工图

对于凹凸尺寸较小的洞口，折梁即可实现建筑效果；由于在凹凸尺寸较大处，建筑的外墙采用玻璃材料，此时则不允许出现较大的结构构件，因此外墙体系在该位置断开，并通过在楼层钢梁上设置支撑或吊挂体系来满足建筑效果需要（图 7.3-14）。同时立面钢架与主体结构之间进行不协调运动，减小了结构的扭转变形。

7.3.8　结构分析

广东省博物馆新馆采用了在当时应用较少的大跨度悬挂结构体系，可供参考经验不足。因此尽可能准确地分析结构在地震作用下的反应，找到结构的薄弱部位至关重要。在设计阶段以及施工过程中采用多种有限元软件进行分析，主要包括 MIDAS/Gen、ETABS、PMSAP 以及 ABAQUS、ANSYS 等。整体计算采用 MIDAS/Gen、ETABS 以及 PMSAP 进行计算，动力弹塑性分析采用 ABAQUS 进行计算，桁架各工况整体分析和节点分析计算采用 ANSYS。所有的计算均在弹性楼板假定下进行，梁板单元按实际考虑，除 ABAQUS 在计算时模拟了实际剪力墙内部的钢管，其他程序在计算时未考虑钢管的作用（图 7.3-15）。

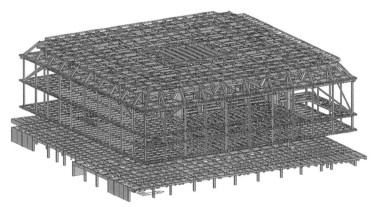

图 7.3-15　整体计算模型

1. 振型分解反应谱分析

通过振型分解反应谱法计算分析不同荷载作用下，结构的层间位移。结构在风荷载作用下的层间最大位移小于 1/9999，在地震作用下的层间最大位移为 1/1593。层间刚度比如表 7.3-1 所示，4 层、5 层的层间刚度比不满足规范规定要求，这是由于该工程结构体系与一般形式的结构体系不同，从受力来看荷载需先传至顶部悬臂桁架，再通过桁架传至混凝土剪力墙，重心较高；而作为悬挂体系的重要构件，顶部桁架的强度和刚度都很大，因此其下部楼层与本层之间的层间刚度比对工程来说意义不大。同时规范对结构总体指标的控制是以刚性楼板假定为前提的，而基于该工程的特殊性，所有的计算均在弹性楼板假定下进行，各项指标按规范参考执行。

楼层	MIDAS/Gen		ETABS		薄弱层调整系数
	X向	Y向	X向	Y向	
首层	3.66	3.55	3.86	3.75	1.0
2 层	1.69	1.69	2.13	2.15	1.0
3 层	1.19	1.18	1.25	1.08	1.0
3 层夹	2.22	2.56	2.24	2.64	1.0
4 层	0.71	0.83	0.78	0.96	1.15
5 层	1.0	1.0	1.0	1.0	1.0

注：表中数值为本层侧向刚度比相邻上一层侧向刚度的70%或其上相邻三层侧向刚度平均值的80%中的较大者。

在整体计算时，考虑顶层桁架内浇筑高强混凝土，并与浇筑混凝土之前的结果进行了对比，计算结果见表 7.3-2。从计算结果中可以看出，桁架内浇筑混凝土后刚度大幅提高，悬臂端挠度减少20%左右。

另外，在整体计算中，考虑温度、预应力等对结构的影响，分不同工况进行计算对比，利用 MIDAS 自带的温度模块及预应力模块进行计算。计算结果表明，室内外温差会导致结构有较大的变形，但其对应力的影响并不大；施加预应力后不仅能减小悬臂端的挠度，更能有效减小受拉杆件的拉应力，为桁架提供了较大的安全储备。

桁架内灌混凝土前后位移结果对比 表 7.3-2

工况	未灌混凝土/mm	灌混凝土/mm	有效减少位移
五层角桁架端点	215.241	177.076	17.73%
五层中桁架端点	150.962	120.798	19.98%

注：该位移取恒、活荷载组合下的竖向位移。

2. 弹性动力时程分析

在《广东省博物馆新馆工程场地地震安全性评价报告》提供的 3 个技术孔共 12 条地震波中选取 3 条：USER1、USER2 及 USER3，将其输入 MIDAS 进行弹性动力时程分析。每条地震波计算所得的结构底部剪力与振型分解反应谱法求得的底部剪力结果如表 7.3-3 所示。

反应谱法与时程分析法计算出的底部剪力 表 7.3-3

方向	反应谱分析	USER1	USER2	USER3
X向	2.253	1.819	1.803	1.796
Y向	2.524	2.218	2.078	1.959

3. 静力弹塑性（PUSH OVER）分析

在静力弹塑性计算中，塑性铰最先出现在剪力墙中并迅速发展，外围的斜拉板中也产生了少量塑性铰，而主桁架及楼面的主梁几乎没有出现塑性铰。这是由于工程采用了悬挂结构体系，且在 MIDAS 的计算中无法考虑内置钢管所起到的作用，因此在地震作用下，混凝土剪力墙承担了全部地震作用，是结构唯一的抗震防线。根据静力弹塑性计算结果，结构体系中的钢结构部分（包括桁架、吊杆及主次梁）具有足够的安全度，而依靠单纯的钢筋混凝土剪力墙无法满足结构大震不倒的要求，需进一步通过动力弹塑性分析及振动台试验来验证工程所采用的内置钢管混凝土剪力墙是否具有足够的延性以确保结构满足抗震性能的要求。

4. 动力弹塑性分析

采用 ABAQUS 对结构进行动力弹塑性分析，考虑双重非线性影响，并按照抗震规范要求，采用了三向地震波输入，加速度峰值为 7 度大震时的 220Gal，三个方向地震波峰值加速度比为 1：0.85：0.65，地震波持续时间为 20s，地震波的反应频谱与抗震规范所规定的 7 度场地反应谱吻合，满足要求。

动力弹塑性分析中采用精细的弹塑性模型，其中梁柱单元用塑性区模型，剪力墙则用带分布钢筋的壳元＋混凝土弹塑性损伤模型。本工程采用两类基本材料，即钢材和混凝土。由于地震作用是循环作用，所以应采用能精确模拟循环特点的本构模型。对钢材模型采用双线性动力硬化模型，考虑包辛格效应，在循环过程中，无刚度退化。混凝土材料模型则采用弹塑性损伤模型，可考虑材料拉压强度的差异，刚度强度的退化和拉压循环的刚度恢复。

图 7.3-16 和图 7.3-17 分别展示了结构悬臂端 A 点的水平和竖向位移时程曲线，如图 7.3-17、图 7.3-18 所示，最值分别为 0.10m 和 0.34m，说明悬臂桁架以竖向地震作用为主。同时图 7.3-19 还给出了悬臂端 A 点和其支承点（B 点）的竖向位移差时程，该位移差已扣除了由于结构自重引起的位移差 0.15m，即纯粹由地震作用引起的位移差。该位移差最大为 0.17m，说明钢桁架竖向地震的内力已超过重力作用下的内力，钢桁架的上下弦杆的内力均会出现拉压的变化。

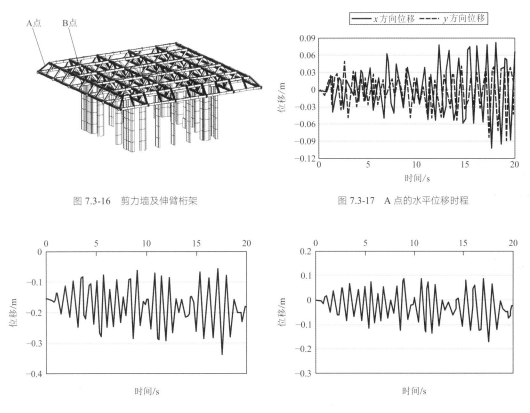

图 7.3-16　剪力墙及伸臂桁架　　　　　　图 7.3-17　A 点的水平位移时程

图 7.3-18　A 点的竖向位移时程　　　　　图 7.3-19　A、B 两点的竖向位移时程差

钢筋混凝土剪力墙的损伤以及内置钢管的塑性应变表明大部分的钢筋混凝土已有不同程度的损伤，但损伤系数大于 0.6 的单元仅限于局部范围，可认为钢筋混凝土墙是抗震结构的第一道防线；而内置钢管塑性范围和塑性应变数值都很小，满足大震不倒性能标准，当钢筋混凝土剪力墙出现塑性刚度退化以后，钢管混凝土承担剪力墙卸载转移的荷载，因此钢管混凝土可以认为是该结构的第二道抗震防线。

整个结构在经历了 20s 的地震时程作用后，仍然能同时承受结构本身的自重而竖立不倒，主要的受力构件包括钢桁架、钢筋混凝土剪力墙等均满足抗震性能要求，可以认为该结构的耗能设计是成功的。并通过分析可以得出以下结论：

（1）钢筋混凝土剪力墙内置钢管混凝土柱可以提高钢筋混凝土芯筒的延性，并且使结构抗震由一道防线变为两道防线。

（2）钢悬臂桁架在大震作用下，其构件的受力方向可能会改变，既有受拉工况，小有受压工况。

（3）要定量分析出芯筒悬臂结构的抗震性能，精确的弹塑性时程分析是必不可少的。

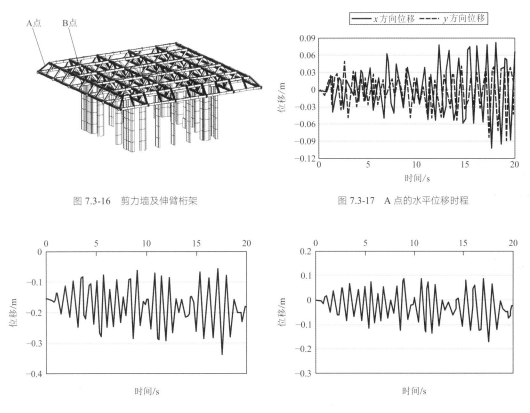

5．局部计算

为进一步获取顶部桁架的受力特性，确保结构安全，针对顶部桁架进行了局部分析和部分重要节点的 ANSYS 有限元分析。桁架整体计算中各杆件采用梁单元 beam188 进行模拟，荷载取自结构整体分析中不同工况下对桁架的作用。图 7.3-20 为顶部桁架组合作用（无预应力作用）下的应力图。

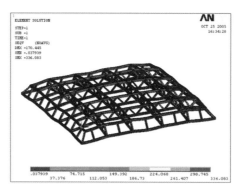

图 7.3-20　顶部桁架组合作用（无预应力作用）下的应力图

7.4　专项设计

7.4.1　内置钢管混凝土剪力墙

在地震作用下，该工程中的混凝土剪力墙承担了全部地震作用，是结构唯一的抗震防线；由于采用钢桁架对挑悬挂体系，荷载需通过顶部桁架传至混凝土剪力墙，因而重心偏高，即水平地震作用的合力位置偏高，倾覆力矩增大；此外，结构对竖向振动敏感，剪力墙会受到悬臂桁架的竖向动力影响。因此，与一般的结构体系相比，该结构体系的抗震性能较差。

工程采用如图 7.4-1、图 7.4-2 所示的内置钢管混凝土剪力墙，钢管柱直径为 650mm，壁厚按受力大小取 20～35mm，采用直缝焊接钢管，钢管内浇灌 C60 高强混凝土。根据 ABAQUS 动力弹塑性分析结果显示，在大震作用下，内置钢管混凝土柱大幅提高了钢筋混凝土的延性；同时承担钢筋混凝土剪力墙塑性刚度退化之后卸载转移的荷载。由此可以看出，当第一道防线破坏后，内置的钢管混凝土柱作为第二道防线参与抗震，是保证结构最后大震不倒的手段。整个结构在经历了 20s 的地震时程作用后，主要的受力构件包括钢桁架、钢筋混凝土剪力墙等均满足抗震性能要求。

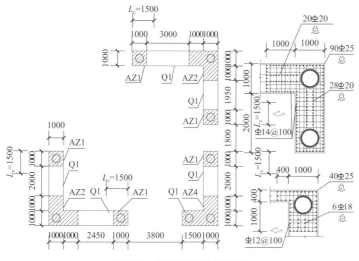

图 7.4-1　内置钢管混凝土墙大样

图 7.4-2　内置钢管柱施工现场

对于剪力墙之间设置的内外两道封闭连梁,经计算后发现,在连梁跨度较大时,其截面对结构整体刚度贡献较小,且由于工程本身高度不大,剪力墙的设置已能较好地满足抗侧要求,采用型钢混凝土梁反而会由于自重增大而加大用钢量。因此,除四个角筒中的连梁仍采用型钢混凝土梁外,其他部位的连梁均采用钢梁,其中外连梁为箱形钢梁,截面尺寸为 800mm×(1100~1300)mm;内连梁为工字钢,截面尺寸为 400mm×1000mm。另外,为了加强节点区刚度,在连梁与剪力墙连接节点区以外 500mm 的范围内仍浇筑混凝土。

此外,由于结构受力形式与传统结构不同,施工顺序与传统施工方法也会有所区别,主要分为两种情况。一是从 2 层楼面开始设置支撑,逐层进行上部各楼层的钢结构施工,待全部完工后拆除支撑。由于顶层桁架施工质量要求很高,此方案在施工桁架时需在其下设置满布脚手架,而不可采用吊篮进行安装。此时不仅需要大量的施工措施费和时间,而且由于钢结构重量较大,会给下部楼层带来极大的施工附加荷载,而需对下部楼层进行加强。

另外一种情况是根据结构体系的实际受力特点,先完成顶部主受力钢桁架的施工,再进行以下楼层钢梁的施工,顶部主桁架的自重约 8000t,这样又可分为两种施工方法:一是在 2 层楼面进行顶部钢桁架的拼装,待拼装完成后,对桁架进行整体提升,然后依次施工其下各楼层;二是在建筑物旁的空地上搭设组装平台进行单榀桁架的组装,然后顶伸滑移,随着组装的进展,完成整个钢桁架,同时在下部楼层设置支撑进行下部楼层的安装工作,待上述工作全部完成后,将吊杆与顶层桁架连接,然后切除下部支撑。

根据该工程选用内置钢管混凝土剪力墙,因此采用整体提升及拼装滑移的施工方案,如图 7.4-3 所示,在施工时,先完成剪力墙内全部钢管混凝土柱的施工,然后进行钢桁架及楼层钢梁的施工,最后进行混凝土剪力墙及楼板混凝土的施工。通过计算得知,钢管混凝土柱的强度足以承担全部钢结构的施工荷载,仅需在钢管柱之间设置少量的支撑保证其稳定即可。工程最终采用了单榀拼装、累计滑移的施工方案。

图 7.4-3 施工吊装方案

内置钢管混凝土剪力墙不仅提高了工程结构体系的延性,使结构抗震由一道防线变为两道防线;而且,通过合理地设置钢管柱的尺寸,保证了各主要受力构件的连续性,并且极大地方便了施工,为业主节省了大量的直接施工措施费及间接工期损失费,取得了良好的社会效益和经济效益。

7.4.2 矩形钢管混凝土桁架

悬臂桁架长 113.5m,高 8.0m,悬挑 23.5m,采用"K"形节点(图 7.4-4);封口桁架(图 7.4-5)从受力角度来说,也应做成"K"形节点,但建筑立面在此处采用开孔板材,斜杆存在会影响视觉效果,因此最终选择斜放的空间空腹桁架,其垂直高度为 8.0m,斜向高度约为 10m。桁架上、下弦及腹杆均采用焊接箱形截面。

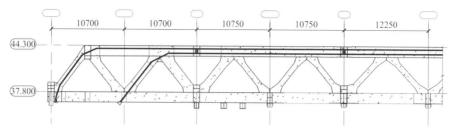

图 7.4-4　悬臂桁架剖面图

图 7.4-5　悬臂桁架现场施工图

　　为充分发挥材料性能，8 榀主悬臂桁架部分弦杆及腹杆内浇筑高强混凝土，浇筑混凝土的杆件主要分布在非悬臂部分的全部杆件和悬臂部分的受压杆件（包括受压腹杆和下弦杆）。非悬臂部分浇筑混凝土是为了加大该部分的刚度和自重，以平衡一部分悬臂荷载；通过计算比对，在悬臂部分的受压杆件浇筑混凝土之后，悬臂桁架的刚度提高，悬臂端挠度减小。此外也充分发挥钢管混凝土抗压强度高的性能，同时避免了全部浇筑混凝土而增加的结构负担。

　　在顶层单榀钢桁架的试验中，对灌浆及非灌浆的桁架进行了试验比较，非灌浆区及灌浆区端部的荷载-位移曲线如图 7.4-6、图 7.4-7 所示。可见，试件均具有较明显的弹塑性变形过程。

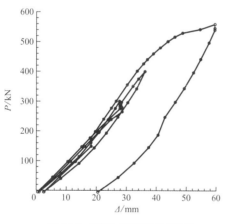

图 7.4-6　X向静力弹塑性分析结果

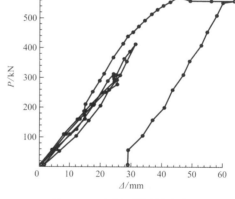

图 7.4-7　Y向静力弹塑性分析结果

　　表 7.4-1 为各荷载值对应的非灌浆区及灌浆区端部的挠度值。可见灌浆后结构的刚度可提高 20% 左右，且残余变形较小。另外，在试验中，灌浆后的桁架各杆件刚度得到调整，最大应变位置由下弦压杆转移至上弦拉杆，且极限应变较不灌浆的桁架要小。

荷载对应非灌浆区及灌浆区端点挠度值　　　　　　　　　　　　　　表 7.4-1

对应荷载	非灌浆区端点挠度/mm	灌浆区端点挠度/mm
设计值 276kN	29.16	24.13
卸载	0.54	0.54
400kN（约设计荷载的 1.5 倍）	37.95	30.87
卸载	2.13	1.5

对应荷载	非灌浆区端点挠度/mm	灌浆区端点挠度/mm
560kN（非灌浆区的极限承载力）	62.84	—
615kN（灌浆区的极限承载力）	—	62.95
卸载	21.35	28.52

7.4.3　钢结构预应力

由桁架悬臂端拉杆出发设置两束拉通的预应力索，吊杆内也设置了预应力钢索，形成大跨度悬挂对挑结构，预应力施加如图7.4-8所示。桁架内预应力不仅能控制悬臂端部的挠度，更重要的是它能有效减小受拉杆件的内力，为桁架提供了较大的安全储备。根据 MIDAS 计算结果，施加预应力以后，五层桁架悬臂端挠度减小 12.8%，桁架杆件的最大拉应力减小达 25.9%。吊杆内预应力钢索主要作为悬挂体系的二次防线。

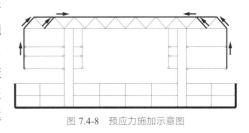

图 7.4-8　预应力施加示意图

桁架内预应力与吊杆内预应力共同作用，预应力作为回复力能有效减小结构在竖向地震作用下的响应。根据 MIDAS 时程分析计算结果，在考虑了预应力的回复作用以后，结构在竖向地震作用下的位移减小约 10%。虽然竖向地震作用下的变形对整个结构来说不大，仅为正常恒荷载＋活荷载作用下的 10% 左右，但由于地震作用属动荷载，所产生的变形无法通过预变形等手段加以控制，且其动力响应对结构来说影响较大，尤其是对大跨度、大悬臂结构，因此，运用适当的方法控制结构在地震作用下的变形，对结构安全具有重要意义。

7.4.4　利用构件自身的滞后振动设置的减振措施

楼层的较大振动会对展品产生不利影响，因此在 3～4 层的建筑外墙中设置如图 7.4-9 所示的橡胶垫。橡胶垫的存在使外墙滞后于主体结构的振动，且由于建筑外墙在悬挂结构的最外围，这种滞后振动能有效减小地震作用及人行荷载产生的振动。通过 MIDAS 时程分析计算发现结构在竖向地震作用下的位移值，在设置橡胶垫以后，减小了 15% 以上。

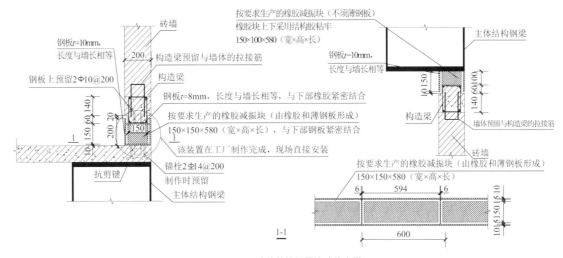

图 7.4-9　建筑外墙设置橡胶垫大样

另外，在桁架上弦非悬臂部分的建筑允许范围内，设置了减振"水箱"，箱内盛放对混凝土结构无腐蚀的硅油，与橡胶垫作用类似，当主体结构振动时，箱内液体会滞后于主体结构的振动，利用两者间的不协调运动减小结构的竖向振动。图 7.4-10 所示填充部位为减振"水箱"的设置范围，"水箱"内液体深度为 1.0m。

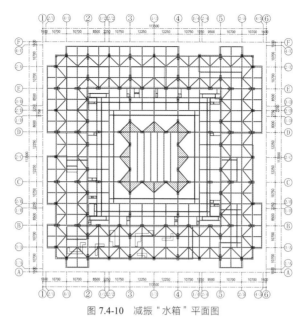

图 7.4-10　减振"水箱"平面图

7.4.5　内置加气混凝土砌块钢筋混凝土楼板

楼板在工程中采用钢筋桁架模板与混凝土的组合楼板。因为桁架上下弦楼盖体系中次梁布置较疏，间距达 5.0m 以上，且荷载较大，所以完全依靠钢筋桁架模板的无支长度来满足施工要求，需要设计较厚的楼板。为减小悬挂结构的自重，也为在满足施工要求的前提下尽可能减小板厚，以降低结构自重，可对厚度相对较大的楼板，在钢筋桁架的空隙内设置轻质加气混凝土砌块，并要求砌块重度不大于 8kN/m³。图 7.4-11 为轻质加气混凝土砌块的截面及设置方案，经过折算后，140mm 厚的板自重减小 9.5% 左右，170mm 厚的板自重减小 11.5% 左右。由于加气混凝土砌块设置于楼板正中间，不影响楼板的抗弯能力，而楼板的受剪承载力在扣除了加气混凝土砌块后仍满足受力要求。

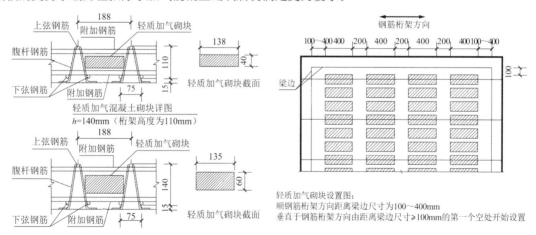

图 7.4-11　内置加气混凝土砌块钢筋混凝土楼板大样图

7.4.6　节点

1. 钢管柱节点

钢管柱节点包括楼层梁和钢管柱的连接节点以及桁架和钢管柱的连接节点。其中楼层梁又包括箱形梁与钢管柱的连接节点和工字钢梁与钢管柱的连接节点。

图 7.4-12 为楼层梁与钢管柱刚性连接大样，图中阴影示意钢柱加强加劲板，加强加劲板紧贴钢梁上下翼缘设置，填充部位示意填充混凝土的节点区域。可以看出，剪力墙体内，钢管柱之间采用较小截面的工字钢梁进行拉接，既避免了箱形梁贯穿整个剪力墙导致剪力墙所有纵向钢筋被割断的情况，尽可能地保证了剪力墙的连续性，又由于剪力墙具有足够强度，采用小截面梁可节省钢材；同时能与钢梁上下的小加劲肋一起约束钢管柱的变形。剪力墙内不可连续的纵向钢筋采用机械接头焊接于钢梁上下翼缘上，对应位置设置加劲肋，保证钢筋的受力连续，并且在加劲板上预留孔洞，确保混凝土能在节点区浇灌密实。铰接节点采用在钢管柱上伸出对应于梁腹板的加劲板，然后再进行高强度螺栓连接。节点区预留混凝土浇灌孔和气孔（图 7.4-13）。

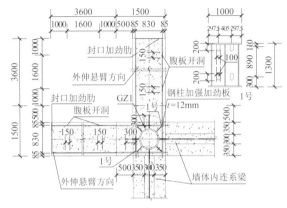

图 7.4-12　角部外伸悬臂段箱形梁与钢管柱刚性连接大样　　　图 7.4-13　箱形梁与钢管柱刚性连接施工现场

施工所采用的拼装滑移方案希望在滑移过程中桁架下翼缘没有任何障碍物。为了在确保结构安全的前提下方便施工，钢管柱仅伸至下弦的下翼缘处，桁架下弦杆件内在对准钢管柱的位置设置十字加劲板，并设置一些较短的纵向加劲肋以避免钢管柱节点处应力集中。

根据顶层单榀钢桁架试验结果及 ANSYS 节点分析的结果，悬臂桁架最外侧支撑点局部压力很大，该处钢管柱应力已远大于材料的允许应力，且应力衰减较快。为确保结构安全，在悬臂桁架最外侧的钢管柱上设置铸钢件与钢管柱共同作用，以承受该处过大的压力，并将荷载传至混凝土剪力墙。

图 7.4-14 为添加了铸钢件后的钢管柱与桁架连接大样，图中实心部分为混凝土灌浆及流浆孔，阴影部分为钢管柱和铸钢件，铸钢件与钢管柱之间采用角焊缝连接，在铸钢件下部增设加劲板与钢管柱连接，以确保铸钢件能将压力完全传至钢管柱及混凝土剪力墙。该方案较好地解决了悬臂处局部压力过大的问题，处理后的节点经 ANSYS 分析，各主要构件的应力均不超过允许值（图 7.4-15）。

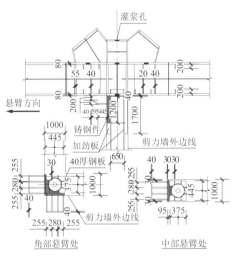

图 7.4-14　添加了铸钢件的钢管柱与桁架连接大样　　　图 7.4-15　铸钢件钢管柱与桁架连接施工现场

2. 吊杆节点

吊杆为下部楼层的承重传力构件，工程采用了硬吊杆加软吊杆的处理办法，即在钢吊杆内设置预应力索共同受力。作为主要的受力构件，吊杆应力比不宜过大，考虑到楼层梁跨度比较大，如果与吊杆之间采用刚接节点，会由于吊杆承受了较大的弯矩而需要增大截面，既影响建筑美观，又加大了用钢量。节点设计时，将外圈主框梁设计成连续梁，梁上下翼缘与吊杆之间留设一定的空隙，也就是使吊杆只传递剪力，不传递弯矩，节点区通过扩大翼缘保证梁抗弯截面连续，垂直于外圈框梁的其他框梁与外圈框梁连接（图7.4-16、图7.4-17）。为防止扭矩过大对节点的破坏，在节点区设置了纵横向加劲肋，试验结果表明，该节点具有良好的传递剪力作用，吊杆内弯矩很小。内吊杆节点也采用相同的处理方式进行设计。

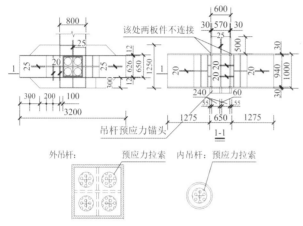

图 7.4-16 外围吊杆大样图　　　　　　　　图 7.4-17 外围吊杆施工现场

3. 桁架节点

桁架在工程中极为重要，其包含了多种材料和构件，如桁架弦杆、腹杆、桁架内预应力索、吊杆、吊杆内预应力索、钢管柱、主次梁等。此处主要介绍桁架与吊杆、桁架内预应力索的连接。

从图7.4-18、图7.4-19所示的节点大样可以看出，预应力索设置了圆套管，为预应力穿索提供了路径，同时沿着套管纵向设置了一道纵向加劲肋，有效地将索由于曲率而产生的分力传给节点区的板件。桁架下弦杆与吊杆的连接处，为便于索的锚固，将桁架的索弯至吊杆内侧，与吊杆中的拉索错开，由于两组不同索交错放置，这样就存在着一个剪力较大的区域，除了桁架下弦杆的腹板参与抗剪之外，在节点区内设十字板，既利于吊杆索的锚固，也加强了节点区域的抗剪能力。另外，节点区混凝土能有效地解决应力集中的问题。采用该节点设计之后，有效地减小了加劲肋的厚度和数量，这样同时减小了钢节点的重量，利于施工。

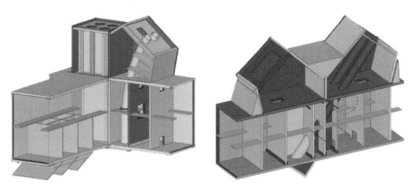

图 7.4-18 桁架下弦杆与吊杆连接节点和桁架下弦杆预应力节点

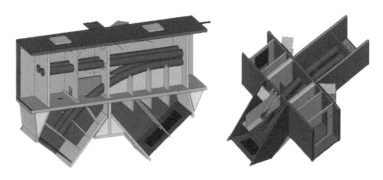

图 7.4-19 桁架上弦杆预应力节点

除进行节点试验以外，节点有限元分析必不可少，有限元分析中节点采用实体单元 solid45 进行模拟。从计算结果来看，除部分位置出现应力集中外（采用相应构造措施予以处理），节点设计安全合理，能较好地满足结构设计要求，应用效果较好（图 7.4-20、图 7.4-21）。

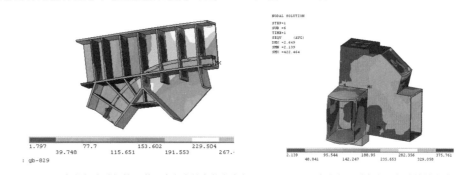

图 7.4-20 顶部桁架上弦杆第二道预应力索转向节点应力   图 7.4-21 顶部桁架下弦杆与吊杆连接节点应力

7.5 试验研究

7.5.1 试验目的

由于该类工程的资料相对较少，除了对于结构进行数值分析之外，还应对关键部位补充试验验证。其中包括风洞模型试验、模拟地震振动台试验、节点和顶层单榀钢桁架试验。前文已经指出作为位移抗侧构件的剪力墙只能作为第一道防线，而内置钢管是否能成为大震不倒的二道防线急需验证；新馆错落的建筑立面对于风荷载更为敏感，因此需要进行风洞试验获取准确的风压系数以供设计。

7.5.2 试验现象与结果

（1）风洞试验：根据广东省建筑科学研究院编制的《广东省博物馆新馆风洞动态测压试验报告》，结构整体风荷载体型系数约为 0.8～1.1，未超过规范规定的 1.3，立面上凹凸尺寸较大的部位以及结构转角处局部风压系数较大，最大达 5.0。风洞试验的结果除了运用到整体计算中，最主要的是为建筑造型复杂的幕墙提供准确的风压系数，在进行幕墙设计以及作为幕墙主支撑骨架的空间钢架的计算时，须考虑各个部位的实际风压系数。

（2）地震振动台试验：工程结构体型新颖，国内外可借鉴的经验较少，为此专门进行了地震振动台试验（图 7.5-1）。模拟地震振动台试验研究报告由广州大学工程抗震研究中心提供。按尺寸相似比 1/30 结构模型进行试验，试验采用了广东省地震勘测中心提供的 7 度小震、中震、大震场地波，天然波采用

El Centro 波和 Taft 波，输入方向为 *X*、*Y*、*Z* 向及水平双向、三向。结构模型在三种地震波作用下，经历了多遇地震、设防烈度地震、罕遇地震作用后，结构总体上满足设计目标的抗震设防要求：在 7 度小震作用下，结构无裂缝产生，结构反应处于弹性阶段；在 7 度中震作用下，结构仅在二层底及四层顶剪力墙某些部位出现水平横向裂缝；在 7 度大震作用下，二层底及四层顶剪力墙已出现的裂缝进一步发展，并出现了新的水平裂缝。而钢结构均未超过其屈服应变。与静力弹塑性（PUSH OVER）分析和动力弹塑性分析的结果吻合。

图 7.5-1　地震振动台试验

（3）单榀钢桁架试验：顶层钢桁架作为整个建筑物上部结构的承重体系，为确保顶层钢桁架的安全性，专门进行了顶层单榀钢桁架试验（图 7.5-2）。试验结果表明，桁架的极限承载力大于设计荷载的 2 倍，满足设计要求；当所加荷载达到设计荷载时，试件仍处于弹性变形阶段，且由于试件所用钢材为 Q235，实际结构满足安全度的要求。另外，灌浆后结构的刚度可提高 20% 左右，且残余变形较小；灌浆后的桁架各杆件刚度得到调整，最大应变位置由下弦压杆转移至上弦拉杆，极限应变较不灌浆的桁架要小。

图 7.5-2　单榀钢桁架试验

（4）节点试验：选取了几个重要节点，比如顶层桁架与剪力墙内钢管柱的连接节点，以及三层楼面主梁与吊杆的连接节点进行节点破坏试验。顶层桁架与剪力墙内钢管柱的连接节点为两个方向主桁架下弦杆、腹杆与钢管柱连接，相交杆件较多，试验结果表明，设计中对该节点的处理方案较好地解决了局部应力集中的问题，且各主要构件的应力均不超过允许值；三层楼面主梁与吊杆的连接节点为只传剪不传弯的节点形式，试验结果表明，该节点具有良好的传递剪力作用，吊杆内弯矩很小。由于多个节点具有一定的创新，节点试验能为节点的连接设计提供一定的依据。

7.6　结语

广东省博物馆新馆建筑造型新颖，改变了传统意义上的柱支撑梁的受力模式，只在靠近中间的部位设置了少量的落地剪力墙，在剪力墙顶部设置大跨度悬臂钢桁架，并由桁架下伸钢吊杆悬挂起中间各楼层。这样既满足了博物馆大空间的使用功能，又充分展示了其独特的建筑造型。

在新馆结构设计过程中，主要致力于解决如下问题：

（1）悬挂结构水平主受力构件的选型：在桁架、斜拉索（杆）巨型预应力梁等形式中选用桁架结构体系，其受力特点决定其是最经济以及最容易实现建筑外观需求的。结合实际结构布置，对桁架进行分区灌注混凝土和预应力索提高结构强度，并降低工程造价。

（2）悬挂结构水平主受力构件与主侧向受力构件的连接：广东省博物馆新馆采用建筑的竖向交通区域设置内置钢管混凝土剪力墙作为结构的抗侧力构件和竖向承重构件，四个角筒对称布置在中部 68.5m × 68.5m 范围的四个角部，角筒之间再均匀设置两片剪力墙，所有内置钢管混凝土剪力墙顶部伸至上部大桁架下弦杆处，将桁架下弦杆与剪力墙内置钢管采用刚接节点牢牢地连接在一起，这样组成一个具有足够刚度的抗侧力体系，且内置钢管也提高了剪力墙的抗震延性，确保大跨度悬挂结构的抗震性能。

（3）悬挂结构吊杆及下部楼盖的处理：广东省博物馆新馆采用内加预应力钢索的矩形截面钢吊杆，钢吊杆作为主受力吊杆，以加强结构的侧向刚度，及减小悬吊各楼层的振动；预应力钢索既是悬吊体系的二次防线，又与桁架预应力相结合作为回复力有效地降低了整个结构的竖向地震作用。

总的来说，悬挂结构不仅可以使建筑造型更加美观，而且由于底部空间减小，地面交通不受妨碍，可为城市节约用地，从结构上而言符合集中使用材料及张力构件、轴力构件多的原则，可充分发挥材料强度，体现了结构的先进性。通过合理的设计技术和施工方案，可以使原本昂贵的悬挂结构造价得到控制，能在保障安全的前提下，同时满足经济、实用、美观的要求。广东省博物馆新馆的建设是该结构体系一次成功的运用。

参考资料

[1] 李娜，王华林，向前，等. 广东省博物馆新馆结构计算分析[J]. 建筑结构，2007, 37(9).

[2] 王华林，李娜，陈星，等. 广东省博物馆新馆结构布置及优化[J]. 建筑结构，2007, 37(9).

[3] 陈星，王华林，李娜，等. 广东省博物馆新馆结构设计中的关键技术[J]. 建筑结构，2007, 37(9).

设计团队

广东省建筑设计研究院（结构方案＋初步设计＋施工图设计）

结 构 团 队：陈　星、罗赤宇、李　娜、王华林、朱耀洲、林朴强、向　前、蔡赞华、何建荣、徐　静

建筑方案团队：许李严建筑师事务所

结构顾问团队：奥雅纳工程咨询有限公司

执笔人：蔡凤维、罗赤宇

获奖信息

2009 年第六届全国优秀建筑结构设计二等奖

2011 年广东省优秀工程勘察设计工程一等奖

2009 年广东省科学技术奖三等奖

2011 年度全国优秀工程勘察设计奖一等奖

2011 年第三届广东省土木工程詹天佑故乡杯

2007 广东省工程勘察设计行业协会"广东省工程技术创新奖"

2011 年全国优秀工程勘察设计行业奖建筑工程一等奖

2013 年第六届中国建筑学会建筑创作优秀奖

2013 年中国文化建筑范例工程

2013 年中国威海国际建筑设计大奖赛银奖

2011 年广东省优秀工程智能化设计二等奖

第 8 章

中山博览中心

8.1 工程概况

8.1.1 建筑概况

中山博览中心（图 8.1-1）位于博爱路，北至紫马岭公园，南至大王岭公园。项目总建筑面积为
115556m²，建筑平面（包括室外公共广场构架）尺寸为 216m × 126m。

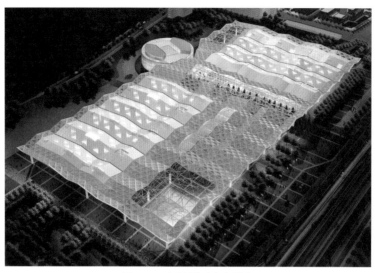

图 8.1-1 中山博览中心鸟瞰图

中山市博览中心总平面图见图 8.1-2，它由综合展厅、常年展厅、会议中心三个相对独立的单体建筑
和一个围合出的公共广场组成，覆盖在建筑和广场上方的屋面造型为多组倒锥形。其中综合展厅地上一
层，常年展厅二层，首层层高 7.5m，展厅局部为三层辅助及设备用房，均采用钢结构，建筑最高点高度
为 28m；会议中心地上三层，采用钢筋混凝土结构，建筑高度为 23.5m。地下室为一层，连通两个展厅
及会议中心，地下室底板地面标高为 −5.665m 和 −7.700m（局部−9.350m）。

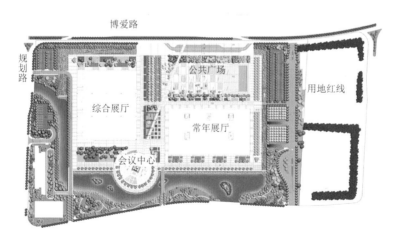

图 8.1-2 中山博览中心总平面图

8.1.2 设计条件

1. 主体控制参数

控制参数见表 8.1-1。

控制参数			表 8.1-1
结构设计基准期	50 年	建筑抗震设防分类	乙类
建筑结构安全等级	一级	抗震设防烈度	7 度
结构重要性系数	1.1	设计地震分组	第一组
地基基础设计等级	一级	场地类别	Ⅱ类
建筑结构阻尼比	钢结构：0.035/混凝土结构：0.05		

2．竖向荷载

根据规范和使用要求，主要活荷载取值见表 8.1-2。屋面活荷载考虑局部积水，并对漏斗形屋盖底部结构进行设计积水水位的结构验算。

主要活荷载取值	表 8.1-2
项目	荷载/（kN/m^2）
屋顶（封闭/上人的）（考虑 200mm 平均深度积水）	2.0
屋顶（开敞/半开敞/不上人的）	1.0
地面综合展厅（西面）	20.0
地面常年展厅（东面）	20.0
二层常年展厅（东面）	7.5
吊挂展品的预留	0.5
设施管道/走廊	3.0
机械走廊吊挂荷载	1.5

附加恒荷载取值见表 8.1-3，一般情况下考虑最大恒荷载。但对于以向上风为主的风工况，恒荷载是有利作用，需要考虑最小恒荷载，去掉不明确的悬挂、积水、积灰等荷载，重度变异较大的材料也宜取重度的下限。

附加恒荷载取值	表 8.1-3
项目	采用荷载/（kN/m^2）
隔墙	
内部隔墙	1.0
水泥砖隔墙	4.0
填料	
展厅 300mm 填料	7.5
商店/大厅：75mm 面层	1.75
外部广场：200mm 填料及平整	5.00
平屋顶：100mm 平均填料（向排水处找坡）	2.50
吊顶	
商店，大厅，前厅	1.00
展厅	0.50
屋顶及防水物料	
天棚/百叶	0.5
天窗/透光范围	0.75
展厅楼顶系统	0.50

3．风荷载

钢屋盖桁架强度验算按 100 年重现期的风压值计算，基本风压 0.77kN/m²；其他构件强度验算及结构位移计算按 50 年重现期的风压值计算，基本风压 0.7kN/m²；地面粗糙度类别 B 类。本工程结构体型复杂，对风荷载比较敏感，规范并没有对此类结构形式给出体型系数和风振系数，故委托广东省建筑科学研究院进行刚性模型测压风洞试验及屋盖风振分析。

整体模型风洞试验见图 8.1-3，采用工程塑料制成刚性模型，模型比例为 1：300。试验测试了封闭建筑物的外压、屋檐及百叶上下表面的压力分布，封闭建筑物的内压局部体型系数根据《建筑结构荷载规范》GB 50009—2001 按外表面风压的正负情况取 −0.20 或 0.20。

风洞试验是从 0°风向角开始每 15°一个风向，共 24 个角度。根据试验的结果分析，控制风向角为0°，90°（与 270°对称），180°，225°，分别作为计算风工况。

由于整体模型比例较小，无法完全模拟百叶构造的真实情况，故进行了两组百叶局部放大模型对比试验，包括按照整体模型制作方式制作的 1：30 百叶局部放大模型（简称放大模型Ⅰ），按照实际设计图纸制作的 1：30 百叶局部放大模型（简称放大模型Ⅱ）（图 8.1-4）。

图 8.1-3　整体模型风洞试验

图 8.1-4　局部放大模型Ⅱ风洞试验

通过分别对两组局部放大模型进行动态风压测试，并对两者各测点的平均数据进行统计和归纳，得到各个风向下的平均值。将放大模型Ⅱ的平均值与放大模型Ⅰ的平均值相比，得到 24 个风向角的比较系数（表 8.1-4）。但由于局部放大模型试验无法与整体模型试验的任何实际情况对应，因此比较系数只能作为整体模型数据的参考。通过对比较系数（放大模型Ⅱ的平均值与放大模型Ⅰ的平均值之比）的分析，可知整体试验模型百叶部分数据总体而言是保守的、偏于安全的。同时，通过对整体试验模型数据的分析，可以看出整体模型屋盖百叶区域的风压系数普遍不是很大。

放大模型试验的风荷载比较系数   表 8.1-4

角度	0°	15°	30°	45°	60°	75°	90°	105°	120°	135°	150°	165°
比较系数	0.89	0.84	0.75	0.82	0.73	0.64	0.72	0.69	0.74	0.82	0.69	0.66
角度	180°	195°	210°	225°	240°	255°	270°	285°	300°	315°	330°	345°
比较系数	0.71	0.73	0.74	0.90	0.85	0.78	0.83	0.73	0.82	0.79	0.85	0.80

风振分析采用时程分析有限元法，直接采用从刚性模型风洞试验中得到的风荷载时程曲线作用在相应的有限元节点上进行求解。与高层建筑相比，大跨度钢屋盖的振型和自振频率分布较为复杂，高阶振型对风振的影响不能忽略，参振模态的选取是个难以解决的问题。采用时域法求解，相对于频域法能较好地考虑高振型的影响。

为了便于设计，将钢屋盖的风振系数进行分区（图 8.1-5）。钢屋盖的风振系数（表 8.1-5、表 8.1-6）为 1.52～3.94，平均 2.73，悬挑部位的风振系数较大。

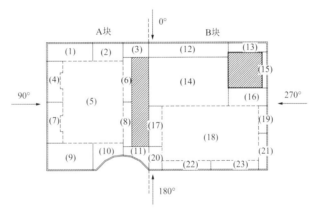

图 8.1-5　屋盖风振系数分区图

A 块风振系数   表 8.1-5

风向角	45°	90°	165°	255°	330°	345°
1	2.02	3.58	3.29	3.67	1.68	1.64
2	1.91	3.03	2.78	3.71	1.52	1.53
3	2.98	3.58	2.90	3.59	1.64	1.71
4	1.76	1.66	3.54	3.07	3.23	3.25
5	3.68	3.80	3.04	3.35	2.63	2.53
6	3.76	3.11	3.45	3.49	1.84	2.80
7	2.04	1.73	3.27	3.07	3.36	3.01
8	3.49	3.37	3.90	3.55	2.66	2.97
9	3.91	3.44	1.91	3.24	3.57	3.65
10	3.06	3.46	1.80	3.89	3.82	3.06
11	3.55	3.06	1.96	3.49	3.12	3.45

风向角	0°	90°	165°	210°	285°	345°
12	2.07	3.66	2.77	2.99	3.88	2.04
13	2.26	3.62	2.64	3.27	2.90	2.31
14	1.82	3.57	3.18	3.07	3.24	1.92
15	3.49	2.60	3.50	2.56	1.82	3.42
16	1.67	3.73	2.96	3.75	2.44	1.72
17	3.59	3.29	3.24	3.33	3.50	3.30
18	2.42	3.90	2.30	2.81	3.36	2.48
19	3.43	2.31	3.52	2.26	1.63	3.85
20	3.00	3.91	2.56	2.87	3.80	3.46
21	3.94	2.18	3.87	2.29	1.96	3.05
22	2.71	3.90	1.54	1.66	3.59	2.94
23	2.83	3.25	1.54	1.62	3.18	2.73

4. 温度作用

温度作用取±35℃（温差），温度作用组合考虑：活荷载＋温度、活荷载＋风＋温度、地震＋温度三种组合。温度作用的组合系数取值当时尚无规范可循，故按照以往经验。

8.2 建筑特点

8.2.1 概述

项目的用地面积约为 262974m²，它是由三个相对独立的单体建筑和一个围合出的公共广场，以及覆盖在建筑和广场上方的波澜起伏的透空金属物件构成。其中展览大厅地上部分的总建筑面积为 29000m²，会议中心地上部分的建筑总面积为 12000m²，常年固定展厅的地上部分的建筑总面积为 45000m²，金属屋架的面积约为 100000m²。地下室为 1 层，总建筑面积约为 35500m²。

8.2.2 展览大厅

首层包括主入口大厅、前厅、一个净高为 12.5m 的大型展厅、辅助设施和一个可容纳 21 辆卡车的装卸平台。二层为局部楼层，包括会议室和大楼服务设施空间。三层也是局部楼层，主要为大楼服务设施空间。

8.2.3 会议中心

首层有主要入口大厅、前厅、可容纳 700 座席的多功能厅，会议室和相关的辅助空间及带有园林绿化的室内庭园。同声传译室、更衣室和办公室布置在夹层。二层有独立的前厅、可容纳 300 座席的多功能厅、会议室和相关的辅助空间。此外，还设有与相邻展览大厅和常年固定展厅二层相连接的室内人行天桥。三层包括供大楼服务使用的设备间和部分屋顶。

8.2.4　常年固定展厅

首层设有主要入口大厅、前厅、顶棚净高为 4.3m 的主要常年固定展览空间和辅助设施。二层设有独立的前厅、净高为 5.0m 的主要常年固定展览空间和辅助设施。三层局部设有大楼服务设备空间。

8.2.5　公共广场

本项目除了建筑、水景、道路和园林绿化之外，位于场地的西北侧，紧邻博爱路一侧围合出的上部设有金属透空屋架的公共广场是本设计的重点。它不仅满足了大型公众庆典集会、娱乐和室外展览的使用需求，而且为中山市民提供了一个崭新的适应当地自然环境特色的集休闲、娱乐、集会为一体的公共活动空间。

8.2.6　设计创新

1．造型独特的波折形屋面设计

屋面为双向波折形，巨大的波折形建筑外观形成了"波澜壮阔"的气势。屋面主要采用檩条支承的铝镁锰合金金属屋面板体系，部分为透明采光窗，部分为室外百叶屋顶。

设计师巧妙地利用金属屋面板、金属百叶和半透明采光天窗组成几何形图案。从结构压型金属板的上部开始，金属屋顶系统包括保温、2 层水泥板固定在金属槽钢上支撑可调节高度的金属件，PVC 屋顶防水膜，带压条接缝的铝合金屋顶板。在屋顶上部突出的支撑上安装采用保温半透明平顶天窗。半透明板由坚硬玻璃纤维板之间设置玻璃纤维保温材料构造组成。

2．大型百叶屋面

室外广场部分的屋面采用铝合金百叶，带有 PVDF 喷涂饰面。百叶的尺寸较大，长度约为 5m，宽度为 1.1m。国外的类似产品一般为铸铝结构，但自重很大，达到 $3kN/m^2$ 左右，采用空心铝合金百叶自重仅有它的 1/2 左右，大大减小了屋盖荷载。

3．玻璃幕墙体系

玻璃幕墙采用隐框幕墙体系，以楼层梁作为固定铰支座，幕墙龙骨顶部设置矩形桁架，矩形桁架与屋盖钢结构通过竖向长圆孔连接，幕墙只传递水平力给屋盖钢结构，而不传递竖向力。整个幕墙系统包括玻璃幕墙、金属幕墙、防水通风百叶、复合铝板幕墙、屋面采光系统和遮阳百叶。

8.3　体系与分析

8.3.1　方案对比

常年展厅、综合展厅和室外广场结构是由钢结构主桁架、次桁架、柱和中间框架体系组成。两幢大楼的外围护体系是玻璃幕墙。在此外围护体系内，钢筋混凝土结构体系将用于设备房间以及所有的地下结构。

常年展厅、综合展厅和室外广场屋盖采用大跨度钢桁架结构，采用高低相间相距 18m 的变截面圆管相贯焊接钢桁架作为主桁架，桁架最大跨度为 90m。由次桁架及屋面水平支撑保证屋盖的整体稳定。

常年展厅二层大厅部分楼层采用双向正交布置的 18m 跨钢桁架支承，采用钢-混凝土组合楼板，通

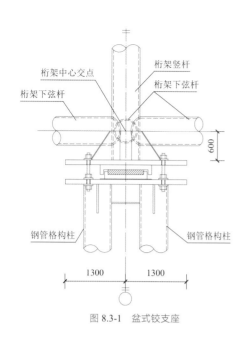

图 8.3-1　盆式铰支座

图中标注：桁架中心交点、桁架竖杆、桁架下弦杆、钢管格构柱、钢管格构柱、600、1300、1300

过跨度约为 3m 的钢楼承板支承在钢次梁上，钢柱为十字形钢柱。

两展厅的设备房间采用钢筋混凝土框架结构，钢结构通过埋件与混凝土结构连接。

会议中心采用钢筋混凝土框架-剪力墙结构。宴会厅部分的楼盖和屋盖采用钢网架结构。

钢屋盖支座均采用盆式橡胶支座（图 8.3-1）与支承结构相连接，支座形式有固定铰接、单向滑动铰接、双向滑动铰接三种，总数为 74 个。滑动方向布置需要综合考虑结构的稳定性、温度作用大小、构件效能等因素，需要进行多轮计算比较，最终选择的平面布置见图 8.3-2。为了减小温度作用，固定铰支座尽量位于屋盖的中部，可双向滑动铰支座则尽量布置于角部，边缘部分可布置适当的可单向滑动铰支座。

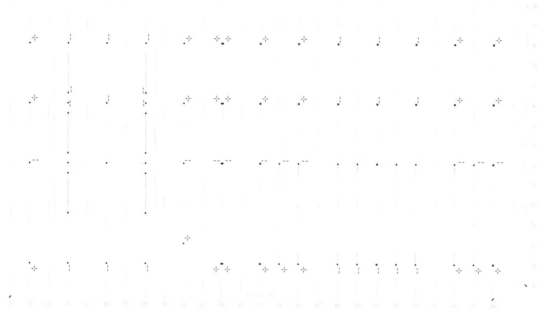

图 8.3-2　钢屋盖支座滑动方向布置

支座的最大竖向承载力设计值为 16000kN（允许承载力为 17600kN，承载力极限值为 26400kN）；最大水平向承载力设计值为 8000kN（允许承载力为 8800kN，承载力极限值为 13200kN），支座高度为 300mm。支座橡胶更换方案采用屋架整体顶升法。盆式橡胶支座的优点是造价低、结构高度小。

8.3.2　结构布置

1. 基础设计

本项目场地土层分布大致为：人工填土（Q^{ml}），松散；层厚 0.2～6.0m；植物层（Q^{pd}），松散，层厚 0.2～1.0m；粉质黏土（Q_4^{dl+pl}），可塑～硬塑，层厚 0.2～3.7m；黏土（Q_4^{al+pl}），可塑～硬塑，层厚 0.5～8.0m；粗砂（Q_4^{al+pl}），松散～稍密，层厚 0.5～9.8m；黏土（Q_3^{al+pl}），可塑～硬塑，层厚 0.7～10.5m；含卵石砾砂（Q_3^{al+pl}），中密～密实，层厚 0.7～10.5m；砾质粉砂黏土（Q^d），可塑～硬塑，层厚 0.5～19.5m；粉质黏土（Q^{el}），可塑～硬塑，层厚 1.5～3.7m；全风化粗粒花岗岩，层厚 0.7～7.5m；强风化粗粒花岗

岩，层厚 0.3～12.2m（或全风化细粒花岗岩，层厚 1.5～7.2m；强风化细粒花岗岩，层厚 3.6～7.2m）。

基础采用φ400mm×95mm 和φ600mm×130mmPHC 锤击及静压预应力混凝土管桩基础，净桩长 13～30m，单桩竖向承载力特征值分别为1250kN 和2450kN，单桩竖向抗拔承载力特征值分别为400kN 和600kN。

2．楼层结构设计

主体结构采用钢框架（部分混凝土框架）楼层、钢桁架屋盖结构体系，楼层（图 8.3-3）以钢框架为主，除此以外，为了增强结构的抗侧刚度，在常年展厅轴⑧～⑭和轴㉔～Ⓖ利用楼梯间及设备房各设置了 4 组钢筋混凝土框架，而在综合展厅轴⑬～④和轴⑧～⑱利用楼梯间及设备房各设置了两列通长的钢筋混凝土框架。

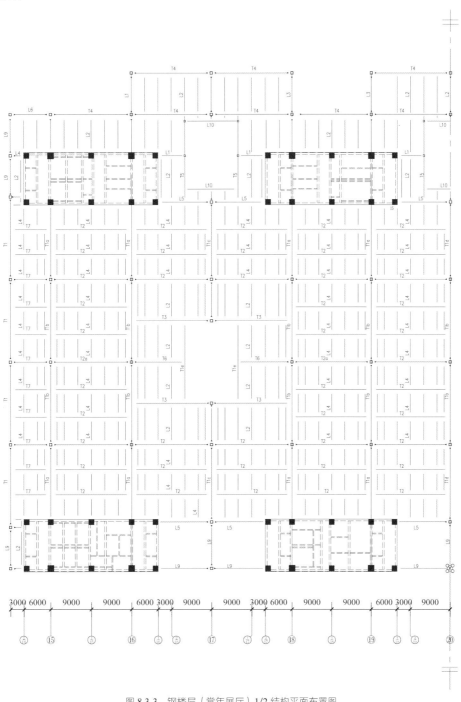

图 8.3-3　钢楼层（常年展厅）1/2 结构平面布置图

说明：图中标注以前缀 T 表示桁架，L 表示次梁展厅内的楼层钢柱（图8.3-4）采用两向刚度、强度都较好的十字型钢柱，柱距18m×18m，并用C20混凝土和构造钢筋外包，既解决了防火问题，又提供了良好的建筑外观。

主桁架的跨度为18m，采用2.45m高的平行弦钢桁架，与楼层刚柱采用刚性连接（图8.3-5）。主桁架边跨与混凝土柱连接处去掉了相连节间的下弦杆，仅保留上弦杆，以避免主桁架对混凝土柱产生过大的跨中弯矩，与上弦刚性连接的混凝土框架梁也做成劲性混凝土梁，使内力传递直接、可靠。

次桁架高度与主桁架同高，跨度18m，间距6m左右。次梁主要采用HN400mm×200mm×8mm×13mm热轧H型钢，梁跨6m左右。楼板采用钢-混凝土组合楼板，楼承板为闭口型压型钢板。

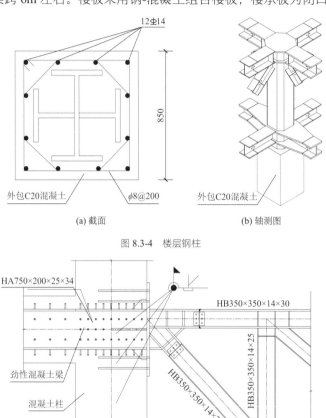

外包C20混凝土　　φ8@200

(a) 截面　　　　　　　　(b) 轴测图

图 8.3-4　楼层钢柱

钢材：Q345B

图 8.3-5　楼层主桁架与混凝土柱的连接

3. 屋盖结构设计

屋盖采用双向平面桁架结构体系（图8.3-6），在轴⑫设置一道结构缝，将450m长的屋盖分为189m（C区）和261m（A区）两段。屋盖主桁架（图8.3-7）是带两端悬臂的三跨连续平面圆管桁架，跨度为90m＋54m＋54m，悬臂长度为9m，下弦杆为直线，上弦杆为折线，桁架截面高度为4～10m，曲折处的高差为1～3.5m。上弦曲折的形状主要取决于屋面的建筑造型，总体形状基本符合多跨连续梁的受力特点，但为了建筑造型的需要也进行了局部加高。屋盖主桁架每隔18m设置一榀，而柱间距为36m，故每隔一榀，一榀支承在组合钢柱或混凝土框架筒体上，一榀支承在纵向托架上。

纵向屋盖桁架由次桁架和托架组成（图8.3-8），桁架高6m，间距9m，采用多跨波折形平行弦桁架，跨度18m，折线高差4.5m。支承在屋盖主桁架上。次桁架的弦杆直径为φ457mm，托架的弦杆直径为φ508～610mm。

为了节约钢材和满足建筑观感与设备房间净空要求，在A区每隔一榀屋盖次桁架，桁架下弦被抽掉；在C区设备房上空的部分次桁架下弦杆被抽掉。桁架下弦杆抽掉后，桁架下支座的水平位移会导致上弦杆 K 形节点处产生附加弯矩,计算上要加以考虑,适当增加上弦杆的截面尺寸,并对节点加强(图 8.3-9)。

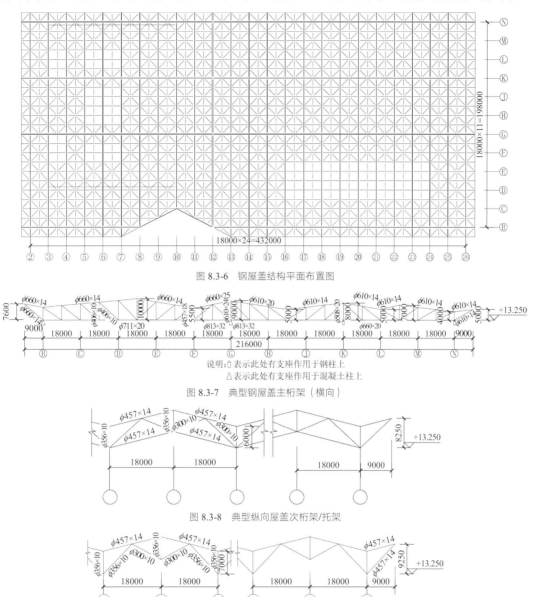

图 8.3-6　钢屋盖结构平面布置图

说明:□表示此处有支座作用于钢柱上
△表示此处有支座作用于混凝土柱上

图 8.3-7　典型钢屋盖主桁架(横向)

图 8.3-8　典型纵向屋盖次桁架/托架

图 8.3-9　典型纵向屋盖次桁架(抽掉下弦杆)

屋盖钢桁架通过盆式橡胶支座(固定、单向滑动、双向滑动)支承在柱子上。在屋盖上弦设置了满布的水平支撑,以增强屋盖结构体系的整体性和稳定性,只是在轴⑯~㉔×轴Ⓓ~Ⓔ及轴⑤~⑦×轴Ⓖ~Ⓚ由于建筑要求对水平支撑进行了局部抽空。斜支撑采用 $\phi(406\sim457)$ mm × $(6\sim14)$ mm 钢管,系杆采用 $\phi(457\sim610)$ mm × $(14\sim20)$ mm 钢管,钢材牌号均为 Q345B。

展厅屋面采用檩条支承的铝镁锰合金金属屋面板体系,檩条采用 H350mm × 250mm(或 200mm)× (6~9)mm × (8~14)mm 焊接 H 型钢,跨度约 9m,间距 3m 左右。面板为双层板体系,底层是高度为 130mm 的 W550 高波压型钢板结构板,其上是高度为 95mm 的镀锌薄壁钢衬檩,顶层是 0.9mm 厚 65mm/400mm 直立锁边氟碳涂层铝镁锰合金屋面压型钢板,双层板之间夹有 70mm 厚挤塑型聚苯乙烯保温隔热板。

展厅屋面荷载的传力路径是:金属屋面板→密布钢衬檩→结构压型钢板→檩条→屋盖次桁架→屋盖主桁架→结构柱。檩条间每跨檩条设置两道双层 ϕ14mm 拉条(靠近檩条上下翼缘各一层),沿屋盖纵向的每个波折面的顶边和底边檩条设置 ϕ14mm 圆钢 +ϕ38mm × 2.5mm 圆管刚性拉杆和 ϕ16mm 斜拉条,以保证檩条体系的整体性和稳定性。

8.3.3 结构分析

1. 概述

结构缝将结构分成常年展厅（A区）、会议中心（B区，钢筋混凝土结构）、综合展厅（C区）三个受力单元。每个受力单元将地下室、楼层、钢屋架整体建模计算，钢与混凝土两种材料的构件同时参与受力计算。地下室外墙、楼板采用板单元（Discrete Kirchhoff-Mindlin Element），考虑平面张拉、平面压缩、平面剪切及平板沿厚度方向的弯曲、剪切。梁、柱采用 Timoshenko 梁单元，组合大钢柱采用柱肢单元模型。钢屋盖铰支座采用多向弹簧模拟，可动方向的弹簧刚度设为零，固定方向的弹簧刚度设为较大值。计算程序采用 MIDAS/Gen V7，验证程序采用 ETABS V9。

2. 模型

常年展厅计算模型如图 8.3-10 所示，采用屋盖与相关楼层结构的整体模型。

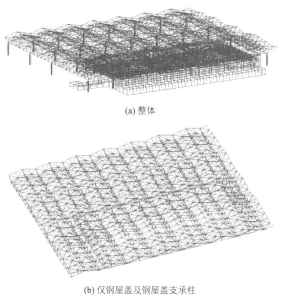

(a) 整体

(b) 仅钢屋盖及钢屋盖支承柱

图 8.3-10　常年展厅计算模型轴测图

3. 主要计算结果

常年展厅前三阶振型如图 8.3-11～图 8.3-13 所示。第一振型以扭转为主，这主要是由于楼层结构偏置造成，针对此情况有以下措施：①楼层（除楼梯间部分外）和屋盖均采用钢结构，主要楼层柱和支承钢屋盖的大柱均采用钢柱；②混凝土框架结构（仅楼梯间部分）的框架柱轴压比适当降低；③钢桁架与楼梯间混凝土框架柱连接部位设置局部钢骨。第二振型为平动振型；第三振型为平面错动振型。

图 8.3-11　常年展厅第一振型

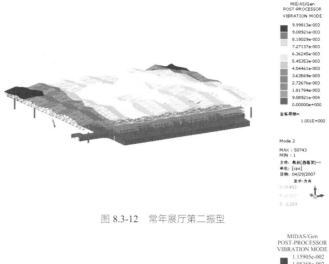

图 8.3-12　常年展厅第二振型

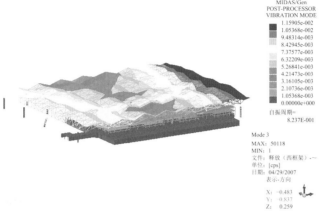

图 8.3-13　常年展厅第三振型

结构整体计算主要结果如表 8.3-1 所示。

结构整体计算主要结果　　　　　　　　　　　　表 8.3-1

展厅类型		常年展厅		综合展厅	
方向		X向	Y向	X向	Y向
自振周期/s	T_1	1.2		0.85	
	T_2	0.94		0.70	
	T_3	0.74		0.68	
	T_4	0.56		0.48	
	T_5	0.54		0.42	
	T_6	0.45		0.41	
地震作用下位移	顶点	1/2083	1/1524	1/2717	1/2232
	层间	1/2500	1/1351	1/2500	1/2777
风作用下位移	顶点	1/7353	1/4464	1/5435	1/4464
	层间	1/5555	1/7000	1/5555	1/7000

典型主桁架的位移如图 8.3-14 所示，典型主桁架的杆件轴力如图 8.3-15 所示。

图 8.3-14　$D+L$⑰轴主桁架竖向位移（m）

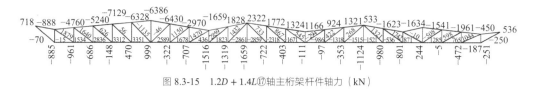

图 8.3-15 1.2D + 1.4L⑰轴主桁架杆件轴力（kN）

钢屋盖线性屈曲分析的前三阶荷载系数（相对于恒＋活荷载标准值）分别为 20.15，21.79，22.52。几何非线性分析的稳定安全系数（相对于恒＋活荷载标准值）≥7。

8.4 专项设计

8.4.1 双层底板抗浮地下室设计

场地地下水位较高。勘察期间，测得稳定水位埋深 0～3.70m，设计水位相对标高取 −1.000m。地下室底板地面标高为 −5.665m 和 −7.700m（局部 −9.350m），底板承受的水浮力标准值达到 46.65～67.00kN/m²，由于上部结构较轻，浮力作用对地下结构有较大的影响，在部分柱位浮力无法用上部荷载抵消，采取的抗浮措施是：①抗拔 PHC 桩；②双层底板（图 8.4-1）、0.8～1.8m 厚粗中砂回填，回填层兼作设备管道埋设层，抗浮底板厚 450mm，750mm，地坪板厚 200mm。

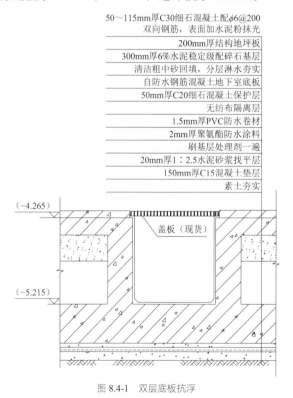

图 8.4-1 双层底板抗浮

8.4.2 双向曲折形屋面"漏斗"形结构设计

双向曲折形屋面造型会形成许多较大的"漏斗"，给结构设计带来了困难，最大的"漏斗"平面尺寸大致为 36m×36m，高约 3.5m，中山市一日最大降雨量为 306.3mm，降雨时大面积的雨水将向底部汇集，若雨水来不及排走，主体结构很快就无法承受这么大的超载。采取了以下措施：

（1）增加排水管的数量和管径；

（2）设置溢流管，控制最高水位；

（3）"漏斗面"底部檩条加密，适当提高积水荷载下的结构承载力。

8.4.3 大型轻质铝合金百叶设计

室外广场部分的屋面采用铝合金百叶（图8.4-2），百叶的尺寸较大，长度约为5m，宽度为1.1m。采用空心钢管作骨架，铝单板作蒙皮，主骨架是一根沿长向的圆钢管，铝单板用自攻螺钉固定在百叶骨架上。国外的类似产品一般为铸铝结构，但很重，达到 3kN/m² 左右，采用空心铝合金百叶自重仅有它的1/2 左右，大大减小了屋盖荷载。每个区格的百叶用三角形槽钢框组合成安装单元，通过三边连接耳板用销轴固定在钢屋架受力圆管上。

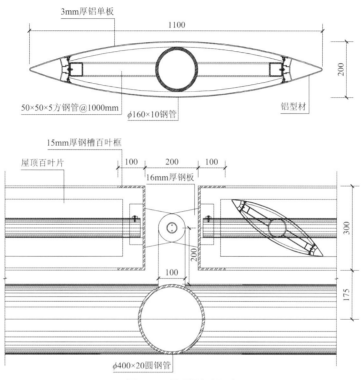

图 8.4-2 屋顶铝合金百叶

8.4.4 鼓形圆管相贯焊接节点

屋盖节点由主桁架弦杆（mc）、主桁架斜腹杆（ms）、主桁架直腹杆（mv）、托架弦杆（gc）、托架斜腹杆（gs）、托架直腹杆（gv）、次桁架弦杆（sc）、次桁架斜腹杆（ss）、次桁架直腹杆（sv）、水平支撑（br）、水平系杆（nk）相交而成。主要节点相交形式有 10 种（表8.4-1），一个节点最多支管为 8 条。

圆管节点尽量采用相贯焊接节点，支管较多或支管直径较大时，采用鼓形节点（图8.4-3），扩大相贯面，以保证相贯节点受力可靠。上弦水平支撑、系杆、部分次桁架腹杆受力较小，与主管连接一般采用节点板焊接节点。鼓形节点能很好地解决多管相贯的问题，与铸钢节点相比，具有造价低、质量好、制作时间短等优点；与分离式节点相比，大大减少了连接焊缝的数量，安装质量容易保证。

屋盖节点形式   表 8.4-1

序号	相交方式	节点形式	说明
1	1mc + 1ms + 1mv + 2sc + 4br	鼓形节点，br 节点板，其余相贯	8 条支管交于主桁架上弦杆
2	1mc + 1ms + 1mv + 2sc	直接相贯	4 条支管交于主桁架上弦杆

序号	相交方式	节点形式	说明
3	1mc + 1mv + 2sc	直接相贯	3 条支管交于主桁架上弦杆
4	1gc + 1gv + 2mc + 2ms	鼓形节点，相贯	5 条支管交于托架上弦杆
5	1sc + 2ss + 2nk	ss 相贯加强，nk 节点板	4 条支管交于次桁架上弦杆
6	1mc + 2ms + 1mv + 2ss	鼓形节点，br 节点板，其余相贯	5 条支管交于主桁架下弦杆
7	1mc + 1ms + 1mv + 2sc + 2ss	鼓形节点，相贯	6 条支管交于主桁架下弦杆
8	1mc + 1ms + 1mv + 2ss	（鼓形节点），ss 节点板，其余相贯	4 条支管交于主桁架下弦杆
9	1gc + 2gs + 1gv + 2mc	鼓形节点，相贯	5 条支管交于托下弦杆
10	1mc + 1ms + 1mv + 2sc + 4ss		8 条支管交于主桁架下弦杆

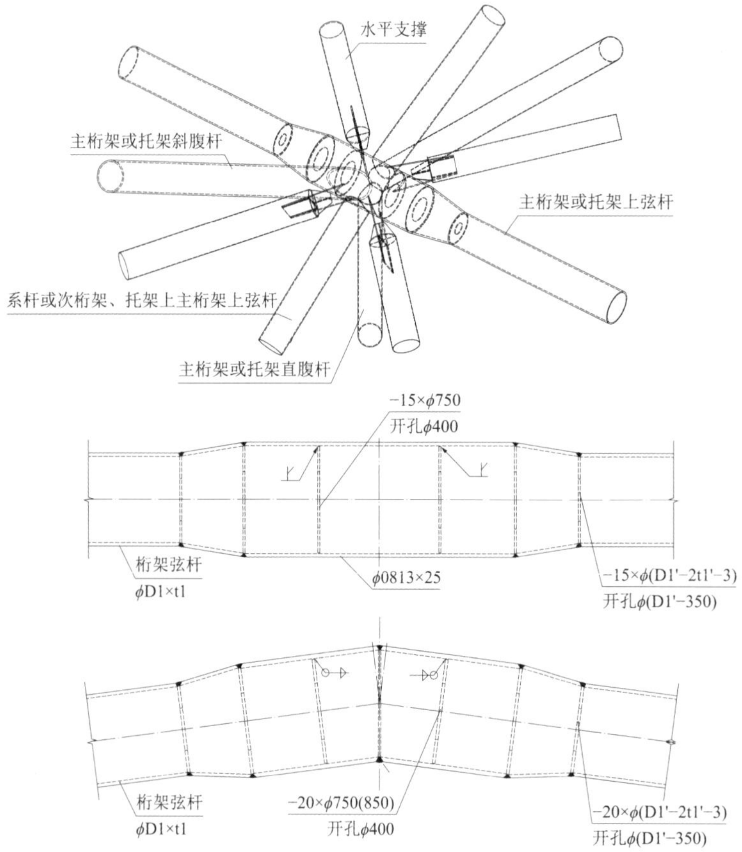

图 8.4-3　屋盖节点-鼓形节点

8.4.5　格构式屋盖支承大柱

支承钢屋盖的大钢柱柱顶标高 12.500m，柱子较高，柱下端与基础刚接，上端与屋盖固定铰接或滑动铰接，柱子的计算长度较长，对稳定不利；在温度作用下，柱底的弯矩也较大。为保证柱子有较大的刚度和强度，采用由 4 −ϕ700mm × (18～28)mm 钢管组成的单层组合钢柱（图 8.4-4），沿柱长每隔 3.2m 设置一道十字交叉缀板，缀板上下各设一块隔板，以加强柱分肢之间的组合作用。标高 0.600m 以下采用混凝土外包，标高 0.900m 以下钢管内填充 C40 微膨胀细石混凝土，以满足防腐和防碰撞要求。

轴⑳ × 轴Ⓑ处的组合钢柱要穿过展厅楼盖，在楼盖标高处采用滑动铰支座与楼层钢次梁连接，其余组合钢柱均与楼层结构相独立，使结构受力清晰。

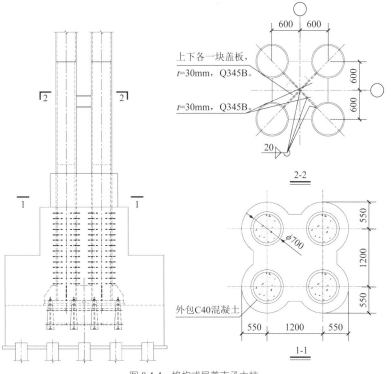

图 8.4-4　格构式屋盖支承大柱

8.5　结语

本工程采用了鼓形圆管相贯节点、轻型大跨度百叶等创新设计，解决了双向曲折形屋面、大跨度钢结构温度作用等设计难点。

对于双向曲折形屋面，即使是一次暴雨，屋面积水量也很大，设计上采取以排为主、结构承载为辅、必要时采取溢流措施的原则，结构造价大为减小。

温度作用是大跨度钢结构设计中的难题，采用在保证结构刚度和稳定性的前提下尽量释放温度约束的方法进行设计，支座布置采用摩擦系数小的单向、双向、固定滑动铰支座（需要时采用抗拔支座）进行多种布置方案比较，可显著减小温度作用。

鼓形节点能很好地解决多管相贯的问题，与铸钢节点相比，具有造价低、质量好、制作时间短等优点；与分离式节点相比，则大大减少了连接焊缝的数量，安装质量容易保证。大跨度百叶在国外一般为铸铝结构，自重很大，达到 $3kN/m^2$ 左右，采用空心铝合金百叶重量仅是其 1/2 左右，大大减小了屋盖荷载。

工程建设单位为中山市城市建设投资集团有限公司和中远房地产开发有限公司。美国 SOM 完成方案设计，广东省建筑设计研究院配合 SOM 完成初步设计并进行施工图设计。2009 年获广东省优秀工程设计二等奖。

中山市毗邻港澳穗深等国际和区域经济、金融、贸易、文化中心，是连接珠江口东西岸、粤西及"泛珠三角地区"的重要节点。中山博览中心是中山市迄今为止体量最大、技术难度最大、投资最多的工程，作为产业发展的龙头，它将极大地促进中山市第三产业的发展。

设计团队

广东省建筑设计研究院有限公司（初步设计＋施工图设计）：

李恺平、廖旭钊、李桢章、梁艳云、梁子彪、劳智源、陈应专、刘　璟、梁银天、岑培超、魏　路、谭　和、黄辉辉

美国 SOM 建筑设计事务所（方案＋初步设计）

执笔人：李恺平

第 9 章

珠江新城核心区市政交通项目

9.1 工程概况

9.1.1 建筑概况

广州花城广场位于广州市珠江新城中心，是广州目前最大的市民广场，其规划定位为广州市未来的城市客厅。广州花城广场地下空间项目（即广州市珠江新城核心区市政交通项目）是广州市 21 世纪中心商务区开发建设的重点配套工程，总建筑面积约 36.7 万 m²，是集商业、文娱、休闲等功能于一体的城市综合体。该工程主体建筑为全埋式地下室，主要为地下二层，局部地下一层或地下三层。其中地下三层为轨道交通 APM 的站台及区间；地下二层为车库及大巴车场；地下一层为商店及下沉广场；地面为市民广场。其中地下一层、地下二层设有与周边多栋建筑的连接口。本工程同时是广州市当时最大的单体地下人防工程。项目总平面及鸟瞰图见图 9.1-1 及图 9.1-2。

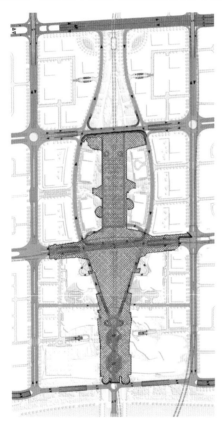

图 9.1-1　珠江新城核心区市政交通项目总平面图　　　　图 9.1-2　珠江新城核心区鸟瞰图

珠江新城核心区市政交通项目地下一层主要为商业区、地铁站厅、车行通道、公交站及下沉广场，如图 9.1-3 所示。地下二层主要为停车场和车行通道，如图 9.1-4 所示。地下三层为地铁区间及电力管廊。项目横向剖面如图 9.1-5 所示，纵向剖面如图 9.1-6 所示。

9.1.2 结构概况

本工程的核心主体部分（1～4 区）南北总长达 1000m，东西总长达 600m。通过在顶板及地下一层、地下二层侧墙上设置永久性变形缝，将主体结构分成底板通长连续的若干块结构单体，分缝后结构单体的最大长度，南北向长达 420m，东西向长达 340m。其中地下三层、地下二层地下室底板不设置变形缝（地下二层地下室底板尺寸为 1000m × 120m）。

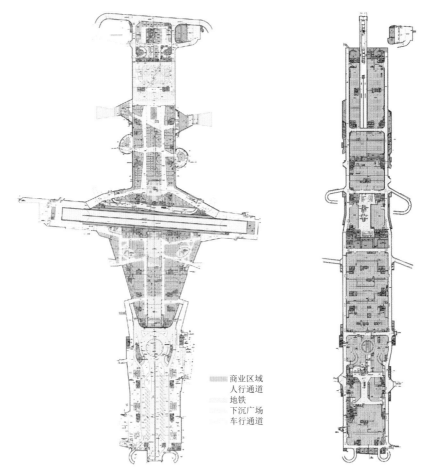

图 9.1-3　项目地下一层平面图

图 9.1-4　项目地下二层平面图

商业区域
人行通道
地铁
下沉广场
车行通道

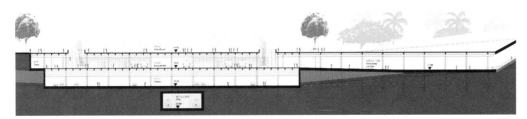

图 9.1-5　项目横向剖面图

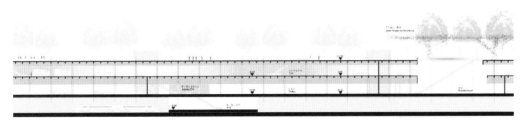

图 9.1-6　项目纵向剖面图

　　本工程主要为钢筋混凝土框架结构,局部设有交通核的部位为框架-剪力墙体系。基础采用人工挖孔桩,抗拔措施采用抗拔桩及抗拔锚杆;框架柱采用钢管混凝土柱、钢筋混凝土柱、钢骨混凝土柱等;楼层框架梁采用普通钢筋混凝土梁、钢筋混凝土浅梁、钢骨梁等,地铁保护范围采用预应力钢筋混凝土转换大梁;顶板采用普通钢筋混凝土无梁楼盖、钢管混凝土空心板无梁楼盖,顶板中双向设置部分有粘结预应力筋。地下一层主要柱网为8.4m×8.4m、8.4m×16.8m，地下二层、地下三层主要柱网为8.4m×8.4m。

本工程的结构设计中遇到了以下问题及挑战：

（1）荷载大：大规模的绿化，覆土较厚（大部分为 1.0～1.5m，局部达 4.0～5.0m）；人造水面、雕塑、假山、公园设施等；是目前广州市最大的地下人防单体工程，故各层需考虑核五～核六级人防荷载；空旷区域须考虑日后举办大型公共活动、摆放大型花架、装饰品等；部分道路为消防车通道，须考虑消防车荷载。

（2）层高受限制：下方已建成地铁 5 号线，须往上避开且留出最小保护距离，且施工过程中需对其严格保护。

（3）地下三层内 APM 竖曲线设计要求控制其上方结构的层高，否则引起 APM 线路埋深增大而导致其坡度不合理甚至不可行。

（4）净高要求高：地下一层使用功能及设备管道高度等需要，要求结构净层高≥5.3m。

（5）柱网跨度大：地下二层中心区域部分为多达 18 条公交线路提供公交车辆停靠空间；地下一层中心区域为大型商场，须给日后运营提供更开阔的宽度以及更灵活布置。为此，中心区域的柱网确定为16.8m×8.4m。

综合考虑上述各方面的要求，地下空间顶板（地下一层顶板）在中心区域的结构允许厚度限制在900mm 以内。可见，珠江新城核心区市政交通项目结构设计面临着荷载大、跨度大、允许结构厚度小的严峻考验。

9.2 专项设计

针对以上难题，并根据本工程的特点，设计上采用了以下对应的结构解决方案：

（1）顶板荷载大、跨度大、允许结构厚度小→空心钢管混凝土楼盖；

（2）结构超长，常规后浇带存在不足→后浇带钢箱（板）变形装置；

（3）无梁楼盖荷载大、板厚受限，冲切难满足→无梁楼盖内置环式型钢剪力键；

（4）大范围、大跨度、近距离跨越地铁隧道→据不同净距关系确定不同托换方案；

（5）全埋式地下结构→地震作用的有限元整体计算分析；

（6）市政隧道横穿主体内部引起振动与噪声→设隔振橡胶支座，并分析计算。

下文将分别介绍上述各项技术、措施在本工程中应用的背景及原理。

9.2.1 无梁楼盖内置环式型钢剪力键的板柱节点

本工程的地面部分为市民广场，结构顶板以上设有覆土绿化、人造水景等。顶板上方有较厚的覆土（大部分为 1.0～1.5m，局部达 4.0～5.0m），导致板面附加恒荷载较大（30～50kN/m²）；覆土上要求种植绿化草木或设置人造水景，甚至部分设为消防车道，导致活荷载较大（10kN/m²、16kN/m²）；另外，大部分区域的顶板为人防顶板（常 6 级），对应人防荷载约为 30kN/m²。可见，该工程的结构顶板承受了相当大的均布荷载。

对于柱网为 8.4m×8.4m 的区域，上述荷载产生了很大的柱顶轴力。经计算，顶板的板-柱节点处典型的冲切力标准值约为：$P_{活载}$= 3500kN，$P_{活载}$= 1500kN，$P_{人防}$= 2500kN。

由于地下一层层高受到各种因素限制而无法再增加，又因建筑、设备对该层的净高要求相当严格，使得顶板板厚受到较大的限制（大部分区域要求≤600mm，局部区域要求≤800）；同时考虑到建筑美观上的要求，并兼顾施工方便、缩短工期等因素，设计人在该工程的顶板中大量应用了平板式无梁楼盖，并针对节点冲切承载力的问题，采用了无梁楼盖板内置环式型钢剪力键的新型钢筋混凝土板柱节点。这种节点的基本构造如图 9.2-1～图 9.2-3 所示。为加强型钢与混凝土的咬合作用，在键臂腹板上沿一定间距加焊了短筋，并在键臂端部设置端板；为增强剪力键与柱的连接，同时提高节点的抗震延性，在剪力键中心设置了角钢插件伸入柱内，伸入长度宜稍大于柱顶箍筋加密区高度；键臂型钢的高度取值以保证其保护层厚度（70～100mm）为前提。典型结构平面布置如图 9.2-4 所示。该节点设计在兼顾多方因素并提高节点抗冲切承载力的设计上取得了良好的效果。

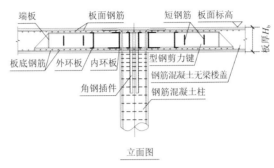

立面图

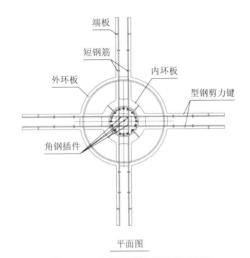

平面图

图 9.2-1　环式型钢剪力键构造示意图

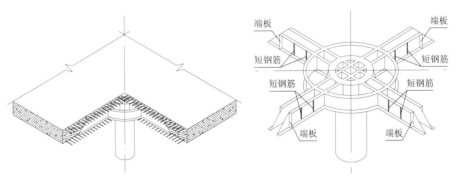

图 9.2-2　环式型钢剪力键轴测示意图 1　　　　图 9.2-3　环式型钢剪力键轴测示意图 2

无梁楼盖板内置环式型钢剪力键的钢混凝土板柱节点，其技术优点在于：

（1）型钢剪力键的设置可显著地提高板-柱节点的抗冲切承载力；

（2）加设环板的剪力键，其传力途径更充分，更可靠，更直接，可较大幅度地减小节点区内混凝土的剪应力，从而提高节点抗冲切承载力；

（3）加设双环板的剪力键，可扩大板-柱节点的外冲切锥体的范围，从而减小节点区外围混凝土所承担的剪应力，从而提高节点抗冲切承载力，适用于节点范围较大（柱网较大或荷载较大）的情况；

（4）加设双环板的剪力键，可显著提高无梁楼盖的抗弯刚度，减小板跨中挠度；

（5）加设双环板的剪力键，其内、外环板的间距应适当取值，过小则外环板的效应发挥不充分，过大则有可能在两环板间出现混凝土被剪坏的情况。建议取净距$\Delta \approx h_0$。

经典回眸 广东省建筑设计研究院有限公司篇

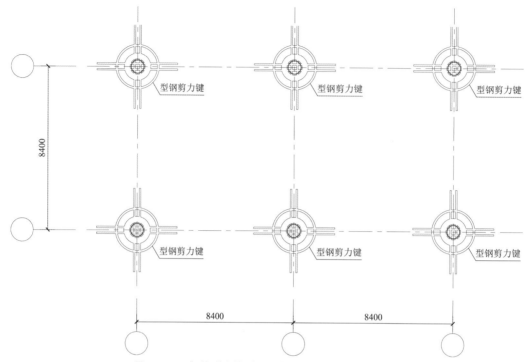

图 9.2-4　环式型钢剪力键平板无梁楼盖的典型结构平面布置图

9.2.2　空心钢管混凝土楼盖

同样出于上一节所述的原因，对于柱网为 8.4m × 16.8m 的区域，顶板承受了较大的荷载。由于X向柱距增加了一倍，以上较大的顶板荷载除了产生上述板柱节点冲切力较大的问题外，对结构设计的影响更主要地体现在顶板楼盖受弯承载力与抗弯刚度的问题上。该部分区域中，由于建筑净高上的要求，顶板水平构件的允许最大高度不能大于 900mm，这对于跨度和荷载都如此大的结构而言，常规的钢筋混凝土结构已经无法满足承载力及正常使用极限状态的要求。针对该问题，设计人在顶板中采用了一种新型的楼盖结构体系——空心钢管混凝土楼板。

空心钢管混凝土楼板剖面如图 9.2-5 所示，主要由空心钢管、钢箱梁、钢筋桁架模板、板底板面钢筋、楼板混凝土等组成。支承于钢管柱上的钢箱梁、工字钢梁作为框架梁，楼板的空心钢管以一定间距单向排列并支承于钢箱框架梁上；每两根钢管下方设置一道吊板，钢筋桁架支承于吊板间，作为楼板钢筋混凝土的模板；为了提高钢管的稳定性，沿钢管周边加焊了 4 根钢筋（通长），并在靠近支座的范围设置了纵向加劲肋（不通长），该措施可同时提高钢管的刚度、加强钢管与混凝土的连接。

空心钢管可沿短向或长向布置。若沿短向布置，则支承钢管的长向框架梁的截面较高，无法满足高度限制，因此，该处采用了沿长向布置钢管（图 9.2-6 及图 9.2-7）。同时，这种布管方式显著减少了钢管的根数以及钢管与框架梁的连接数量，更便于施工。

为了进一步改善空心钢管混凝土楼盖的受力性能，还可在相邻两钢管之间布置预应力筋束（一般可取双抛物线形），其两端以钢箱梁作为支承点（图 9.2-8）。钢管直径宜取板厚$(h - 300)$mm，其水平净距宜≥400mm。

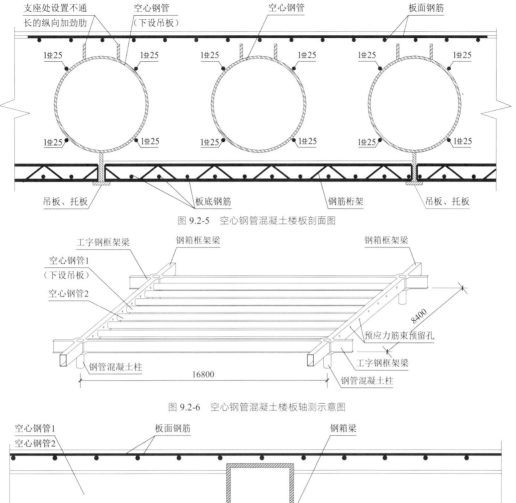

图 9.2-5　空心钢管混凝土楼板剖面图

图 9.2-6　空心钢管混凝土楼板轴测示意图

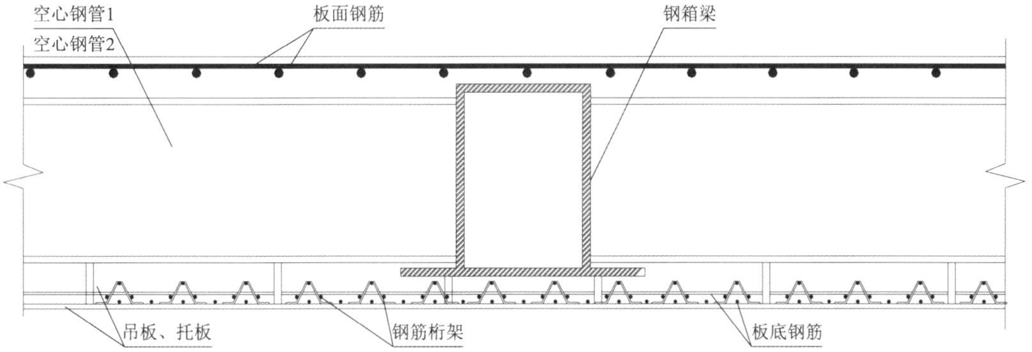

图 9.2-7　空心钢管混凝土楼板钢箱梁示意图

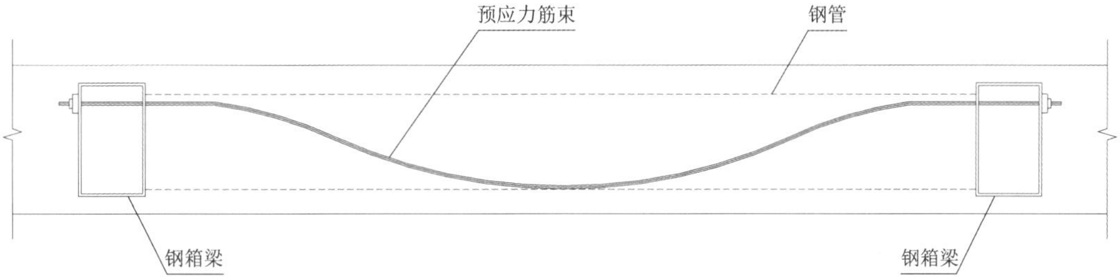

图 9.2-8　空心钢管混凝土楼板预应力筋束线型示意图

与普通空心楼板相比，空心钢管混凝土楼板的技术优点在于：

（1）用于形成空心楼板的管材采用了钢管，并采取措施使钢管与楼板混凝土协同工作，共同参与楼盖的受力。解决了楼板内空心孔内破坏问题，使楼板的结构更接近于型钢混凝土，是一种钢管-混凝土板叠合的混合结构。由于钢管的贡献，使得在相同承载力的条件下，楼盖厚度更小，重量更轻。

（2）形成了一个钢管-钢箱梁-钢管柱的明确的钢框架结构，且钢管与楼板混凝土有效地结合在一起，从而提高了整个楼盖结构的整体性与延性，具有较高的抗震性能。

（3）利用由钢管吊承的钢筋桁架模板作为楼盖的模板体系，可省却常规的支模工序。从而达到施工方便，缩短工期，节省模板费用等目的。特别适用于层高较大的情况，具有广泛的应用前景。

（4）利用空心钢管的间隙设置曲线预应力筋束，可显著提高钢管空心楼板的承载能力及抗裂能力。

施工过程中的空心钢管混凝土楼板如图9.2-9所示，完工后的空心钢管混凝土楼板如图9.2-10所示。可见空心钢管混凝土楼板施工较为便利且其带来的大空间大大提升了项目的品质。

图 9.2-9 施工过程中的空心钢管混凝土楼板

图 9.2-10 完工后的空心钢管混凝土楼板

9.2.3 地下结构后浇带钢箱（板）变形装置

本工程的核心主体部分（1～4区）南北总长达1000m，东西总长达600m。通过在顶板及侧墙上设置永久性变形缝，将主体结构分成若干块结构单体，分缝后结构单体的最大长度，南北向长达420m，东西向长达340m。其中地下三层、地下二层地下室底板不设置变形缝（地下二层地下室底板尺寸为1000m×120m）。建筑物的无缝长度远远超出了现有规范的限值，在这种情况下，结构设计中采取了各种措施：设置变形凹槽，添加膨胀剂、纤维等掺合料，通过超长结构温度应力的有限元分析结果来指导超长纵向构件（主要是底板、侧墙）的设计，以及通过施工工艺上的各种要求来降低混凝土的水化热等。虽然结构设计中已采取了上述各种附加措施，但合理地设置后浇带仍然是控制混凝土早期裂缝的主要措施，因此，后浇带的设置及其构造在本工程的超长结构设计中仍被视为最重要的问题之一。

常规的地下室侧墙或楼板后浇带，一般在其后浇缝两侧设止水钢板，并以钢丝网（又称为"快易收口网"）作为后浇带两侧混凝土的支挡模板，形成600～1000mm宽的后浇带。其不足之处在于：

（1）拆模时间长，拖延了侧墙回填土的时间，延长了施工工期；

（2）后浇带的分缝处无法形成消能带，由于其刚度过大，无法较好地吸收楼板或墙体的收缩变形所产生的能量；且须待楼板或侧墙充分变形后才可将后浇带封闭，大大延长了工期；有时为赶工期而过早地将后浇带封闭，仅起到减少混凝土结构早期收缩的效果，不能彻底解决其日后收缩变形易产生裂纹的实质性问题；

（3）在浇筑后浇带两侧的混凝土时，以快易收口网作为支挡措施，但其刚度不大，且网上有孔，易产生变形、漏浆等问题，从而影响后浇带与两侧墙体结合处的强度，存在隐患。

针对常规后浇带的上述问题，结合本工程的实际情况，设计人采用了一种新型的适用于地下室楼板、侧墙的后浇带装置——钢箱（板）变形装置。这种装置主要由箍筋、工字钢、曲折钢板组成，放置于后浇带中间。其基本构成为：在后浇带两侧设置两工字钢，工字钢腹板内侧之间设置曲折钢板作为吸收变形的载体，工字钢的腹板外侧焊接一定间距的箍筋，作为变形装置与先浇混凝土的连接措施，两工字钢腹板之间即为后浇带范围。

这种后浇带内的变形装置分为两种形式：对于水平向后浇带（楼板），两工字钢之间为一片曲折钢板，形成钢板式变形装置，如图 9.2-11，图 9.2-12 所示；对于竖直向后浇带（侧墙），两工字钢之间为两片相对的曲折钢板，形成钢箱式变形装置，如图 9.2-13，图 9.2-14 所示。

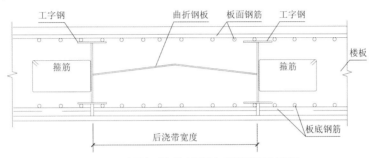

图 9.2-11　水平向后浇带中钢板变形装置剖面示意图

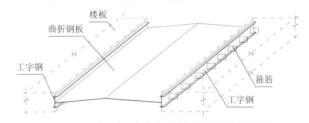

图 9.2-12　水平向后浇带中钢板变形装置轴测示意图

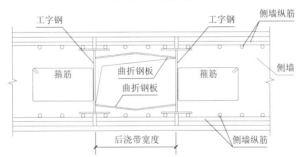

图 9.2-13　竖直向后浇带中钢箱变形装置剖面示意图

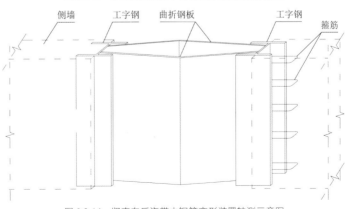

图 9.2-14　竖直向后浇带中钢箱变形装置轴测示意图

与一般地下室的常规后浇带相比，带钢板（钢箱）变形装置后浇带的优点在于：

（1）后浇式变形装置是一个钢-混凝土混合构件，该变形装置充分利用钢结构可变形的特性，让曲折形钢板形成可轻微变形的消能带，可以有效吸收后浇带两侧的混凝土结构收缩变形所产生的能量，从而减小混凝土结构的内应力和应力集中；

（2）后浇式变形装置能让混凝土结构较充分地变形，大大减小了结构内的应力，甚至可作为长期的变形缝和耗能带；

（3）后浇式变形装置中设有的曲折形钢板，又起到了彻底止水的作用，施工时，后浇式变形装置可以方便地置于混凝土侧墙或楼板中，形成名副其实的分缝式消能带，同时又能很好地止水；

（4）施工方便，效率高，解决了后浇带影响施工工期的矛盾，通过合理安排施工工序，大大缩短了工期。由于后浇带有曲折形钢板封口，当用于楼板后浇带，施工时，在后浇带封闭之前，曲折形钢板可以有效阻挡楼层之间的沙石、水等的泄漏，因此，在制作后浇带时，各楼层可以同时施工，互不干扰，大大提高了施工的进度，缩短了工期；当用于地下室侧墙的后浇带时，在后浇带封闭之前，曲折形钢板就可以起到彻底止水的作用。此外，在拆除模板的同时就将侧墙周围的土回填，避免了施工拥挤现象，同时也缩短了工期。

9.2.4 全埋式地下结构的地震作用整体计算分析

常规的结构抗震设计中，把建筑物的地下部分视作不受地震作用或地震作用很小而无须进行地震作用计算，仅按照规范以一定的抗震等级来采取构造措施；又或者简单地把地下结构视作多层地上结构，采用传统方法来计算其地震作用效应。

实际上，地下结构（尤其是全埋式地下结构）的地震作用分析，存在其固有的且不可忽略的特点，与上部结构相比，地下结构的抗震计算还应考虑周围土体的动土压力。随着对地下结构在地震作用下响应特征的进一步研究，一些新的概念和一些更加符合地下结构动力响应实际的设计计算理论和方法也得以提出。地层中地下结构存在的范围内，不同位置之间会产生相对位移，该相对位移迫使地下结构产生变形，这种层间相对位移达到一定程度就会引起地下结构的破坏。因此这种地震作用引起的相对位移，在设计计算中有必要加以考虑。首先计算出周围土体的变形，然后将变形量作为强制变形施加于结构上，计算出结构的效应。

本工程属于全埋式地下结构，在地震作用下的计算分析，其分析方法基本上分为三种：等效静力法、反应位移法、有限元整体动力计算法。本工程采用后者对结构进行了整体动力分析，主要做了以下工作：

（1）根据结构动力学的基本理论，以土体-地下结构体系作为研究对象，建立合理的力学模型。

（2）对全埋式地下结构进行动力模态分析，采用土-结构体系地震反应的时程分析方法对本工程的主体结构进行动力响应分析。

（3）考虑地震波的相位差，对大断面的地下空间结构进行多点地震输入，分析其地震反应。

（4）通过以上计算分析，总结本结构典型断面的地震作用效应的基本规律，提出一些抗震设计的建议，并将研究结果应用到广州市珠江新城核心区市政交通项目实际情况中，指出具体设计采用的抗震措施。

1. ABAQUS 计算模型

设计中采用大型非线性有限元程序 ABAQUS 对本工程的典型断面进行了地震作用时程分析。计算模型如图 9.2-15 所示。建模宽度为 500m，深 60m。主体结构为三层，地下一层跨度为 117.6m、层高 6.2m，地下二层跨度为 100.8m、层高 4.8m，地下三层跨度为 16.4m、层高 7.2m。梁、柱截面简化为 1m × 1m，结构与土体之间为 1m 厚的侧墙。

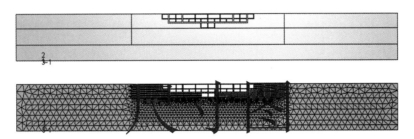

图 9.2-15　本工程典型断面的 ABAQUS 计算模型

梁、柱、墙采用 C35 混凝土，并考虑构件的配筋将材料的弹性模量取为$4.2 \times 10^4 \text{N/mm}^2$、泊松比为0.2。$-60 \sim -18.2\text{m}$ 标高处的土层为微风化细砂岩，弹性模量为$1.0 \times 10^4 \text{N/mm}^2$，泊松比为0.2。$-18.2\text{m}$ 到地面的土层为强风化粉砂岩，采用 Drucker-Prager 弹塑性材料，弹性模量为$0.57 \times 10^4 \text{N/mm}^2$，泊松比为 0.25，摩擦角为 35°，膨胀角为 0，屈服应力为 2.65N/mm^2。

梁、柱、墙及周边土体计算精度要求较高，采用二维实体 CPS4R 单元（A 4-node bilinear plane stress quadrilateral，reduced integration，hourglass control），远离结构的土体采用二维实体 CPS3 单元（A 3-node linear plane stress triangle）。

2. 分析步骤

计算过程分为三个阶段：

step1：加入初始地应力，开挖土体，采用隐式求解器分析。

step2：建立地下空间结构，加入梁、柱、墙，采用隐式求解器分析。

step3：加入地震加速度波，进行地震时程分析，分析时间步长为 0.02s，历时 40.94s，水平地震波与竖直地震波共同作用，但存在一定的相差，竖直地震比水平地震延时 5s 左右。采用显式求解器分析。

3. 分析结果图示

通过上述动态分析，可分别得出各时间点土体、结构的位移、单元应力等结果。摘取部分分析结果如图 9.2-16、图 9.2-17 所示。

4. 主要结论

地下结构在地震作用下构件内力随时间变化出现明显的重分布。地震加速度峰值的大小对结构构件的内力变化有明显影响。柱的轴向应力一般都出现 15%～30% 的增幅，中柱出现反复的波动，持续时间较长，而边柱轴向应力只出现了单峰值，持续时间较短。中柱的水平向正应力有 20%～25% 的增幅，而边柱的增幅只有 10% 左右。中柱与边柱的剪应力都由初始状态时 0 左右增加到 100kN/m² 左右。由此可见，中柱在地震作用下轴向应力增幅较大，轴压比明显增大，在水平正应力及剪应力的作用下中柱较边柱更易发生破坏。侧墙竖直方向的最大正应力比地震前增大了 30%，水平方向正应力及剪应力也有所增加。

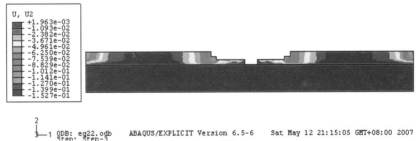

U, U2
　　+1.963e-03
　　-1.093e-02
　　-2.382e-02
　　-3.671e-02
　　-4.961e-02
　　-6.250e-02
　　-7.539e-02
　　-8.829e-02
　　-1.012e-01
　　-1.141e-01
　　-1.270e-01
　　-1.399e-01
　　-1.527e-01

ODB: eg22.odb　　ABAQUS/EXPLICIT Version 6.5-6　　Sat May 12 21:15:05 GMT+08:00 2007
Step: Step-3
Increment　　8113: Step Time =　　2.047

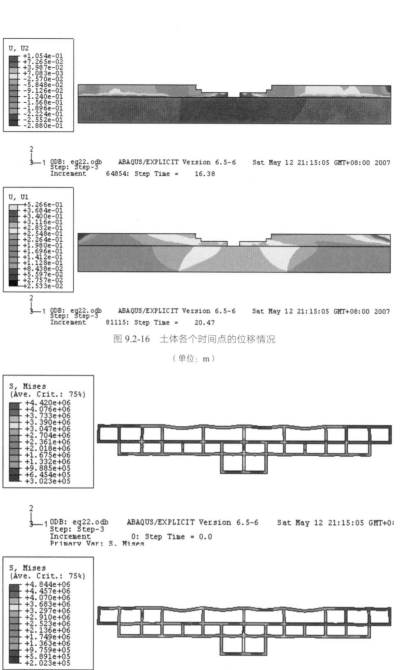

图 9.2-16　土体各个时间点的位移情况

（单位：m）

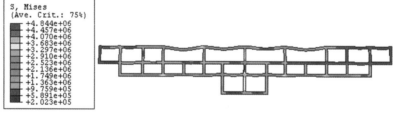

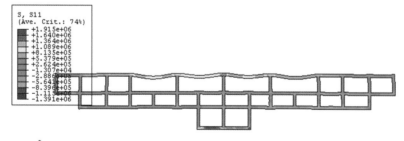

图 9.2-17　结构部分节点及单元的应力时程图示

（单位：Pa）

因为两端柱在地震过程中发生较大的相对位移，所以梁的轴向应力会发生较大的变化，时而处于受压状态、时而处于受拉状态，边梁的反应尤其明显。这也是地震动力反应的无规律性的体现。剪应力及竖直方向的正应力则有 1 倍的增加。所以抗震设计要考虑到提高边梁受拉弯承载能力。

9.2.5 大范围跨越地铁隧道所采取的保护措施

由于地铁 5 号线珠江新城站至猎德站区间自本工程主体结构下横贯而过（沿东西向），如图 9.2-18 所示。地铁隧道拱顶现场实测标高为−13.283～−13.689m（右线），−13.131～−13.621m（左线）。而本工程主体结构底板面标高分别为−1.267m、1.750m（地下一层）、−3.000m（地下二层）、−10.130m（地下三层），故主体结构底板面与地铁隧道拱顶之间的最小距离约为 6.10m、7.71m（地下一层）、10.14m（地下二层）、3.300m（地下三层），如图 9.2-19 所示。

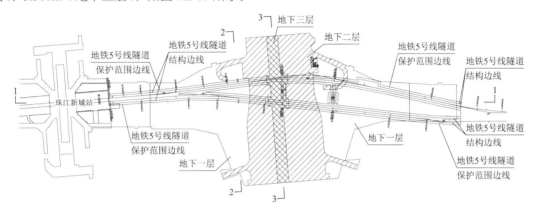

图 9.2-18 本工程主体结构与地铁 5 号线的平面关系示意

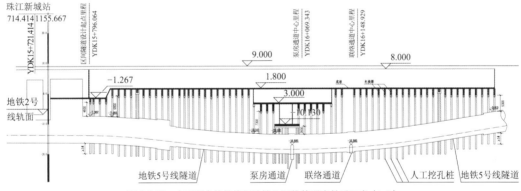

图 9.2-19 本工程主体结构与地铁 5 号线的垂直关系示意（1-1）

为了满足地下空间建筑使用功能的需要，同时又达到保护已建地铁隧道的要求，本工程的结构设计中，根据主体结构底板与地铁 5 号线隧道结构间净距的不同，分别采取了相应的地铁隧道跨越保护措施。

地下一层、地下二层的跨越保护措施：地下一层、地下二层中，有部分框架柱位于地铁 5 号线隧道的正上方，其柱底轴力标准值为 4000～10000kN；另外，花城大道隧道的侧墙/中墙也有一部分位于地铁隧道的上方，其墙下支座传来的集中荷载标准值为 10000～20000kN。可见，地铁隧道上方存在较大的荷载。经验算，若上述墙、柱采用天然地基基础，则其基底压力将对地铁隧道顶面产生较大的附加压力（>20kPa），不满足地铁保护的相关要求。

另外，地下一层的底板绝大部分标高为 1.750m，其底面与地铁隧道拱顶之间的最小距离约为 7.71m；地下二层的底板标高为−3.000m，其底面与地铁隧道拱顶之间的最小距离约为 10.14m。可见，底板与地铁隧道间尚有较大的净距，存在设置托换大梁的条件。

根据上述情况，地下一层、地下二层底板的结构设计中，以隧道顶不产生附加压力为原则，对地铁隧道正上方的结构采用大梁托换的方法，使上部框架柱产生的荷载通过托换大梁传递到托换桩上，并使托换桩与地铁隧道的水平净距满足地铁保护的相关要求（≥3m），且要求该处桩基础以中（微）风化岩作为桩端持力层，须保证桩底标高比相邻隧道底面标高低 2.0m 以上，并要求不得采用爆破或冲击钻进行施工。经验算，上述托换梁底面与隧道间的净距均满足地铁保护的相关要求（≥5.0m），如图 9.2-20 所示。

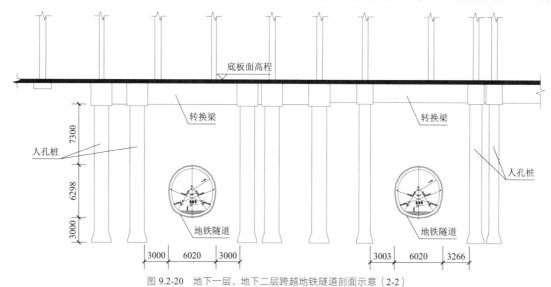

图 9.2-20　地下一层、地下二层跨越地铁隧道剖面示意（2-2）

需要特别说明的是，地下一层西侧与地铁珠江新城站连接的一部分，其底板标高为−1.267m，且该处下方的地铁隧道采用的是单洞双线的较大断面，导致底板底面与地铁隧道拱顶之间的最小距离仅为 6.10m，为尽量减小托换梁底进入隧道特别保护区，设计中采用梁端加腋、加大梁宽、施加预应力等措施，将托换梁高减至 1500mm，梁底与地铁隧道间的最小净距约为 4.6m。

地下三层的跨越保护措施：地下三层为地下空间旅客自动输送系统行驶轨道及站台层，其底板底面与地铁隧道顶面之间净距最小处仅为 2.60m，已经进入了地铁隧道的特别保护区范围，且不存在足够的空间来设置托换大梁。针对这一特殊情况，该处的底板设计中采用了 700mm/1200mm 的变截面厚板来跨越地铁隧道，如图 9.2-21 所示。

由于该处的主体结构已进入地铁隧道特别保护范围且净距特别小，设计中对此制定了专项的地铁隧道保护方案并经专家论证会审查通过。保护方案以减小对隧道受力及变形的影响、不对隧道造成破坏为目的，重点解决地下水浮力作用及上部土体卸载时地铁隧道受力状况改变的问题，采用分块跳槽开挖及恢复水位时分块回压等措施，以减少隧道压力变化及土体变形，在施工完毕后使地铁隧道的受力状况与现状接近，承载力及变形均须满足有关规范的要求而确保地铁隧道的安全。另外，由于该区域地质较好，中微风化泥质粉砂岩的开挖特别是爆破施工对已建地铁隧道的影响必须重点考虑，同时还应解决开挖施工中对隧道顶约 2.5m 长的隧道初衬锚杆的保护及修复问题。

保护方案的分析计算采用通用有限元软件 ANSYS 进行，对于土体计算模型采用 DP 材料模型，混凝土采用弹性材料，岩层材料采用中风化岩参数。针对提出的方案进行了施工进度模拟分析。结果表明，在施工过程及使用阶段，地铁隧道的应力增量、位移增量均满足地铁保护的相关要求。

在上述保护原则的基础上，设计中对该处地铁隧道跨越保护的施工提出了以下要求：①隧道保护方案针对隧道与集运系统底板间土体为中微风化泥质粉砂岩的情况采取措施，在上层土体开挖时对隧道交错区域进行降水保护，最后以隧道两侧加设的排桩与本工程主体结构形成隧道保护框架，以抵抗地下水对隧道的上浮力并限制隧道的变形。②隧道保护方案在施工阶段强调临时降水，在水位恢复前采用堆载预压，最后采用分层卸载，可增加结构底板与接触土体的密实度，最大程度上减少隧道的不利变形，确保地铁隧道的安全。应结合工程地质情况及具体的施工步骤展开可行性分析计算。③在开挖施工中，对隧道顶超过 2.5m 长的隧道初衬锚杆的保护及修复问题，施工前必须掌握本区域锚杆长度及布点情况，对锚杆采用逐点开挖并采用反锚措施逐点完成，以免造成锚杆整体失效，对已完成隧道造成不良影响，确保其受力情况基本保持一致。

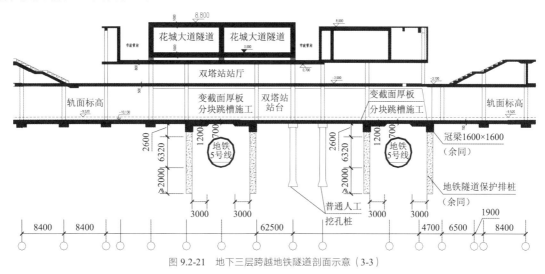

图 9.2-21　地下三层跨越地铁隧道剖面示意（3-3）

9.3　结语

广州市珠江新城核心区市政交通项目的结构设计针对工程实际情况采取了以下各种措施、方法：

（1）针对顶板无梁楼盖承受荷载较大，导致板柱节点冲切力很大的情况，采用了内置环式型钢剪力键的措施，有效提高了板柱节点的承载力；

（2）对于荷载大、跨度大、净高要求严格的顶板，采用了钢管混凝土空心楼盖；

（3）对地下室楼板、侧壁中的后浇带分别采用了内置钢箱（板）变形装置的构造，满足了地下结构后浇带在施工、防水、受力、变形等方面的特殊要求。

（4）全埋式地下结构在地震作用下的响应有别于常规地上结构。取本工程的一个典型断面进行有限元计算，对其在地震作用下的效应做定性分析，从而对具体的结构设计提供参考。

（5）根据跨越地铁不同跨度、不同净距等具体情况，分别采用了预应力钢筋混凝土转换大梁、变截面厚板、跳槽分块开挖等措施。

设计团队

结构设计团队：陈　星、邓汉荣、罗赤宇、林景华、李　欣、叶国认、蒋运林、向　前、张　帆、张梦青

执笔人：叶国认、林景华

获奖信息

2011 年第七届全国优秀建筑结构设计二等奖

2016 年中国建筑学会科技进步奖三等奖

2013 年广东省住房和城乡建设厅科学技术成果鉴定

2013 年广东省工程勘察设计行业协会工程设计一等奖

2015 年第七届广东省土木工程詹天佑故乡杯

2015 年广东省优秀工程勘察设计（建筑结构专项）一等奖

2015 年广东省土木建筑学会科学技术奖一等奖

获得专利

一种无梁楼盖连接钢筋混凝土柱的环式钢牛腿节点

一种钢管空心混凝土楼板及其施工方法

一种后浇式变形装置及施工方法

一种建筑隔振降噪橡胶支座

第10章

昆明万达广场超高层双塔楼

10.1 工程概况

10.1.1 建筑概况

本项目位于云南省昆明市，地上建筑分为酒店、公寓和南北塔超高层写字楼，均设缝分开；本章介绍项目中的南、北塔超高层写字楼，因南塔与北塔的建筑、结构设计差别较小，限于篇幅，以南塔为主进行解析。

南塔地上建筑面积约 15 万 m²，66 层，地上建筑物总高度为 316m，其中 10 层、22 层、34 层、46 层、58 层为建筑避难层，65~66 层为会所层，其余均为办公标准层；塔楼范围地面以下 3 层，主要为停车库及设备用房，其中地下 2、3 层为常六级人防地下室。项目建成后实景图、南塔剖面图如图 10.1-1 所示，南塔建筑典型平面图如图 10.1-2 所示。

(a) 项目建成后实景图

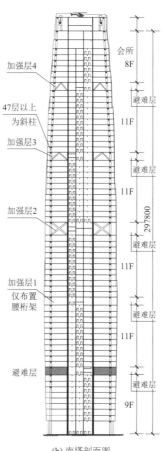

(b) 南塔剖面图

图 10.1-1 项目建成实景图、南塔剖面图

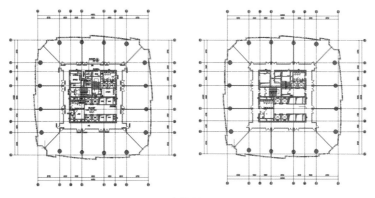

图 10.1-2 南塔建筑典型平面图

10.1.2 设计条件

本项目的设计条件如表 10.1-1 所示。

项目设计条件 表 10.1-1

项目		标准
结构设计基准期		50 年
建筑结构安全等级		一级
结构重要性系数		1.1
建筑抗震设防分类		重点设防类（乙类）
地基基础设计等级		甲级
地震作用	抗震设防烈度	8 度
	设计地震分组	第三组
	场地类别	Ⅲ类
	小震特征周期	0.65s
	基本地震加速度	0.20g
	多遇地震	0.16
风荷载	基本风压/（kN/m²）	0.35

10.2 项目特点

10.2.1 高效、经济的结构抗震体系

根据建筑物的总高度、抗震设防烈度、建筑的用途等情况,本项目采用带加强层的钢管混凝土框架-型钢混凝土核心筒混合结构体系。结构的主要抗侧力体系为核心筒、外框架以及结构加强层协同作用，以提供结构足够抗侧及抗扭刚度，利用建筑避难层设置四道结构加强层，加强层由环带桁架和伸臂桁架组成，于 34 层、46 层、58 层设置伸臂桁架，并在 22 层、34 层、46 层、58 层设置环带桁架；楼盖竖向承重系统为钢梁 + 压型钢板组合楼盖。

对于框架-核心筒结构，核心筒是抗震第一道防线，需承担很大比例的地震倾覆力矩和地震剪力，尤其在高烈度区地震响应很大的情况下，要求核心筒应具备足够的结构刚度、承载力和延性来满足其受力要求；项目采用型钢混凝土核心筒，充分发挥混凝土核心筒弯曲刚度大和受剪承载力高的优势，利用内置型钢，进一步提高核心筒受拉、受剪承载能力和结构延性。

外框架为框架-核心筒结构的二道防线，提供一定比例的抗侧刚度和承担一定比例的地震剪力和地震倾覆力矩；外框柱处于结构的最外侧，抗倾覆力臂很大，项目框架柱采用圆钢管混凝土柱，能有效提高柱的竖向承载能力，尤其通过圆钢管的套箍约束作用，更能显著提高柱的受压承载能力，进而提高整个外框架的抗倾覆能力，达到了充分发挥圆钢管混凝土柱的受力特性，提高结构抗侧刚度的目标；通过合理的刚度调配，适当提高外框刚度，使 70%以上楼层外框架地震剪力承担比例不小于基底剪力的 7%，这样外框架具备一定程度的抗侧力刚度，在遭遇强震时核心筒刚度退化的情况下外框架能有效成为抗震二道防线，缓解了核心筒的受拉损伤程度。

高烈度区的结构，地震响应程度对结构自重很敏感，为减小地震作用，应严格控制结构自重。抗侧力结构构件除满足刚度需要、承载力要求外，严格控制截面尺寸，减小重量。对于承担竖向荷载为主的楼盖系统，项目采用钢梁＋压型钢板混凝土板组合楼板楼盖系统，楼面钢梁受力机理上为组合梁，充分利用楼板的受压能力来提高组合梁的受弯高度，提高受弯承载能力，很大程度上减轻了梁自重；楼盖自重上远小于常规的钢筋混凝土梁板体系，又加快了主体结构的施工速度。

10.2.2 有限刚度的结构加强层设计

高烈度抗震设防区超高层建筑，结构抗侧力刚度一般很难满足规范要求，设置具备一定刚度的结构加强层，通过伸臂桁架、环带桁架的作用，利用外框圆钢管混凝土柱高效受压承载能力，能行之有效地减小地震作用下的水平位移，提高结构抗侧力刚度，缓解中、大震作用下核心筒底部墙肢的受拉损伤程度；但设置加强层也会带来结构刚度、内力突变，并形成结构薄弱层，造成结构延性损坏机制难以实现，对抗震设防非常不利。

因此设置加强层需要做详细的敏感分析，确定出最优组合、布置位置及布置形式；在原结构具备一定的整体刚度的基础上，选取效率最高的位置设置"有限刚度"的结构加强层来弥补整体刚度的不足，尽量减小加强层刚度，从而达到既能满足结构抗侧力体系的刚度要求，又能缓解因设置加强层而带来的刚度、内力突变程度，使结构在罕遇地震作用下仍能呈现"强柱弱梁、强剪弱弯"的延性屈服机制。

结合建筑避难层位置，本工程布置了腰桁架加强层、伸臂桁架加强层以及二者组合布置多种加强层布置方式，根据各自层间位移角曲线、周期、楼层刚度比曲线和基底剪力等结果，寻求贡献最大的加强层布置位置，既能满足地震水平位移限值，又相对较柔性的加强层布置方案；通过分析：10层、22层设置的加强层效率最低，34层、46层及58层设置的加强层效率最高，46层以上斜柱内倾对侧向刚度有贡献，造成顶部加强层效果不明显。

本项目加强层最优布置方式为34层、46层及58层设置伸臂桁架及腰桁架，同时为了增强结构下部外框刚度，提高框架承担比例，在22层增设腰桁架，形成4道结构加强层；该加强层布置方案尚能有效地减少核心筒在地震反应下的拉力，在中震作用下，加强层墙肢拉力减少最多，甚至可变受压；加强层上、下层及底部墙肢亦能有效缓解受拉情况，基本减少拉力比例均在15%以上，具体数值如表10.2-1所示。

加强层设置前后墙体受拉内力对比 表10.2-1

楼层位置	2层	33层	34层	35层	45层	46层
未设加强层墙体拉力/kN	89650	15049	25763	13532	15071	18377
设置加强层墙体拉力/kN	77476	−8	3794	10876	6953	−5502

10.2.3 带约束多型钢剪力墙设计

在高烈度区，为有效控制墙肢厚度、提高墙肢抗震受剪和拉弯性能，一般需在墙肢内部增设型钢或钢板，设计成钢板剪力墙或型钢剪力墙，能较好地提高墙肢抗震受力性能和墙肢延性。基于型钢（钢板）与混凝土的粘结力、施工可操作性、混凝土浇筑质量以及经济性等方面的考虑，型钢剪力墙相对于钢板剪力墙会具备更大优势，项目结合当地的情况和受力需要，采用多型钢剪力墙（墙肢中部增设1～3个型钢，承担墙肢的拉力），并提出了一种带强约束钢梁的多型钢剪力墙设计技术，利用墙肢中部增设的型钢以及型钢之间的强约束钢梁形成型钢约束框架，来提高剪力墙的延性、受剪承载力和受压弯、拉弯承载力，满足高烈度区超高层结构的受力需求。

该带强约束钢梁的多型钢剪力墙设计技术具体为：在传统墙肢端部设置型钢的基础上，根据墙肢受力需要，沿墙肢长度方向均匀增设若干中部型钢（一般1～3个中部型钢），并沿层高方向设置连系竖向型钢的约束钢梁（一般采用H型钢，具备一定的约束刚度），约束钢梁设置间隔可为每层布置或隔层布置（视具体位置和墙肢受力需要而定），并在楼层标高处连梁内设置型钢梁，形成一圈封闭的约束钢梁，约束钢梁贯通核心筒外墙，提高墙肢间连系，加强核心筒整体性。

为方便工程设计，结合《组合结构设计规范》JGJ 138—2016中型钢剪力墙的受剪计算方法，提出了一种考虑中部型钢抗剪贡献率的简便设计计算方法：

$$V_{\mathrm{w}} = \frac{1}{\gamma_{\mathrm{RE}}}\left[\frac{1}{\lambda - 0.5}\left(0.4f_{\mathrm{t}}b_{\mathrm{w}}h_{\mathrm{w0}} + 0.1N\frac{A_{\mathrm{w}}}{A}\right) + 0.8f_{\mathrm{yv}}\frac{A_{\mathrm{sh}}}{S}h_0 + \frac{0.32}{\lambda}f_{\mathrm{a}}(A_{\mathrm{a1}} + n_{\mathrm{a}}A_{\mathrm{a2}})\right]$$

式中　　A_{a1}——墙肢一端的型钢面积；

　　　　A_{a2}——墙肢中部的型钢面积和；

　　　　n_{a}——墙肢中部型钢抗剪贡献率。

其余符号意义同《组合结构设计规范》JGJ 138—2016式（9.1.6-2）。

为验证计算公式的合理性，采用有限元软件和计算公式进行计算分析，参数设置为$\gamma_{\mathrm{RE}} = 0.85$，$f_{\mathrm{c}} = 14.3\mathrm{MPa}$，$f_{\mathrm{yv}} = 360\mathrm{MPa}$，$\lambda = 1.5$，$f_{\mathrm{a}} = 300\mathrm{MPa}$，$n_{\mathrm{a}} = 0.45$，分析结果见表10.2-2及图10.2-1。

受剪承载力结果　　　　　　　　　　　　　　　　　　　表10.2-2

有约束型钢有限元计算值 V_{s1}/kN	无约束型钢有限元计算值 V_{s2}/kN	规范计算值 V_3/kN	本工程公式计算值 V_4/kN	V_{s1}/V_4
18000	16500	12252	16629	1.08

结果显示，带约束多型钢剪力墙的受剪承载力要高于不带约束型钢的剪力墙，约束型钢是有效的；有限元分析的结果比按简化公式计算结果大，工程设计按简化公式计算偏安全，是可行的。

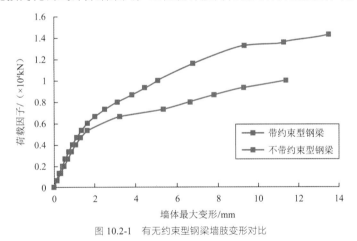

图10.2-1　有无约束型钢梁墙肢变形对比

10.2.4　软土地区桩端后注浆技术及基础沉降控制

本项目处于西南软土地区，在超高层办公楼基础设计初期，基础根据竖向荷载及土层参数计算桩长达90m以上，现有施工设备及施工工艺很难达到这一深度，造价超高，同时过大的桩长施工过程中很容易造成桩身垂直度不满足要求，施工质量难控制。

由于超高层办公楼结构荷载大，对单桩承载力要求高，需采用大直径的钻孔灌注桩，采用旋挖灌注桩1000mm。根据本工程详勘及后期补勘，场地土层在埋深50～80m，以粉性土、砂性土为主，其中埋深 55～70m 中的粉性土与砂性土更为致密，静探双桥q_c平均值达 15MPa 以上。根据类似地质条件的旋挖灌注桩工程施工经验表明，当桩端进入粉性土或砂性土太深，在成孔时，孔壁附近土体应力释放将出现"松弛"现象，极易造成塌孔和缩径，而且有随着钻孔的加深及土体致密性而加剧的趋势，故综合考虑，超高层办公楼桩基入土按 60～70m 控制，后经研究，确定桩长 $L = 48$m，桩端入土深度为 68m。

为在有效的桩长基础上提高足够高的单桩承载力，本工程根据场地地质条件采用桩端后注浆技术的旋挖灌注桩；在总结现有承载力计算公式的基础上，根据现有工程资料，结合桩端后压浆试桩工程试验，以桩径、桩长和合理的注浆量为变量，按土层分类，对压浆前后极限承载力一系列数据进行对比分析、归纳总结，以得出侧阻力增强系数和端阻力增强系数。通过桩端后注浆，可提高单桩承载力 80% 以上，把桩长控制在 50～60m 的范围，很大程度提高了施工速度和施工质量，也节约了大量的桩基施工成本。

综合上述研究，经技术和经济对比优化，最终塔楼基础采用旋挖灌注桩基础，桩径 1m，桩长 48m，桩端持力层为粉砂，桩端持力层端阻力标准值为 2100kPa。采用桩底后注水泥浆技术提高桩的承载力，考虑后注浆的单桩承载力特征值为 10000kN。经过成桩表明，取值合理，施工可控。基础采用满堂布置，并沿柱网每边外扩 6m 左右，见图 10.2-2，这样得到的基底附加应力满足沉降计算限值要求。

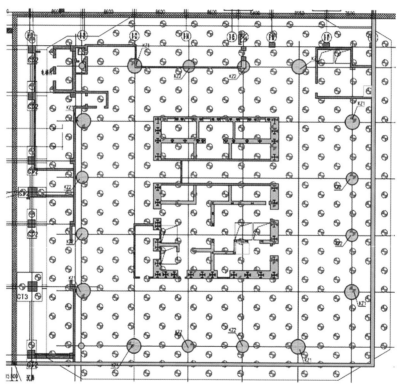

图 10.2-2　塔楼基础布置平面图

目前南塔楼已竣工投入使用，沉降稳定的监测结果显示：

（1）目前最大沉降量约为 120mm（含回弹再压缩和桩身压缩变形）；沉降曲线总体上平滑，随着后期土体固结，沉降速率减小，总沉降量趋于收敛。

（2）沉降数据中超高层塔楼核心筒自身沉降均匀，外框柱之间沉降亦均匀；以塔楼为几何体计算倾斜率的话，核心筒对角或对边倾斜率为 0.05‰ 左右，外框柱对边 0.07‰，均小于规范限值 2‰，表明结构无明显倾斜问题。

（3）根据前述沉降计算结果约为 120～130mm，考虑回弹再压缩以及桩身压缩变形，预估最终沉降量约为 150～170mm，小于规范 200mm 的限值。

综上，目前沉降数据正常，塔楼无明显倾斜，各项指标均满足规范要求。

10.3 体系与分析

10.3.1 方案对比

1. 加强层方案对比分析

本项目由于建筑避难层分别设置在 10 层，22 层，34 层，46 层，58 层，也就意味着加强层只能在这些层位置和顶层设置，而由于本项目外立面造型为中间大、两头小，尤其顶层平面尺寸收进较多，经试算发现，顶层设置加强层所起作用很小，故不予考虑。还剩下 5 层可以选择，对这 5 层进行加强层敏感性分析，最终根据分析结果来确定。

第一步先进行伸臂桁架与腰桁架的比较。分别在 34 层，46 层，58 层仅设置伸臂桁架和仅设置腰桁架进行结构试算，为了计算数据的对比性，将伸臂桁架和腰桁架的斜杆设计为相同截面。

计算结果见表 10.3-1。可以看到在其他条件均相同的情况下，设置伸臂桁架的层间位移角和最大位移均小于设置腰桁架的模型，周期比腰桁架的模型短，结构刚度优于腰桁架的模型，而且，伸臂桁架的材料用量小于腰桁架。这样就得出了设置伸臂桁架比设置腰桁架有效的初步结论。

仅设腰桁架与仅设伸臂对比 表 10.3-1

项目		仅设腰桁架	仅设伸臂
加强层数目		3 道	3 道
腰桁架所在楼层位置		34，46，58	34，46，58
模型总质量/t		250636	250600
周期/s	T_1	5.8639	5.6223
	T_2	5.7858	5.5201
	T_3	3.1866	3.2392
最大位移/mm	X风	157	140.9
	Y风	148.4	138.4
	X地震	467	434.2
	Y地震	449	427
最大层间位移角	X风	1/1587	1/1809
	Y风	1/1650	1/1799
	X地震	1/502	1/542
	Y地震	1/512	1/543
基底剪力/kN	X风	20015	20015
	Y风	19934	19934
	X地震	67851	68585
	Y地震	66799	67491
剪重比	X地震	2.71%	2.74%
	Y地震	2.67%	2.69%

第二步确定伸臂桁架的数量和位置。由于 34 层层高最大为 9.5m，这样的层高对于加强层是有利的，应利用这层的层高设置伸臂，这样先确定 34 层，再在其他几层做比选，分别在 10 层，34 层；22 层，34 层；34 层，46 层和 34 层，58 层设置伸臂桁架，发现在 10 层，22 层设置伸臂效果最小，不予选择，34 层，46 层，58 层都设伸臂效果最好，这样确定在 34 层，46 层，58 层设置伸臂桁架。计算结果见表 10.3-2。

项目		伸臂 22，34	伸臂 22，46	伸臂 34，46	伸臂 34，58	伸臂 34，46，58
加强层数目		2 道	2 道	2 道	2 道	3 道
伸臂所在楼层位置		22，34	22，46	34，46	34，58	34，46，58
模型总质量/t		250395	249869	250547	250533	250600
周期/s	T_1	5.5878	5.7740	5.6466	5.6518	5.6223
	T_2	5.4878	5.7193	5.5551	5.5628	5.5201
	T_3	3.2246	3.2575	3.2389	3.2398	3.2392
最大位移/mm	X风	146	154.5	145.2	142.5	140.9
	Y风	141.7	147.9	141.3	139.3	138.4
	X地震	446.2	460.3	444.8	436.3	434.2
	Y地震	435.2	445.7	434.2	428.2	427
最大层间位移角	X风	1/1607	1/1565	1/1721	1/1740	1/1809
	Y风	1/1700	1/1619	1/1784	1/1760	1/1799
	X地震	1/479	1/500	1/513	1/531	1/542
	Y地震	1/500	1/510	1/526	1/536	1/543
基底剪力/kN	X风	20015	20015	20015	20015	20015
	Y风	19934	19934	19934	19934	19934
	X地震	68949	68516	68246	68425	68585
	Y地震	67324	66719	67135	67403	67491
剪重比	X地震	2.75%	2.74%	2.72%	2.73%	2.74%
	Y地震	2.69%	2.67%	2.68%	2.69%	2.69%

第三步确定腰桁架的位置和数量。分别在 22 层，34 层，46 层，58 层组合设置腰桁架，发现差别不大，但在 34 层，46 层，58 层设置时层间位移角最小；在 22 层，34 层，46 层，58 层设置时最大位移最小，结构刚度最大，对结构位移有所改善，最终确定在 22 层，34 层，46 层，58 层设置腰桁架。计算结果见表 10.3-3。

项目		腰桁架 22，34，46	腰桁架 22，46，58	腰桁架 34，46，58	最终采用模型
加强层数目		3 道	3 道	3 道	4 道
腰桁架所在楼层位置		22，34，46	22，46，58	34，46，58	22，34，46，58
模型总质量/t		251089	250980	251011	251188
周期/s	T_1	5.5481	5.5534	5.6046	5.5450
	T_2	5.4382	5.4434	5.4956	5.4329
	T_3	3.1455	3.1827	3.1982	3.1455
最大位移/mm	X风	137.3	137	138.7	136.4
	Y风	135.4	135.2	136.7	134.6
	X地震	427	426	429.6	424.9
	Y地震	421.2	420.4	423.6	419.6

最大层间位移角	X风	1/1842	1/1837	1/1835	1/1847
	Y风	1/1823	1/1818	1/1818	1/1827
	X地震	1/542	1/547	1/550	1/547
	Y地震	1/543	1/546	1/549	1/546
基底剪力/kN	X风	20015	20015	20015	20015
	Y风	19934	19934	19934	19934
	X地震	69021	69336	68647	69170
	Y地震	67821	68057	67556	67945
剪重比	X地震	2.75%	2.76%	2.73%	2.75%
	Y地震	2.70%	2.71%	2.69%	2.70%

综上，可以得出以下结论：

（1）对于本项目，仅设置伸臂桁架比仅设置腰桁架能更好地减小最大层间位移角；

（2）在未设腰桁架的情况下，伸臂桁架设置数量越多，对减小最大层间位移角的贡献越大；

（3）在34层，46层，58层设置三道伸臂情况下，在4个加强层位置分别设置不同组合的三道腰桁架，对最大层间位移角的影响差别不大。最终采用的设置方案为：34层，46层，58层设置伸臂桁架，并在22层，34层，46层，58层设置腰桁架。

2. 屈曲约束支撑布置方案对比分析

随着隔震、减震技术的发展，对于高烈度区除了采用抗震措施，也可以考虑采用减震措施，达到结构抗震的性能要求，为此，本项目做了将加强层与屈曲支撑相结合的比较方案：在46层，58层伸臂桁架，以及10层，22层，34层，46层，58层腰桁架腹杆采用屈曲约束耗能支撑（在做屈曲约束支撑对比分析时，10层设置了腰桁架），这种设置可在中震和大震中一定程度地减小基底剪力和层间位移角。本项目屈曲约束支撑布置情况见表10.3-4和图10.3-1。

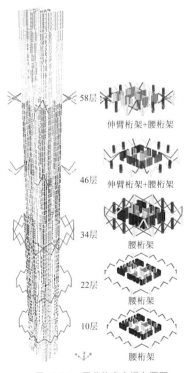

图 10.3-1 屈曲约束支撑布置图

屈曲约束耗能支撑数量及截面参数　　　表 10.3-4

支撑部位	支撑数量	截面面积/mm²	屈服承载力/kN	极限承载力/kN
58 层伸臂桁架	16 根	28310	5000	8780
58 层腰桁架	32 根	5490	1000	3510
46 层伸臂桁架	16 根	28310	5000	8780
46 层腰桁架	32 根	11620	2000	3510
34 层腰桁架	32 根	28310	5000	8780
22 层腰桁架	32 根	28310	5000	8780
10 层腰桁架	32 根	28310	5000	8780

屈曲约束支撑计算的输入地震波为罕遇地震的 5 组实际地震记录和 2 组场地合成人工波（由北京震泰工程技术公司提供）；分析时按 8 度地震Ⅲ类场地，50 年时限内超越概率为 2%～3%（大震），阻尼比为 0.06。其中 1 条人工波 L870-1 的时程曲线和反应谱曲线如图 10.3-2 所示。

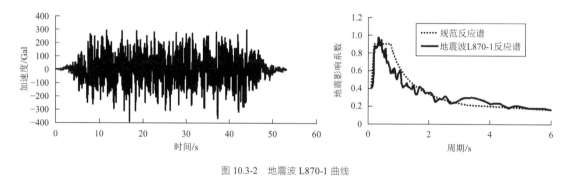

图 10.3-2　地震波 L870-1 曲线

最大加速度峰值按规范取为 400Gal。以人工波 L870-1 计算的屈曲约束支撑按线性和非线性的计算结果对比见表 10.3-5。

屈曲耗能支撑线性与非线性计算结果对比　　　表 10.3-5

计算结果		防屈曲支撑（线性）	防屈曲支撑（非线性）	减小比例
周期/s	T_1	5.88	5.88	—
	T_2	5.56	5.56	—
	T_3	3.53	3.53	—
58 层剪力/kN	X向	1.16×10^5	1.11×10^5	4.3%
	Y向	9.59×10^4	9.70×10^4	
46 层剪力/kN	X向	1.53×10^5	1.37×10^5	10.5%
	Y向	1.61×10^5	1.54×10^5	4.3%
34 层剪力/kN	X向	1.80×10^5	1.80×10^5	—
	Y向	2.02×10^5	1.91×10^5	5.4%
22 层剪力/kN	X向	2.83×10^5	2.65×10^5	6.4%
	Y向	2.87×10^5	2.67×10^5	7.0%
10 层剪力/kN	X向	3.62×10^5	3.42×10^5	5.5%
	Y向	3.51×10^5	3.26×10^5	7.1%
58 层位移角	X向	1/135	1/131	—
	Y向	1/135	1/129	—
46 层位移角	X向	1/131	1/130	—
	Y向	1/124	1/121	—
34 层位移角	X向	1/182	1/192	5.5%
	Y向	1/172	1/181	5.2%

续表

计算结果		防屈曲支撑（线性）	防屈曲支撑（非线性）	减小比例
22 层位移角	X向	1/126	1/130	3.2%
	Y向	1/122	1/126	3.3%
10 层位移角	X向	1/154	1/155	0.6%
	Y向	1/141	1/145	2.8%
基底剪力/kN	X向	4.17×10^5	4.14×10^5	0.72%
	Y向	3.54×10^5	3.42×10^5	3.4%
最大层间位移角（楼层）	X向	1/103（25）	1/107（19）	3.9%
	Y向	1/105（19）	1/106（49）	1.0%

由上述计算结果可得到以下结论：

（1）项目设置了上述屈曲约束支撑后，经过 L870-1 地震波后，其基底剪力和最大层间位移角有不同程度的减小，但效果不明显；

（2）对于高烈度区的罕遇地震，屈曲约束支撑具有一定的滞回性能，如图 10.3-3 所示，可以耗散地震能量，减小结构地震反应，但减小效果不大。经过分析比较，最终选择的是不设屈曲支撑的加强层布置方案。

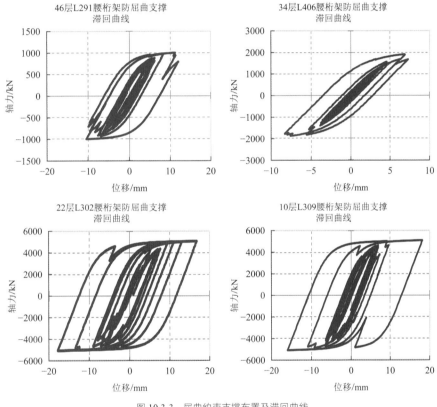

图 10.3-3　屈曲约束支撑布置及滞回曲线

10.3.2　结构布置

1. 结构体系

本项目采用带加强层的钢管混凝土柱-型钢混凝土核心筒混合结构体系，避难层设置四道结构加强层。结构的主要抗侧力体系为核心筒，外框架以及结构加强层协同作用，以提供结构的足够抗侧及抗扭刚度。核心筒墙厚为 1300～400mm，钢管柱直径为 φ2400～1300mm，外框梁截面为 1000mm×950mm、800mm×950mm、600mm×950mm、1000mm×1200mm 箱形钢梁等，在 34 层、46 层、58 层设置伸臂桁架，在 22 层、34 层、46 层、58 层设置腰桁架。结构抗侧力体系见图 10.3-4。

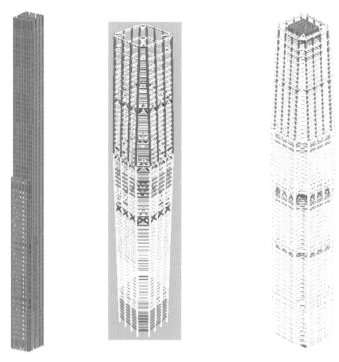

(a) 型钢混凝土核心筒　　(b) 带加强层的钢管混凝土柱框架　　(c) 钢管混凝土柱框架-型钢混凝土核心筒

图 10.3-4　结构抗侧力体系

2．楼盖体系

本项目采用钢梁 + 压型钢板组合楼板的楼盖体系，整体性良好。地下室底板采用平板结构，塔楼承台 $h = 4000\text{mm}$；地下室中间层楼板厚 $h = 200\text{mm}$；首层（地下室顶板）采用梁板结构，板厚 $h = 180\text{mm}$；标准层部分板厚为 110mm，屋面层板厚 $h = 150\text{mm}$，结构加强层顶底楼板厚 $h = 200\text{mm}$，加强层上下层板厚 $h = 150\text{mm}$。加强薄弱部位开洞处梁板板厚及配筋，保证地震作用的传递。

3．性能目标

本项目结构类型符合现行规范的适用范围，属超 B 级高度结构，且存在"设置加强层、承载力突变、刚度突变及局部穿层柱" 4 项不规则，如表 10.3-6 所示属于超限高层建筑。

结构规则性判断

表 10.3-6

序号	不规则类型	本工程情况	超限判别
		南塔	
1a	扭转不规则	X向 1.20（3） Y向 1.11（1）	否
1b	偏心布置	无	
2a	凹凸不规则	无	否
2b	组合平面	无	
3	楼板不连续	无	否
4a	刚度突变	满足，除加强层： 21 层：1.04（X），0.99（Y） 33 层：0.96（X），0.93（Y） 45 层：1.00（X），0.97（Y） 57 层：1.04（X），1.00（Y）	是
4b	尺寸突变	无	
5	构件间断	22 层，34 层，46 层，58 层设置 4 道结构加强层	是

序号	不规则类型	本工程情况		超限判别
		南塔		
6	承载力突变	21 层：0.62（X），0.62（Y） 33 层：0.30（X），0.32（Y） 45 层：0.44（X），0.48（Y） 57 层：0.40（X），0.42（Y） 不足均为加强下层		是
7	其他不规则	36 层局部穿层柱		是
不规则情况总结		不规则项 4 项		

根据我国建筑抗震设计主要采用三水准设防，其规定了"小、中、大"三个地震水准以及相应"不坏、可修、不倒"的地震破坏程度，使抗震设计具有一定程度量化指标，属于宏观上的性能控制。

建筑的抗震性能化设计立足于承载力和变形能力的综合考虑，具有很强的针对性和灵活性。本项目抗震构件性能目标见表 10.3-7。

抗震构件性能目标　　　　　　　　　　　　　　表 10.3-7

抗震烈度		小震	中震	罕遇地震
底部加强区，加强层及上下层核心筒	压弯	弹性	不屈服	允许进入塑性，控制塑性变形； 受剪满足截面限制条件
	拉弯		不屈服	
	抗剪		弹性	
框架柱		弹性	弹性	不屈服
腰桁架		弹性	弹性	不屈服
伸臂桁架		弹性	不屈服	允许进入塑性，控制变形
非底部加强区核心筒	压弯	弹性	不屈服	允许进入塑性，控制塑性变形； 受剪满足截面限制条件
	拉弯		不屈服	
	抗剪		不屈服	
外框梁		弹性	不屈服	允许进入塑性，控制变形
普通框架梁核心筒连梁		弹性	受弯允许屈服 受剪不屈服	受弯大部分进入屈服；受剪满足截面限制条件
悬臂梁		弹性	弹性	不屈服

10.3.3　结构分析

1. 常遇地震弹性计算

本项目采用 SATWE 和 ETABS 进行小震弹性计算，计算考虑偶然偏心地震作用、双向地震作用、扭转耦联及施工模拟，根据计算结果，整理关键参数，由此判断结构的不规则程度和初步确定抗侧力结构体系；同时也对抗震构件性能目标的选定提供有力依据，确保结构方案基本可行。

结构模型分 67 个结构层，模型结构层 1 层梁板为建筑结构 2 层梁板，模型结构层 1 层墙柱为建筑结构首层墙柱。刚性楼板（加强层采用弹性楼板）分析结果，见表 10.3-8。表中层号为模型结构层层号。

南塔分析结果　　　　　　　　　　　　　　表 10.3-8

计算软件	SATWE	ETABS
计算振型数	54	54
第一、二平动周期	5.53（Y向）	5.50（Y向）
	5.44（X向）	5.44（X向）

第一扭转周期		3.11	2.92
第一扭转周期/第一平动周期		0.56	0.53
地震下基底剪力/kN （柱所占的比例）	X	66919（11.09%）	67457
	Y	66344（8.05%）	66020
结构总质量/t		243543	244921
平均单位面积重度/（kN/m²）		15.68	15.76
首层剪重比（调整前）	X	2.75%	2.75%
	Y	2.72%	2.81%
首层地震下倾覆弯矩/（kN·m） （柱所占的比例）	X	10440000（15.16%）	10430000
	Y	10530000（18.03%）	10550000
有效质量系数	X	97.17%	99.99%
	Y	97.23%	99.99%
50年一遇风荷载作用下最大层间位移角（层号）	X	1/1811（40）	1/2526（41）
	Y	1/1834（40）	1/2322（41）
地震作用下最大层间位移角（层号）	X	1/559（40）	1/594（51）
	Y	1/551（40）	1/587（41）
考虑偶然偏心最大扭转位移比（层号）	X	1.20（3）	1.17（1）
	Y	1.11（1）	1.13（1）
本层与上一层侧移刚度的比值的最小值，不宜小于90%；本层层高大于相邻上层层高1.5倍时，不宜小于110%；嵌固层时，不宜小于150%。（层号）（已除以0.9、1.1、1.5）	加强层1处，21层/22层 X	1.04	1.06
	加强层1处，21层/22层 Y	0.99	1.01
	加强层2处，33层/34层 X	0.96	0.97
	加强层2处，33层/34层 Y	0.93	0.95
	加强层3处，45层/46层 X	1.00	1.03
	加强层3处，45层/46层 Y	0.97	0.98
	加强层4处，57层/58层 X	1.04	1.07
	加强层4处，57层/58层 Y	1.00	1.02
	其余楼层最小值 X	1.07（32）	1.08（32）
	其余楼层最小值 Y	1.01（44）	1.05（32）
楼层受剪承载力与上层的比值（>80%）（层号）	加强层1处，21层/22层 X	0.62	—
	加强层1处，21层/22层 Y	0.62	—
	加强层2处，33层/34层 X	0.30	—
	加强层2处，33层/34层 Y	0.32	—
	加强层3处，45层/46层 X	0.44	—
	加强层3处，45层/46层 Y	0.48	—
	加强层4处，57层/58层 X	0.40	—
	加强层4处，57层/58层 Y	0.42	—
	其余楼层最小值 X	0.89（1）	—
	其余楼层最小值 Y	0.90（32）	—

刚重比 EJd/GH^2	X	2.76	2.75
	Y	2.72	2.86
主楼最大 轴压比	框架柱	0.64	—
	剪力墙	0.49	—

注：ETABS 未列的数据为软件不输出内容。

2. 设防烈度地震计算

本项目主要采用基于 SATWE 软件的弹性计算，结合结构构件在中震作用下的损伤程度，调整部分计算参数的方法来模拟。并通过比较计算所得的基底剪力与常遇地震的基底剪力是否合理，以此作为中震计算参数选取是否合适的评判依据。本工程计算中阻尼比取 0.045（小震 0.04），连梁折减系数取 0.3，取消梁刚度放大系数及周期折减系数，其余计算参数见表 10.3-9。

设防烈度地震计算参数 表 10.3-9

中震弹性设计和中震不屈服设计参数选择		
设计参数	中震弹性	中震不屈服
水平地震影响系数最大值	0.45	0.45
内力调整系数	1.0	1.0
荷载分项系数	按规范要求	1.0
承载力抗震调整系数 γ_{RE}	按规范要求	1.0
材料强度取值	设计值	标准值

3. 罕遇地震计算

罕遇地震计算，采用 ABAQUS 软件，选取合适的地震波，考虑 $P\text{-}\Delta$ 效应，进行动力弹塑性时程分析；在施工模拟加载后的结构上直接模拟地震作用下结构的几何非线性和材料非线性反应历程。目的是分析结构损伤过程，寻求结构薄弱部位，考核结构的变形能力，验证大震作用下结构的安全性能。

整体计算结果汇总见表 10.3-10。

整体计算结果汇总 表 10.3-10

作用地震波	人工波-L870-3		天然波-L0398		天然波-L0334	
	X主向	Y主向	X主向	Y主向	X主向	Y主向
周期/s	GSSAP 计算前 3 周期：$T_1 = 5.51$，$T_2 = 5.37$，$T_3 = 3.28$					
	ABAQUS 计算前 3 周期：$T_1 = 5.71$，$T_2 = 5.60$，$T_3 = 3.49$					
质量/t	GSSAP 计算结构总质量：240494					
	ABAQUS 计算结构总质量：240700					
剪力/kN	GSSAP 小震反应谱基底剪力：X向，66635 Y向，65038					
剪重比	GSSAP 小震反应谱基底剪重比：X向，2.77% Y向，2.70%					
X向最大基底剪力/kN	195118	242755	189290	164400	217163	179107
X向最大剪重比	8.17	10.16	7.92	6.88	9.09	7.50
Y向最大基底剪力/kN	188786	218746	145707	154947	188788	223382
Y向最大剪重比	7.90	9.15	6.10	6.48	7.90	9.35
X向顶点最大位移/mm	1307	1503	1043	898	1778	1478

Y向顶点最大位移/mm	1190	1732	782	949	1549	1729
X向最大层间位移角（层号）	1/138（35）	1/116（59）	1/140（35）	1/157（35）	1/118（33）	1/125（35）
Y向最大层间位移角（层号）	1/129（54）	1/108（40）	1/183（52）	1/164（52）	1/129（33）	1/110（40）

构件的损伤情况如下：

（1）框架柱塑性损伤情况

结构的外框柱共计 16 根，采用钢管混凝土柱。根据分析结果，大部分柱混凝土出现受拉刚度退化，但未出现明显的受压刚度退化，对应的钢管均未出现明显的塑性应变，框架柱满足大震不屈服的性能目标。框架柱塑性损伤情况见图 10.3-5。

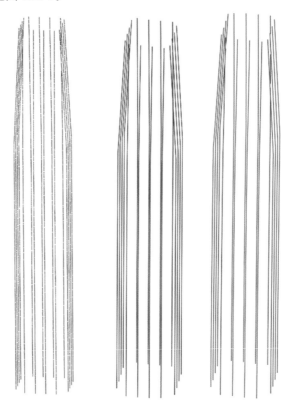

(a) 混凝土受拉刚度退化　(b) 混凝土受压刚度退化　(c) 钢材塑性应变

图 10.3-5　框架柱塑性损伤情况

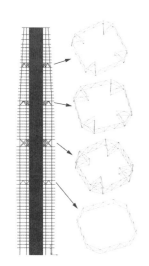

图 10.3-6　腰桁架和伸臂桁架塑性应变

（2）框架梁和连梁塑性损伤情况

结构底层层高 10m，结构避难层位置设置腰桁架和伸臂桁架，选取地面以上 1 层，中部及上部避难层位置共三个典型楼面来研究框架梁和连梁混凝土受压损伤及型钢、钢筋的塑性应变，各代表性框架梁和连梁的弹塑性分析结果如下：绝大部分楼层的连梁出现受拉损坏的情况，只有个别连梁出现受压损伤；个别次梁出现塑性应变，框架柱、悬臂梁、外框梁满足不屈服。

（3）腰桁架和伸臂桁架塑性应变

加强层桁架上下弦未出现塑性应变，见图 10.3-6。

（4）剪力墙损伤情况

剪力墙墙体损伤情况见图 10.3-7。图中，蓝色表示无受压损伤，绿色表示轻微受压损伤，橙色表示轻度受压损伤，红色表示中度受压损伤。

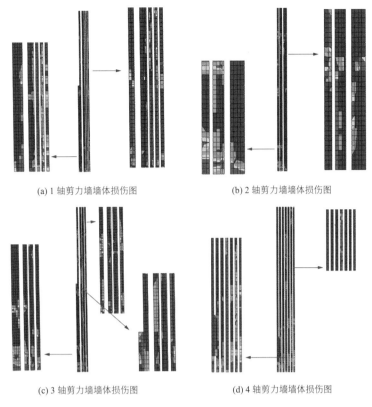

(a) 1 轴剪力墙墙体损伤图   (b) 2 轴剪力墙墙体损伤图

(c) 3 轴剪力墙墙体损伤图   (d) 4 轴剪力墙墙体损伤图

图 10.3-7 剪力墙墙体损伤图

（5）剪力墙钢材塑性应变

底部加强区剪力墙型钢和钢筋未出现塑性应变，非底部加强区个别楼层剪力墙钢筋出现塑性应变，见图 10.3-8。

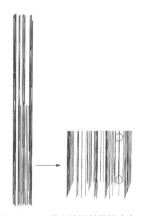

图 10.3-8 剪力墙钢材塑性应变

10.4 专项分析

10.4.1 塔楼整体性分析

本项目由于高宽比大、烈度高，结构抗侧力刚度偏柔，刚重比小于 2.7，要考虑重力二阶效应；对于超限高层，除考虑 $P\text{-}\Delta$ 效应外，尚应对结构塔楼进行整体稳定分析。本工程采用 SAP2000 软件，进行竖向荷载组合为（1.2DL＋1.4L）作用下的塔楼整体屈曲分析，求解各屈曲模态；本工程第一屈曲模态特征值为 14.04，一般第一屈曲模态特征值大于 10 时，可认为结构整体稳定较安全可靠。

10.4.2 混凝土徐变分析及构造措施

混凝土材料有着徐变的特性，这将引起混合结构的竖向变形和变形差在施工和使用阶段不断发生变化，并引起显著的内力重分布，同时墙柱的最终竖向变形也将明显大于弹性计算的变形。

本项目分析采用 SAP2000 进行塔楼考虑收缩徐变的施工模拟计算，以寻求更准确的竖向变形；收缩徐变计算采用欧洲混凝土委员会和国际预应力混凝土协会 CEB-FIP1990 模式，结合钢管混凝土的收缩徐变机理，对该模式进行适当修正，使之能较好地反映钢管混凝土的收缩徐变特性。

施工过程中采取"放"的措施：框架梁、伸臂桁架弦杆与核心筒刚接部位均先铰接，伸臂桁架腹杆后置安装，待塔楼主体封顶后才分别刚接封闭及安装腹杆，尽可能释放施工过程中的竖向变形差及其产生的附加内力；同时，每隔 20 层左右根据计算结果预留墙柱的竖向变形值，确保楼面平整度。

10.4.3 温度计算分析

由于主塔楼结构体形庞大，且未设置伸缩缝，应考虑温差导致的附加内力对建成后结构的影响。按《建筑结构荷载规范》GB 50009—2012 可查得昆明市的月平均最高气温为 28℃，月平均最低气温为−1℃；因此，本工程建筑的所有内部构件考虑±10℃的温度变化，并且由于外筒受日照的影响，考虑外筒一侧与外筒以内构件有±5℃的温度变化。

按照上述计算结构的温度荷载，施加于整个结构的 ETABS 三维模型上，根据温度荷载组合对所有结构构件进行应力检查，以保证构件能够承受温度荷载的作用。

10.4.4 加强层非正交伸臂桁架楼板分析

本项目伸臂桁架与核心筒成非正交方向布置，中、大震作用下斜向伸臂桁架会对楼板产生较大面内应力，可能因楼板较大损伤而导致伸臂桁架存在稳定安全问题。

本项目除对加强层楼板构造加强及按应力配筋外，还在伸臂桁架上弦杆间设置平面钢桁架，形成支撑体系，如图 10.4-1 所示，且按去除楼板后的中震内力确定构件断面，确保伸臂桁架面外稳定安全可靠。

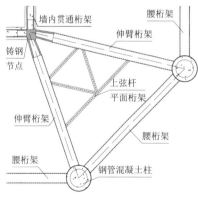

图 10.4-1 加强层平面桁架布置图

10.4.5 加塔楼复杂节点详细分析及设计

本项目对加强层伸臂桁架与核心筒连接部位节点、34 层梁-柱-斜撑节点分析采用 ABAQUS 进行建模分析，模型中的混凝土强度等级、模型尺寸、钢筋等均按结构施工图建立，其中，混凝土强度等级采用 C60（柱和墙），型钢采用 Q390 钢，钢筋采用钢板截面等代考虑其影响；梁在节点有变截面时，由于考察的是节点区内的情况，型钢梁或梁内置型钢采用邻近节点处的截面尺寸。

所有节点的混凝土采用损伤模型实体单元模拟，型钢采用壳单元模拟，各构件从节点区延伸长度为 1m，在各端部加约束或者荷载（由 GSSAP 软件计算所得），由于荷载对加载端的应力应变在一定范围内有较大的影响，本计算结果中主要查看的是节点区的型钢应力、混凝土损伤情况。

分析荷载取值按 GSSAP 软件建立的结构整体模型计算的设计组合，按下述组合进行计算：1.2 恒 + 0.6 活 ± 1.3 设防水平地震 ± 0.5 设防竖向地震。加载顺序为：先加"恒 + 活"工况后，再加中震工况相应内力；采用斜撑所在平面内方向的内力，略去平面外构件次方向的内力，并取不利组合。

1. 加强层伸臂桁架与核心筒连接部位节点

ABAQUS 建立整体模型如图 10.4-2 所示。

(a) 混凝土与型钢整体模型 1　　　　　(b) 混凝土与型钢整体模型 2（红色为型钢）

图 10.4-2　加强层伸臂桁架与核心筒连接部位节点实体模型约束图

（1）混凝土损伤

整体上混凝土受压刚度退化很微小，损伤系数为 1.3×10^{-3}（0.9 时为刚度完全退化），只出现局部受压刚度退化，主要集中在斜撑作用的一侧。混凝土受拉刚度退化也很小，主要集中在斜撑作用的一侧，损伤系数为 8.8×10^{-2}（0.9 时为刚度完全退化）。混凝土损伤位置如图 10.4-3 所示。

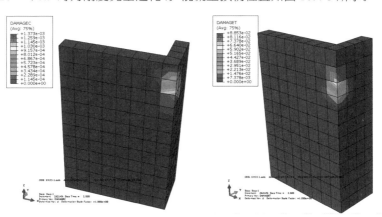

图 10.4-3　混凝土受压损伤图

（2）钢结构部分应力水平

由整体型钢的应力图可知，最大 Mises 应力为 208.7N/mm²（小于 Q390 型钢受拉、受压、受弯设计值 295N/mm²），最大剪应力为 112.9N/mm²（小于 Q390 型钢受剪设计值 170N/mm²），出现在斜撑根部转角处，其他较大的位置主要集中在斜撑根部的侧板；故所有型钢满足中震弹性要求，如图 10.4-4 所示。

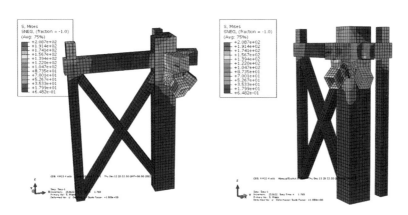

图 10.4-4 型钢 Mises 应力图

2. 34 层梁-钢管柱-斜撑节点

ABAQUS 建立整体模型如图 10.4-5 所示。

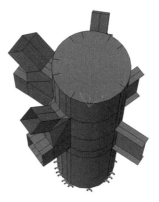

图 10.4-5 钢管、梁、斜撑钢材模型

（1）混凝土损伤

整体上混凝土受压刚度退化较小，节点区的受压损伤只达到 0.7%，其位置如图 10.4-6 所示。整体上混凝土受拉刚度退化较小，只在节点对与梁 1（腰桁架梁）交接处出现局部受拉刚度退化，其位置如图 10.4-7 所示。

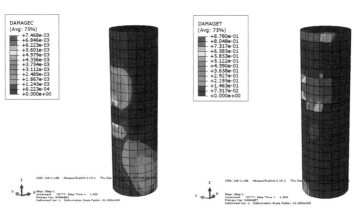

图 10.4-6 混凝土受压整体损伤图　　图 10.4-7 混凝土整体受拉损伤图

（2）钢结构部分应力水平

整体上，钢材的应力图如图 10.4-8 所示，框架梁最大 Mises 应力为 340N/mm²，出现在梁 5（悬臂梁）的端部，小于型钢 Q390 的设计值 350N/mm²，未出现屈服。钢管柱的型钢与梁及斜撑的 Mises 应力最大值为 236N/mm²，小于型钢 Q390 的设计值 315N/mm²（295N/mm²），处于弹性状态。

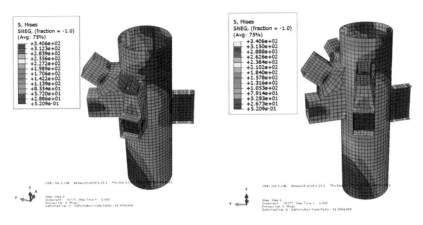

图 10.4-8　型钢 Mises 应力图

可见该节点在设防地震作用下处于弹性受力状态。

10.5　结语

对于地处 8 度抗震设防区、第三地震分组和Ⅲ类场地类别环境的 300m 超高层建筑，结构第一周期基本为 6s 左右，处于地震反应谱位移控制段，第三分组和Ⅲ类场地类别会影响特征周期，进而影响长周期下的地震影响系数α，地震作用较一般第一分组、Ⅱ类场地类别环境的 8 度设防结构增加约 75%，结构地震响应非常大，结构设计的重点和难点在于如何选取一个高效的、具备合理耗能机制的抗侧力体系，在满足规范位移限值的前提下合理控制结构刚度和结构自重，从而控制结构的地震响应；设计过程中经过多方案对比分析，采用了一系列新技术来解决结构设计中的难题。

针对结构的特点，总结过往的设计经验，我们提出了多个有效的解决方法，并对此进行深入研究，最终研究得到"高效、经济的结构抗震体系""带强约束钢梁的多型钢剪力墙设计技术""软土地区桩端后注浆设计技术"等关键性创新技术。

高效、经济的结构抗震体系研究，充分利用各结构构件的受力特性，组成高效的结构抗侧力体系，在满足抗震设防基础上，提供尽可能大的建筑使用空间，办公空间使用率高达 80%；在结构安全、满足建筑功能的基础上，具备良好的经济性，型钢用量约 180kg/m²，钢筋用量约 60kg/m²，处于同等条件结构的先进水平；体系中结构混合构件不同材料咬合能力好，具备良好的协同作用，并且施工方便。

带强约束钢梁的多型钢剪力墙设计技术研究，采用的多型钢剪力墙施工方便，能有效提高墙肢受弯、受剪承载能力，在高烈度区超高层结构中应用具备良好的经济性；强约束型钢梁有效提高墙内型钢整体性，在墙肢内部形成钢框架，能有效提高剪力墙延性，同时也提高中部型钢抗剪效率；墙内型钢框架与混凝土具备更好的咬合能力，两种材料协同作用更强；初步给出了考虑中部型钢贡献的多型钢剪力墙受剪承载力计算简化公式，便于工程设计。

软土地区桩端后注浆设计技术研究，通过桩端后注浆，把单桩承载力有效地提高 80% 以上，远比现行地基规范建议的 30% 幅度要大，同样的单桩承载力水平可以节约桩长达 40% 以上；借鉴室内压缩试验〔按桩基条件采用各土层自重应力（P_0）至自重应力加附加应力（$P_0 + \Delta P$）段范围内的压缩模量E_s值〕，同时结合现场静力触探及标准贯入试验成果综合分析，确定合理沉降计算压缩模量E_s，更真实地计算和反映基础沉降；沉降计算方法合理，通过计算预估的沉降量和沉降观测数据吻合得很好，核心筒和外框架之间的单桩变刚度调平方法有效，很好地控制了核心筒和外框之间的沉降差，节约了大量的桩基成本和施工周期。

参考资料

[1] 昆明西山万达广场超高层写字楼抗震设计[J]. 建筑结构, 2016, 46(21): 14-18;

[2] 某超高层建筑加强层设置分析[J]. 建筑结构, 2013, 43(14): 48-52;

[3] 昆明西山万达广场超高层写字楼加强层设计技术要点简介[J]. 广东土木与建筑, 2014(7): 17-19;

[4] 广东省建筑设计研究院有限公司. 昆明西山万达广场 B 标段超高层写字楼结构超限审查报告[R]. 2012.

设计团队

广东省建筑设计研究院有限公司：陈　星、卫　文、张伟生、李　鹏、张竞辉、任恩辉、赖鸿立、李　伦
执笔人：任恩辉

获奖信息

2017 年度广东省工程勘察设计行业协会，广东省优秀工程勘察设计奖，建筑结构专项二等奖

2017 年度中国勘察设计协会，全国优秀工程勘察设计行业奖，建筑结构专业二等奖

2017—2018 年中国建筑学会，建筑设计奖结构专业一等奖

第11章

沈阳华强金廊城市广场
（一期）

11.1 工程概况

11.1.1 建筑概况

华强金廊城市广场（一期）项目位于辽宁省沈阳市沈河区青年大街西侧、南一经街东侧，十三纬路的两侧地块内。项目一期总建筑面积约为 46 万 m²，地下 4 层，其建筑面积约为 11 万 m²。地下室尺寸为 225m×146m，主要建筑功能为停车库、商业及设备用房，地下四层地下室除核心筒部分区域为非人防区，其余均为六级人防地下室。地上建筑包含 1 号、2 号、3 号 3 栋塔楼和 5 层裙房，主要建筑功能为办公、酒店、公寓和商业。地下室不设缝，地上部分塔楼与裙房交接处设置抗震缝。结构平面形状及结构分缝示意图如图 11.1-1 所示。

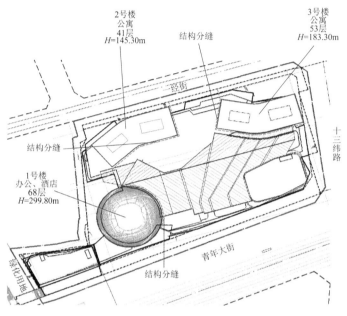

图 11.1-1 结构平面形状及结构分缝示意图

1 号楼建筑面积约为 14.8 万 m²，建筑高度约为 330m，结构高度为 299.8m，地面以上 68 层，其中 1～5 层为商业，14 层、28 层、42 层和 52 层为避难层，53～67 层为酒店区，其余楼层为办公区。2 号楼公寓建筑面积约为 7.2 万 m²，结构高度为 145.3m，地面以上 41 层，1～6 层为商业，12 层、27 层为建筑避难层，其余为公寓。3 号楼地面以上建筑面积 9.7 万 m²，结构高度为 183.3m，地面以上 53 层，1～6 层为商业，12 层、27 层、42 层为建筑避难层，其余为公寓。现场实景见图 11.1-2。

图 11.1-2 现场实景

本工程 1 号楼属于特殊造型框架-核心筒混合结构超高层建筑,本章重点描述 1 号楼的计算分析及重难点介绍;2 号楼及 3 号楼平面与体型均类似,3 号楼属于高位转换的框架-双核心筒结构超高层建筑。鉴于篇幅有限,仅对 3 号楼设计难点、亮点进行分析介绍。

该项目目前大部分已投入使用,未投入使用部分也已完成竣工验收。

11.1.2 设计条件

1. 主体控制参数

控制参数见表 11.1-1。

控制参数 表 11.1-1

结构设计基准期	50 年	建筑抗震设防分类	丙类/乙类（6 层以下）
建筑结构安全等级	二级/一级（6 层以下）	抗震设防烈度	7 度/8 度（6 层以下）
结构重要性系数	1.0/1.1（6 层以下）	设计地震分组	第一组
地基基础设计等级	一级	场地类别	II 类
设计基本地震加速度	0.10g	地震动参数（小/中/大震）（安评值）	$\alpha_{max} = 0.1052$，$T_g = 0.40s$ $\alpha_{max} = 0.23$，$T_g = 0.39s$ $\alpha_{max} = 0.50$，$T_g = 0.44s$

2. 结构抗震设计条件

本项目抗震设计时,多遇地震作用下地震动参数按安评报告取值,设防地震、罕遇地震作用下地震动参数按规范取值,其中设防地震、罕遇地震的特征周期根据安评报告给出的场地覆盖层厚度以及土层剪切波速进行内插确定取值。

根据项目的使用功能及规模等情况,依据《建筑工程抗震设防分类标准》GB 50223—2008,本工程塔楼抗震设防类别定为标准设防类（即丙类）,其中底部楼层与裙房相邻 5 层范围划为重点设防类（即乙类）,按 8 度的要求加强其抗震措施。1 号楼采用带加强层的钢管混凝土框架-内置钢管混凝土核心筒混合结构体系,塔楼（嵌固端以上）剪力墙抗震等级为特一级,框架一般为一级,加强层（42 层）及其相邻层（41 层和 43 层）框架柱的抗震等级提高一级至特一级。3 号楼采用框架（型钢混凝土柱 + 混凝土梁）-双核心筒结构体系,塔楼（嵌固端以上）1～6 层框架和剪力墙抗震等级均为特一级,7 层以上均为一级。

3. 风荷载

本项目结构变形验算时,按 50 年一遇基本风压 $0.55kN/m^2$,承载力验算时按基本风压的 1.1 倍取值,风振舒适度验算取 10 年一遇基本风压 $0.40kN/m^2$,场地粗糙度类别为 D 类。由于建筑周边风环境复杂,1 号塔楼造型新颖别致且高度大于 300m,对风荷载的静力和动力作用比较敏感,项目采用风洞试验的方法来确定其合理的设计风荷载,并对其风致振动特性进行研究。业主委托同济大学土木工程防灾国家重点实验室,采用刚体模型测压风洞试验方法对沈阳华强金廊城市广场 1 号楼超高层塔楼表面风荷载分布进行了测试,并在此基础上完成了结构风振响应分析。风洞测压模型见图 11.1-3。

本工程前期设计时采用体型系数 1.2,其他参数按规范取值与风洞试验结果进行对比分析,SATWE 计算的基底剪力 X 向约 20960kN,大于风洞试验最大值 16740kN;Y 向约 20960kN,大于风洞试验最大值 18441kN;倾覆弯矩 X 向约 3873920kN·m,大于风洞试验最大值 3273263kN·m;Y 向约 3873920kN·m,大于风洞试验最大值 2965877kN·m。结构设计中采用了规范风荷载和风洞试验结果进行位移和强度包络验算,考虑项目的特殊体型及周边未来超高层建筑密集的情况,规范风荷载计算时体型系数偏安全地取 1.2,其他参数按规范数值取用。

图 11.1-3　风洞测压模型

11.2　建筑特点

11.2.1　1 号楼纺锤形带腰桁架的框架-核心筒混合结构

1 号楼建筑平面为圆形，外框架柱分布于首层直径为 46m 的圆上，外框筒沿竖向高度直径由 46m 逐渐扩大到 53.4m（29 层），然后逐渐收进到顶层的 42.2m；核心筒外轮廓约为圆形，尺寸为26.3m×26.3m。建筑外形整体呈纺锤形，外圈钢管混凝土斜柱与建筑外形保持相同斜率变化，位于中下部的 29 层为平面最大楼层，上下倾角约 1.6°。对于纺锤形立面高层建筑，建筑曲线斜柱对结构侧向刚度存在较大的影响，曲线分布的斜柱提高了结构的抗侧刚度，一般情况下，在总建筑面积相等、外框柱截面相同及核心筒墙厚一致的前提下，外立面曲线峰值位于下部 1/3 高度位置时结构层间位移角最小，抗侧刚度最大。1 号楼外立面曲线峰值在 29 层，在接近结构最大高度的 1/3 位置，与上述规律较为吻合。

结构设计结合建筑平面功能、立面造型、抗震（抗风）性能要求、施工周期及造价合理等因素，确定采用带环状腰桁架（在 14 层、28 层和 42 层设置三道）的钢管混凝土柱型钢梁框架-（型钢）混凝土核心筒结构体系，结构抗侧力体系由外框架柱 + 腰桁架与核心筒 + 连梁组成，共同构成多道设防结构体系，提供结构必要的重力荷载承载能力和抗侧刚度。在第 8 层及以下在核心筒剪力墙内设置钢管，以提高底部加强区筒体的轴压承载力及延性。

11.2.2　3 号楼带斜墙转换的钢筋混凝土框架-核心筒结构

本项目 2 号楼及 3 号楼建筑平面均呈转折矩形（图 11.1-1），两栋塔楼平面反向转折，以形成连续的转折线条。其中 3 号楼结构高宽比为 6.8，因建筑平面开间布置的局限性，核心筒高宽比约为 20，Y 向结构刚度偏弱。根据建筑物的总高度、抗震设防烈度、建筑功能等情况，采用框架（型钢混凝土柱 + 混凝土梁）-双核心筒结构体系。框架柱为型钢混凝土柱，楼面梁系主要为钢筋混凝土梁、部分为型钢混凝土梁，核心筒为混凝土核心筒。为了能有效地提高结构 Y 向的抗侧刚度，尽量避免对建筑的影响，结构设计在两个核心筒之间设置了 3 片 Y 向落地剪力墙，并通过在 7～12 层设置斜率为 1/6 的斜墙过渡转换，将 8 根框架柱过渡为 8 片均匀分布于结构平面的带边框剪力墙，为主体结构提供了很好的抗侧、抗扭能力，使得结构很好地满足规范的各项指标要求。

11.3 1号楼结构设计

11.3.1 方案对比

1号楼在方案配合阶段确定采用框架-核心筒结构体系，考虑建筑立面呈纺锤形，且外立面存在螺旋上升的凹口，外框柱位设置方案作以下分析：（1）采用外框大部分直柱（顶部斜柱）方案则需要外框柱内退至首层46m圆形平面之内，中部较多楼层悬臂梁跨度超过5m，对建筑功能及结构经济性均有较大影响；采用外框斜柱与幕墙边平齐的方案则每层都需要在凹口位置设置曲率更大的斜柱，而柱底轴力约50000kN，凹口处柱弯折幅度较大，对楼面梁、板产生较大拉力，径向梁跨度更大导致梁高加大，对层高有一定影响，并增加了施工难度；（2）采取外框柱随形设置斜柱并内退至凹口位置，各柱斜率一致，悬臂梁跨度一致（小于2m），框架梁跨度及梁高合适，结构整体刚度及经济性较优。对于核心筒形状的确定，结构设计与建筑平面功能布局紧密配合，通过筒体圆形平面局部切平及筒体洞口合并等优化处理方案，核心筒呈八角形，高宽比约12，较之于核心筒高宽比14的正方形核心筒方案，筒框梁跨度基本一致，结构具有更适宜的侧向刚度，为加强层优化设计提供了较好的基础。

考虑外框斜柱的受力特点、截面大小、结构效率及梁柱连接等影响因素，外框柱采用钢管混凝土柱，核心筒采用内置型钢或钢管的钢筋混凝土剪力墙，框架梁则采用钢筋混凝土梁（图11.3-1）和钢梁两种方案进行经济性对比分析：（1）钢管混凝土柱＋钢筋混凝土梁＋钢筋混凝土核心筒的混凝土结构方案，存在结构自重较大、需支梁板模板、工期较长、基础费用高、柱墙截面较大、面积利用率较低及仅柱需要进行防腐防火涂装等情况；（2）钢管混凝土柱＋钢梁＋钢筋混凝土核心筒的混合结构方案，存在结构自重较轻、不需支梁板模板、工期较优、基础费用稍低、柱墙截面较小、面积利用率较高及梁柱需要进行防腐防火涂装等情况。根据估算的经济效益分析，混合结构与混凝土结构相比，基础节省造价24.6%，上部结构增加造价为29.5%，混合结构增加造价占结构总造价的16.7%，仅占工程总造价的0.38%（按工程总造价8000元/m²，含室内装饰费用）；综合效益估算分析显示，混合结构与混凝土结构相比，结构造价增加4954万元，全楼增加有效使用面积820m²，按增加可售面积计算增加经济价值约3514万元；按节省5个月工期计算增加租金4480万元，两项共增加经济效益7994万元，高于造价的增加费用，增加经济效益3040万元。本项目地处东北地区，采用混合结构体系比混凝土结构方案的总重量减轻15%，采用持力层为圆砾层的筏板基础，避免较多混凝土结构在冬季无法施工的情况，可缩短工期并提升经济效益。

根据《高层建筑混凝土结构技术规程》JGJ 3—2010，框架柱采用钢管混凝土柱，框架梁采用钢筋混凝土梁为钢筋混凝土结构，框架梁采用钢梁为混合结构，需遵循不同的设计要求。通过详细地计算对比分析评价，与钢筋混凝土结构相比，采用混合结构方案结构总体质量较小，地震剪力调整前，首层剪重比1.44%，约为限值1.58%（安评小震地震影响系数0.1052确定）的91.2%，剪重比不满足1.58%的楼层数控制在总楼层数的15%，显示结构布置及侧向刚度分布合理，综合评估结构的抗震性能及经济性，1号塔楼最终选择钢管混凝土（斜）柱＋钢梁及下部楼层内置钢管的钢筋混凝土核心筒的混合结构方案。

11.3.2 加强层敏感性分析

1号塔楼拟采用框架-核心筒结构体系，为提高结构的侧向刚度，减小结构侧移，需根据建筑造型及使用功能等要求设置加强层，加强层设置方式包括在外框柱与核心筒之间设置伸臂桁架，或在结构外圈钢管混凝土柱之间设置腰桁架（图11.3-2），并根据加强层合理设置位置的敏感性分析确定合理的结构方案。

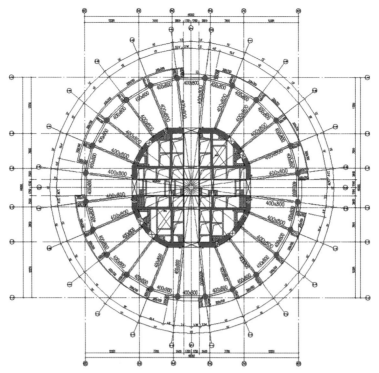

图 11.3-1　典型层框架梁（钢筋混凝土结构方案）布置图

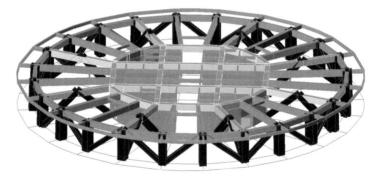

图 11.3-2　伸臂桁架和腰桁架布置模型

　　结合结构自重较大、结构及核心筒高宽比适宜等特点，综合考虑结构布置的合理性及刚度突变情况等因素进行分析，加强层、伸臂桁架及腰桁架的数量、位置对结构整体计算指标的影响见表 11.3-1，最终确定在 14 层、28 层和 42 层设置腰桁架加强层。仅在若干楼层设置腰桁架而不设伸臂桁架的方案，可避免出现薄弱楼层，也能更好地满足刚重比、剪重比及外框剪力分担比等总体指标的要求，降低了施工难度，并确保结构具有良好的抗震性能。

在三个避难层设置加强层时主要计算结果　　　　　　　　　　　表 11.3-1

主要结果		加强层设置			
		不设加强层	14 层、28 层和 42 层设腰桁架	14 层、28 层和 42 层设伸臂桁架	14 层、28 层和 42 层设腰桁架和伸臂桁架
地震作用下最大层间位移角	X	1/669（38）	1/691（38）	1/726（50）	1/727（50）
	Y	1/672（38）	1/693（38）	1/717（50）	1/718（51）
风作用下最大层间位移角	X	1/1173（38）	1/1237（37）	1/1333（50）	1/1345（52）
	Y	1/1185（38）	1/1249（38）	1/1327（50）	1/1338（52）
基底剪力/kN	X	33819	34553	35756	36040
	Y	33825	34541	35671	35953

主要周期/s	T_1	6.97（X）	6.79（X）	6.46（X）	6.40（X）
	T_2	6.83（Y）	6.66（Y）	6.37（Y）	6.31（Y）
	T_3	2.96（T）	2.90（T）	2.92（T）	2.86（T）
调整前首层剪重比	X	1.31%	1.33%	1.37%	1.38%
	Y	1.31%	1.33%	1.36%	1.37%
刚重比	X	1.74	1.81	1.94	1.97
	Y	1.75	1.81	1.94	1.97
总质量/kN		2591453	2606590	2614639	2618869

11.3.3 结构体系及结构布置

1. 结构体系

结构设计结合建筑平面功能、立面造型、抗震（抗风）性能要求、施工周期及造价合理等因素，确定采用带环状腰桁架的钢管混凝土柱型钢梁框架-（型钢）混凝土核心筒结构体系。结构抗侧力体系由外框架柱＋腰桁架与核心筒＋连梁组成（图 11.3-3），共同构成多道设防结构体系，提供结构必要的重力荷载承载能力和抗侧刚度。重力荷载通过水平构件传递给核心筒和外框柱，最终传给基础。水平荷载产生的剪力和倾覆弯矩由外框架柱与核心筒共同承担。其中剪力主要由核心筒承担，倾覆弯矩由外框架柱和核心筒共同承担。

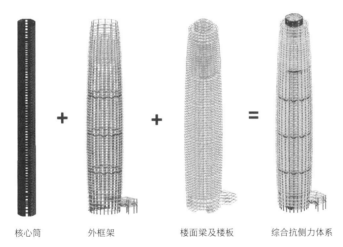

核心筒　　　　外框架　　　　楼面梁及楼板　　　综合抗侧力体系

图 11.3-3　结构体系

2. 结构布置

钢管混凝土柱型钢梁框架部分在第 14 层、28 层和 42 层外框架柱间设置环向带状腰桁架；第 62 层及以上，框架柱隔一抽一，由 24 根变为 12 根。外框架钢管混凝土柱由底部外直径 1400mm（壁厚 40mm）向上收至 800mm（壁厚 20mm），混凝土强度等级为 C70～C50。

核心筒在第 8 层及以下在剪力墙内设置钢管形成钢管混凝土剪力墙，以提高底部加强区筒体的轴压承载力及延性，其余楼层为普通钢筋混凝土剪力墙筒体。核心筒呈八角形，尺寸约为26.3m×26.3m，筒体外墙厚由底部 1300mm 向上逐步收至 400mm，混凝土强度等级为 C60～C40。

本工程地面以上采用钢-混凝土组合楼盖体系，地下室采用钢筋混凝土楼盖。

（1）塔楼标准层框架梁除与核心筒节点为铰接外，其余均为刚接；钢梁主要截面为 H700mm×400mm×16mm×40mm、H850mm×400mm×16mm×40mm、H600mm×400mm×14mm×30mm、

H400mm × 200mm × 8mm × 13mm；加强层为□800mm × 800mm × 40mm × 40mm。钢材材质为 Q345B，部分构件采用 Q390C。塔楼典型层结构平面如图 11.3-4 所示。

（2）加强层（14 层、28 层和 42 层）及其相邻层楼板为 150mm，并采用双层双向配筋。

（3）地下室楼板按双向板布置，板厚 120mm；首层（地下室顶板）采用梁板结构，板厚 180mm；塔楼部分楼板厚 130mm（核心筒内部和走廊区 120mm，大开洞周边板厚 150mm），屋面层板厚 120mm。

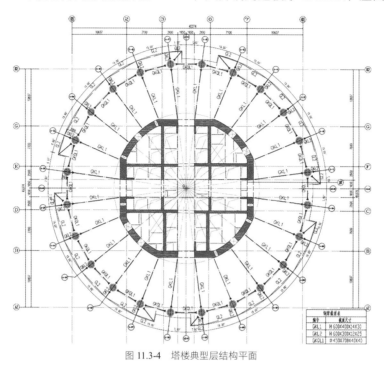

图 11.3-4　塔楼典型层结构平面

11.3.4　基础与地下室设计

1．地质情况

本工程的场地地基土主要由杂填土、黏性土、砂类土、碎石类土和风化岩组成，层位相对稳定，除杂填土结构松散，不宜做天然基础外，其余各层均可做基础持力层。场地的抗震设防烈度为 7 度，场地土类型为中硬土，建筑场地类别为 II 类，场地划分为建筑抗震有利地段。

2．基础选型

根据地基土质、上部结构体系及施工条件等资料，经技术和经济对比优化，本工程各区域采用筏板基础；塔楼区域持力层为⑥圆砾层，承载力特征值为 650kPa，现场压板试验结果为 900kPa。裙房区域持力层为⑤中粗砂层。塔楼结构自重永久荷载可以平衡水浮力，裙楼区域为满足建筑物整体抗浮要求及控制底板结构配筋的经济性，裙楼部分区域基础设置抗拔桩。筏板平面均成八边形对称布置（图 11.3-5），其中核心筒下筏板厚度 7.6m，从核心筒外墙外挑约 5m；框架柱下筏板厚度 5.6m，从框架柱外侧外挑约 6m；外围裙房区域筏板厚度 1.0m。

3．地下室设计

本工程地下室顶板及以下各楼层部分均采用现浇钢筋混凝土梁板结构形式。本工程一期项目塔楼与裙楼地下室连成整体，属整体超长混凝土结构，外边尺寸约为 225m × 146m。为减小温度、收缩应力导致的地下室开裂，采用补偿收缩混凝土，并提高底板及楼板双向配筋率，采用低水化热的掺粉煤灰水泥，以 90d 龄期强度作为设计强度，结构设计在顶板、底板、侧壁、地下各层楼面间距约 40m 设后浇带及伸缩沟等措施，并根据东北地区冬季严寒的特点进行了模拟施工分析，对施工提出了相应的要求，以减小温度、收缩应力导致的超长地下室构件的开裂。

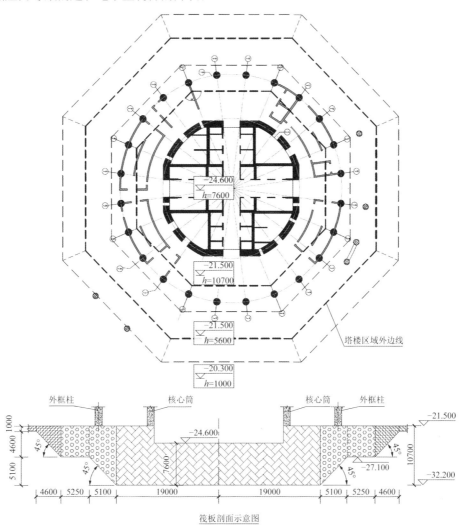

筏板剖面示意图

图 11.3-5　塔楼筏板基础布置图

4．沉降观测

1 号塔楼 300m 高，采用天然地基上的筏板基础，必须严格控制塔楼的基础沉降及塔楼与裙楼的差异沉降，结构设计在塔楼筏板与裙楼筏板相邻区域设置沉降后浇带，待塔楼主体结构封顶且根据实测沉降值计算后期沉降差能满足设计要求后封闭。根据现场对塔楼的变形监测结果显示（沉降监测点布置见图 11.3-6），筏板基础的沉降值及倾斜度均满足《建筑变形测量规范》JGJ 8—2007 的变形要求。具体变形量见表 11.3-2。

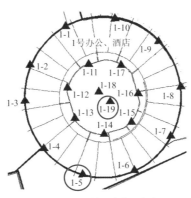

图 11.3-6　1 号楼沉降监测点布置

工程名称：沈阳华强金廊城市广场一期沉降观测工程　观测时间：2020-6-29

监测项目	对应监测点编号	本期累计变化最大值/mm	对应监测点编号	本期累计变化最小值/mm	本期累计变化最大与最小值之差/mm	倾斜度α	预警值α = ΔH/L	监测时工况	监测结论
1号楼内圈建筑物沉降	1-19	48.6	1-14	46.9	1.7	0.000113	0.00105	良好	允许值内
1号楼外圈建筑物沉降	1-5	37.6	1-7	35.5	2.1	0.000140	0.00105	良好	允许值内

说明：依据《建筑变形测量规范》JGJ 8—2007，本次监测数据均在稳定均匀沉降范围之内。

11.3.5　抗震性能目标

本工程采用钢管混凝土框架-钢筋混凝土核心筒的混合结构，按照《高层建筑混凝土结构技术规程》JGJ 3—2010 的规定，框架-核心筒结构在 7 度区混合结构高层建筑的适用高度为 190m，塔楼高 299.8m，超过规范适用高度的 58%，并存在楼板不连续、局部穿层柱、含加强层和承载力突变等不规则 4 项，属特别不规则的超限高层建筑。

针对结构高度及不规则情况，设计采用结构抗震性能设计方法进行分析和论证。设计根据结构可能出现的薄弱部位及需要加强的关键部位，依据《高层建筑混凝土结构技术规程》JGJ 3—2010 第 3.11.1 条的规定，结构总体按 C 级性能目标要求，具体要求见表 11.3-3。

结构抗震性能目标及震后性能状况　表 11.3-3

地震作用		小震	中震	大震
底部加强区核心筒墙体结构加强层及其相邻层核心筒墙体	压弯	弹性	弹性	不屈服
	拉弯		弹性	不屈服
	受剪		弹性	不屈服
非底部加强区核心筒墙体普通框架柱	压弯	弹性	不屈服	部分构件进入屈服阶段；受剪截面满足截面限制条件
	拉弯		不屈服	
	受剪		弹性	
加强层及其相邻楼层框架柱腰桁架		弹性	弹性	不屈服
跃层柱		弹性	不屈服受剪弹性	受弯不屈服；受剪不屈服
框架梁		弹性	受弯允许部分屈服受剪不屈服	部分构件进入屈服阶段；受剪截面满足截面限制条件
核心筒连梁		弹性	受弯允许部分屈服受剪不屈服	受弯允许进入屈服阶段；受剪截面满足截面限制条件
首层楼板、加强层楼板		弹性	不屈服	部分构件进入屈服阶段；受剪截面满足截面限制条件

11.3.6　结构计算与分析

1. 小震及风荷载作用分析

本工程多遇地震作用分析采用了振型分解反应谱法和弹性时程分析法，使用软件为 SATWE 与 MIDAS/Building，主要计算结果见表 11.3-4。由于塔楼结构为圆形，核心筒为八角形，连接外框与内筒的框架梁呈放射形布置，计算结果显示两个方向结构动力特性相近，相对扭转振动效应较小。小震及风荷载作用下最大层间位移角均满足 1/500 的限值要求，层间位移角在三个加强层有明显的收进，说明腰桁架的设置能有效减小层间位移角（图 11.3-7）。各楼层剪重比如图 11.3-8 所示。

计算软件		SATWE	MIDAS/Building
计算振型数		60	60
结构总质量/t		227700	230880
第 1、2 阶平动周期/s		$T_1 = 6.37$，$T_2 = 6.33$	$T_1 = 6.39$，$T_2 = 6.36$
第 1 阶扭转周期/s		$T_3 = 2.26$	$T_3 = 2.55$
基底剪力/kN	X向地震	32856	34626
	Y向地震	32758	34463
剪重比（限值 1.58%）	X向	1.44%	1.50%
	Y向	1.44%	1.50%
倾覆力矩/（kN·m）/框架占比	X向地震	5336980/20.6%	6526300
	Y向地震	5336830/20.6%	6491400
最大层间位移角（层号）	X向风	1/1150（50 层）	1/1169（50 层）
	Y向风	1/1144（52 层）	1/1168（50 层）
	X向地震	1/735（53 层）	1/747（53 层）
	Y向地震	1/730（53 层）	1/742（52 层）
刚重比 EJd/GH^2	X向	1.99	2.06
	Y向	1.99	2.05

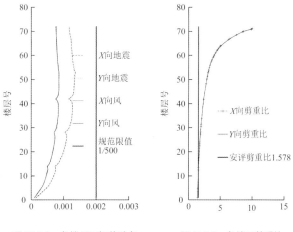

图 11.3-7　各楼层层间位移角　　　图 11.3-8　各楼层剪重比

纺锤形塔楼外框架柱竖向随造型小角度倾斜，倾斜角约为 1.6°，29 层以下为内斜柱使核心筒承受了部分竖向作用力产生的附加剪力。框架与筒体的层剪力及剪力分配比例图（图 11.3-9）显示楼层剪力主要由核心筒承担，大部分楼层框架部分承担剪力大于 10%，底部楼层框架分配剪力比例不小于 5%；倾覆弯矩则由核心筒与框架共同承担，框架倾覆弯矩比例约为 20%。由于 65 层往上，外框架柱隔一抽一，框架承担剪力百分比和倾覆弯矩百分比迅速下降。为确保第二道防线的作用，对本工程各分段框架部分的楼层剪力按 $1.8V_{fMAX}$ 和 $0.25Q_0$ 较小值进行调整。

2．中震作用分析

根据其抗震性能目标要求，进行结构构件性能计算分析，分别进行了中震弹性和中震不屈服的受力分析。计算中震作用时，水平最大地震影响系数 α_{max} 按规范取值为 0.23，阻尼比为 0.04。中震计算结果显示核心筒墙体内置钢管形成的钢管混凝土剪力墙可满足受弯不屈服、受剪弹性的性能要求；框架柱、悬臂梁满足受弯、受剪弹性；结构加强层腰桁架满足受压、受拉不屈服；大部分楼层的连梁屈服，小部分普通框架梁屈服，但其均满足受剪截面验算的要求。整体属轻度损坏。

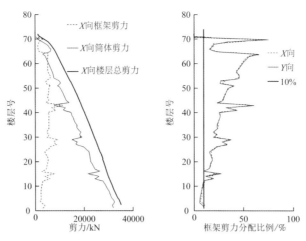

图 11.3-9　框架与简体剪力分配图

3．大震作用下弹塑性时程分析

本工程的大震弹塑性时程分析采用了 PERFORM-3D 软件。时程分析选取 1 条人工波和 2 条天然波进行，地震波峰值加速度为 220.0cm/s²，计算持时 40s。经过分析，各层最大的弹塑性层间位移角最大值均小于 1/100（图 11.3-10），符合规范规定，可实现大震不倒的设防目标。

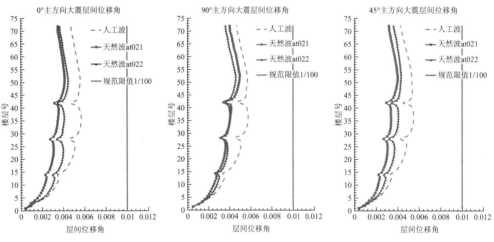

图 11.3-10　大震作用下层间位移角曲线

根据结构大震动力弹塑性计算指标判断，底部加强区钢管混凝土核心筒少量剪力墙出现轻微至轻度损伤，剪力墙钢筋均未达到屈服；除 62～70 层部分框架柱屈服，其余框架柱未屈服，剪力墙及框架柱均满足等效弹性计算的大震作用下最小受剪截面验算。人工波 DBSC2022 作用下的 90°主方向底层总剪力峰值出现在 16.26s，此时底层总剪力为 95998kN，框架柱所占比例为 6.5%（图 11.3-11）。加强层腰桁架、外框梁型钢或钢筋均未屈服；大部分楼层的普通框架梁、核心筒连梁出现屈服，部分接近破坏极限状态，结构基本上满足性能 C 的大震抗震性能要求。

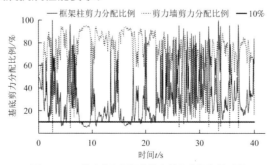

图 11.3-11　核心筒和框架柱基底剪力分配比例时程

结构耗散能量分析显示结构在罕遇地震作用下，剪力墙、柱和梁部分杆件进入塑性，参与塑性耗能，其中梁构件塑性耗能比例最大，在0°、90°和45°主方向工况下所占塑性耗能比例分别为56%、55.41%和70%，柱构件耗能比例最小，不超过1%（图11.3-12）。由此可见，结构剪力墙和梁是主要耗能构件，其中梁构件的塑性耗能对剪力墙和柱等竖向构件的抗震性能起到有利作用。

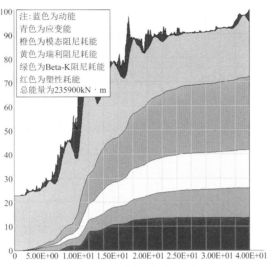

注：蓝色为动能
青色为应变能
橙色为模态阻尼耗能
黄色为瑞利阻尼耗能
绿色为Beta-K阻尼耗能
红色为塑性耗能
总能量为235900kN·m

图 11.3-12　90°主方向结构整体耗能

11.4　3号楼结构设计

11.4.1　结构体系与结构布置

3号楼结构高度183.3m，高宽比为6.8，核心筒高宽比约为20，采用框架（型钢混凝土柱 + 混凝土梁）-双核心筒结构体系（图11.4-1），楼面梁部分为型钢混凝土梁。为有效提高Y向抗侧刚度，尽量避免对建筑的影响，经过结构方案比选，结构设计在两个核心筒之间设置了3片Y向落地剪力墙，并通过在7～12层设置单侧斜率为1/6的斜墙过渡转换，斜墙内设型钢，将8根框架柱过渡为8片均匀分布于结构平面的带边框剪力墙（图11.4-2），为主体结构提供了很好的抗侧、抗扭能力，使得结构很好地满足规范的各项指标要求，斜墙转换立面图如图11.4-3所示。

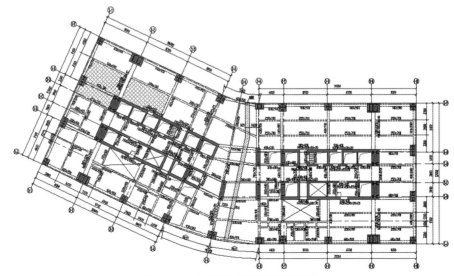

图 11.4-1　商业裙楼区典型结构平面布置

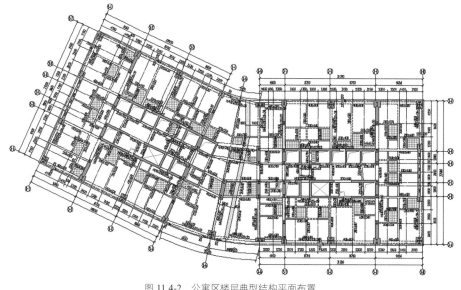

图 11.4-2 公寓区楼层典型结构平面布置

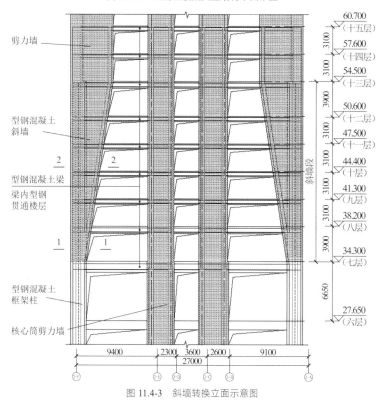

图 11.4-3 斜墙转换立面示意图

由于下部建筑功能的限制及上部结构侧向刚度的需求，3 号塔楼需设置部分框支剪力墙，采用常规的框支转换梁，且由于转换层层高与其相邻层层高比值为 1.71 倍，较难满足《高层建筑混凝土结构技术规程》JGJ 3—2010 附录 E 转换层上、下结构侧向刚度比规定，本工程在建筑功能允许的前提下，通过单侧斜率为 1/6 变化的倒三角形斜墙段的设置，可以避免较大的刚度突变，由框架柱通过斜墙过渡到剪力墙的方式是与框支转换相比较优的转换结构方案。

11.4.2 抗震性能目标

本工程采用钢筋混凝土框架-双核心筒结构体系，结构高度 183.3m，存在扭转不规则、楼板不连续、刚度突变、局部穿层柱等不规则项，属于超 B 级高度的超限高层建筑。针对结构高度及不规则情况，根据结构可能出现的薄弱部位及需要加强的关键部位，总体按性能目标 C 要求设计（表 11.4-1）。

结构抗震性能目标及震后性能状况 表 11.4-1

地震作用		小震	中震	大震
1～6 层筒体及剪力墙 7～12 层斜墙	受弯	弹性	弹性	不屈服
	受剪			
其他区域核心筒及剪力墙	受弯	弹性	不屈服	允许进入塑性，控制塑性变形； 受剪截面满足截面限制条件
	受剪		受剪弹性	
1～6 层框架柱		弹性	弹性	不屈服
7 层及以上框架柱		弹性	受弯不屈服 受剪弹性	部分构件进入屈服阶段； 受剪截面满足截面限制条件
与斜墙面内相接的框架梁		弹性	拉弯弹性 受剪弹性	部分构件进入屈服阶段； 受剪截面满足截面限制条件
框架梁		弹性	受弯允许部分屈服 受剪不屈服	部分构件进入屈服阶段； 受剪截面满足截面限制条件
连梁		弹性	受弯允许部分屈服 受剪不屈服	受弯大部分构件进入屈服阶段； 受剪截面满足截面限制条件

11.4.3 结构计算分析及加强措施

本工程选用了中国建筑科学研究院有限公司编制的 SATWE 软件（简化墙元模型，V1.3 版）和北京迈达斯技术有限公司编制的 MIDAS/Building 软件（2013 版）进行小震及风荷载作用分析（表 11.4-2）。本工程属多项不规则的超 B 级高度的高层建筑，框架柱和剪力墙是主要的抗侧力构件，设计中通过提高关键部位及底部加强部位剪力墙墙肢的延性，使抗侧刚度和结构延性更好地匹配，达到有效的协同抗震。对于剪力墙筒体，通过调整结构内外筒剪力和倾覆力矩比例，使底部关键构件（1～6 层）、满足"中震受弯、受剪弹性，大震受弯、受剪不屈服"的要求，设计时按特一级抗震等级要求，并参考设防烈度地震下计算结果配置剪力墙竖向钢筋，再根据罕遇地震下时程分析计算的剪力墙受拉弯损坏的情况，提高约束边缘构件的配筋率（大于 1.6%）、竖向分布筋配筋率（大于 0.6%）。

结构分析主要结果汇总 表 11.4-2

计算软件		SATWE		MIDAS/Building	
		76°/-14°不利角		76°/-14°不利角	
第一、二阶平动周期/s		$T_y = 5.07$ $T_x = 4.23$		$T_y = 5.03$ $T_x = 4.00$	
第一扭转周期/s		$T_t = 4.25$		$T_t = 4.28$	
第一扭转周期/第一平动周期/s		0.84		0.85	
地震作用下基底剪力/kN （柱所占比例）	X	32330	16.33%	32366	12.60%
	Y	29796	30.57%	29407	22.40%
结构总质量/t		181860		182024	
平均单位面积重度/（kN/m²）		17.35		17.37	
首层剪重比（调整前）	X	1.74%		1.81%	
	Y	1.67%		1.65%	
首层地震作用下倾覆弯矩/（kN·m） （柱所占的比例）	X	3588354	24.40%	3797597	20.50%
	Y	3356252	28.62%	3116323	24.10%

50 年一遇风荷载下最大层间位移角（层号）	X	1/3817	19F	1/3826	20F
	Y	1/1160	31F	1/1106	31F
地震作用下最大层间位移角（层号）	X	1/901	20F	1/1043	21F
	Y	1/722	32F	1/747	32F
考虑偶然偏心最大扭转位移比（层号）	X	1.26	1F	1.11	2F
	Y	1.41	1F	1.10	2F
刚重比 EJd/GH^2	X	3.21		3.66	
	Y	2.14		2.2	

对于本工程转换关键构件及节点，进行中震弹性下斜墙根部楼面框架梁拉弯承载力验算。经过对 7 层斜墙段根部框架梁计算内力结果的比较，选取了内力最大的框架梁作中震弹性下的拉弯承载力验算。斜墙轴力（图 11.4-4）沿纵横方向分解，竖向力 N_y 主要由下层框架柱承担，水平力 N_x 考虑全部由框架梁承担，此框架梁为拉弯构件。框架梁采用型钢混凝土梁，截面为 800mm×1200mm，型钢截面为 H900mm× 400mm×40mm×40mm。分别验算轴力最大弯矩最大工况以及轴力最小弯矩最小工况，结果如图 11.4-5 所示，满足中震弹性要求。

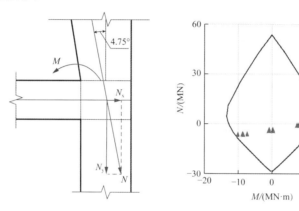

图 11.4-4　斜墙根部节点受力示意图　　图 11.4-5　斜墙根部处框架梁拉弯承载力验算

11.5　专项设计

11.5.1　结构收缩徐变变形分析

1 号塔楼采用钢管混凝土柱＋钢梁-钢筋混凝土核心筒结构体系，在施工过程中，由于结构内筒与外框架材料的不同层次会产生不同的轴向压缩量。对于超高层结构来说，核心筒或柱的不均匀压缩，无论是弹性的还是非弹性的（包括混凝土的收缩及徐变），其影响在设计和施工中均要专门考虑。

为准确计算各层竖向位移、位移差以及附加内力的影响，保证结构的安全性和适用性，进行了考虑长期荷载作用下的材料时变特性的施工全过程跟踪模拟分析，分析采用 SAP2000 建立整体分析模型，剪力墙和楼板采用壳单元，其余构件采用梁单元。收缩徐变计算采用欧洲混凝土委员会和国际预应力混凝土协会 CEB-FIP1990 模式。初步估算塔楼的基本施工速度为每 8 天一层，每 4 层为一个施工阶段（表 11.5-1）。按 72 层计，主体结构完工预计 576d，初步估计装修阶段工期都为 200d。考虑收缩徐变时间为装修完成后1 年、10 年、20 年三个时间点。为了避免加强层桁架产生不必要的变形作用力，在施工初期加强层桁架将采用后连接方法，允许桁架于施工期较后时间连接，直至主体结构施工完成后以及大量轴向变形差产生后才连接加强层桁架。主体结构施工及加强层桁架的连接示意如图 11.5-1 所示。

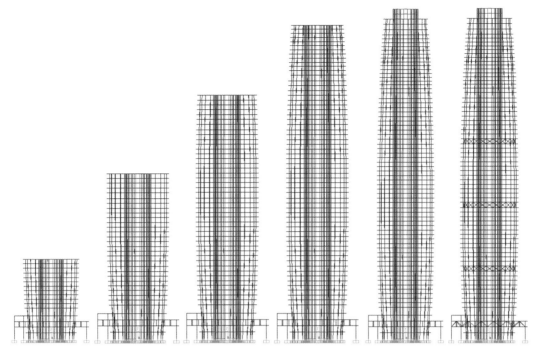

图 11.5-1 主体结构施工及加强层桁架的连接示意

施工模拟工况定义 表 11.5-1

工况	荷载	加载方式	备注
工况 1	自重	每 4 层一个施工段，至结构封顶	普通施工模拟，不考虑收缩徐变
	自重 + 装修荷载 + 0.5 活荷载	装修阶段一次性加载	
工况 2	自重	每 4 层一个施工段，每段持续 32d，至结构封顶	考虑收缩徐变的施工模拟
	自重 + 装修荷载 + 0.5 活荷载	装修阶段持续 200d，此后一年按一步计算	

考虑到塔楼结构平面基本对称布置，选取各层墙肢上的点 W1、W2、W3 和柱 C1、C2、C3 作为位移的考察对象（图 11.5-2），分析核心筒和边柱典型部位的竖向位移和位移差的分布规律。

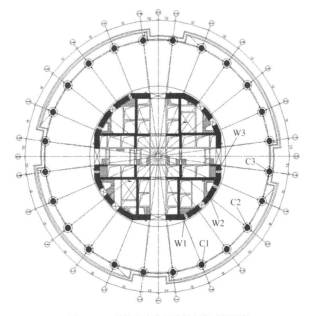

图 11.5-2 结构竖向变形分析考察对象示意

通过对本结构进行长期荷载作用下材料时变特性的施工全过程模拟，研究了收缩徐变对整体结构竖向变形的影响。结构竖向变形变化规律归纳如下：

（1）不考虑收缩徐变对材料变形的影响会严重低估结构的竖向位移，误差高达2倍以上，见图11.5-3。

（2）边柱和剪力墙的变形基本呈现相同的规律（图11.5-3）。在结构封顶阶段，墙肢边柱竖向位移差较小，最大值为1.28mm，见图11.5-4。加强层桁架的连接是在主体封顶后才开始施工，所以此时更应该注意预留墙柱位移差的施工空间。

（3）装修完成后，结构的竖向变形还在持续发展，因此应当考虑装修完成后 10 年为最不利情况（图11.5-4），墙柱竖向位移差的发展会增大连接剪力墙与边柱的钢梁内力，对结构造成不利影响。

（4）实际施工时，适当补偿由于长期收缩徐变影响造成的边柱与墙肢竖向变形差，根据变形差曲线将与边柱相连的梁端标高适当提升。

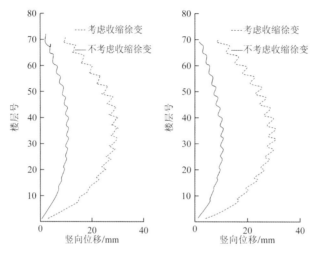

图 11.5-3　墙肢 W1 与边柱 C1 测点处的竖向位移

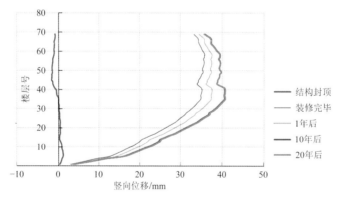

图 11.5-4　墙肢 W1 测点处的竖向位移对比

11.5.2　关键构件设计

1. 底部剪力墙受弯验算

为了更准确地计算本工程核心筒墙体的承载力，按照《混凝土结构设计规范》GB 50010—2010 规定的方法，采用截面分析软件 XTRACT 分析各墙肢的截面承载力，得到墙肢的 P-M 曲线，最后将各组合工况内力（SATWE 中震不屈服/弹性计算的弯矩不利组合、轴压不利组合、轴拉不利组合分别控制的组合）与之比较得到结果。计算结果显示，核心筒剪力墙的压弯承载力和拉弯承载力均能满足中震弹性的要求，墙肢 C1W1 分析情况见表 11.5-2。

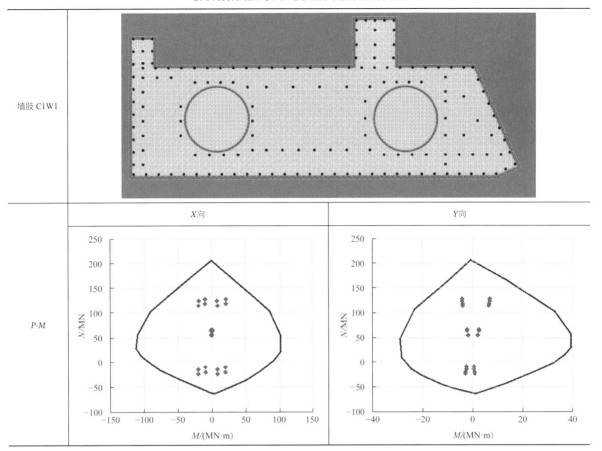

墙肢 C1W1		
	X向	Y向
P-M		

2. 剪力墙内置不同型钢截面受力性能分析

本工程在底部加强区范围核心筒的墙肢内设置钢管以减小墙体的厚度并提高墙肢延性，由于墙内设置圆钢管的工程经验并不多，针对钢管混凝土剪力墙的受力性能进行了有限元分析，结果见图 11.5-5。

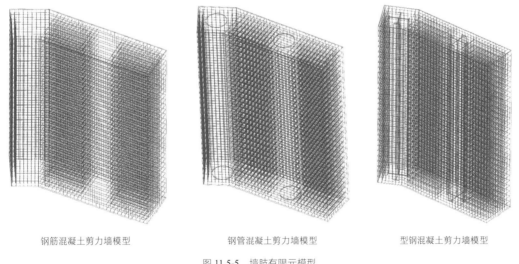

钢筋混凝土剪力墙模型　　　　　钢管混凝土剪力墙模型　　　　　型钢混凝土剪力墙模型

图 11.5-5　墙肢有限元模型

分析采用通用有限元软件 ABAQUS，以《混凝土结构设计规范》GB 50010—2010 附录 C 提供的受拉、受压应力-应变关系作为混凝土本构的骨架曲线，钢材采用等向强化二折线模型及 Mises 屈服准则，强化段的强化系数取为 0.01。分析结果表明，钢管混凝土剪力墙承载力和延性比普通混凝土剪力墙有很大提高（图 11.5-6，图 11.5-7），与普通型钢混凝土剪力墙相比承载力和延性也有一定提高。

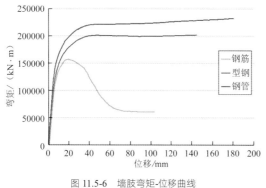

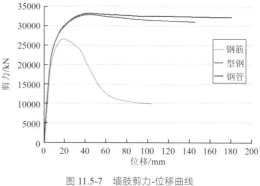

图 11.5-6　墙肢弯矩-位移曲线　　　　　　　　　　图 11.5-7　墙肢剪力-位移曲线

11.5.3　塔冠设计及分析

1号楼塔冠起始标高为299.8m，外形似花瓣状，最高处标高为330.0m，塔冠结构高度超过30m。为确保计算结果能准确反映塔冠与主体结构的协同工作及相互影响，采用YJK软件将塔冠建入主体结构模型进行整体计算分析，塔冠与顶部核心筒局部模型见图11.5-8。

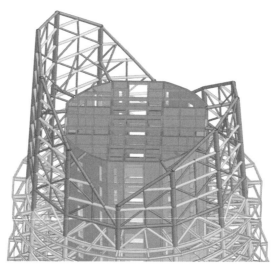

图 11.5-8　塔冠与顶部核心筒局部模型

塔冠采用焊接钢管网格结构，考虑到塔冠部位为露天环境，结构在冬季的工作温度低达−30℃，故钢材选用Q355D。塔冠外框钢管柱采用与下层钢管混凝土柱同斜率向上延伸，规格为ϕ800mm×22mm。为确保塔冠结构的刚度及稳定性，在钢筋混凝土核心筒与塔冠结构之间设置9道主要钢支撑，其与外围钢柱以耳板销轴连接（铰接），与核心筒以埋件连接（刚接），主支撑两侧设有ϕ245mm×10mm的次支撑，其两端与钢管相贯焊接，保证主支撑的侧向稳定。塔冠结构平面及支撑如图11.5-9、图11.5-10所示。

塔冠计算时，整体计算参数同主体结构，风荷载体型系数取风洞试验及规范的包络值1.2。假定结构的合拢（安装）温度为15℃，升温15℃，降温45℃，采用−30℃、+30℃来作为计算温度荷载；幕墙蒙皮荷载按1.5kN/m²，雪荷载0.5kN/m²。塔冠主要构件尺寸见图11.5-11。计算分析采用YJK软件，根据上述条件对塔冠结构进行承载力、杆件挠度、水平位移验算。经计算，在标准组合下，杆件的最大挠度为1/1437，远小于规范限值1/400；竖向构件在风荷载作用下的X、Y向层间位移角分别为1/1823、1/1516，远小于规范限值1/250。在基本组合下，杆件的最大应力比为0.67，满足规范的要求，见图11.5-12。为进一步验证计算结果的准确性，用MIDAS/Gen软件进行复核分析，经计算，杆件最大应力比为0.57，其余各项指标也均满足规范要求。

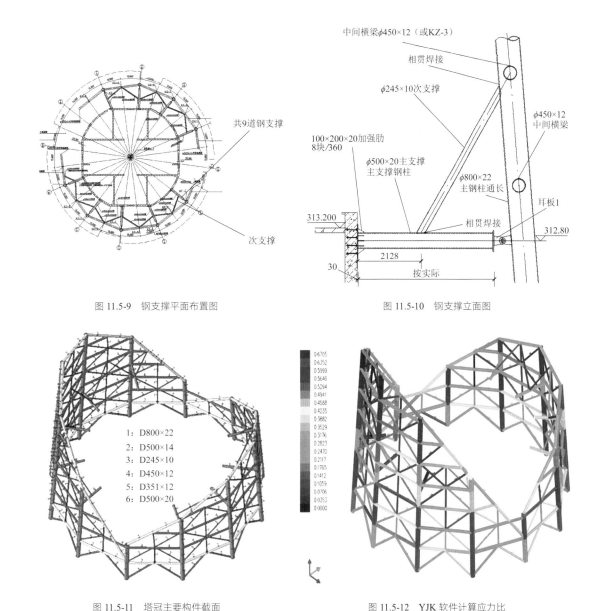

中间横梁φ450×12（或KZ-3）

相贯焊接

φ245×10次支撑

φ450×12
中间横梁

100×200×20加强肋
8块/360
φ500×20主支撑
主支撑钢柱

φ800×22
主钢柱通长

共9道钢支撑

次支撑

耳板1

相贯焊接

313.200

312.80

30

2128

按实际

图 11.5-9　钢支撑平面布置图

图 11.5-10　钢支撑立面图

1：D800×22
2：D500×14
3：D245×10
4：D450×12
5：D351×12
6：D500×20

0.6705
0.6352
0.5999
0.5646
0.5294
0.4941
0.4588
0.4235
0.3882
0.3529
0.3176
0.2823
0.2470
0.2117
0.1765
0.1412
0.1059
0.0706
0.0353
0.0000

图 11.5-11　塔冠主要构件截面

图 11.5-12　YJK 软件计算应力比

11.6　结语

华强金廊城市广场（一期）项目为辽宁省沈阳市的地标性建筑之一，1号楼建筑外形整体呈纺锤形，塔高330m，与青年大街上彩电塔、环球金融中心等超高层建筑相映天际线，结构采用带环状腰桁架的钢管混凝土柱型钢梁框架-（型钢）混凝土核心筒结构体系，属于特殊体型的框-筒结构，在设计过程中主要解决了以下几方面的设计难题：

（1）1号楼为330m高超高层建筑，根据地基土层情况、上部结构体系及施工条件等实际情况，经技术和经济对比优化，不同于常规超高层项目采用深基础的做法，而采用了筏板基础，持力层选用地基承载力为650kPa的圆砾层，使整个塔楼荷载均匀作用在地基土上。1号塔楼筏板与裙房筏板之间设置沉降后浇带，待塔楼主体结构封顶且根据实测沉降值计算后期沉降差能满足设计要求后封闭。经长期变形监测结果显示，筏板基础的沉降值及倾斜度均满足规范的变形要求，基础设计经济安全合理。

（2）1号楼建筑外形整体呈纺锤形，外圈钢管混凝土斜柱与建筑外形保持相同斜率变化，位于中下部的 29 层为平面最大楼层，建筑形态生成与外框结构逻辑相融合，形成高效结构。结构设计结合建筑平面功能、立面造型、抗震（抗风）性能要求、施工周期及造价合理等因素，采用带环状腰桁架（在 14 层、28 层和 42 层设置三道）的钢管混凝土柱型钢梁框架-（型钢）混凝土核心筒混合结构体系，结构抗侧力体系由外框架柱 + 腰桁架与核心筒 + 连梁组成，共同构成多道设防结构体系，并创新地在第 8 层及以下核心筒剪力墙内设置钢管，以提高底部加强区筒体的轴压承载力及延性，有效地提高结构抗震性能。

（3）本工程采用混合结构体系，与钢筋混凝土结构体系相比自重可减小 15%，层间位移角减小，剪重比增大，满足规范刚度要求，仅设置腰桁架的加强层，以及梁柱、梁墙节点构造简洁实用，70 层高的塔楼采用了筏板基础，总体结构及基础方案施工便捷而节省工期，取得良好的综合经济效益。

（4）3 号楼核心筒高宽比约 20，Y 向结构刚度较弱，为有效地提高结构抗侧刚度，最大程度避免对建筑的影响，结构设计在两个核心筒之间设置了 3 片落地剪力墙以提高结构抗侧力，并独特地在 7～12 层设置内置型钢的斜墙过渡段，将 8 根框架柱刚度均匀地过渡成 8 片剪力墙肢，避免结构较大的刚度突变，为主体结构提供了很好的抗侧、抗扭能力，并提高了结构的抗震性能。公寓塔楼已投入使用多年，优化的结构设计使建筑室内空间效果得到较好的保证。

参考资料

[1]　罗赤宇, 杨新生, 梁子彪, 等. 沈阳华强金廊城市广场 1 号楼结构设计[J]. 建筑结构, 2017, 47(5): 26-31.

[2]　广东省建筑设计研究院. 华强金廊城市广场（一期）1 号楼超限高层建筑结构抗震设计可行性论证报告[R]. 2014.

[3]　广东省建筑设计研究院. 华强金廊城市广场（一期）3 号楼超限高层建筑结构抗震设计可行性论证报告[R]. 2014.

[4]　罗赤宇, 林景华, 张显裕, 等. 特殊体型超高层框架-核心筒结构设计与研究[J]. 建筑结构, 2022, 51(21): 111-119.

[5]　同济大学土木工程防灾国家重点实验室. 华强金廊城市广场风洞测压试验报告[R]. 2013.

设计团队

广东省建筑设计研究院有限公司（初步设计 + 施工图）：
罗赤宇、杨新生、梁子彪、李松柏、敖卓男、何郎平、吴桂广、钟国明、段称寿、张树林

美国捷得（Jerde）国际建筑事务所（建筑方案设计）

奥雅纳工程咨询有限公司（结构咨询）

执笔人：罗赤宇、何郎平

获奖信息

2022 年第十五届"中国钢结构金奖"

第12章

广州高德置地冬广场

12.1 工程概况

12.1.1 建筑概况

珠江新城 F2-4 地块（高德置地冬广场）位于广州市天河区珠江新城 CBD 核心地段中央广场，是集商业、办公、五星级酒店功能的城市综合体，项目用地面积 23419m²，总建筑面积 42 万 m²。本工程为大底盘多塔建筑，由 3 个塔楼和裙楼相连接组成。裙楼共 5 层，高度 24m，主要功能为大型购物中心、餐饮、娱乐等；西侧塔楼为 17 层酒店，高度 65m；北塔楼和南塔楼原设计为 47 层 200m 超高层办公大楼，引进朱美拉酒店集团后南塔楼高度变更为 282m。项目地下 4 层主要为停车场和商业，面积 110010m²，基础持力层位于中、微风化泥质粉砂岩。

南、北塔楼原设计为对称的双子楼，结构体系为混凝土框架-核心筒，南塔楼增加高度后，为满足基础承载力要求，需要减轻结构自重，新增楼层采用钢结构体系，形成下部混凝土上部钢结构的超高层混合结构体系。其建筑建成实景和主楼剖面图如图 12.1-1 所示，建筑典型平面图如图 12.1-2 所示。

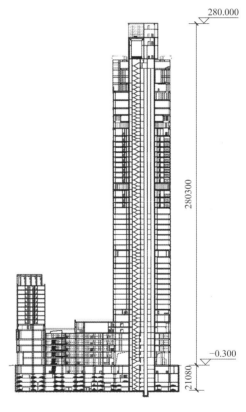

(a) 南、北塔楼建成实景   (b) 主楼剖面图

图 12.1-1 珠江新城 F2-4 地块建成实景和主楼剖面图

12.1.2 设计条件

1. 主体控制参数

控制参数见表 12.1-1。

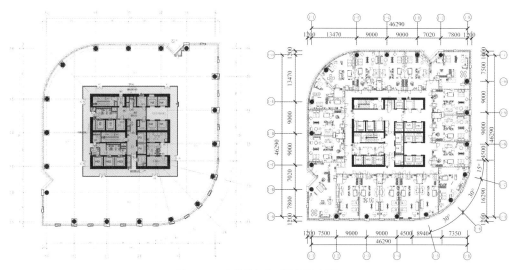

图 12.1-2　南塔楼办公、酒店层平面图

塔楼控制参数　　　　　　　　　　　　　　　　表 12.1-1

结构设计基准期	50 年	建筑抗震设防分类	裙楼乙类，塔楼丙类
建筑结构安全等级	二级（结构重要性系数 1.0）	抗震设防烈度	7 度（0.10g）
地基基础设计等级	一级	设计地震分组	第一组
建筑结构阻尼比	0.04（小震）/0.06（大震）	场地类别	Ⅱ类

2．结构抗震设计条件

本工程抗震设防烈度为 7 度，设计基本地震加速度值为 0.10g。多遇地震计算时按规范值计算的地震基底剪力比按安评值计算值小，故多遇地震作用采用安评地震参数，中震和大震按规范设计参数采用。具体参数取值如表 12.1-2 所示。

规范与安评地震参数对比　　　　　　　　　　　　表 12.1-2

参数	63%（小震）		10%（中震）		2%（大震）	
	规范值	安评值	规范值	安评值	规范值	安评值
α_{max}/g	0.08	0.0989	0.23	0.2674	0.50	0.4895
T_g/s	0.35	0.40	0.35	0.45	0.40	0.50
γ	0.90	0.95	0.90	0.95	0.90	0.95

主塔楼结构抗震性能目标为 C 级，核心筒剪力墙抗震等级 1~7 层为特一级，8 层及以上为一级，外框架抗震等级为一级。上部结构的嵌固端为地下 1 层楼板。

3．风荷载

结构变形验算时，按 50 年一遇取基本风压为 0.50kN/m²，承载力验算时按基本风压的 1.1 倍，舒适度验算采用基本风压 0.30kN/m²，场地粗糙度类别为 C 类。本工程开展了风洞试验，设计中采用了规范风荷载和风洞试验结果进行位移和强度包络验算。

12.2　建筑特点

12.2.1　施工过程中高度变更

南塔原设计高度为 200m，施工过程中多次变更设计高度，建设至地下室顶板时高度变更为 230m，建设至 32 层时再次变更为 282.8m，拔高了 82.8m，高度增加后水平、竖向荷载均大幅增加，为此结构方案以减重设计为主，并对已施工结构进行校核和加固。

本工程地基承载力极高，塔楼基底持力层为微风化泥质粉砂岩，单轴抗压强度 17MPa，地基承载力取值 f_{ak} 不小于 2500kPa，塔楼基础为筏板和柱墩的天然基础，施工图设计期间考虑到后期可能存在建筑方案变更，核心筒下大筏板和柱下承台均按 250m 高度来设计，故给建筑高度增加创造了一定条件。新增楼层 48～54 层设计为钢结构，重量较大的核心筒采用新型的钢管混凝土空实剪力墙体系，主要由空心钢管和连接件组成钢结构筒体，相比普通混凝土结构减重约 3944t。下部已施工主体采取的加固措施主要有：将核心筒下部承台加厚，以加强承台抗冲切性能；5 层以下核心筒外筒加厚 200mm 并加强配筋，以满足其承载力要求。

12.2.2 标准层层高小、跨度大

南、北塔楼的层高仅 4.2m，框架梁截面高度受到限制，为满足净高要求，框架梁高需要控制在 500mm 以内，而连接核心筒与外框柱之间的框架梁跨度约为 12m，常规框架梁高一般需要 800mm 左右，难以满足；若采用纯混凝土宽扁梁，亦会导致梁的自重极大、效率低下，且配筋极大，无法满足挠度和裂缝的要求。为此，我们提出采用 1350mm×450mm 混凝土空心钢管型钢宽扁梁的做法，将空心钢管埋置于宽扁梁体内，既增强了梁刚度也减小了梁自重。

同时，为了减少梁跨度、保证空心钢管在核心筒支座处的连接便利性，提出了一种筒体外伸墙帽结构体系，墙帽 2m 宽，应用于南、北塔楼的 9～48 层，其平面布置图如图 12.2-1 所示。

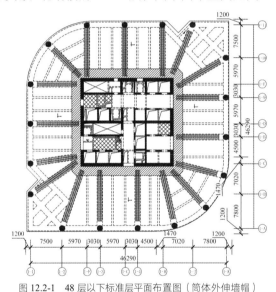

图 12.2-1 48 层以下标准层平面布置图（筒体外伸墙帽）

12.2.3 大跨、大悬挑和重载

本工程在裙楼多处梁跨度超过 20m，所承受荷载较大，普通混凝土梁及常规的型钢组合梁难以满足设计要求，考虑净高限制及施工便利性的要求，特创造性地提出了一种由钢构件组成的钢箱-混凝土组合 U 形梁，主要应用于首层内院式大中庭 10m 大悬挑、天面层 24m 大跨度大荷载梁（恒荷载 30kN/m²，活荷载 4kN/m²）、17m 跨度弧形钢-混凝土组合转换桁架上下弦杆。

12.2.4 塔楼顶部超重消防水池

本项目根据消防要求需在南塔楼顶部（250m 高度处）增加一个 650m³ 的水池，水池水体重量 650t，

自重 975t，支撑体系梁柱增加重量 250t，总重 1875t。1875t 重量在 250m 产生的地震作用约需放大 3.7 倍，并产生严重的鞭梢效应。鉴于此不利情况，在水池顶增加一个 12～15m 高的反向质点作为反鞭梢效应的减振层，用于产生与水池反方向的作用力，通过隔震支座和黏滞阻尼器达到减振目的，同时将位移较大的楼层改为钢结构，通过此设计理念以改善结构的舒适性，隔震支座和阻尼器平面布置如图 12.2-2 所示。

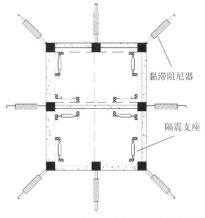

黏滞阻尼器

隔震支座

图 12.2-2 隔震支座和黏滞阻尼器布置位置

12.3 体系与分析

12.3.1 结构布置

本工程主塔楼 48 层以下采用框架-核心筒结构体系，外框架由钢管混凝土柱和混凝土空心钢管宽扁梁组成，外侧钢管混凝土柱截面 $\phi1400mm \times 30mm$ 逐减至 $\phi1200mm \times 25mm$，钢管内浇捣自密实混凝土，强度等级为 C80～C60；因建筑层高仅 4.2m，主框架梁梁高限值 450～500mm，截面采用 1350mm × 450mm 混凝土空心钢管型钢宽扁梁，远低于普通的框架梁梁高；外框架柱中心至核心筒边距离约 12m，特采用剪力墙外伸墙帽的技术方案，墙帽外伸 2m 以减少梁跨，并加强支座刚度。核心筒尺寸 22m × 20m，高宽比 14.6，核心筒外筒厚度由 1m 逐渐缩减至 0.6m。由于施工过程中建筑高度调整，为减少结构自重，49～54 层采用钢框架-核心筒结构体系，核心筒为空实钢管柱形成的钢板墙组成。其标准层平面图如图 12.2-1 和图 12.3-1 所示。

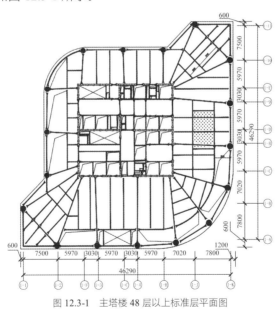

图 12.3-1 主塔楼 48 层以上标准层平面图

12.3.2 抗震性能目标

本工程总体按性能目标 C 要求设计，根据《广东省超限高层建筑工程抗震专项审查实施细则》（粤建市函〔2011〕580 号），北塔楼存在"广东省超限审查细则表二"所列不规则项的"扭转不规则、构件间断"共 1.5 项不规则，南塔楼存在"侧向刚度不规则、楼板不连续、承载力突变"共 3 项不规则，两塔楼高度均属于超 B 级高度超限高层。计算方法依据《高层建筑混凝土结构技术规程》JGJ 3—2010 第

3.11 条所列各水准的验算公式计算。具体采用的抗震性能水准见表 12.3-1。

构件抗震性能目标设定 表 12.3-1

抗震烈度	多遇地震	设防地震	罕遇地震
底部加强区核心筒	弹性	受弯不屈服，受剪弹性	不屈服
非底部加强区核心筒	弹性	受弯不屈服，受剪弹性	部分屈服；受剪截面满足
跨层柱	弹性	受弯不屈服，受剪弹性	不屈服
转换斜柱	弹性	受弯不屈服，受剪弹性	不屈服
框架柱	弹性	受弯不屈服，受剪弹性	部分屈服；受剪截面满足
悬臂梁	弹性	受弯不屈服，受剪弹性	不屈服
连梁	弹性	受弯允许部分屈服，受剪不屈服	允许大部分构件受弯进入屈服阶段，受剪截面满足

12.3.3 常规分析

整体结构进行了常规的竖向荷载与水平作用（小震、风）下的计算分析，并对结果中的主要指标进行了合理性判别，其中包括周期、振型、倾覆力矩、层间位移角、扭转位移比、层刚度比等。各项指标均合理且满足要求。常规分析结果见表 12.3-2。

常规分析结果 表 12.3-2

计算软件		GSSAP	ETABS
结构总质量/t		241615	241200
计算振型数		45	45
第一、二平动周期		6.637（Y向）	6.710（Y向）
		6.117（X向）	6.134（X向）
第一扭转周期		3.121	3.361
有效质量系数	X	92.5%	92.4%
	Y	93.9%	93.7%
第一扭转周期/第一平动周期		0.47	0.50
地震作用下基底剪力/kN（调整前）	X	27267	28660
	Y	25674	27090
	45°	25000	—
首层地震作用下倾覆弯矩/（kN·m）（调整前）	X	4030907	4255000
	Y	3826512	4082000
	45°	3745064	—
首层剪重比（调整前）	X	1.15%	1.21%
	Y	1.08%	1.14%
	45°	1.06%	—
50 年风荷载下最大层间位移角	X	1/613（54 层）	1/669（54 层）
	Y	1/549（54 层）	1/569（52 层）

地震作用下最大层间位移角	X	1/494（54 层）	1/544（54 层）
	Y	1/473（54 层）	1/507（54 层）
	45°	1/511（54 层）	—
考虑偶然偏心最大扭转位移比	X	1.17（3 层）	1.16（3 层）
	Y	1.15（3 层）	1.14（3 层）
	45°	1.22（3 层）	—

12.3.4　大震弹塑性分析

为找出结构薄弱环节，验证结构大震不倒的性能目标，进一步了解结构的变形特征，特采用 PERFORM-3D 软件对结构进行弹塑性分析，3D 分析模型如图 12.3-2 所示。PERFORM-3D 的梁和非底部加强区剪力墙柱的配筋基本按照 SATWE 小震反应谱的计算结果，底部加强区的剪力墙配筋根据 SATWE 小震反应谱和中震不屈服的计算结果包络，其中约束边缘构件的最小配筋率为 1.4%、竖向分布筋最小配筋率为 0.4%。

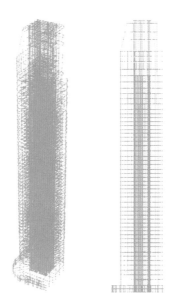

图 12.3-2　PERFORM-3D 分析模型

选取 1 条人工波 acce02-1 和 2 条天然波 TH1TG040、TH2TG040，地震波峰值加速度为 220cm/s²，分别以 X 向和 Y 向为主方向进行分析。结构在静荷载工况作用下整体计算结果与 ETABS 计算结果对比如表 12.3-3 所示。

结构整体计算结果对比

表 12.3-3

计算软件		ETABS	PERFORM-3D	误差
周期	第一周期	6.710s（Y 向）	6.763s（Y 向）	0.79%
	第二周期	6.134s（X 向）	6.220s（X 向）	1.40%
	第三周期	4.355s（扭转）	4.193s（扭转）	3.72%
质量	U_z/kN	2363760	2298910	2.74%
静力荷载下顶层竖向位移		0.07597m	0.07804m	2.72%

计算结果表明：PERFORM-3D 模型前三周期与 ETABS 计算结果基本一致，并且振动方向相同，两

模型质量误差较小，在静荷载作用下结构顶层竖向位移差异较小，说明 PERFORM-3D 模型与 ETABS 模型具有一致性，基本能够反映结构整体作用特点。

在双向地震作用下，分别以 X、Y 为主方向进行罕遇地震弹塑性时程分析，结果如表 12.3-4 和表 12.3-5 所示。

X 主方向罕遇地震与多遇地震计算结果对比　　　　　　　　　　　表 12.3-4

计算软件		PERFORM-3D 罕遇地震分析			ETABS 多遇地震
		人工波 acce02-1	天然波 TH1TG040	天然波 TH2TG040	
底层剪力/kN 与多遇地震比值	X	136790 4.77	148010 5.16	103640 3.62	28660
	Y	90571 3.34	116660 4.31	81912 3.02	27090
顶层位移/m 与多遇地震比值	X	0.93763 3.42	1.13200 4.13	1.1146 4.06	0.2743
	Y	0.91584 3.14	0.98443 3.38	0.88295 3.03	0.2914
最大层间位移角	X	1/119（51 层）	1/97（51 层）	1/135（54 层）	1/544（54 层）
	Y	1/166（51 层）	1/128（51 层）	1/176（51 层）	1/507（54 层）
混凝土结构最大层间位移角	X	1/247（40 层）	1/228（41 层）	1/240（41 层）	1/845（39 层）
	Y	1/316（40 层）	1/277（51 层）	1/309（40 层）	1/760（27 层）

Y 主方向罕遇地震与多遇地震计算结果对比　　　　　　　　　　　表 12.3-5

计算软件		PERFORM-3D 罕遇地震分析			ETABS 多遇地震
		人工波 acce02-1	天然波 TH1TG040	天然波 TH2TG040	
底层剪力/kN 与多遇地震比值	X	123520 4.31	125410 4.38	89487 3.12	28660
	Y	103550 3.82	139130 5.14	94967 3.51	27090
顶层位移/m 与多遇地震比值	X	0.80065 2.92	0.96405 3.51	0.96916 3.53	0.2743
	Y	1.04900 3.60	1.1472 3.94	1.0202 3.50	0.2914
最大层间位移角	X	1/136（51 层）	1/109（51 层）	1/157（54 层）	1/544（54 层）
	Y	1/143（51 层）	1/109（51 层）	1.154（51 层）	1/507（54 层）
混凝土结构最大层间位移角	X	1/284（40 层）	1/263（43 层）	1/279（41 层）	1/845（39 层）
	Y	1/270（29 层）	1/228（39 层）	1/253（28 层）	1/760（27 层）

以上计算结果表明，PERFORM-3D 大震动力弹塑性所选三条地震波主方向底层地震剪力与多遇地震计算结果比值均大于 3.5，三条地震波均满足要求。X 向最大值为 148010kN，Y 向最大值为 139130kN，分别为多遇地震分析结果的 5.16 倍和 5.14 倍。最大层间位移角，钢结构部分 X 向为 1/109（51 层），Y 向为 1/109（51 层），框架-核心筒部分 X 向为 1/228（41 层），Y 向为 1/228（39 层），满足《高层建筑混凝土结构技术规程》JGJ 3—2010 要求。

以 TH1TG040 天然地震波 X 主方向工况为例，并结合材料应变限值三阶段：IO 阶段、LS 阶段、CP 段，对剪力墙构件混凝土受压损伤、框架柱及梁钢筋受拉损伤状态进行分析，分别如图 12.3-3～图 12.3-5 所示。

分析表明在 TH1TG040 罕遇地震波作用下，底部剪力墙混凝土只发生轻微损伤，上部框架柱钢筋部分屈服，大部分框架梁和连梁进入屈服，柱塑性耗能 1.31%，梁塑性耗能 98.69%，剪力墙塑性耗能 0%，说明在罕遇地震作用下剪力墙构件的承载力具有较大的富余度。整体构件损伤情况如表12.3-6所示，结构基本可以满足性能C的抗震性能要求。

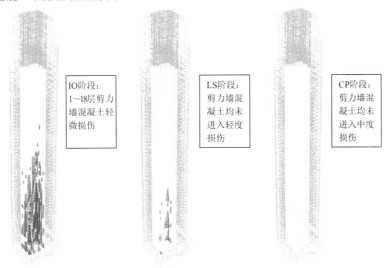

图12.3-3 剪力墙混凝土受压损伤状态

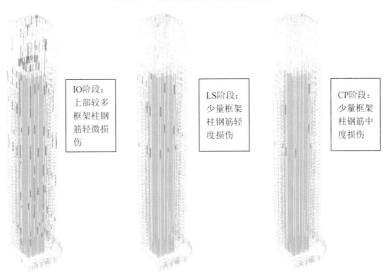

图12.3-4 框架柱钢筋损伤分析

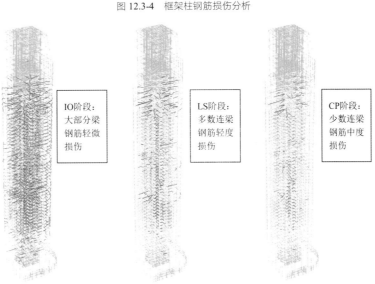

图12.3-5 梁构件钢筋损伤分析

构件	大震性能要求（性能 C）	计算结果	验算情况
底部加强区剪力墙	不屈服	4%的墙钢筋进入屈服，处于直接居住极限状态以下；均满足最小抗剪截面验算	满足（屈服程度小）
非底部加强区剪力墙	部分屈服；受剪截面满足截面限制条件	不屈服；部分剪力墙出现轻微损伤，满足最小抗剪截面验算	满足
跨层柱	不屈服	不屈服	满足
转换斜柱	不屈服	不屈服	满足
框架柱	部分屈服；受剪截面满足截面限制条件	34 层、44 层、45 层部分框架柱屈服，满足最小受剪截面验算	满足
悬臂梁	不屈服	不屈服	满足
框架梁	允许大部分构件受弯进入屈服阶段，受剪截面满足截面限制条件	大部分屈服，部分接近破坏极限状态	满足
核心筒连梁	允许大部分构件受弯进入屈服阶段，受剪截面满足截面限制条件	大部分连梁出现屈服，部分接近破坏极限状态	满足

12.4 专项分析

12.4.1 钢管混凝土空实剪力墙

为减轻上部新增楼层重量，对于质量最大的核心筒部分我们提出并采用了外包钢板与钢管混凝土的空实剪力墙体系：由方钢管成排布置，钢管间拉结两块钢板，由钢板形成的空腔内不灌注或局部灌注混凝土以承受剪力墙的竖向荷载，如图 12.4-1 和图 12.4-2 所示。在满足高层建筑对剪力墙荷载能力和抗剪能力要求的情况下，大大减少了剪力墙的混凝土用量。由于剪力墙的自重大幅降低，使得剪力墙的抗震性能得到提高，剪力墙及建筑物基础的造价都能得以降低；并且本技术的钢板墙可以实现标准构件工厂化生产，在现场只需将两个标准构件通过螺栓定位对接，不需要进行竖向焊接，组装非常方便、快捷，使得剪力墙的施工速度得以大幅提高。

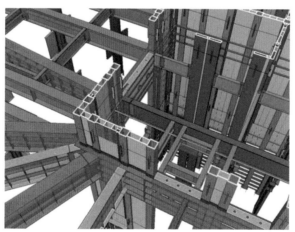

图 12.4-1 外包钢板与钢管混凝土的空实组合剪力墙

与现有技术相比，钢管混凝土空实剪力墙具有以下有益效果：

（1）钢板墙的空实组合剪力墙由钢管柱和荷载腔内灌注的混凝土承受剪力墙的竖向荷载、由剪力墙整体承受水平荷载，设置在腔内的加强肋板加强了剪力墙墙身的平面外刚度，稳定剪力墙墙身并共同参与抗剪，使得剪力墙的抗剪、抗侧向刚度均得到提高，特别适用于高层框架-剪力墙核心筒结构。

（2）钢板墙通过两块钢板、竖板、各块加强肋板、钢管柱焊接组成一个标准构件，并将该标准构件在工厂中预先焊接成型再运送到施工现场，在施工现场则仅需通过螺栓连接固定，即可实现标准构件的定位对接，最后向腔中灌注混凝土就可完成两个标准构件的连接，剪力墙在施工现场基本不需要进行竖向焊接，组装非常方便、快捷，使得剪力墙的施工速度大幅提高。

（3）经过整体计算分析对比见表12.4-1，48～54层采用空实钢管混凝土剪力墙比普通剪力墙减少重量约3950t，结构整体总质量约减小1.5%。

（4）利用型钢对混凝土的套箍作用，提高混凝土抗压能力，同时型钢参与抗剪，抗剪能力大大提高。

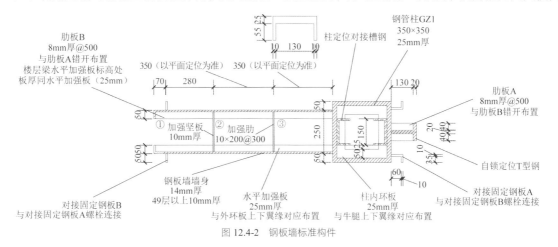

图12.4-2 钢板墙标准构件

空实钢管混凝土剪力墙与普通剪力墙对比　　　　　　　　　　　表12.4-1

剪力墙	普通剪力墙	空实组合剪力墙	空实组合剪力墙/普通剪力墙−1
质量（kN）	2619647	2580208	−1.5%
第一周期	7.157	6.887	3.8%
第二周期	6.619	6.371	3.7%
第三周期	3.137	3.099	1.2%

12.4.2　外伸墙帽建筑结构体系

外伸墙帽建筑结构体系能够在梁跨度而截面高度受限的情况下，有效地提高梁的刚度及承载力，并能同时加强剪力墙的刚度，从而提高建筑结构体系的整体刚度，空心钢管型钢宽扁梁可伸入剪力墙帽即可，不需伸入剪力墙内，保证核心筒的竖向钢筋连续，极大地便利了支座节点的施工。墙帽采用ABAQUS进行了详细分析，其结果如图12.4-3所示。

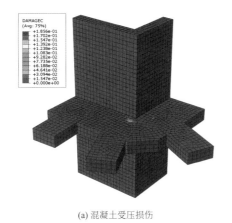

(a) 混凝土受压损伤　　　　　　　　　　　　　　(b) 混凝土受拉损伤

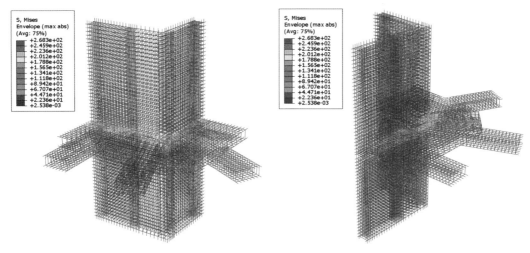

(c) 钢筋 Mises 应力

图 12.4-3　剪力墙筒体外伸墙帽有限元分析

有墙帽结构主梁截面为 1350mm × 450mm，无墙帽结构主梁截面为 600mm × 800mm，两种截面面积相差 26%，但有墙帽比无墙帽的主梁配筋面积明显小，有墙帽比无墙帽整体钢筋用量约小 7.2%，见表 12.4-2。

整体模型混凝土和钢材计算用量对比　　　　　　　　　　　　　　　　　表 12.4-2

项目	单位钢筋计算用量/（kg/m³）	单位混凝土计算用量/（m³/m²）
有墙帽	128	0.41
无墙帽	138	0.39

对于柱距较大、梁高受限的框架-核心筒结构体系，设置墙帽具有如下显著效果：

（1）高层建筑的筒体增设墙帽，核心筒四周墙体各层向外平伸出闭合的环形帽缘状结构体，宛如板-柱结构的柱帽，用于与各层对应的框架梁或次梁等梁连接，可以有效地缩短梁的跨度，使得梁的截面高度得以减小，以提高楼层净空，从而有效地解决了在高层建筑中的梁跨度大，同时因开发商对层高的限制、对使用空间的高度要求所导致的梁截面高度受限等问题，最终梁的刚度也能达标。

（2）墙帽配筋深入剪力墙筒体内，并与剪力墙一体浇筑成型，因此，本技术不但能够有效提高梁的刚度，也有助于加强剪力墙的刚度，进一步提高其抗剪能力。

（3）增设的墙帽，能够缩短梁跨约 2m，因减小梁的截面高度，能使得梁对楼层净空的占用高度减小 30%～50%。墙帽增大了剪力墙筒体与框架梁以及次梁的接触面积，能够改善剪力墙筒体的受力，消除连接处应力集中的现象，这种应力集中的现象在剪力墙筒体转角处尤为明显。

12.4.3　混凝土空心钢管型钢宽扁梁

本工程创造性地采用了 1350mm × 450mm 的混凝土空心钢管型钢宽扁梁，其由贯穿全梁的 2 个 330mm × 200mm × 24mm × 20mm 的 H 型钢、2 个 330mm × 100mm × 12mm × 20mm 的槽钢及梁跨中 3 个 8mm 厚的 ϕ299mm 钢管间隔组合而成，不但提高刚度还有效减轻自重。而且空心钢管型钢梁的梁端钢管上焊 10mm 厚连接肋板，使钢管与型钢可由连接肋板通过螺栓连接，如图 12.4-4 所示，这样不但改善了连接性能并减少大量的焊接工作，使得施工工厂化、标准化，使塔楼标准层的施工速度达到 5～6d/层，施工后室内效果如图 12.4-5 所示。

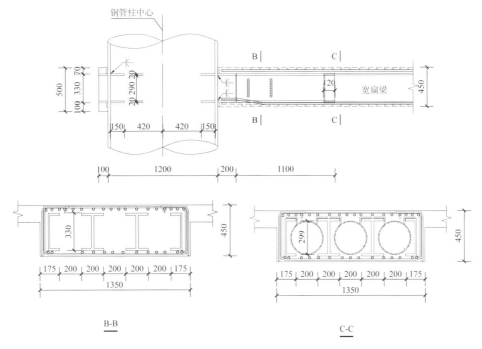

图 12.4-4　混凝土空心钢管型钢宽扁梁

图 12.4-5　施工后塔楼标准层内景

12.4.4　钢箱-混凝土组合 U 形梁

　　针对截面高度受限、承受重荷载的大跨度梁，为了既减小其自重又具有足够的刚度，特创新提出了一种新型的钢箱组件及由其组成的钢箱-混凝土组合 U 形梁，其设计创新理念来源于：以常规钢骨混凝土梁为原型，将型钢下翼缘下移至梁底、将型钢腹板一分为二并外扩至梁身外侧、型钢上翼缘跟随腹板外扩后兼作两侧楼板的支承点，从而形成了外包 U 型钢的混凝土梁；为提高柱头区域的抗剪、抗弯能力，截面中间曾设 TT（或 n）型钢，为减小梁的自重，提高跨中的抗剪能力，加设了跨中空心钢管，从而最终形成 U 形梁。其思路演变如图 12.4-6 所示，现场施工实景如图 12.4-7 所示。

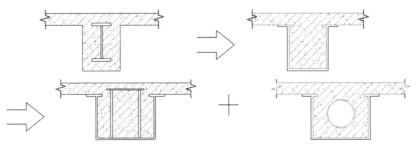

图 12.4-6　U 形梁设计发明思路

图 12.4-7　U 形梁现场施工实景

为了验证 U 形梁的受力性能,特采用有限元分析软件 ABAQUS 对其进行了计算分析,模拟 U 形梁在竖向荷载和地震作用下的受力和变形情况。混凝土采用实体单元模拟,型钢采用壳单元模拟,其混凝土强度等级、模型尺寸、钢筋等均按结构施工图建立,选取位置为一段大跨度转换梁,其模型如图 12.4-8 所示。

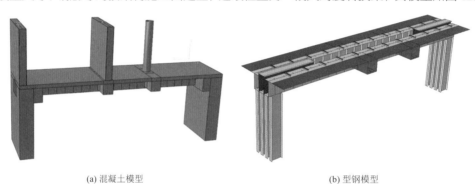

(a) 混凝土模型　　　　　　　　　　　　(b) 型钢模型

图 12.4-8　U 形梁有限元模型

该模型计算结果如图 12.4-9 所示。

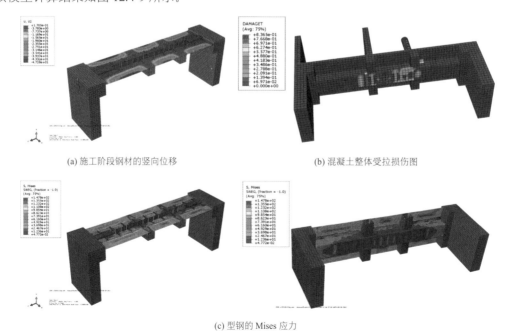

(a) 施工阶段钢材的竖向位移　　　　　　　　　　(b) 混凝土整体受拉损伤图

(c) 型钢的 Mises 应力

图 12.4-9　U 形梁有限元分析结果

根据 ABAQUS 分析结果，在"1.2 恒 + 0.6 活 ± 1.3 中震"不利工况下，U 形梁跨中的竖向位移为 8.5mm，挠度为 1/2964，满足《混凝土结构设计规范》GB 50010—2010 第 3.4.3 条受弯构件挠度限值的要求。

U 形梁的钢材，最大 Mises 应力为 375N/mm²，出现在混凝土跨中梁面上层柱底，其他部位的型钢应力不超过 100N/mm²，远远小于 Q345 型钢的设计应力值。

混凝土局部出现了受拉损伤，主要出现在跨中梁底，特别是托柱和托墙部位的底部，该局部钢材应力不超过 80MPa，故可适当设置钢筋来改善混凝土受拉问题。

通过分析可见，U 形梁可应用于大跨度、大荷载梁，设计跨度可达到 30～35m，但在 U 形梁上托柱容易出现局部应力集中情况，可采用型钢加强等措施来解决。

与普通混凝土梁或型钢梁相比，U 形梁具有以下优势：

（1）采用 U 型钢件直接作为施工支承模板，因此在施工过程中无需另外搭建施工模板和拆除模板，不仅节约了施工成本，而且缩短了工期；向 U 型钢件内灌注混凝土时，混凝土可以浇筑到任何部位，型钢和混凝土的结合力好，提高了梁的承载力；混凝土与外侧板结合，可提高外侧板的稳定性。

（2）U 型钢的两端支座处设置 n 型钢，即在整段梁的负弯矩最大处设置 n 型钢，相当于加设了配有抵抗梁负弯矩的型钢，可大大提高梁支座处的抗弯能力，同时大大减少了支座处的负筋面积。

（3）作为楼面梁时，顶面（U 型钢的上翼缘与 n 型钢的顶板）与楼板的底部结合，其中顶板伸入楼板内，而且与现有钢箱梁相比，U 型钢外露部分减少，使防腐防火面积减小，进一步节省了成本，提高了经济性。

（4）U 型钢可使任意钢牛腿与次梁连接，而无需拘泥于某一特定结构的钢牛腿，因此施工方便。

（5）跨中部 U 型钢的底板与外侧板均可直接参与受力，作为受弯筋；设置的钢筋与箍筋在保证承载力的前提下，能够进一步减小用钢量。

（6）本技术的钢管内没有灌注混凝土，因此可在不降低梁承载力的前提下，大大减小自重（约可减小 25%）。

12.4.5 超高层消防水池 TMD 减震装置研究

南塔楼顶部的超重水池会产生严重的鞭梢效应，针对此不利情况，在水池顶增加一个 12～15m 高的反向质点作为反鞭梢效应的减振层，用于产生与水池反方向的作用力，通过隔震支座和黏滞阻尼器达到减振目的，同时将位移较大的楼层改为钢结构，通过此设计理念以改善结构的舒适性。其设计方案如图 12.4-10 所示。

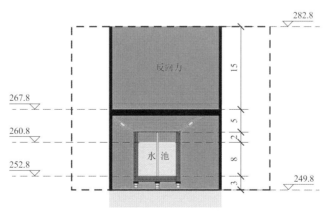

图 12.4-10 屋顶水箱立面图（单位：m）

采用 ETABS 软件对水池减震效果进行了分析，水池底部加橡胶支座，支座侧向刚度为 909kN/m，竖向刚度为 2097000kN/m，隔震支座为 10 个，黏滞阻尼器为 16 个，刚度为 600000kN/m，阻尼系数为 600kN/(m/s)，阻尼指数为 0.9。

在风荷载工况下，无水池 TMD 减震与加水池 TMD 减震后的基底剪力、层间位移角和顶点加速度对比见表 12.4-3；在设防地震作用下基底剪力、层间位移角对比分析见表 12.4-4。可知，在较大的水平地震作用下，具有比较明显的减震效果。

三种地震波作用下楼层剪力曲线见表 12.4-5，设置水池 TMD 减震装置后楼层剪力曲线相对平滑，可以有效缓解高位楼层剪力突变，使整体结构的内力和变形均表现得相对均匀合理。

风荷载工况下减震效果　　　　　　　　　　　　　　　　表 12.4-3

结构基底剪力及层间位移角对比				
项目	方向	无减震	减震	减震率
最大基底剪力	X	31360kN	31050kN	1.0%
	Y	28540kN	28020kN	1.8%
最大层间位移角	X	1/306	1/311	1.6%
	Y	1/390	1/397	1.9%

结构顶点加速度对比				
项目	方向	无减震	减震	减震率
最大顶点加速度	X	0.255m/s²	0.250m/s²	1.9%
	Y	0.130m/s²	0.126m/s²	3.1%

设防地震作用下减震效果　　　　　　　　　　　　　　　　表 12.4-4

基底剪力对比				
地震波	方向	无减震/kN	减震/kN	减震率/%
acce02	X	75620	75480	0.2
	Y	67110	60350	10.0
TH1TG040	X	66630	65930	1.1
	Y	81470	79290	2.7
TH3TG040	X	73690	66680	9.5
	Y	52120	49120	5.8

层间位移角对比				
地震波	方向	无减震	减震	减震率
acce02	X	1/264	1/287	8.7
	Y	1/268	1/296	10.4
TH1TG040	X	1/259	1/263	1.5
	Y	1/218	1/245	12.4
TH3TG040	X	1/291	1/331	13.7
	Y	1/310	1/340	9.7

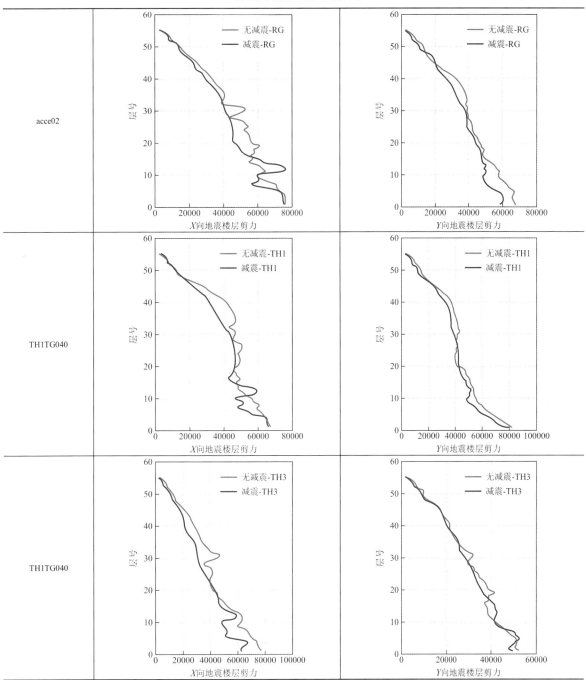

利用超高层水箱而设置的减震系统有以下优势:

(1) 超高消防水池可产生很大的鞭梢效应,把消防水池变为 TMD 系统,可减小鞭梢效应。

(2) 在风荷载作用下,屋顶加 TMD 对结构的内力和舒适度控制有一定的效果。原结构在不加 TMD 时,顶点加速度超过规范限值,而加了 TMD 后,舒适度可满足规范要求。

(3) 在地震作用下,屋顶加 TMD 对结构整体的抗震性能有改善,且减小关键构件内力和结构的变形。

12.5 结语

珠江新城 F2-4 地块超高层综合体项目已经竣工投入使用,其设计过程充满艰辛与挑战,在边施工边调整建筑高度和平面方案的情况下，为保证工程进度、满足业主需求，结构专业针对性地提出了诸多创新型的措施与方法，取得了满意的成果，部分内容具有较大的推广应用价值。

（1）为满足基础和竖向构件承载力要求，需要尽量减轻新增重量，故原框架-钢筋混凝土核心筒结构上部新增楼层采用了钢结构，形成了上、下部不同结构体系的超高层建筑。为确保刚度和承载力，创新性地采用了外包钢板与钢管混凝土的空实剪力墙核心筒技术。

（2）针对建筑净高的要求，框架梁高限值 450mm，特采用了混凝土空心钢管宽扁梁及外伸墙帽技术，有效地减少梁跨和梁高；针对大跨度大荷载区域，采用了型钢-混凝土组合 U 形梁，其拥有高承载力、施工便捷、易于防火等诸多优势。

（3）为解决超高层顶部消防水池带来的鞭梢效应，利用水池设计了 TMD 系统，有效地减少地震效益，水池顶部采用钢桁架反向质点减震层，提高了系统减震效果，极大改善了屋顶的舒适度。

272

经典回眸 广东省建筑设计研究院有限公司篇

参考资料

[1] 珠江新城 F2-4 地块项目风洞试验报告[R]. 2008.

[2] 珠江新城 F2-4 地块工程场地地震安全性评价报告[R]. 2008.

[3] 广东省建筑设计研究院股份有限公司. 珠江新城 F2-4 地块项目结构超限设计可行性报告[R]. 2013.

[4] 广东省建筑设计研究院股份有限公司. 广州珠江新城 F2-4 地块超高层建筑若干新技术研究[R]. 2015.

设计团队

结构设计单位：广东省建筑设计研究院股份有限公司（初步设计 + 施工图设计）

结构设计团队：陈　星、苏恒强、林扑强、林景华、王仕琪、张小良、焦　柯、陈　航、赖鸿立、杨代恒、吴桂广、欧旻韬、齐建林

执　　笔　人：王仕琪、杨代恒

获奖信息

2016 年中国建筑学会第九届全国优秀建筑结构设计二等奖

2016 年中国钢结构协会科学技术奖二等奖

2017 年中国勘察设计协会全国优秀工程勘察设计行业奖优秀建筑结构专业一等奖

第13章

正佳广场东、西塔

13.1 工程概况

广州正佳广场东、西塔位于广州市天河路正佳广场。东塔于 2004 年完成设计，于 2008 年竣工，结构高度 98.25m。西塔于 2007 年完成设计，于 2012 年竣工，结构高度 185.80m（图 13.1-1）。

图 13.1-1　广州正佳广场实景

13.1.1　东塔概况

东塔为商业办公综合楼，占地面积约 3000m²，塔楼 25 层，原拟建地下室 1 层，总建筑面积约为 48500m²，其中地下室为设备层，首层及 1～4 层为商场，5 层以上为办公楼，地面以上平面尺寸为 30.4m × 63.1m，塔楼天面标高为 98.25m。该工程特别之处是这幢高约 100m 的高层建筑之下，埋藏着两条已投入营运的地铁，在基础范围内地铁隧道及其保护范围占据了约 40% 面积（图 13.1-2）。也就是说，大楼的某些部分必须跨越地铁而建。因地铁线的通过，给基础设计带来困难重重，首先桩不能按常规布置，只能在地铁保护线范围外布桩。其次，受桩位布置的影响，上部结构的竖向构件（核心筒及柱）无法用工程桩直接支承，需要通过转换结构将上部结构的荷载传到地铁隧道两侧保护线范围外的工程桩。转换结构的设计成为本工程设计的重中之重，直接影响到工程的经济效益。

13.1.2　西塔概况

西塔为集超五星级酒店、酒店式商务公寓为一体的超高层建筑。建筑物地下 4 层地上 41 层（含 3 个夹层），地面以上总建筑高度 188.8m。建筑物平面约为 35.0m × 66.0m 的近似长方形，在东北角有 45° 的切角，使建筑物北面宽度约为 10m。本工程采用框架-筒体（剪力墙）结构，在东西两侧的中部各设置约 10m × 10m 的筒体，并在北侧设置约 10m × 4m 的筒体，南侧设置两片带端柱长约 10m 的剪力墙（图 13.1-3）。2 层以下的各剪力墙端部边缘构件采用带约束拉杆异形钢管混凝土柱（墙），13～29 层的各剪力墙端部边缘构件采用钢骨混凝土暗柱。结构柱网约为 12m，其中 29 层以下框架柱采用抗震性能较好的钢管混凝土柱，30 层以上转为普通混凝土柱。由于建筑空间的需要，部分柱需进行转换，结构在第 5 层设置两道跨度约 19m 的转换梁（图 13.1-4），在第 8 层（下部为 7 夹层，故实际转换层为 9 层）设置多道交叉网格型转换梁，结构转换梁采用钢骨混凝土梁，并设置跨层斜撑，组合上下楼层钢骨混凝土框架梁而形成空间转换体系（图 13.1-5）。

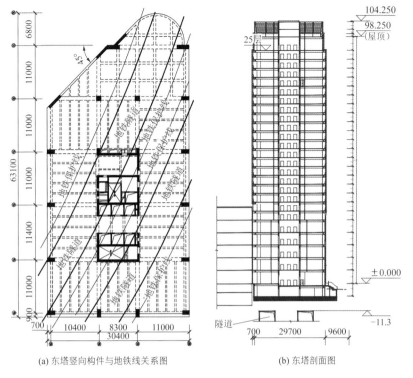

(a) 东塔竖向构件与地铁线关系图

(b) 东塔剖面图

图 13.1-2　东塔竖向构件与地铁线关系图和东塔剖面图

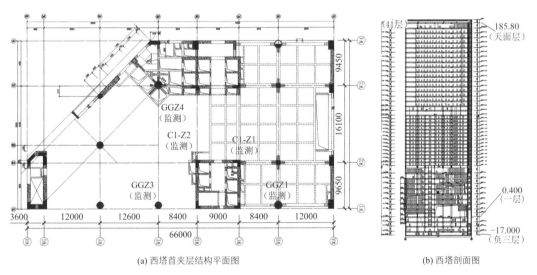

(a) 西塔首夹层结构平面图

(b) 西塔剖面图

图 13.1-3　西塔首夹层结构平面图和西塔剖面图

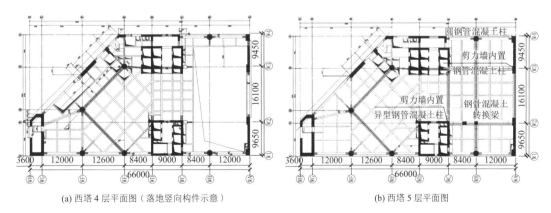

(a) 西塔 4 层平面图（落地竖向构件示意）

(b) 西塔 5 层平面图

图 13.1-4　西塔落地竖向构件和 5 层平面图

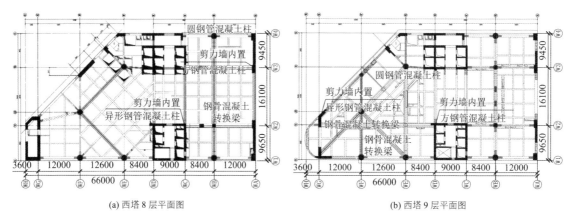

(a) 西塔 8 层平面图　　　　　　　　　　　　　(b) 西塔 9 层平面图

图 13.1-5　交叉网格型空间转换体系的上下楼层

13.1.3　结构关键点概况

本工程地震作用按设防烈度 7 度（0.10g）计算。东塔为骑跨已建地铁隧道的高层建筑，西塔具有竖向刚度不规则、高位转换、楼板不连续等不规则项，属特别不规则的超 B 级高度高层建筑。结构设计结合工程场地紧张、基坑安全要求高、基础条件及上部结构复杂等特点，在设计上针对性地采用了多项结构新技术，其中有型钢-高强混凝土组合构件、大跨度转换桁架、大跨度转换深梁、钢管混凝土柱新型节点、结合排桩 + 锚杆喷射混凝土支护技术的地下室逆作法设计，均取得了良好的效果。为了对整体结构的各项数据及性能有较好的了解，在设计及施工中还进行了相关的试验及监测。其中有东塔的内置钢构架钢-混凝土转换深受弯构件缩比例压弯剪试验，西塔高频天平风洞动态测力试验、风洞动态测压试验、结构模型模拟地震振动台试验、施工全过程监测。

13.2　结构体系设计

13.2.1　东塔地下室转换体系

参考之前其他类似情况建筑物的设计方法，广州正佳广场东塔写字楼初期的建筑方案为采用厚板转换方案（图 13.2-1）。厚板转换不失为简单有效的处理办法，在工程设计中有广泛的应用，其设计、施工都有一套成熟的理论。经结构初步计算厚板转换层的厚度约为 3.0～3.5m。但是由于受地铁隧道顶板与建筑物底板间净距控制的限制，加上厚板占据了一部分高度空间，该建筑物只能设置一层地下室作为设备层用。虽然厚板转换方案已经得到甲方各部门的认可，然而从该黄金地段所有商业建筑地下一层商场的人流趋向效应来看，无负一层商场的商业建筑无论是投资回报率还是商业竞争力都大打折扣。结构设计师认为有必要进行方案优化和应用新技术，尽最大可能增设地下二层地下室。要达到上述目的，可采用桩支转换箱（梁）式结构基础体系。即做两层地下室，利用地下室外侧墙和地下二层设备房隔墙作为大型转换构件，这些墙体与上下楼板连接构成为一个箱体，支承在嵌入岩层的桩上。初步设定墙体厚 0.7～1.0m，高 5m，按钢筋混凝土连续深梁计算，将上部荷载简化为作用在连续深梁上的均布或集中荷载，求算出深梁的弯矩和剪力，由于所承托的荷载很大，计算的剪力最大的约达到 4000t，受限制的钢筋混凝土深梁截面强度不能抵抗如此巨大的弯矩和剪力，尤其是剪力。所以，考虑在受力比较大的梁段，按钢骨深梁设计。

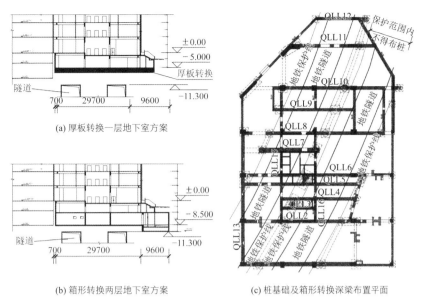

(a) 厚板转换一层地下室方案

(b) 箱形转换两层地下室方案

(c) 桩基础及箱形转换深梁布置平面

图 13.2-1　箱形转换深梁布置平面

13.2.2　西塔超高层建筑结构体系

西塔结构高度 188.8m，超过 7 度区框架-核心筒结构体系 B 级高度 180m 的限值。针对结构总高度超高的特点，设计上应用部分楼层竖向构件为钢-混凝土组合结构的框架-筒体结构体系，即钢管混凝土柱到 29 层，10 层以下采用钢-混凝土组合结构，加强结构的整体刚度、承载力以及延性、以增强结构抗震性能。通过合理的结构布置（图 13.1-4），使落地剪力墙的面积占总剪力墙面积 90%以上。设计时核心筒剪力墙采用特一级的抗震构造措施，适当加大剪力墙墙身分布钢筋的配筋率，提高边缘构件纵向钢筋的配筋率和配箍率，连梁配置交叉暗撑；并采用钢管混凝土柱和型钢混凝土剪力墙，控制剪力墙、柱的轴压比。从计算结果来看（表 13.2-1），由于剪力墙和筒体布置较合理，结构平动周期比较合适，扭转效应影响不大，各层的层间位移角能满足规范的要求，结构整体受力合理安全。

主要计算结果　　　　　　　　　　　　　　　　　　　　　表 13.2-1

自振周期/s		T_1	5.11	T_2	4.71	T_3（T_t）	3.44
		T_4	1.40	T_5	1.35	T_6	1.10
		T_7	0.74	T_8	0.68	T_9	0.57
地震作用下的位移	方向	X向			Y向		
	顶点	1/1001			1/1133		
	层间	1/864			1/902		
风荷载作用下的位移	顶点	1/973			1/1783		
	层间	1/698			1/1584		
地震作用下的基底弯矩M_0/（kN·m）		2579283			2566694		
地震作用下的基底剪力Q_0/（kN·m）		22573			24078		

13.2.3　西塔高位转换体系

根据建筑需要，第 9 层取消北面的边框筒体，转为外挑圆弧梁以丰富建筑立面。经与建筑师商议，为避免框支剪力墙完全由框支梁支承和保持该剪力墙能有部分连续落地，结构采用了倒 L 形框支剪力墙，并尽最大长度保留X向的落地剪力墙（X向墙肢面积约为该 L 形剪力墙总面积的 35%）；同时将Y向墙肢向下追设一层与边框筒连为一体以增强该 L 形框支剪力墙与边框筒的连接，并在 8、9 层均设置 1.5m×2.0m 的框支转换梁（图 13.2-2）。计算显示，上述措施有效缓解了框支剪力墙在转换层附近的刚度、内力突变。设计时采用钢骨混凝土边缘构件，适当加大剪力墙墙身分布钢筋的配筋率。同时将圆弧梁范围内楼板加厚为 150mm，加强楼板配筋，钢筋底面双向通长配置，以加强与周边楼板的连接。

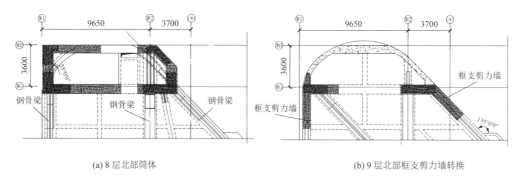

(a) 8 层北部筒体　　　　　　　　　　　　　(b) 9 层北部框支剪力墙转换

图 13.2-2　框支剪力墙转换

由于酒店入口和宴会厅都需要宽阔的空间，该区段部分柱取消，使得竖向构件局部不连续，在第 5 层和 8 层存在梁托柱转换。由于上部承托较多的楼层，采用钢骨转换大梁，以提高梁的刚度和增加梁的延性。同时为了减轻钢骨转换大梁的负担，转换层以上与梁上柱相连的框架梁采用截面较大的钢骨梁（800mm×1000mm），梁截面高度为跨度的 1/20，并设置跨层斜撑形成整体桁架（图 13.2-3，图 13.2-4）。为保证转换构件的安全性，工程还对转换构件进行了中震弹性计算，并且将中震弹性计算结果作为转换构件的配筋依据。从计算、振动台试验及施工监测数据看，桁架的受力性能良好。

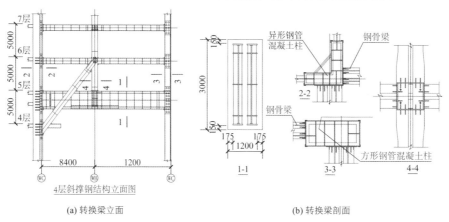

(a) 转换梁立面　　　　　　　　　　　　　(b) 转换梁剖面

图 13.2-3　5 层转换体系

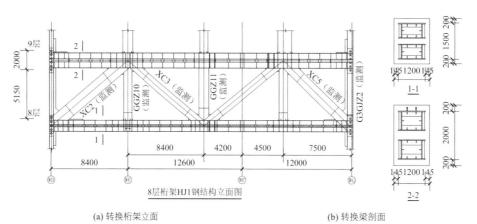

(a) 转换桁架立面　　　　　　　　　　　　(b) 转换梁剖面

图 13.2-4　8～9 层转换体系

13.2.4 平面不规则建筑结构的抗震体系

为了使整个楼面两向的传力更为均匀，楼面梁布置为井字梁现浇混凝土梁板结构，特别是2～9层局部大跨度空间楼盖，采用井式或交叉梁布置，梁的整体刚度作用使梁的变形减少，计算挠度和裂缝的控制值能满足规范要求。

由于建筑使用要求，工程的首夹层和2、4、6、7夹层非满布楼板，2层开洞率为26.8%，4层开洞率为29.8%，但能满足《高层建筑混凝土结构技术规程》JGJ 3—2010规定的楼板开洞均小于30%的规定。首夹层平面开洞率为40.3%（图13.1-3，图13.1-4），平面上已将北部剪力墙筒体脱离出来，因此剪力墙筒体楼板厚度在相应楼层加厚为150mm，采用双层双向配筋，提高板的配筋率。塔楼大部分楼层中部开洞率为12.17%，楼板洞口加斜向钢筋，洞口周边拉通钢筋处理。针对楼板因开洞削弱而产生的面内变形，结构设计选用了能考虑楼板变形影响的设计软件进行整体内力分析计算，程序采用弹性楼板假定，使结构计算模型能更真实地反映结构的受力情况。将核心筒连接部位楼板加厚为150mm，楼板配筋加强，钢筋底面双层双向通长设置，并设置集中配筋的边梁，以减少筒体处较多开孔对结构刚度的削弱；每层建筑外周边适当加高外框边梁截面并且加强梁筋构造。

13.3 钢-混凝土组合构件设计

13.3.1 东塔内置钢骨深受弯构件

原设计为钢筋混凝土深梁内加两条带纵横肋的槽形钢板梁，钢板厚约20mm，纵向贯通全梁，外围由钢筋混凝土包裹，由于钢材的弹性模量、抗拉和抗压强度比混凝土高很多，这样的结合，很好地提高了梁的抗弯和抗剪能力。但是，这样的设计含钢量比较大，而且在纵横相交的转角位置，由于钢板的阻隔使水平钢筋不能互相连接，而钢板与混凝土的粘结又不如钢筋与混凝土，连接位置的整体性受到影响。为解决该问题，有必要引入更精确的计算，按深梁应力分布来加置劲性杆件，即将钢骨梁改为大型钢构架，由两个反向的斜柱为单元，上下加拉杆，上部荷载主要通过斜柱的传递，使原深梁大部分剪力转变为斜柱轴力，再由拉杆来平衡，在深梁内部达到自身的稳定（图13.3-1）。内置钢骨构架钢筋混凝土深梁与一般含钢梁的劲性深梁相比，节点区的钢筋连接好，整体性强，应力小的范围不加钢板可节省钢材；另外通过设置钢骨构架，可使梁的局部弹性模量或刚度产生变化，进而使力的传导方式改变，可充分发挥钢材性能（图13.3-2）。

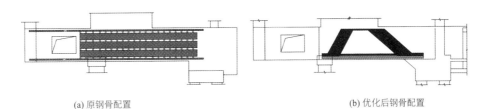

(a) 原钢骨配置   (b) 优化后钢骨配置

图13.3-1 内置钢骨深受弯构件

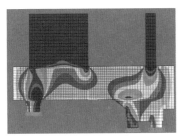 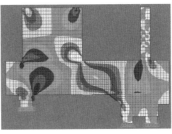 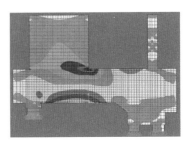

(a) Y向应力（无钢骨）   (b) 剪应力（无钢骨）   (c) X向应力（无钢骨）

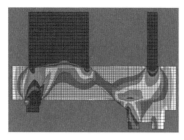
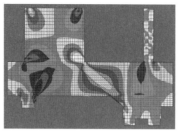

| (d) Y向应力（有钢骨） | (e) 剪应力（有钢骨） | (f) X向应力（有钢骨） |

图 13.3-2　深受弯构件应力分布

13.3.2　西塔竖向构件（柱及剪力墙钢-混凝土组合结构）

西塔在地下室及 12 层以下采用竖向结构为带约束拉杆异形钢管混凝土柱（墙）组成的核心筒及钢管混凝土柱框架（图 13.3-3），钢管内充填 C60 高强混凝土，提高了墙柱的承载力及逆作施工支承结构的稳定性，各楼层采用钢牛腿与混凝土梁柱的楼盖结构。带约束拉杆异形钢管混凝土柱（墙）结构具有钢结构延性好，配合逆作法施工快捷的特点，同时具有钢筋混凝土结构刚度大、抗压性能好等优点。

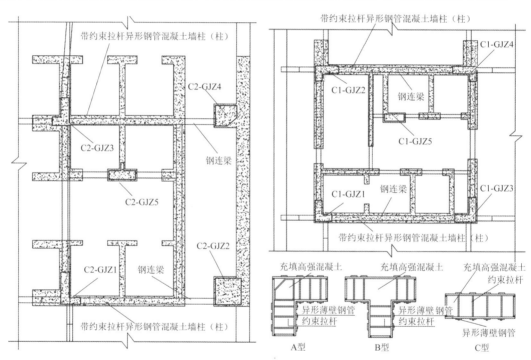

图 13.3-3　剪力墙筒体内异形钢管柱

13.3.3　西塔 5 层型钢混凝土转换结构构件

西塔 3 层为大宴会厅，建筑上要求有两层净高，5 层该部分为小宴会厅及厨房，由于建筑使用功能变化，需要在 5 层进行转换，转换梁的跨度达到 20m，托换柱轴力较大，若采用常规的转换梁形式，转换梁的高度较大，严重影响下层建筑功能。为满足建筑功能，本层转换梁采用钢骨混凝土梁加斜撑的形式（图 13.2-3），其中钢骨梁的截面为1200mm×3000mm，斜撑为910mm×910mm的方钢管，钢管内灌注 C60 混凝土。梁式转换结构施工简单，转换构件受力明确，可较好地满足建筑对功能的要求。转换梁内增加钢骨可以有效增加梁的承载力，减小梁的尺寸，增加梁的延性，方便与转换构件连接。同时增加跨层的与异形钢管混凝土柱相连的斜撑，可以有效地将力传至竖向构件。

13.3.4 西塔 8 层 33m 跨型钢混凝土组合桁架转换结构

西塔 7 层部分为室内泳池,该部位对建筑净空要求较高,7 夹层相应部位为楼板大开洞,需要在 8 层进行结构转换。该处转换梁跨度达到 33m,且为高位转换,若采用常规转换形式,转换梁的截面必然过大,严重影响建筑立面及下层建筑功能。

设计上考虑 8 层为建筑避难层,且 8 层层高为 7.15m,经与建筑配合,转换梁采用传力明确直接的空腹桁架结构体系,在 8 层、9 层楼面处利用两层的高度形成整体桁架以支承上部荷重(图 13.2-4)。利用 8 层、9 层钢骨转换梁作为桁架的上下弦杆,利用斜撑及钢管柱作为桁架的腹杆,斜撑内灌注 C60 混凝土,以增加斜撑的稳定性。在平面布置上,在 8 层、9 层转换桁架的垂直以及多个斜交方向上设置了多道钢骨混凝土大梁,使转换桁架与钢梁形成了空间受力的双向桁架。该种转换形式构件承载力高,传力路线明确,整体性能好,可有效减小转换构件的截面尺寸,同时钢骨混凝土具有良好的延性及抗震性能。

13.3.5 西塔钢管混凝土柱与钢筋混凝土梁刚性节点设计

本工程的非贯穿钢牛腿做法对钢管混凝土柱柱壁会产生拉应力,且梁的弯矩需要通过钢管混凝土柱柱壁来传递,因此在节点处采用了钢环板和钢筋混凝土环梁相结合的刚性节点设计(图 13.3-4),通过钢环板扩散了钢牛腿对钢管混凝土柱壁的拉应力,确保了钢管混凝土柱的安全;在钢环板和钢牛腿的交接部位增加了钢筋混凝土环梁,节点区形成了一个刚性区域,梁弯矩通过环梁节点可以直接由梁柱参与分配,满足规范"强节点、弱构件"的要求。

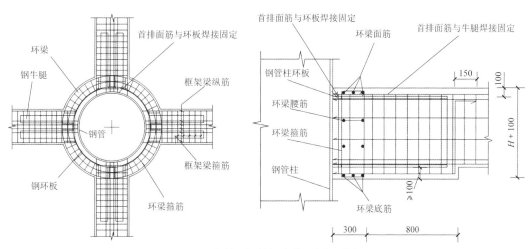

图 13.3-4 钢管混凝土柱与钢筋混凝土梁节点

13.4 排桩加锚杆喷射混凝土基坑支护加半逆作法设计

本工程的东侧及南侧为已完成的正佳广场商场地下室。工程场地地下水静止水位埋藏较深,富水性较差,地质性能较好;东、南、北面紧贴已完成的建筑物,西面 4m 外市政管道密布,且工程基坑底板深度达到 17.9m,部分桩台位置范围基坑深度最大处为 19.9m。为了能有效地控制基坑变形,减少对邻近建筑物的影响,保证基坑结构安全,基坑开挖采用半逆作法进行施工,利用楼面结构的巨大刚度,加强基坑的支撑体系。以地下一层(标高−9.0m)楼面结构作为地下室逆作法施工基准层,并将该楼面框架梁延伸至基坑支护结构上同时作为基坑支撑构件，既可加强基坑支撑系统的整体刚度，又可加快上部结构施工，缩短整体结构施工工作周期。此方案的主要优势在于可确保正佳广场裙房的结构安全。

13.4.1　逆作法施工的支撑体系

西塔采用基坑开挖及逆作法施工的全过程，利用钢管混凝土柱及带约束拉杆异形钢管混凝土柱（图 13.4-1）作为逆作法施工的竖向支承构件。带约束拉杆异型钢管混凝土柱设置在核心筒剪力墙的暗柱位置，以后与后浇剪力墙混凝土墙段复合形成核心筒剪力墙结构。

图 13.4-1　逆作法支撑体系

13.4.2　结合主体结构特点的逆作法设计

为了很有效地控制基坑变形，减少对邻近建筑物的影响，保证基坑及已建建筑物与旧围护结构安全，基坑开挖采用半逆作的方法进行施工，以地下一层楼面结构作为地下室逆作法施工基准层，设计上创造性地提出了利用地下一层楼面结构及组合后的上部结构的巨大刚度，加强基坑的支撑体系，然后通过下层的土拱效应，避免已建建筑物与旧围护结构形成向下开挖时的暴露情况，确保结构的安全。

本工程逆作法思路既可加强基坑支撑系统的整体刚度，又可以按地面上下同步施工的方法进行，加快了首层以上主体结构的施工进度，地下室结构施工全部完成时，上部结构已施工至地面 20 层。这不但确保了原有结构的安全，同时为投资方节省了投资，缩短了资金回收周期。该工程的地下室施工流程大体如下（图 13.4-2）：

（1）基坑开挖—喷网—打锚杆，直至工程标高 −11m。

（2）开挖基坑内工程桩，放置桩内钢筋笼和埋置钢管柱定位器。

（3）吊装钢管混凝土柱，并采用高抛加振法浇灌钢管柱内混凝土。

（4）施工地下 1 层楼面结构，并将地下 1 层框架梁延伸至支护结构处，借助楼层梁柱的巨大刚度，加强基坑支撑的整体刚度。

（5）继续基坑开挖—喷网—打锚杆，挖至 −14.3m 时安装地下 2 层钢梁，减少柱的长细比，增强竖向结构稳定性。与此同时往上施工地下 1a 层结构。

（6）施工地下 2 层部分框架钢梁、核心筒；大部分楼板暂缓浇灌。同时施工首层。

（7）下挖至底板底（包括桩台），浇灌桩台和底板结构。

（8）正作施工外侧墙和地下 2 层楼板。

（9）地下室结构施工全部完成时，上部结构控制施工到地面 20 层。

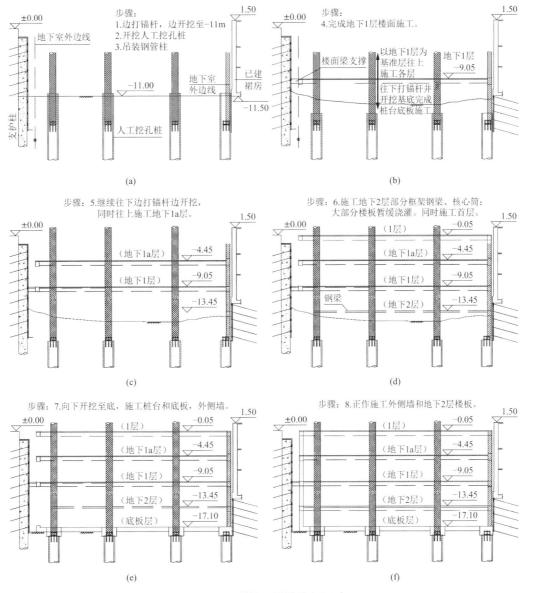

图 13.4-2 西塔地下室逆作法步骤示意

13.5 结构试验及施工全过程监测

针对本工程特点，设计过程中先后进行了一系列科研工作，如深受弯构件试验、风洞试验、振动台试验和施工全过程监测等，这些科研工作为大厦的成功建设提供了技术支持，解决了多项结构问题。

13.5.1 东塔深受弯构件试验

试验 1 进行一批 4 种类型梁试件的试验研究。本次试验包括一批长 5m、高 1.3m、宽 0.2m 的梁试件。变化参数包括纵筋配筋率、箍筋配筋率、是否有钢骨构架、钢骨构架形式（图 13.5-1）。

从试验结果来看（图 13.5-2），内设钢构架对于提高梁的承载力和刚度以及控制裂缝有较大作用。从受力方面考虑纵筋的配筋率不宜太小，但考虑纵筋与钢构架的共同工作效果，也不宜太大，应采用较经济合理的配筋率。箍筋对抑制斜裂缝的发展有一定作用，因此即使受力不需要箍筋作用时，也应配置一定数量的箍筋以控制后期裂缝开展。

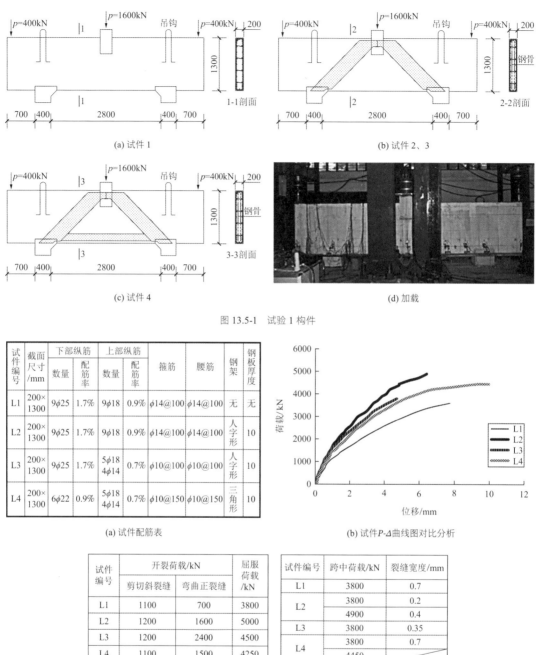

(a) 试件 1

(b) 试件 2、3

(c) 试件 4

(d) 加载

图 13.5-1 试验 1 构件

试件编号	截面尺寸/mm	下部纵筋		上部纵筋		箍筋	腰筋	钢架	钢板厚度
		数量	配筋率	数量	配筋率				
L1	200×1300	9φ25	1.7%	9φ18	0.9%	φ14@100	φ14@100	无	无
L2	200×1300	9φ25	1.7%	9φ18	0.9%	φ14@100	φ14@100	人字形	10
L3	200×1300	9φ25	1.7%	5φ18 4φ14	0.7%	φ10@100	φ10@100	人字形	10
L4	200×1300	6φ22	0.9%	5φ18 4φ14	0.7%	φ10@150	φ10@150	三角形	10

(a) 试件配筋表

(b) 试件 $P\text{-}\Delta$ 曲线图对比分析

试件编号	开裂荷载/kN		屈服荷载/kN
	剪切斜裂缝	弯曲正裂缝	
L1	1100	700	3800
L2	1200	1600	5000
L3	1200	2400	4500
L4	1100	1500	4250

(c) 试件开裂荷载与屈服荷载

试件编号	跨中荷载/kN	裂缝宽度/mm
L1	3800	0.7
L2	3800	0.2
	4900	0.4
L3	3800	0.35
L4	3800	0.7
	4450	

(d) 试件荷载与裂缝宽度关系

图 13.5-2 试验 1 数据

在试验 1 中，验证了内置钢骨构架的钢筋混凝土梁具有优越的受力性能，但其构造上还有一些需要改进的地方，尤其是钢骨构架和混凝土的共同工作效果方面，抗剪件的改进对于改善梁的受力性能应该有重要作用。鉴于此，进行了第二批试验（图 13.5-3）。试验 2 进行实际工程构件缩比例试验，同时对钢构架表面的抗剪件以及纵筋和箍筋配筋率进行了调整。试验验证了构件的承载力、裂缝开展情况、变形情况及应力分布等与计算机仿真是否吻合，数据及结果良好。主要结论为：（1）钢构架表面抗剪件构造形式的变化，限制了斜裂缝的发展和控制裂缝宽度。弯曲裂缝先于斜裂缝出现，弯曲裂缝的数量和宽度与斜裂缝相当（图 13.5-4）。试件 2 洞口附近局部薄弱，裂缝宽度较大，应予加强。（2）试件的刚度较大，试验结束时最大挠度都在 1mm 左右，远小于规范对于使用阶段挠度的要求。试件 1 未达到极限承载能力，由P-Δ曲线的发展趋势看，承载能力较大。（3）腰筋对于控制斜裂缝有一定作用，而且当上部有墙体时，由于梁与上部墙体的共同作用，梁的中和轴会上升，因此更多的腰筋也将参与受拉。（4）钢构架斜杆位于加载点和支座连线的位置上更能发挥作用，实际上当梁底部开裂时，梁会形成一个受力拱，对于跨高比小的深受弯构件，这种拱的作用更明显，因此，钢构架斜杆位于拱肋位置无疑能更好地发挥作用。本次试验钢构架的底部拉杆都已屈服，证明底部拉杆是钢构架一个不能忽视的组成部分。

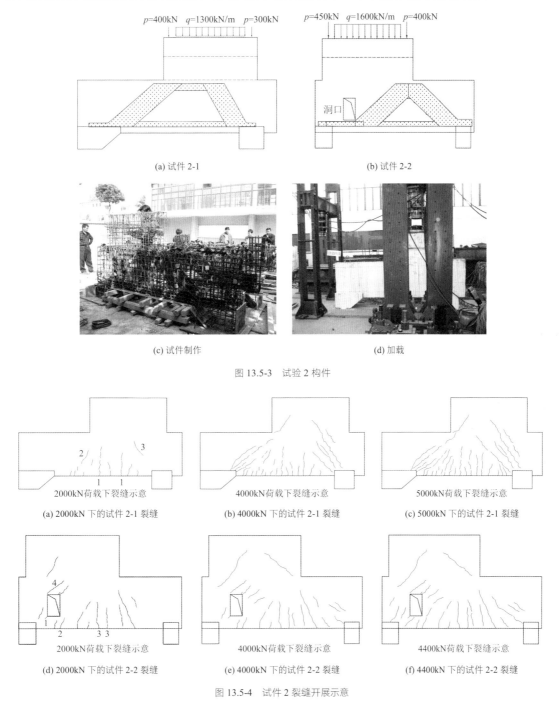

图 13.5-3　试验 2 构件

图 13.5-4　试件 2 裂缝开展示意

13.5.2　西塔风洞动态测压试验

从风动态测压的试验（图 13.5-5）结果来看，平面上塔楼表面具有大切角矩形外形的风压平面分布特点，迎风面大面积正压，中间大两边小，较大正压出现在建筑的 7/10～9/10 高度附近；侧、背风面分布为均匀负压，靠近来流的拐角和弧面附近（尤其在截面的尖端部分）有较大负压产生。同时，外围护结构的负风压常常比正风压大，在立面上大的负压有许多出现在大厦的中部，对建筑物下部和顶部来讲试验极值与规范标准值较为接近，对建筑物中部来讲试验极值比规范标准值大许多。规范标准值沿高度方向不断增大，试验极值则中部大两端小。

13.5.3　西塔高频天平风洞动态测力试验

试验数据显示，10 年重现期风速下顶部两个方向的最大加速度均满足设计要求。塔楼的折算频率与共振峰频率相距较远，风与塔楼作用引起共振的可能性较小，故两个方向的加速度较小。50 年重现期风速下的顶部最大位移为X向 0.093m，Y向 0.037m。

(a) 模型风洞试验　　　　　　　　　　　　　(b) 模型振动台试验

图 13.5-5　模型风洞试验及模型振动台试验

13.5.4　西塔结构模型模拟地震振动台试验

从振动台试验结果看出，模型在经历 7 度单向及$X + Y$双向多遇地震后，结构的基本自振频率与震前相比基本没有变化，结构反应处于弹性阶段；在经历 7 度设防烈度地震作用后，基本自振频率略有下降，但结构仍处于正常工作状态；在经历 7 度三向罕遇地震后频率下降了 10%～20%，说明结构某些部位已进入弹塑性状态，但整体结构仍保持良好的承载能力。观察模型开裂情况，裂缝出现主要在大震阶段，位置主要集中在转换层的斜撑与剪力墙、梁的连接部位。

13.5.5　施工全过程监测

西塔采用逆作法施工，且存在多次结构转换，转换跨度较大，且转换层最高层数为 8 层，为了保证结构安全及施工进度，工程的重要部位及重要构件进行了施工全过程监测。

所用监测方法为：根据重力增加带来变形增加的基本原理，通过监测变形增量，结合构件自身的弹性模量来计算内力增量。将此内力增量与数值计算所得内力增量进行对比，从而达到监测的目的。监测时间间隔基本上为楼层每建一层，测量一次。遇到特殊的施工情形，缩短时间间隔，以期达到安全监测的目的。

所用测点为电阻式应变片及部分振弦式传感器，及采用水准仪对桁架转换层进行位移监测。在测点的制作过程中对测点进行了各种必要的防潮防水保护，以期达到长期监测的目的。

测试的主要内容包括：（1）测定构件在各种工况作用下的变形。试验采用 BX120 的电阻应变片测试构件的应变，用 TC-31K 及 DH3815N 和 DH3816N 静态数据采集系统自动采集各种工况下电阻应变片的数据。（2）测定转换层桁架相对于支座的位移。试验采用水准仪测量桁架跨中相对于两边支座的位移，以取得随着楼层的向上建造，桁架的工作性能。

工程施工全过程监测主要测点布置于地下 2 层的钢管柱及上部转换梁上。根据监测结果，监测数据与模拟数据基本符合（图 13.5-6～图 13.5-8）。监测过程中，个别数据出现了一些浮动，这主要是由于现场施工的影响。轴力增量也不大，而且在获得总的增量时，监测数据与数值模拟数据吻合得较好。通过施工全过程监测结果可知，工程的工作性能良好。

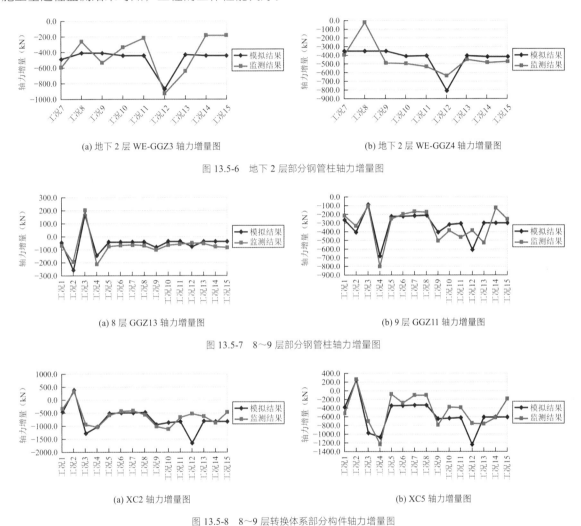

(a) 地下 2 层 WE-GGZ3 轴力增量图　　　　　(b) 地下 2 层 WE-GGZ4 轴力增量图

图 13.5-6　地下 2 层部分钢管柱轴力增量图

(a) 8 层 GGZ13 轴力增量图　　　　　(b) 9 层 GGZ11 轴力增量图

图 13.5-7　8～9 层部分钢管柱轴力增量图

(a) XC2 轴力增量图　　　　　(b) XC5 轴力增量图

图 13.5-8　8～9 层转换体系部分构件轴力增量图

13.6　结语

正佳广场东、西塔根据工程实际情况进行技术的优化与创新，结构设计从建设项目策划及地下室施工项目开始前进行了综合研究分析，针对工程的特殊情况与建筑物的环境特点，选择了科学、合理、经济的结构形式与施工步骤，各项技术的应用均具有针对性及实效性，取得了良好效果。由于设计时有关钢-混凝土组合构件设计的相关规范及资料相对较少，设计中结合试验、检测等手段予以验证，提出某些做法，为后续相关钢-混凝土组合结构设计的进一步优化提供前期粗浅经验参考。

设计团队

结构设计团队：陈 星、罗赤宇、王金锋、徐 刚、林扑强、徐 静、叶群英、蔡赞华

执 笔 人：蔡赞华

获奖信息

2005 年"正佳东塔新型内置钢骨构架钢筋混凝土梁"获广东省科学技术奖二等奖

2007 年"正佳东塔"获广东省优秀工程勘察设计二等奖

2011 年"正佳西塔"获第七届全国优秀建筑结构设计二等奖

2013 年"正佳西塔"获广东省优秀工程勘察设计三等奖

2013 年"正佳西塔"获广东省优秀工程勘察设计结构专项工程设计二等奖

经典回眸 广东省建筑设计研究院有限公司篇

第14章

白云绿地金融中心

14.1 工程概况

14.1.1 建筑概况

广州市白云绿地中心位于广州市白云区云城西路东侧 AB2910001 地块，总用地面积 39780m²，总建筑面积 294091m²；地上建筑面积 171909m²，地下建筑面积 122182m²。本工程是城市综合体，包括一栋超高层塔楼和 6 层裙房，塔楼为超高层行政办公楼，地面以上 46 层，建筑高度为 199.850m，属超 B 级高度建筑；裙房主要功能为大型商场、餐饮、休闲、娱乐等，建筑高度为 30m；地下室 4 层（局部 3 层），其中地下 1 层、地下 2 层为商业及车库，地下 3、地下 4 层为车库及设备用房。

主塔楼建筑标准层平面为 36.900m×56.000m 的矩形，平面布置为内筒外框，外围四周框架柱从 23 层开始到顶层，向内缓慢倾斜收拢，四个外立面形成弧形曲面，平面尺寸从 36.900m×56.000m 逐渐收缩到 29.814m×48.914m。塔楼共有 3 个避难层，分别设置在第 8 层、23 层和 37 层。依据建筑方案特点和实际情况，本项目裙楼及以下采用钢筋混凝土结构，主塔楼结构体系采用框架-核心筒结构，核心筒采用钢筋混凝土结构，框柱采用钢管混凝土柱；塔楼在地下室楼层采用钢管混凝土柱 + 钢筋混凝土框架梁，在地面以上采用钢管混凝土柱 + 钢结构框架梁，塔楼结构类型为混合结构。建筑建成实景和主塔楼剖面图参见图 14.1-1，主塔楼典型平面图见图 14.1-2。

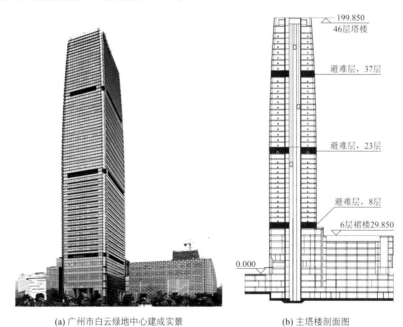

(a) 广州市白云绿地中心建成实景　　　　(b) 主塔楼剖面图

图 14.1-1　广州市白云绿地中心建成实景和主塔楼剖面图

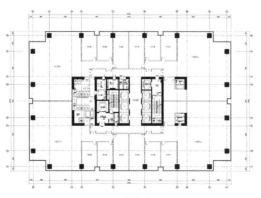

图 14.1-2　主塔楼典型平面图

14.1.2　设计条件

1．主体控制参数

塔楼控制参数见表 14.1-1。

塔楼控制参数 表 14.1-1

结构设计基准期		50 年
建筑结构安全等级		二级
结构重要性系数		1.0
建筑抗震设防分类		重点设防类（乙类）
地基基础设计等级		一级
设计地震动参数	抗震设防烈度	7 度（0.1g）
	设计地震分组	第一组
	场地类别	Ⅱ类
	小震特征周期	0.35s
	大震特征周期	0.40s
	基本地震加速度	0.10g
建筑结构阻尼比	多遇地震	0.04
	罕遇地震	0.05
水平地震影响系数最大值	多遇地震	0.092（按安评报告）
	设防烈度地震	0.271（按安评报告）
	罕遇地震	0.50
地震峰值加速度	多遇地震	35cm/s²

2．结构抗震设计条件

本项目建筑场地进行了地震安全性评价，多遇地震（小震）及设防烈度地震（中震）影响系数最大值按照安评报告数据取值，罕遇地震（大震）影响系数最大值按抗震规范取值。本项目为重点设防类（乙类）建筑，地震作用按设防烈度（7 度）计算，抗震措施提高一度，按 8 度设计。

主塔楼核心筒剪力墙抗震等级为特一级，框架抗震等级为一级。结构抗震性能目标为 C 级，按照《高层建筑混凝土结构技术规程》JGJ 3—2010（以下简称《高规》）进行抗震性能水准设计，塔楼核心筒剪力墙和框架柱为关键构件，塔楼框架柱可以按普通竖向构件设计，由于采用了钢管混凝土柱，其优越性能完全能够满足关键构件的要求，因此本项目塔楼框架柱定为关键构件；塔楼相关范围裙楼框架柱为普通竖向构件；连梁和框架梁为耗能构件。

由于正负零地面存在较大高差错层及楼板大开洞等，且地下一层相关部位侧向刚度小于首层侧向刚度的 2 倍，因此采用地下负一层楼盖作为塔楼上部结构的嵌固端。

3．风荷载

风荷载按 50 年一遇取基本风压为 0.50kN/m²，10 年一遇取基本风压为 0.30kN/m²。承载力计算时按基本风压的 1.1 倍采用，场地粗糙度类别为 C 类。本项目进行了风洞试验，模型缩尺比例为 1∶300。复核风洞试验中出现的局部受力突变部位，设计中采用了规范风荷载和风洞试验结果进行位移和强度包络验算。

14.2 建筑特点

14.2.1 跨度32m 3层通高北入口

北入口建筑设计为3层通高，悬挑4.700m，跨度32.000m的大跨度空间，上部为多个中、小型电影院，层高10m，框架柱需要进行转换。此外该区域顶屋面还有大量的室外空调冷却塔，荷载很大，如果采用一般的梁式转换，32.000m 跨度的转换梁，截面会很大，无法满足建筑净空要求。结构设计综合考虑建筑平面和空间的布置，在不影响建筑使用功能的前提下，利用4层、5层空间设置型钢混凝土转换桁架，见图14.2-1，图14.2-2。

图14.2-1 北入口建筑完成图

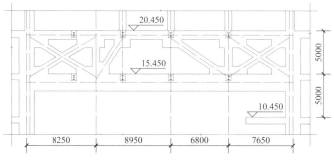

图14.2-2 北入口型钢混凝土转换桁架结构立面图

14.2.2 跨度30m 预应力混凝土连廊

连廊跨度30.450m，在连廊两边采用两条后张有粘结预应力混凝土大梁，梁截面为900mm×1500mm，混凝土强度等级C40，预应力筋采用1860级高强低松弛钢绞线，连廊楼板厚度为150mm。见图14.2-3，图14.2-4。

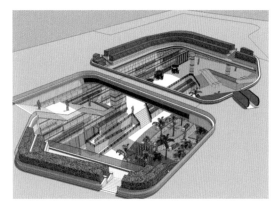

图14.2-3 大跨度连廊方案图

图14.2-4 大跨度连廊建成图

14.2.3 首层至3层15m 通高大堂中庭

建筑设计大堂中庭，首层至3层15m通高，通高平面面积接近塔楼面积的一半，有7根柱子成为15m高的越层柱，共计有3个楼层的楼板不连续。见图14.2-5。

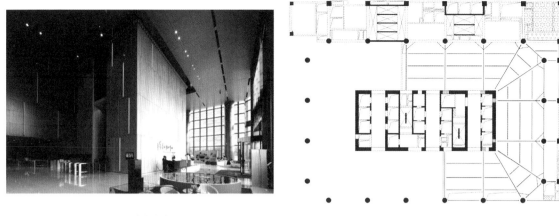

| (a) 15m 通高大堂建成图 | (b) 15m 通高大堂结构平面图 |

图 14.2-5　首层至 3 层 15m 通高大堂中庭

14.2.4　南入口 16m 长悬挂式雨篷

南入口外伸 16m 长悬挂式雨篷，采用悬挂式钢结构造型，成为南侧入口的亮点。见图 14.2-6。

| (a) 雨篷侧立面 | (b) 雨篷正立面 |

图 14.2-6　南入口 16m 长悬挂式雨篷

14.3　体系与分析

14.3.1　方案对比

本工程主塔楼结构体系为框架-核心筒，框架柱采用钢管混凝土柱，塔楼的地下室部分楼盖采用钢筋混凝土结构，地面以上采用钢结构，框架梁为钢梁，楼盖为闭口型压型钢板组合楼盖；核心筒采用钢筋混凝土结构，核心筒剪力墙四个角部设置型钢。

框架钢梁与钢管混凝土柱采用刚接，与钢筋混凝土核心筒的连接方式，有刚性连接和铰接两种，各有其优缺点：

（1）刚性连接的结构整体侧向刚度较大，可以承担梁传来的所有内力，有效减少结构水平位移和层间位移角，但刚性连接节点构造复杂；在超高层建筑中，竖向荷载大造成框架柱的轴向变形大于核心筒，框架柱与核心筒的轴向变形差，使梁柱端部附加弯矩和应力明显增加。

（2）铰接节点构造简单，但结构的侧向刚度较弱；在超高层建筑中，核心筒剪力墙和框架在地震、风荷载作用下的变形不一致，需要楼盖来协调，节点设计需要考虑由此产生的水平轴向力。

本工程Y向结构侧向刚度较弱，在风荷载作用下，当钢框架梁与核心筒采用铰接方案时，层间位移角稍微超出规范限值，出现在36层至顶层，最大值为1/590，按照《高规》第4.6.3条第3款，楼层最大层间位移角限值为[1/615]。针对这种情况，采取以下几种方案进行比较：

方案A：全铰接，钢梁与筒体全部铰接；
方案B：局部刚接，避难层及38层以上钢梁与筒体刚接，其他楼层钢梁与筒体铰接；
方案C：全铰接+加强层，钢梁与筒体全部铰接，在38层避难层设置两道"K"形伸臂钢桁架；
方案D：全刚接，钢梁与筒体全部刚接。

综合考虑各方因素后，本工程结构设计采用了方案A，钢梁与混凝土筒体全部铰接，该方案施工简单，既能较好地满足控制指标的要求，同时能减少施工工期和工程造价。

针对方案A层间位移角偏大的问题进行了分析和讨论：计算结果显示，有害位移角占总位移的比例仅为0.8%，层间位移主要是结构整体弯曲引起；根据《建筑抗震设计规范》GB 50011—2010（以下简称《抗规》）第5.5.1条条文说明，高度超过150m的高层建筑，可以扣除结构整体弯曲所产生的楼层水平绝对位移值，如未扣除，位移角限值可有所放松；现地震作用下的最大层间位移角（1/602）与规范限值[1/615]之比为1.02，放松3%即可满足要求，符合《抗规》设计精神。

14.3.2 结构布置

本项目裙楼分南、北两期建设，先南区后北区。南区地下室为3层，北区地下室为4层，超高层塔楼位于北区。两期的地下室不分缝，地上裙楼设置200mm的防震缝分开。北区主塔楼及裙楼结构布置图见图14.3-1。

塔楼结构体系采用框架-核心筒结构，框架柱采用钢管混凝土柱，核心筒采用钢筋混凝土结构。

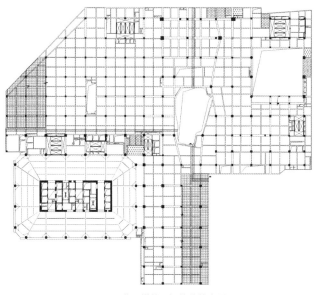

图14.3-1　北区塔楼及裙楼结构布置图

在核心筒剪力墙角部及与框架梁连接处内置型钢暗柱、水平设置型钢暗梁，形成核心筒隐形型钢混凝土框架，以提高核心筒剪力墙结构的延性、承载能力和整体受力性能。

地面以上楼层核心筒外的楼盖承重体系采用钢梁＋闭口型压型钢板组合楼板，楼板厚度120mm；钢梁与钢管混凝土柱刚性连接，与核心筒铰接。核心筒内楼盖采用现浇钢筋混凝土结构，板厚150mm。核心筒采用滑模施工，核心筒内、外楼板连接处的面钢筋通过植筋方式完成。塔楼典型结构平面图见图14.3-2和图14.3-3。

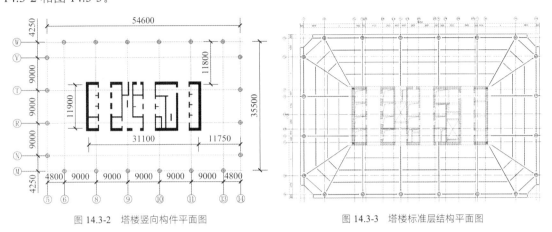

图 14.3-2 塔楼竖向构件平面图　　　　　图 14.3-3 塔楼标准层结构平面图

1. 主要构件截面

框架柱采用钢管混凝土柱，钢管按照2～3层约10～12m一节吊装，管内混凝土采用自密实混凝土，浇筑方式采用"高抛＋振捣"。钢管直径从ϕ1300mm过渡到ϕ900mm，厚度从28mm过渡到20mm，钢管内混凝土强度等级为从C80过渡到C55。

钢筋混凝土核心筒墙厚自底部的700mm过渡到500mm，混凝土强度等级为从C70过渡到C45。塔楼框架梁梁截面一般采用H型钢，梁高800mm，弯矩较大的梁端部竖向加腋，高度1200mm。主要结构构件截面尺寸和材质参见表14.3-1。

核心筒剪力墙和钢管混凝土柱截面尺寸和材质　　　　　　　表 14.3-1

结构部位	核心筒主要墙体		钢管混凝土柱	
	截面厚度/mm	混凝土强度等级	钢管柱截面/mm	混凝土强度等级
−4～4 层	700、600、700	C70	ϕ1300，1200×28，25	C80
5～14 层	700、600、700	C65	ϕ1100×25	C75
15～24 层	600、500、600	C60	ϕ1000×25，20	C70
25～33 层	600、500、600	C55	ϕ900×20	C65
34～43 层	500、500、500	C50	ϕ900×20	C60
44～顶层	500、500、500	C45	ϕ900×20	C55

注：钢管均采用Q345B。

2. 基础结构设计

本工程位于石灰岩地区，场区岩溶发育，工程地质条件极为复杂。基岩为石炭系石灰岩，岩质坚硬，基岩面起伏很大，有些钻孔相距 7m，揭示的岩面高差达几十米，局部场地岩面已经外露，岩面标高从0.00～−69.70m；同时存在溶洞和土洞，溶洞最大高度为10m。

（1）塔楼基础采用大直径冲孔灌注桩，桩端支承于稳定的中、微风化石灰岩。框架柱采用单桩单柱，桩径为ϕ2400mm，单桩承载力为55000kN；核心筒采用群桩，桩径为ϕ2000mm，单桩承载力为38000kN。见图14.3-4。

（2）裙楼采用天然筏板基础＋抗拔锚杆，持力层为硬塑粉质黏土层，承载力特征值不小于220kPa；筏板厚度800～1000mm，柱脚局部加厚，厚度根据实际受力情况，为1300～1800mm。锚杆直径φ200mm，锚杆锚入中风化岩层不小于4m，锚杆承载力特征值为400kN/根。见图14.3-5。

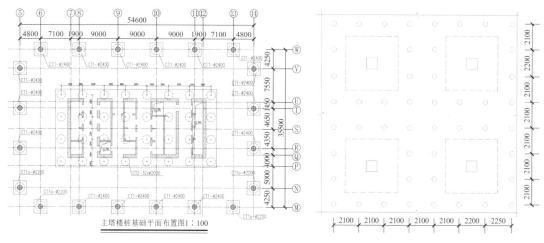

图14.3-4 塔楼桩基础平面布置图　　　　图14.3-5 裙楼基础局部平面布置图

14.3.3 性能目标

1. 抗震超限分析和采取的措施

塔楼超限内容如下：

（1）塔楼地面以上46层，高度199.85m，属超B级高度建筑。

（2）塔楼位于场地左下角，属塔楼偏置类型。

（3）塔楼核心筒的Y向高宽比为15.86，大于经验值12，说明结构Y向刚度偏弱。

（4）塔楼2层、3层有通高大堂中庭，接近1/2平面楼盖被取消，属楼板大开洞；同时形成7根钢管柱为通高3层，高度15m的越层柱。

针对超限问题，设计中采取了如下应对措施：

（1）外框架柱采用钢管混凝土柱，其抗震承载能力与延性比较优越。

（2）核心筒转角处设置实腹式型钢，提高核心筒的抗震承载力和延性。

（3）适当加高外围框架钢梁的高度，框架钢梁与钢管柱采用刚性连接。

（4）对开洞周边楼盖采用弹性楼板进行分析。

（5）对越层柱进行弹性屈曲分析和稳定分析。

（6）进行了弹性时程分析和弹塑性时程分析，弹塑性时程分析采用ABAQUS软件进行，验证大震作用下结构的抗震性能。

2. 抗震性能目标

本工程主塔楼结构抗震性能目标选C级，具体描述见表14.3-2。

主要构件抗震性能目标　　　　　　　　　　　　　　　　　　表14.3-2

地震水准	多遇地震	设防地震	罕遇地震
性能水准	1	3	4
层间位移角	1/615	—	1/100
结构整体性能目标	完好无损	轻度损坏	中度损坏

关键构件	钢管混凝土柱 核心筒剪力墙	抗剪	弹性	弹性	不屈服
		抗弯	弹性	不屈服	不屈服
普通竖向构件	相关范围裙楼框架柱	抗剪	弹性	弹性	满足剪压比
		抗弯	弹性	不屈服	屈服
耗能构件	核心筒剪力墙连梁	抗剪	弹性	不屈服	满足剪压比
		抗弯	弹性	屈服	屈服
	框架梁	抗剪	弹性	不屈服	满足剪压比
		抗弯	弹性	屈服	屈服

14.3.4 结构分析

1. 小震弹性计算分析

采用 GSSAP 和 SATWE 分别计算，振型数取为 30 个，周期折减系数为 0.9，塔楼为乙类建筑，地震作用按 7 度计算，抗震措施提高一度，按 8 度抗震措施要求设计。

计算结果见表 14.3-3 和表 14.3-4。两种软件计算的结构总质量、振动模态、周期、基底剪力、层间位移比等均基本一致，可以判断模型分析结果准确、可信。结构前三阶振型图见图 14.3-6。

主塔楼 + 外延 3 跨框架电算结果　　　　　　　　　　　表 14.3-3

计算软件		SATWE	GSSAP
计算振型数		30	30
第一平动周期（平动系数 $X+Y$，扭转系数 γ）		（Y向）5.8541 $X+Y=0.00+1.00$ $\gamma=0.00$	（Y向）5.7986
第二平动周期（平动系数 $X+Y$，扭转系数 γ）		（X向）4.6760 $X+Y=1.00+0.00$ $\gamma=0.00$	（X向）4.2676
第一扭转周期（平动系数 $X+Y$，扭转系数 γ）		3.2083 $X+Y=0.00+0.00$ $\gamma=1.00$	3.1869
第一扭转周期/第一平动周期		0.548	0.549
地震作用下基底剪力/kN	X	24098.79	23550.67
	Y	24808.73	23150.20
结构总质量/kN（包地下室）		2148734.06	2169886.75
标准层单位面积重度/（kN/m²）		15.85	16.00
剪重比	X	1.58%	1.55%
	Y	1.53%	1.52%
地震作用下倾覆弯矩/（kN·m²）	X	2496511.75	2461931.00
	Y	2141381.75	2049673.00
有效质量系数	X	99.50%	98.49%
	Y	99.50%	97.19%
50 年一遇风荷载下最大层间位移角（层号）	X	1/1947（30）	1/2384（29）
	Y	1/679（36）	1/794（36）
安评反应谱地震作用下最大层间位移角（层号）	X	1/1088（31）	1/1115（31）
	Y	1/661（37）	1/664（37）
考虑偶然偏心最大扭转位移比（层号）	X	1.14（8）	1.10（10）
	Y	1.30（5）	1.45（5）
刚重比 EJd/GH^2	X	2.37	2.5
	Y	1.62	1.6

地震水准	方向	首层剪力/kN	首层剪力分配/kN		首层弯矩/（kN·m）	首层弯矩分配/（kN·m）	
			框架	筒体		框架	筒体
多遇地震	X	24482.2	7052.7（28.81%）	17429.5（71.19%）	3146551.0	812197.5（25.81%）	2334353.5（74.19%）
	Y	25557.6	4406.6（17.24%）	21151.0（82.76%）	3488495.0	805882.2（23.10%）	2682612.8（76.90%）

第一振型（Y向平动）　　第二振型（X向平动）　　第三振型（扭转）

图 14.3-6　前三阶振型图

小震弹性计算小结：

（1）楼层剪力主要由核心筒承担，倾覆弯矩由外框架和核心筒共同承担。

（2）框架和核心筒剪力分配比例满足规范要求，两者倾覆弯矩的比例与常规判断相符，见表 14.3-4。

（3）计算结果满足规范要求。

2. 弹性时程分析

本工程为高度超 B 级高层建筑，抗震设防烈度为 7 度，根据《高规》第 3.3.4 条第 3 款、第 3.3.5 条和第 5.1.13 条第 3 款的规定及《抗规》第 5.1.2 条第 3 款的要求，需采用弹性时程分析法进行多遇地震作用下的补充计算。

人工波从《广州绿地中心工程场地地震安全性评价》提供的地震波中选取两条：tt63%-1、tt63%-2。弹性动力分析时按 7 度地震Ⅱ类土，50 年时限内超越概率为 63%（小震），阻尼比按 0.04 考虑。

弹性时程分析小结：

（1）时程分析结果满足：平均底部剪力不小于振型分解反应谱法结果的 80%，每条地震波底部剪力不小于反应谱法结果的 65% 的要求。

（2）7 组地震波弹性时程分析的楼层位移和楼层层间位移角的平均值小于规范反应谱结果。

（3）楼层位移曲线以弯曲型为主，位移曲线光滑无突变，反映结构侧向刚度较为均匀。

（4）各条地震波时程分析结果中的层间位移角曲线形状均较相似，反映出典型的结构受力特征。

3. 设防烈度地震（中震）作用下计算分析

在设防烈度地震（中震）作用下，除普通楼板、次梁以外所有结构构件的承载力，按中震不屈服计算，不考虑规范规定的构件内力增大、调整系数。根据《广州绿地中心工程场地地震安全性评价》，在计算设防烈度地震作用时，水平最大地震影响系数 $\alpha_{\max} = 0.246$，阻尼比 $\xi = 0.04$，楼板设置为弹性楼板，计算结果见表 14.3-5。

中震计算简要结果			表 14.3-5
方向/°		0	90
中震作用下最大层间位移角（层号）		1/340（30 层）	1/219（30 层）
基底剪力	Q_0/kN	64438.11	63667.30
Q_0/W_t		4.09%	4.22%
基底弯矩	$M_0/$（kN·m）	6675457.00	5725872.50

设防烈度地震（中震）作用下计算小结：

（1）框架柱保持弹性。

（2）核心筒剪力墙在中震作用下未出现屈服。

（3）部分楼层的个别连梁、框架梁的配筋需求要比多遇地震作用下的需求高，仅小部分连梁和框架梁出现屈服情况。

4．静力弹塑性分析

按规范要求的"大震不倒"的抗震设防目标，采用 PUSH&EPDA 程序对建筑物在罕遇地震作用下进行静力弹塑性推覆分析。在结构的两个主轴方向分别施加 pushover 侧向荷载，然后根据静力推覆分析的结构响应对结构的受力性能和抗震设计假设进行验证。

静力推覆分析结果小结：

（1）在罕遇地震作用下，性能点处各层弹性位移角最大值均小于 1/120，符合《高规》第 4.6.5 条的规定，建筑物可实现"大震不倒"的抗震设防目标。

（2）结构在加载开始时，极少数连梁出现损伤，在性能点处时 6 层以下剪力墙主要在底部推覆的受拉一侧出现小面积的损伤，与其相交的同推覆向的墙也同时出现一些损伤，但未有连续发展的情况出现。

5．动力弹塑性时程分析

采用 ABAQUS 进行结构的弹塑性时程分析，本工程地面以上 47 层，地下室为 4 层；ABAQUS 计算模型取 2 层地下室与上部结构共同计算，总计算层数 49 层。

1）ABAQUS 模拟施工加载及动力特性

（1）施工模拟加载

模拟施工计算并未发现在竖向荷载作用下结构整体发生明显的侧移，柱最大位移为 27.5mm，剪力墙最大位移为 16.7mm。外框柱 1 与核心筒角点 2 竖向变形最大差值为 11.0mm，发生在第 31 层，见图 14.3-7 和图 14.3-8。

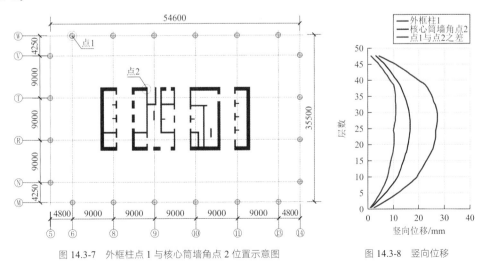

图 14.3-7　外框柱点 1 与核心筒墙角点 2 位置示意图　　　图 14.3-8　竖向位移

（2）动力特性

按照施工模拟加载顺序施加竖向恒荷载和活荷载，并考虑施工找平的影响对相应杆件做了处理之后，求得结构的前三阶振型见图14.3-9～图14.3-11。

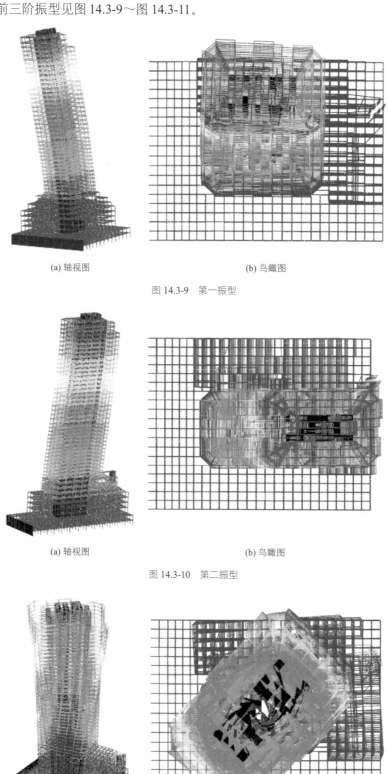

(a) 轴视图　　　　　　　　　　　(b) 鸟瞰图

图 14.3-9　第一振型

(a) 轴视图　　　　　　　　　　　(b) 鸟瞰图

图 14.3-10　第二振型

(a) 轴视图　　　　　　　　　　　(b) 鸟瞰图

图 14.3-11　第三振型

2）地震波输入

根据安评报告，对罕遇地震验算选择一组人工波和两组天然波作为非线性动力时程分析的地震输入，双向同时输入，主方向、次方向地震波峰值比为 1.00：0.85，计算持时取 35s；罕遇地震条件下水平方向 PGA 调整为 220Gal。

3）楼层剪力分析结果

罕遇地震作用下三条波两个主方向弹性时程计算所得基底剪力约为反应谱的 0.9 倍，满足规定的要求。见图 14.3-12。

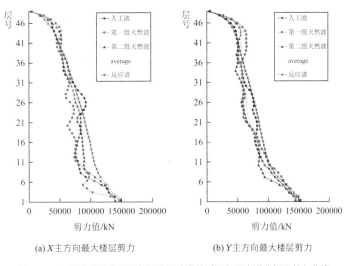

(a) X 主方向最大楼层剪力　　　　(b) Y 主方向最大楼层剪力

图 14.3-12　罕遇地震作用下各组地震波弹性时程与反应谱分析层剪力曲线

4）整体计算结果汇总

本工程采用 ABAQUS 进行计算。表 14.3-6 为结构在两向地震作用下的弹塑性分析整体结果汇总对比，每项均给出各主方向的计算结果，未注明的结果均为 ABAQUS 计算的结果。

结构整体计算结果汇总　　　　　　　　　　表 14.3-6

作用地震波	人工波		第一组天然波		第二组天然波		各组地震波平均值	
	X 主方向	Y 主方向	X 主方向	Y 主方向	X 主方向	Y 主方向	X 主方向	Y 主方向
周期/s	GSSAP 计算前 3 周期：$T_1 = 6.014$，$T_2 = 5.144$，$T_3 = 4.033$							
	ABAQUS 计算前 3 周期：$T_1 = 5.921$，$T_2 = 5.019$，$T_3 = 3.942$							
质量/kN	GSSAP 计算结构总质量：1802901							
	ABAQUS 计算结构总质量：1754797							
剪力/kN	GSSAP 小震反应谱基底剪力：X向，22614，Y向，22948							
剪重比	GSSAP 小震反应谱基底剪重比：X向，1.26%，Y向，1.27%							
最大基底剪力/kN	113600	118937	127074	128086	108929	129541	116534	125521
最大剪重比	6.47%	6.77%	7.24%	7.30%	6.21%	7.38%	6.64%	7.15%
顶点最大位移/mm	766.6	826.0	577.9	734.2	714.8	794.5	686.4	784.9
最大层间位移角（层号）	1/154（36）	1/160（36）	1/125（37）	1/158（40）	1/142（36）	1/170（47）	—	—

5）罕遇地震作用下竖向构件损伤情况分析

核心筒主要的剪力墙厚度由底层 700mm、600mm 递减至顶层 500mm，最小配筋率按规范取值。由图 14.3-13（a）、（b）、（c）可知，在中上部，少量 X 向剪力墙混凝土出现了中度的受压损伤，部分 Y 向剪力墙混凝土出现了轻度的受压损伤；分布筋只出现轻微的塑性应变。如图 14.3-13（d）所示，剪力墙暗柱钢筋基本无出现塑性应变。剪力墙的受拉开裂主要集中在结构底部，顶部、中部剪力墙只有轻度的受拉开裂。

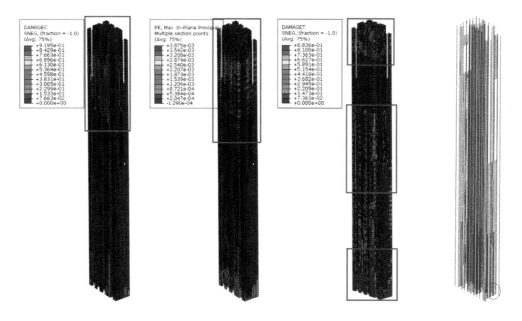

(a) 整体剪力墙混凝土受压损伤   (b) 整体剪力墙塑性应变   (c) 整体剪力墙混凝土受拉损伤   (d) 整体剪力墙暗柱钢筋塑性应变

图 14.3-13　人工波X向输入核心筒剪力墙塑性损伤情况

6）动力弹塑性时程分析小结

由上述分析结果可知，本结构在大震作用下：

（1）最大层间位移角均不大于 1/100，满足规范要求。

（2）整个计算过程中，主体结构始终保持直立，能够满足规范的"大震不倒"要求。

（3）连梁发挥了屈服耗能的作用。

（4）主要核心筒剪力墙基本完好，仅局部轻微损伤。

（5）钢管混凝土柱均未出现塑性。

（6）个别混凝土梁进入塑性阶段。

分析结果表明整体结构在大震作用下是安全的，满足预期的抗震性能目标。

14.4 专项设计

14.4.1 岩溶地区桩基础结构设计

本工程位于石灰岩地区，场区岩溶发育，工程地质条件极为复杂。基岩为石炭系石灰岩，岩质坚硬，饱和单轴抗压强度标准值为 44MPa；基岩面起伏很大，有些钻孔相距 7m，揭示的岩面高差达几十米，局部场地岩面已经外露，岩面埋深 0～69.700m；揭示土洞最大高度为 5m，溶洞最大高度为 10m。

场地地质情况非常复杂，需要更详细的地质勘探资料，针对桩基础的超前钻必不可少。对框架柱下的单桩，补充一桩 3 孔的超前钻点，对核心筒群桩采用一桩 1 孔的超前钻点。结果显示，在某根直径 ϕ2400mm 桩范围内的 3 个超前钻点，其中 2 个钻点揭示的中风化岩面高差达 31m，见图 14.4-1。

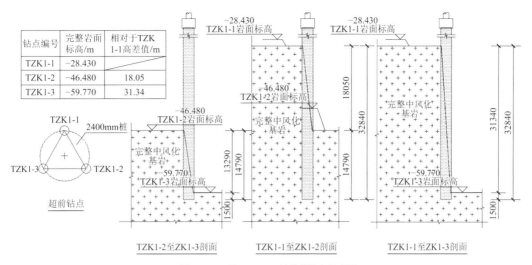

图 14.4-1 某φ2400mm 桩超前钻点示意图

塔楼基础采用大直径冲孔灌注桩，桩端支承于中、微风化石灰岩，入岩深度不小于 0.500m。框架柱采用单桩单柱，桩径为φ2400mm，单桩承载力为 55000kN；核心筒采用群桩，桩径为φ2000mm，单桩承载力为 38000kN。由于持力层岩石强度高，单桩承载力由桩身混凝土强度控制，桩身混凝土强度等级为 C35，桩身抗压强度计算时考虑桩身纵向钢筋的作用。

针对复杂的地质情况，基础设计落实到对每根桩的详细计算和分析，桩基础设计进行动态设计，根据施工现场情况进行调整。对施工部门进行技术交底，听取施工部门对设计图纸的反馈意见，同时要求施工部门制定施工方案，特别是针对施工中可能发生的事故做好应急方案与措施。

岩溶地区桩基础结构设计小结：

（1）对于大直径桩，一桩多孔的超前钻必不可少。

（2）需要判别：溶洞与溶洞之间是否相互连通，溶洞本身有可能形成串珠状。

（3）桩端持力层必须确保在足够厚度的稳定岩层上，在串珠状溶洞时更要慎重。

（4）桩端持力层倾斜很大时，需要研究可靠施工方案，确保桩端全截面进入岩层，最小处入岩深度要满足设计要求。

（5）对于土洞、溶洞的处理，采用桩基础施工前的预灌填是稳妥安全的方法。

14.4.2　钢管混凝土柱新型梁柱节点设计

塔楼投影范围内有 4 层地下室，楼盖采用钢筋混凝土结构，对于钢筋混凝土梁与钢管混凝土柱的梁柱节点，本项目采用一种新型的节点，新型节点的设计总结了以往的工程经验，对存在的问题进行了改进，并与中南大学合作，对新型节点进行了节点试验。

1. 新型梁柱节点概念设计

新型节点设计是从钢管柱设置外伸型钢牛腿，型钢牛腿与钢筋混凝土梁连接，通过型钢牛腿，将钢筋混凝土梁与钢管混凝土柱连接在一起。

按照"强节点弱杆件"的设计理念，型钢牛腿设计成既是钢管柱的扩展，成为钢筋混凝土梁的支座，又是梁的一部分，钢筋混凝土梁内力通过钢牛腿传递给钢管柱；钢牛腿起到使钢筋混凝土梁内力可靠地传到钢管混凝土柱的桥梁作用，关键是保证梁纵向受力钢筋与钢牛腿在荷载作用下可以共同协调工作。

型钢牛腿不穿心，型钢牛腿的截面尺寸按承受梁端剪力、轴力、扭矩及弯矩设计值计算确定，节点区域计算时不考虑梁纵筋的作用；型钢牛腿外伸长度 1200mm，满足梁常用纵筋的锚固长度，梁纵向钢筋伸至钢管柱边，梁端部成为型钢混凝土梁，型钢混凝土梁承载力按大于钢筋混凝土梁的概念设计。型钢牛腿和钢管柱之间通过设置水平和竖向环板加强连接，水平环板与型钢牛腿的上、下翼缘板连接；竖向环板位于型钢牛腿的上部和下部，属于构造加强措施，加强型钢牛腿与钢管柱的连接。

2. 钢管柱梁柱节点计算

（1）钢牛腿翼缘板内力计算

梁端弯矩由钢牛腿上、下翼缘板水平拉、压力形成的力偶平衡，当存在轴力时，应叠加轴力；由钢牛腿翼缘板水平拉力可以确定钢牛腿翼缘板的厚度与宽度，同时保证其截面面积不小于梁实配钢筋面积，实际设计时可先确定钢牛腿翼缘板的宽度，按照混凝土梁宽度减去100mm。

$$N = \frac{M}{h} + N_b$$

式中：N——钢牛腿水平环板的水平拉力（压力不考虑）；

　　　　M——梁端弯矩；

　　　　h——钢牛腿高度；

　　　　N_b——梁轴向拉力。

$$t_l = \frac{A_s f_s}{b_{s1} f_l}$$

式中：t_l——钢牛腿翼缘板厚度；

　　　　b_{s1}——钢牛腿翼缘板宽度；

　　　　A_s——梁端全部负弯矩钢筋面积；

　　　　f_s——梁端钢筋抗拉强度设计值；

　　　　f_l——水平钢板抗拉强度设计值。

（2）水平环板宽度的计算

节点水平环板宽度由梁支座的水平拉力确定，考虑钢管柱肢壁参与抵抗水平拉力，钢牛腿翼缘板的水平拉力由水平环板和钢管柱管壁有效宽度共同承担。水平环板的厚度不小于钢牛腿翼缘厚度，同时核对水平环板的截面积不小于梁实配钢筋面积，计算方法参见《钢管混凝土结构技术规程》GB 50936—2014附录C。

（3）钢牛腿腹板的计算

梁端剪力由钢牛腿腹板承受，通过钢牛腿腹板传递给钢管柱，牛腿腹板焊接在钢管柱管壁上。钢牛腿腹板处的管壁剪应力计算参见《钢管混凝土结构技术规程》GB 50936—2014附录C。

3. 新型节点的特点

新型节点有以下特点：

（1）型钢牛腿不穿心，确保钢管混凝土柱混凝土浇筑顺利。

（2）型钢牛腿承受梁端的全部内力，包括剪力、轴力、扭矩及弯矩设计值。

（3）在型钢牛腿的上、下端，分别设置两个竖向环板。

（4）钢管柱设置水平环板与型钢牛腿的上、下翼缘板对应连接。

（5）型钢牛腿长度取1200mm，使梁底、面纵向受力钢筋在牛腿范围内有足够的锚固长度。

（6）梁底、面纵向受力钢筋仅延伸到钢管柱壁，不需要焊接，方便施工。

（7）型钢牛腿采用双槽钢形式，双腹板抗剪能力更强。

（8）梁箍筋采用四肢箍。

（9）钢牛腿腹板设置加劲肋，增加牛腿与混凝土的粘结。

4．新型节点施工图

新型节点由于其施工的方便性，在使用中取得了良好效果，典型节点见图 14.4-2～图 14.4-8。

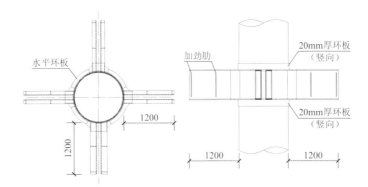

图 14.4-2　新型节点型钢牛腿节点

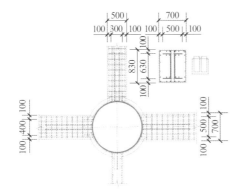

图 14.4-3　新型节点梁钢筋示意

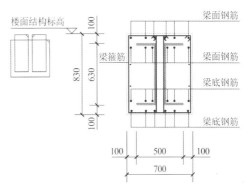

图 14.4-4　新型节点梁剖面

图 14.4-5　新型节点钢牛腿施工（一）

图 14.4-6　新型节点钢牛腿施工（二）

图 14.4-7　新型节点钢筋施工

图 14.4-8　新型节点施工完成

钢管柱与楼板连接处，存在楼板混凝土与钢管柱管壁无法可靠连接的问题，为了减少楼板开裂，在该区域约 2m 宽的范围，增加了双向板面加密钢筋，见图 14.4-9。

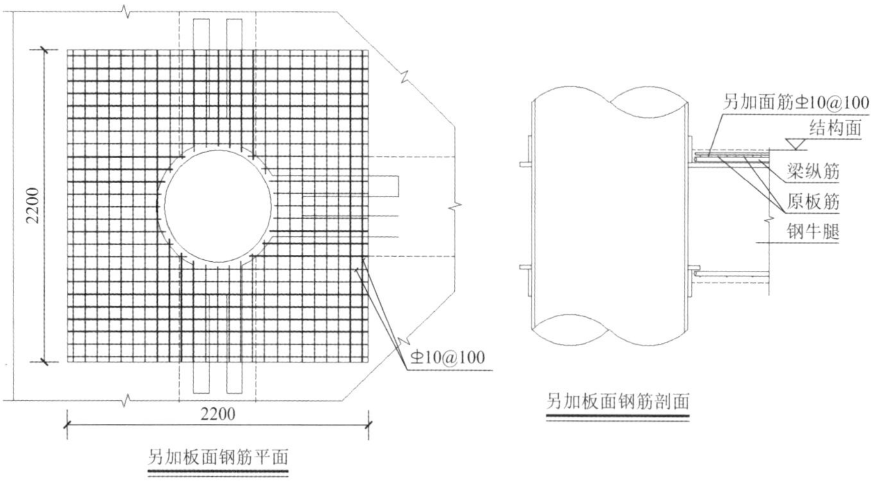
2200
±10@100
2200
另加板面钢筋平面
另加面筋±10@100
结构面
梁纵筋
原板筋
钢牛腿
另加板面钢筋剖面

图 14.4-9　楼板与钢管柱交接处增加板面钢筋

14.4.3　钢管混凝土柱新型节点在钢结构楼盖的设计

钢结构楼盖采用新型节点，受力分析和计算原理与钢筋混凝土楼盖一样，型钢牛腿不穿心，型钢牛腿的截面尺寸按承受梁端剪力、轴力、扭矩及弯矩设计值计算确定，节点区域的水平环板与竖向环板的设计、计算与钢筋混凝土楼盖的节点相同。

钢筋混凝土楼盖的型钢牛腿为双槽钢，而在钢结构中，型钢牛腿截面与钢梁的截面相同，一般采用 H 形截面，型钢牛腿长度按照一般钢结构的做法就可以了，通常取 600～800mm，型钢牛腿与钢梁连接采用栓焊方式，翼缘板全熔透焊，腹板采用高强度螺栓连接。与钢筋混凝土楼盖不同，牛腿钢梁端部受压翼缘抗震设计时需要设置隅撑，牛腿钢梁截面高度较大时需要进行局部稳定验算。钢梁与混凝土钢管柱节点施工图见图 14.4-10，完成图见图 14.4-11。

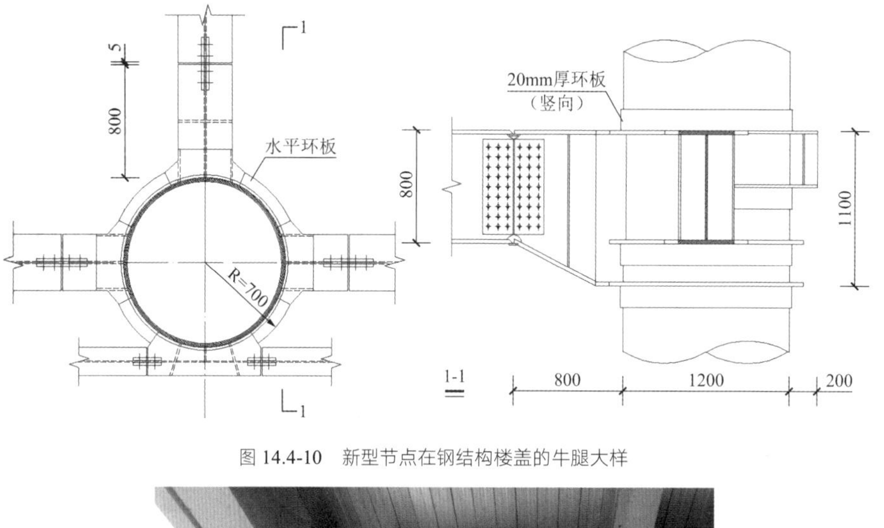
5
800
水平环板
R=700
20mm厚环板
（竖向）
800
1100
1-1
800
1200
200

图 14.4-10　新型节点在钢结构楼盖的牛腿大样

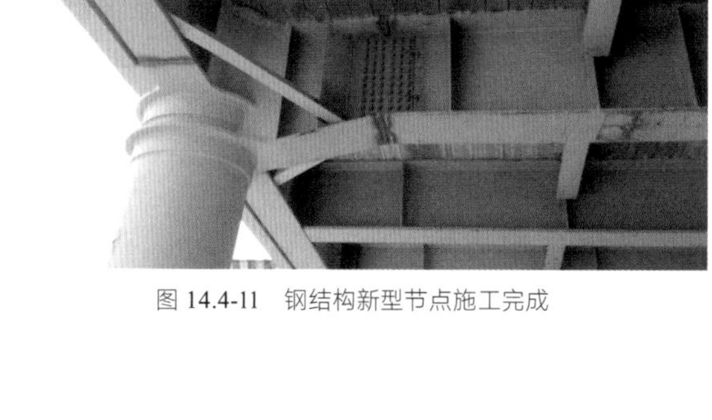

图 14.4-11　钢结构新型节点施工完成

14.4.4 钢管混凝土柱柱脚节点设计

钢管混凝土柱柱脚设计，按照《高层民用建筑钢结构技术规程》JGJ 99—98 要求，可以采用埋入式、外包式和外露式三种。

本工程有 4 层地下室，采用端承式柱脚是合理可行的，钢管混凝土柱柱脚直接放置于桩承台面，方便桩承台施工，见图 14.4-12。设计上对地下 4 层的钢管柱全楼层高度采用外包式设计，地下 4 层层高 5.200m。钢管柱外包钢筋混凝土，截面 2000mm × 2000mm，见图 14.4-13、图 14.4-14。钢管柱柱脚大样见图 14.4-15，定位器大样见图 14.4-16。

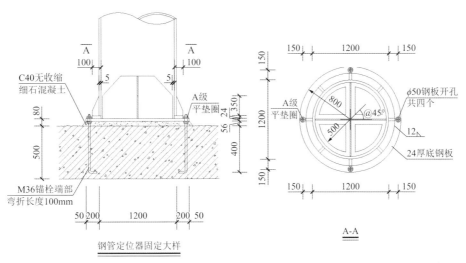

图 14.4-12 钢管柱柱脚端承式及定位器固定大样

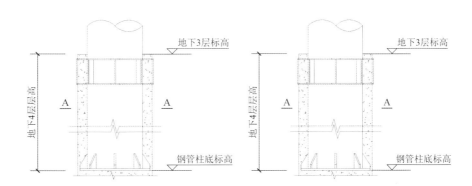

图 14.4-13 钢管柱地下 4 层外包混凝土　　　　图 14.4-14 钢管柱外包混凝土剖面

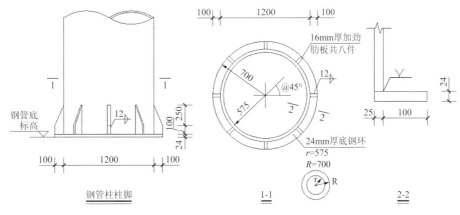

图 14.4-15 钢管柱柱脚大样

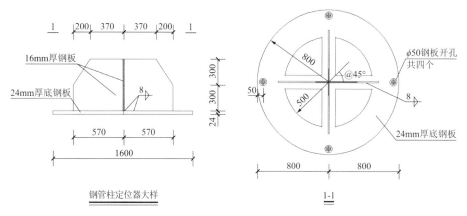

钢管柱定位器大样

1-1

图 14.4-16　钢管柱定位器大样

14.4.5　特殊结构设计及节点设计

转换层位于建筑物北侧入口，入口跨度为 32m，上部柱子不能正常落地，需要托换。入口处悬挑长度 5000mm，而且上部楼层为电影院和室外空调机冷却塔放置区域，荷载较大，采用型钢混凝土桁架进行托换，见图 14.4-17。

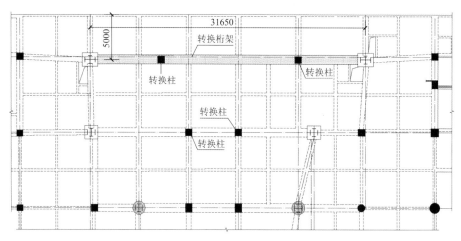

图 14.4-17　北侧入口结构平面图

利用 4～5 层空间设计型钢混凝土桁架转换层，腹杆对应上部被托换柱。原设计采用"K"形桁架，发现第一跨的腹杆与水平梁的夹角约为 30°，导致腹杆的轴力成倍增长（$N/\sin 30° \approx 2N$），为了减小轴力，桁架的首尾两跨改成"X"形，见图 14.4-18 和图 14.4-19。

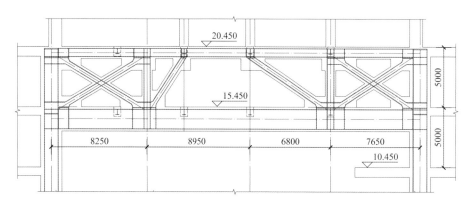

图 14.4-18　北入口型钢混凝土转换桁架结构立面图

图 14.4-19　北侧入口型钢混凝土桁架施工

14.5　试验研究

　　梁柱节点是钢管混凝土结构的关键部位，当时尚无完善的计算理论和设计方法。国家规范中提供的钢管混凝土节点形式仅有几种简单的形式，钢管混凝土柱与钢筋混凝土梁连接采用的节点形式主要有穿心式、不穿心双梁式及不穿心环梁式。

　　本工程钢管混凝土柱采用一种新型的梁柱节点，具有传力明确、施工简便、经济性好的优点，通过试验研究来了解节点内力传递机理、破坏机理、极限承载能力以及抗震性能，以验证设计构想是否完全符合理论分析结果，评价节点的整体工作性能。

14.5.1　试验目的

　　主要试验目的和内容：

　　（1）查明新节点的破坏机理，得出破坏荷载，确定其抗弯、抗剪的安全度，以及梁端挠度值；

　　（2）了解牛腿、型钢与混凝土的受力情况，共同工作机理及其安全度；

　　（3）查明钢管壁在节点区各处的应力情况；

　　（4）了解水平、竖向钢环的受力情况及其作用大小；

　　（5）查明型钢牛腿的受力和作用；

　　（6）查明混凝土楼板面的裂缝发生和开展情况；

　　（7）验证有限元分析结果的可靠性；

　　（8）了解上述各点在反复动力荷载（模拟地震作用）的反应情况及其动力性能评价。

14.5.2　试验现象与结果

　　（1）节点试验提示了在加载过程中，构件裂缝发生的情况和发展趋势，确定弹性极限荷载、塑性极限荷载（破坏荷载）。

　　（2）节点裂缝分布见图 14.5-1 和图 14.5-2。

　　（3）典型测点变形随荷载变化规律分析

　　本节点设计的重要内容，是通过型钢牛腿将钢筋混凝土梁与钢管柱可靠连接，如何确保钢筋混凝土梁的钢筋拉力可靠传递给型钢牛腿，需要钢筋有足够的锚固长度，即需要型钢牛腿有足够的长度，现设计型钢牛腿长度 1200mm 是否足够，需要试验来验证，参见图 14.5-3。

图 14.5-1 第一道裂缝发生在外侧混凝土环板　　图 14.5-2 节点破坏牛腿梁根部典型裂缝及开裂情况

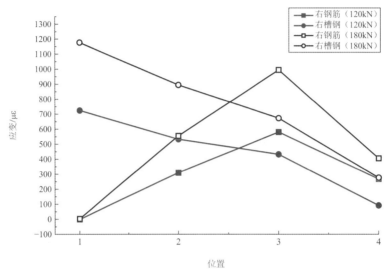

图 14.5-3 梁上缘钢筋、槽钢的应变

可知，梁中上缘钢筋根部测点应变值极小，往梁端方向逐渐增加，至测点 3 后又下降，而槽钢牛腿上缘的应变始终是根部大、端部小，说明钢筋中的拉力有效传递到槽钢牛腿上翼缘，表明混凝土对钢筋具有良好的锚固作用，且钢筋具有足够的锚固长度。

14.5.3 理论分析及与试验结果的比较

为了了解节点的传力机理和工作性能，分别采用基于国家规范解析方法的公式和基于有限单元法的 ANSYS 软件对节点进行分析，比较分析结果，并与试验结果进行对比，以全面评价节点的工作性能。以下仅列出三牛腿节点模型（模型仅取对称轴一半）的内容，见图 14.5-4～图 14.5-7。

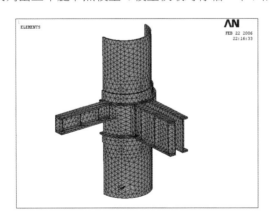

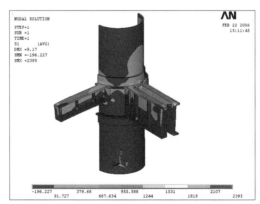

图 14.5-4 钢牛腿有限元模型　　　　　　　图 14.5-5 钢牛腿计算结果应力云图（主应力和位移）

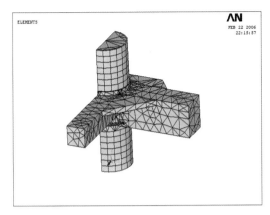
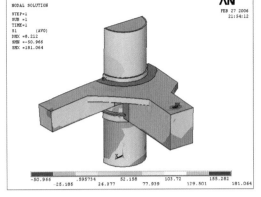

图 14.5-6　牛腿节点有限元模型　　　　　图 14.5-7　牛腿节点计算结果应力云图

开裂荷载与屈服荷载比较结果见表 14.5-1。可知，开裂荷载与试验值相差 24%，计算误差较大，理论值只能总体上反映节点荷载效应；屈服荷载的理论分析值与试验值相差小于 10%，给出了较好的结果。

开裂荷载和屈服荷载比较　　　　　　　　　　　表 14.5-1

部 位 名 称		RC 梁根部开裂荷载/kN	牛腿梁屈服荷载/kN
三牛腿节点	理论值	45.6（−24.0%）	167.1（−7.2%）
	试验值	60	180

注：1. 括号内值 =（该栏数 − 试验值）/试验值。
　　2. 三牛腿节点 RC 梁指高梁。

综合基于规范公式和 ANSYS 软件的理论分析结果和试验结果，得出以下主要结论：

（1）节点钢结构的抗剪不控制设计，与试验结果相符；

（2）梁弯矩设计荷载远小于理论值；

（3）在屈服荷载作用下，用 ANSYS 分析不考虑混凝土影响的节点模型理论结果与试验结果较吻合，说明钢结构在节点牛腿梁的弹性变形中承担了主要的角色；

（4）基于 ANSYS 分析的节点典型部位应力分布特征与试验结果基本吻合，说明测试结果可靠。

14.5.4　试验结论

中南大学《钢管混凝土柱节点试验报告》的结论：根据试验结果与理论分析结果，对设计院提供的用于试验的节点原型给出如下结论与建议：

（1）整体上节点设计合理，传力明确，易于施工；

（2）节点实际静载承载能力超过设计值，满足设计要求；

（3）节点抗震性能较好，满足规范中"强柱、弱梁、节点更强"的原则，满足节点延性系数为 3～4 的要求；梁体屈服源于牛腿梁根部塑性铰和由此引发的混凝土裂缝扩展、贯通；

（4）建议进一步处理槽钢翼缘板、水平钢环板、竖向钢环板连接处角部构造，以免这些部位由于应力集中等因素过早屈服，影响节点的安全使用。

14.6　结语

广州市白云绿地中心是绿地集团在广东省的第一座城市综合体，位于广州旧白云机场商业中心，建筑造型独特，立面简洁，是目前广州市白云区最高的标志性建筑。

本工程超高层塔楼为混合结构，结构体系采用钢框架＋钢筋混凝土核心筒，在结构设计过程中，充分考虑了施工现场实际情况、业主工期要求及建筑造型需要，采取有针对性的结构设计方法和措施，同时进行技术优化与创新，取得了良好效果。主要结构设计内容为：

（1）岩溶地区灌注桩设计与施工。

（2）钢管柱柱脚节点采用端承式，钢管柱在地下 4 层通高外包钢筋混凝土。

（3）局部基坑支护采用中心岛方式，利用主体结构作为支撑。

（4）采用新型钢管柱混凝土梁柱节点，不穿心外伸型钢牛腿长度 1200mm，梁端部为型钢混凝土梁。

（5）采用新型钢管柱钢结构梁柱节点，不穿心外伸型钢牛腿长度 800mm。

经典回眸 广东省建筑设计研究院有限公司篇

参考资料

[1] 广州绿地中心项目风洞动态测压试验报告[R]. 2011.

[2] 广州绿地中心项目风振计算报告[R]. 2011.

[3] 广州绿地中心工程场地地震安全性评价报告[R]. 2011.

[4] 广州绿地中心结构超限设计可行性报告[R]. 2011.

[5] 钢管混凝土柱节点试验研究[R]. 2006.

设计团队

第一建筑设计所：

李　宁、陈　星、梁志红、甄庆华、王华林、张　杰、翁泽松、赵　统、陈　虎、庞占旭、宣羽骏、韦　浩

执笔人：李　宁、翁泽松

获奖信息

2015 年度广东省优秀工程勘察设计奖一等奖

2015 年度广东省优秀工程勘察设计奖建筑结构专项一等奖

2015 年全国优秀工程勘察设计行业奖建筑工程二等奖

2015 年全国优秀工程勘察设计行业奖建筑结构二等奖

2016 年中国建筑学会中国建筑设计奖（建筑结构）

2016 年中国建筑学会第九届全国优秀建筑结构设计一等奖

2017 年中国建筑金属结构协会中国钢结构设计金奖

第15章

广州报业文化中心

15.1 工程概况

15.1.1 建筑概况

广州报业文化中心位于广州市琶洲电商区西北隅，为办公、商业综合体，总建筑面积约 19.4 万 m²；其中两栋塔楼 25 层（高 115m），裙楼 7 层（高 36m），地下 3 层（深 14m）；建筑建成外观如图 15.1-1（a）所示。在尽量减少对建筑影响的前提下，基于结构的规则性与合理性，通过变形缝将地上建筑划分为 A～D 四个分区（南、北塔楼分别位于 B、D 区），以及 1～3 号三座连廊；结构单体划分如图 15.1-1（b）所示。

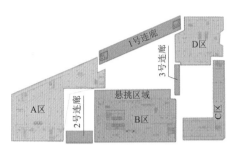

(a) 建成外观   (b) 结构单体划分示意

图 15.1-1 建筑建成外观和结构单体划分

根据各单体的建筑情况与结构特点，分别选定合适的结构体系，具体如下：

A 区：7 层，钢筋混凝土框架-剪力墙结构；

B 区：塔楼 25 层，钢筋混凝土框架-核心筒结构；裙楼 6 层，主要为钢筋混凝土框架-剪力墙结构，北侧大悬挑区域为带斜拉杆的钢框架结构；

C 区：6 层，钢筋混凝土框架结构；

D 区：25 层，钢筋混凝土框架-核心筒结构；

1 号连廊：6 层，由两端钢筋混凝土筒体支承的大跨度钢-混凝土拱架结构；

2 号连廊：钢桁架结构（通过铰接、滑动支座支承于两端主体结构上）；

3 号连廊：多腹板钢箱梁（通过铰接、滑动支座支承于两端主体结构上）。

地基基础主要采用人工挖孔桩基础，桩端持力层为中（微）风化泥岩。

本章主要介绍其中结构上比较有特色的主塔楼、1 号连廊及部分裙楼的结构设计情况。

15.1.2 设计条件

1. 主体控制参数

控制参数见表 15.1-1。

控制参数   表 15.1-1

结构设计基准期	50 年	建筑抗震设防分类	标准设防类（丙类）
建筑结构安全等级	二级（结构重要性系数 1.0）	抗震设防烈度	7 度
地基基础设计等级	甲级	设计地震分组	第一组
建筑结构阻尼比	0.02（钢）/0.05（混凝土）	场地类别	II 类

2．结构抗震设计条件

以地下室顶板（首层楼盖）作为上部结构的构造嵌固端。各单体结构的抗震等级见表 15.1-2。

各单体结构的抗震等级　　　　　　　　　　表 15.1-2

分区	部位	抗震等级	分区	部位	抗震等级	分区	部位	抗震等级
B、D 区 （南、北塔）	框架 核心筒 剪力墙	二级	A 区	框架	三级	1 号连廊	支座筒体	一级
				剪力墙	二级		钢结构	三级
			C 区	单跨框架	一级	2 号连廊	钢桁架	三级
				其他框架	二级	3 号连廊	钢箱梁	三级

3．风荷载

结构变形验算时，规范风荷载按《建筑结构荷载规范》GB 50009—2012 取值，按 50 年一遇取基本风压为 0.50kN/m²，塔楼承载力验算时按基本风压的 1.1 倍，场地粗糙度类别为 C 类。项目开展了风洞试验，模型缩尺比例为 1：200。设计中采用了规范风荷载和风洞试验结果进行位移和承载力包络验算。

15.2　主塔楼（曲折柱框架-核心筒结构）

15.2.1　建筑特点及结构对策

本工程建筑方案创作的意念为"城市光带的流动与信息的传播"，并采用了与之相契合的分节段变化的横向立面线条与建筑体型，如图 15.2-1 所示。基于这一建筑效果，主塔楼（B 区的南塔、D 区的北塔）四周的阳台均沿高度存在交错变换的情况，如图 15.2-2 所示。

图 15.2-1　建筑方案效果图

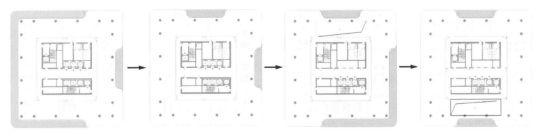

图 15.2-2　建筑四周阳台均沿高度交错变换

为了适应上述建筑平、立面的需求，原方案中主塔楼的外框柱采用了简单竖直直通的布置方式，只能以各层阳台的最内侧为准进行布置，这导致柱子都处于室内的中部，对办公空间影响很大。我们注意到其实阳台的交错变换并非杂乱无章，而是沿高度有规律地分成若干区段，且阳台的凹进深度也较适中（2.8m）。从建筑综合利益出发，我们主动提出采用曲折外框柱的对策，柱子顺应阳台的有-无而内移-外扩，之间以两层斜柱作过渡；同时，考虑到塔楼较规则且高宽比较小，故删去角柱以赢得更优的角部景观及使用效果。

　　优化后，各部位的外框柱依随建筑需要而外伸、内缩（每次外伸、内缩都利用 2 层高度形成斜柱过渡），从而生成了一种特别的"曲折柱"框架-核心筒结构，如图 15.2-3～图 15.2-7 所示。

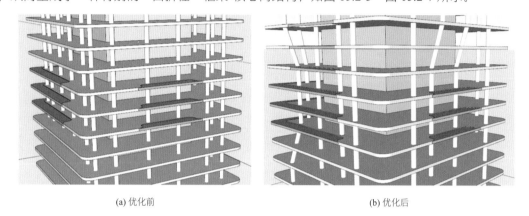

(a) 优化前　　　　　　　　　　　　　　(b) 优化后

图 15.2-3　结构优化前后外框柱与阳台的关系

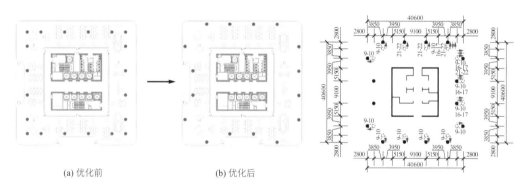

(a) 优化前　　　　(b) 优化后

图 15.2-4　外框柱优化前后建筑平面对比

图 15.2-5　外框柱曲折情况

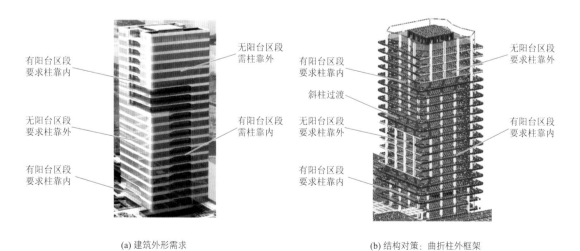

(a) 建筑外形需求　　　　　　　　　　(b) 结构对策：曲折柱外框架

图 15.2-6　建筑阳台效果需求与结构曲折柱对策的关系

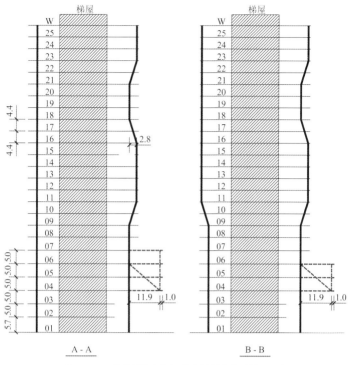

图 15.2-7 "曲折柱"框架-核心筒结构典型剖面示意

15.2.2 曲折柱框架-核心筒结构专题研究：整体特性

为进一步探明曲折柱外框架对塔楼整体结构力学特性的实际影响，开展专题研究：基于主塔楼原型，将其电算模型进行简化（去除地下室及裙楼、替换不规则夹层、删去小次梁、统一并简化荷载等），以简化后主体结构作为基准模型（曲折柱模型），保持全部计算参数不变的条件下，将所有曲折柱改为竖直柱，并区分竖直柱靠内或靠外布置而形成两个对比模型：沿靠内侧柱位布置全楼框架柱，形成内直柱模型；沿靠外侧柱位布置全楼框架柱，形成外直柱模型，如图 15.2-8 所示。为确保模型之间具有足够的可比性，两个对比模型与基准模型的构件尺寸及荷载完全保持一，其结构布置也基本一致（除外框梁随外框柱而变化外，次梁均不变）。

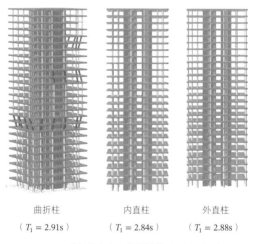

曲折柱	内直柱	外直柱
（$T_1 = 2.91s$）	（$T_1 = 2.84s$）	（$T_1 = 2.88s$）

图 15.2-8 曲折柱与内、外直柱模型及其周期对比

通过基准模型与两个对比模型之间主要结构整体指标的对比可见，曲折柱框架-核心筒结构与常规直柱（内直柱、外直柱）框架-核心筒结构在大部分整体指标上，如自振周期、剪重比、刚重比、位移比、框架总倾覆力矩占比等，其差异非常小；而结构的层间刚度比、层间位移角、层间受剪承载力比、框架

总剪力占比等指标曲线，虽然在曲折区段（斜柱过渡楼层）存在较为明显的"波动"，但三个模型的整体趋势仍然保持着高度一致，如图15.2-9所示。经进一步研究分析可知：（1）曲折柱结构中的斜柱有别于柱间支撑，斜柱本身对结构抗侧刚度并不产生直接影响；（2）同等条件下，外倾型曲折柱间接致结构侧向刚度降低、内收型曲折柱间接致结构侧向刚度提高，当两者规模相近且交替组合存在时，对结构整体抗侧刚度的影响形成一定的相互抵消；（3）一般情况下，核心筒对结构整体抗侧刚度起主导作用，外框柱的曲折对侧向刚度所引起的变化往往并不显著。

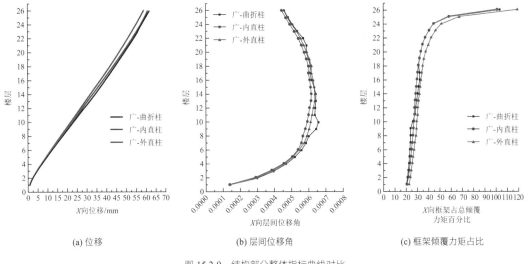

(a) 位移　　　　　　　　　(b) 层间位移角　　　　　　(c) 框架倾覆力矩占比

图 15.2-9　结构部分整体指标曲线对比

15.2.3　曲折柱框架-核心筒结构专题研究：外凸转折层的特性与设计

对于曲折柱倾斜过渡区段的楼层，本工程斜柱的竖向倾角达17.65°，故需特别关注该类区段相关柱、梁、板的受力。

1. 曲折区段重要构件的内力状况

在竖向荷载作用下，斜柱对与其相连的楼层梁板产生一定的拉压作用。显而易见，越往底层，柱子受到的竖向荷载越大，因此在底部柱子第一次由内而外斜出时会引起最大的梁拉力，出现在斜柱顶端（即11层）；同理，斜柱底端（即9层）出现最大梁压力（图15.2-10、图15.2-11）。分别考虑弹性楼板和无楼板，提取8~12层各层梁柱轴力、弯矩如图15.2-12、表15.2-1所示。

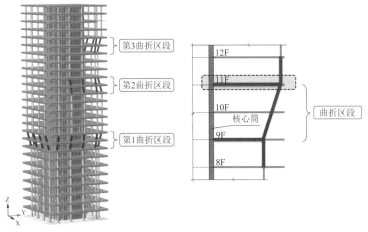

图 15.2-10　塔楼曲折区段示意　　　　图 15.2-11　曲折区段重要构件示意

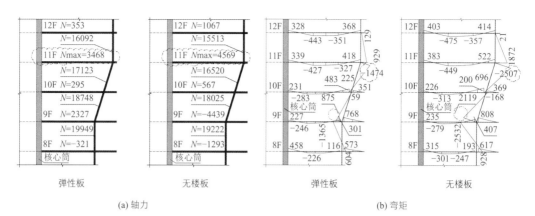

弹性板	无楼板

(a) 轴力

(b) 弯矩

图 15.2-12　是否考虑楼板作用对重要构件内力的影响

11 层拉力最大径向框梁在各工况下的轴力（kN）　　　　　　表 15.2-1

工况	恒	活	X震	Y震	X风	Y风
弹性板	1921	640	−144	167	−13	73
无楼板	2660	912	−173	203	−14	107

可以看出，楼板分担了相当一部分由斜柱引起的楼盖水平拉力，此处约为25%，其余少数部位甚至接近50%；另外，不考虑楼板比考虑弹性楼板的梁柱弯矩要大，特别是柱弯矩，相差近一倍；还有，在不考虑楼板的模型中，与斜柱关于核心筒对称的柱（非斜柱）在8～12层恒荷载下弯矩为235～280kN·m，仅约为斜柱的1/10。

2．外凸转折层的楼板应力及其混凝土受拉损伤状况

为了解清楚塔楼斜柱对相应楼板产生的拉应力，对受斜柱影响最大的部位（即 11 层楼板），采用PMSAP进行了各工况下的弹性楼板平面应力分析。分析发现11层核心筒范围以外大部分区域的楼板拉应力最大值约为：0.6MPa（恒）、0.2MPa（活）、0.5MPa（X震）、0.3MPa（Y震）；另外，在外框与核心筒相连部位存在局部应力集中，如图 15.2-13 所示。板配筋时综合考虑了各荷载工况组合之后的最不利结果，并在局部应力集中部位对板配筋予以适当加强。

另外，大震作用下的动力弹塑性分析结果显示，所有曲折柱外凸转折的楼层，其楼盖梁板混凝土受拉损伤程度均明显大于其他楼层。底部水平拉力较大的转折层，混凝土的损伤愈发明显；而且，这种损伤并非主要由地震作用引起的，而是重力作用下就一直存在（在地震时程开始前的第一工步，已基本显露），如图 15.2-14 所示。

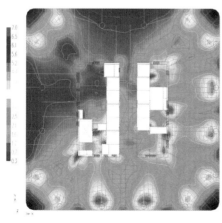

图 15.2-13　外凸转折层楼板应力状况

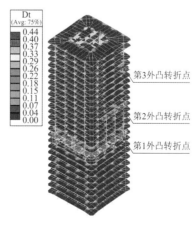

图 15.2-14　外凸转折层楼盖混凝土的受拉损伤概况

进一步关注楼板配筋率对其混凝土受拉损伤的影响（图 15.2-15）。可见，随着配筋率增大，损伤程度得到一定缓解；但当水平拉力较大时（底部外凸转折层），即使加大至 2% 的配筋率，转折点附近区域的楼板损伤仍然较为严重。

(a) x 向 0.25%　　　　　(b) x 向 0.50%　　　　　(c) x 向 1.00%　　　　　(d) x 向 2.00%

图 15.2-15　外凸转折层楼板配筋率对损伤程度的影响

3．柱帽的作用

鉴于曲折柱转折节点处的楼盖存在较明显的应力集中，其混凝土损伤程度也最为严重，故特别针对此处补充了无柱帽与有柱帽的分析对比，如图 15.2-16 所示。结果表明，节点处增设环抱式柱帽有利于增强楼盖梁板与曲折柱转折节点的连接，缓解应力集中问题，降低节点周边楼盖混凝土的受拉损伤。

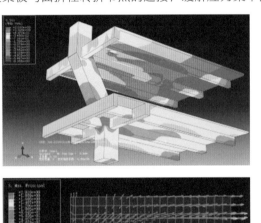 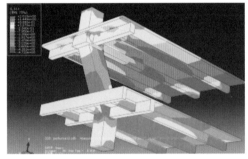

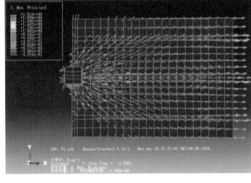 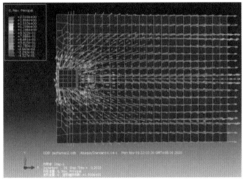

(a) 无柱帽　　　　　　　　　　　　　　　　　(b) 有柱帽

图 15.2-16　转折节点处无柱帽与有柱帽的楼盖应力及力流对比

4．相应设计措施

通过上述分析，认识到曲折柱-梁-板之间传力的复杂性，另考虑楼盖混凝土在长期拉力下的徐变、塑性、开裂等因素，对曲折区段的重要构件，采用弹性楼板和无楼板两种力学模型进行包络设计：一方面，径向框梁的纵筋需能全额承担无楼板时该梁上的拉力，并通过节点与斜柱顶端可靠连接；同时要求斜柱能承受无楼板时的柱底、柱顶之最大弯矩；另一方面，受拉楼盖全层板厚加大至 150mm，并按弹性楼板的应力结果，结合受拉梁的拉力水平，配置双层双向板筋（比如，11 层板配筋为双层双向通长 $\phi 14@150$，转折节点处不足者另加）。

此外，考虑到 11 层楼盖所承受的拉力最大，在上述措施的基础上进一步提高该层楼盖相关区域的抗拉能力：在受拉框梁两侧的板内各增设两道无粘结预应力筋，如图 15.2-17、图 15.2-18 所示。实际上，直接受拉的径向框梁与间接受拉的径向次梁、楼板、预应力筋协同形成了抵抗拉力的整体楼盖。最后，斜柱顶端增设环形柱帽，以进一步加强斜柱-直柱转折点与受拉、受压楼盖之间的连接。塔楼主体结构骨架如图 15.2-19 所示。

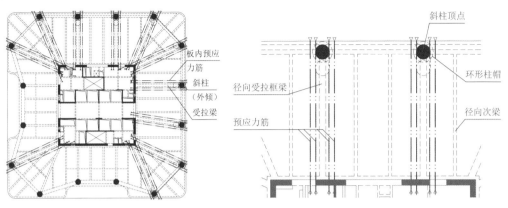

图 15.2-17 11 层结构平面及预应力布置   图 15.2-18 预应力与曲折柱、拉梁之关系

图 15.2-19 施工中的北塔楼主体结构骨架

15.3 1 号连廊（大跨度钢-混凝土拱架结构）

15.3.1 建筑特点及结构对策

1. 建筑特点

本工程建筑总平面方案以珠江及沿岸绿化带为设计背景，注重引导生态景观向内渗透，形成变化丰

富的空间序列，进而构建滨水景观带上的城市节点开敞空间；建筑设计上，通过主入口广场，经由1号连廊下的巨大开口，形成开放共享的广场、庭院，如图15.3-1所示。基于这一建筑需求，结构上应为特大跨度的1号连廊寻求最合适的结构方案及设计对策。

图15.3-1　主入口广场与大跨度1号连廊所构建的开敞空间

2. 结构方案比选

1号连廊主要功能为餐厅及培训室，屋面为花园。连廊结构高度为30.7m，结构净跨度为76m，平面长宽比为7.6，支座筒体的高宽比为4.2。鉴于该连廊结构的特殊性与重要性，先后开展了两轮专项结构方案比选，如图15.3-2所示。

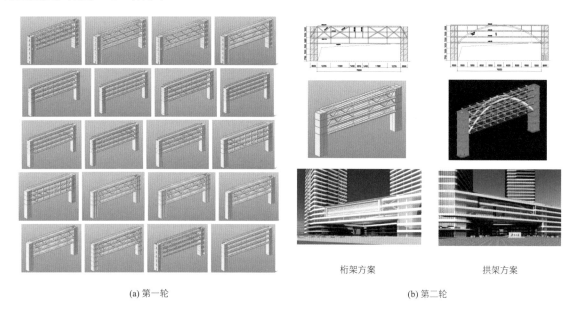

桁架方案　　　　　　　拱架方案

(a) 第一轮　　　　　　　　　　　　　　　　(b) 第二轮

图15.3-2　1号连廊结构方案比选历程

经上述比选，综合考虑结构体型特征、受力特点及建筑功能与外观效果等因素，结合广东省建筑设计研究院有限公司早年项目名盛广场A区采用拱架结构的相关经验，本工程1号连廊最终择优选定采用钢筋混凝土筒体支承的大跨度拱架混合结构方案。该方案针对1号连廊的特殊外形及其具体情况，将市政桥梁中的钢管混凝土拱结构技术应用于该连廊结构设计中：利用廊体上部建筑空间设置钢管混凝土拱肋、利用下层楼盖纵向梁形成拱底拉杆、利用连廊两端楼电梯间形成钢骨混凝土筒体作为拱架两端支座，从而构建出一种新型的结构体系，如图15.3-3、图15.3-4所示。与各类桁架方案相比，该方案的主要优势在于：①结构简洁合理，传力路径更清晰；②对建筑使用空间的阻挡及视线的干扰得到大幅减小（尤其是4~5层）；③结构经济性较优，较最优的桁架方案可再节省约200t钢材用量。

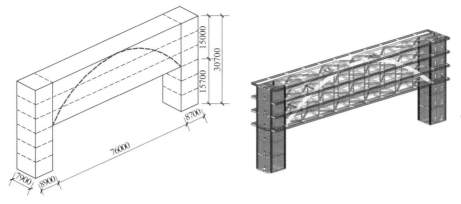

图 15.3-3 拱架结构外轮廓示意　　　　　图 15.3-4 拱架结构方案三维电算模型

3．结构布置

连廊主体结构由两端钢骨混凝土简体、拱架与楼盖主次梁钢结构组成，楼板为钢筋桁架楼承板。拱肋采用截面为 1100mm×600mm 的矩形钢管混凝土构件，管内充填 C60 混凝土；4 层的纵向主梁为口 700mm×600mm×25mm×25mm 矩形钢管并配置体外预应力索（形成拱底拉杆）；其余普通框架梁为 H750mm×350mm×20mm×25mm 及 H600mm×300mm×16mm×18mm；拱肋下方的吊杆、拱肋上方的托柱，均为 ϕ450mm×25mm 钢管，其中吊杆内增设预应力索。钢梁间设水平斜撑以加强楼盖面内刚度，支座简体内部及其相连的一跨连廊端部楼板板厚为 200mm；连廊中部其余楼板板厚为 120mm（采用 LC30 轻骨料混凝土）。为提高支承简体的受剪承载力及确保节点的内力传递，两侧简体外围墙厚设为 800mm，内置型钢框架及斜撑提高剪力墙的抗震性能并方便拱架节点连接。最为关键的拱底拉杆层（即 4 层）楼盖的结构布置平面如图 15.3-5 所示，拱架结构的立面如图 15.3-6 所示，其中钢构骨架如图 15.3-7 所示。

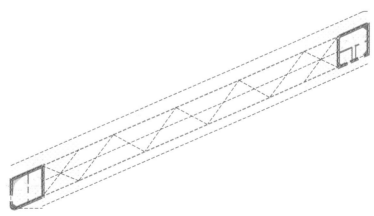

图 15.3-5　1 号连廊 4 层（拱底拉杆关键楼盖）结构布置平面图

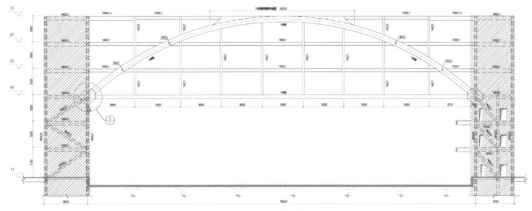

图 15.3-6　1 号连廊结构立面图

图 15.3-7 钢构深化模型

15.3.2 性能目标

1. 抗震超限判别

（1）结构扭转位移比：X向 1.35（顶层，1/18530），Y向 1.60（顶层，1/3550），故判定为"扭转不规则"；（2）因特大跨度连体，故判定为"尺寸突变"；（3）楼层受剪承载力比：X向 0.10（因计入拱肋影响而算得该比值，且无法通过简单加强下层来避免），判定为"承载力突变"。综上所述，1 号连廊结构存在三项规则性超限，且属于特殊结构类型高层建筑，故判为抗震超限高层结构。

2. 抗震性能目标

1 号连廊属特殊结构类型，且跨度达 76m，故适当提高其性能目标，取为 B 级。对应的抗震性能水准要求见表 15.3-1；对应各主要构件的承载力要求见表 15.3-2。

1 号连廊抗震性能水准要求

表 15.3-1

地震水准	小震	中震	大震
性能水准	1	2	3

主要构件中、大震承载力要求

表 15.3-2

结构部位	中震	大震
支座筒体 外壁剪力墙	拉、弯、剪弹性	拉、弯不屈服；抗剪弹性
拱肋、拱脚拉杆	拉、压、弯、剪弹性	拉、压、弯不屈服；抗剪弹性
拱肋-拉杆-筒体交接节点	拉、压、弯、剪弹性	拉、压、弯不屈服；抗剪弹性
普通竖向杆件（吊杆、托柱）	拉、压、弯、剪弹性	拉、压、弯不屈服；抗剪弹性
普通水平杆件	拉、压、弯不屈服；抗剪弹性	部分屈服，满足抗剪截面验算要求
剪力墙连梁	拉、压、弯不屈服；抗剪弹性	部分屈服，满足抗剪截面验算要求

15.3.3 针对钢-混凝土拱架结构的专项分析与设计措施

大跨度拱架结构的受力特点与常规的高塔式高层建筑不同，设计及分析中需要安全合理地解决结构的抗震性能、整体稳定、拱架推力及楼盖舒适度等关键问题。针对两端钢筋混凝土筒体支承的钢管混凝土拱架这一特殊的结构体系，在常规结构分析及研究的基础上，通过不同计算分析手段针对拱架结构进行了特殊的专项研究与分析，并采取相应的技术措施。

1. 结构整体分析

为评价大跨度钢-混凝土拱架结构的抗震性能，整体计算分析特别针对竖向地震、沿拱肋平面外方向水平地震作用下的结构受力性能及响应进行了分析研究。结构整体分析计算以《高层建筑混凝土结构技术规程》JGJ 3—2010 为主要依据，地震作用计算参考场地地震安全性评估报告，小震计算取规范与安评报告的包络值，中震与大震计算按规范取值。整体计算选用 MIDAS/Gen 作为弹性分析软件，PKPM-PMSAP 作为复核分析软件。针对结构形式的特殊性、重要性，为充分考虑各种因素对结构受力特性的影响，计算分析过程中进行了多项对比工作，如带地下室与不带地下室模型的对比、有楼板与无楼板的对比、楼盖平面内有斜撑与无斜撑的对比、拱底拉杆施加预应力与不施加预应力的对比等[5]。整体分析主要计算结果见表 15.3-3。

小震及风荷载作用下计算结果　　　　　　　　　　　　　表 15.3-3

计算软件		MIDAS/Gen	倾覆力矩/（kN·m）	X向地震	57882
计算振型数		360		Y向地震	82211
结构总质量/t		9990	最大层间位移角（所在楼层）	X向风	1/14911（5）
第1、2阶平动周期/s		$T_1 = 0.67$ $T_2 = 0.50$		Y向风	1/3176（5）
第1阶扭转周期/s		$T_3 = 0.40$		X向地震	1/4164（6）
基底剪力/kN	X向地震	2364		Y向地震	1/1831（7）
	Y向地震	2680	考虑偶然偏心最大扭转位移比（所在楼层）	X向	1.365（5）
剪重比（限值1.58%）	X向	2.7%		Y向	1.766（5）
	Y向	2.4%			

2．稳定性分析及措施

本工程拱架结构的整体稳定性验算主要针对拱肋进行弹性屈曲分析，采用 MIDAS/Gen 和 PMSAP 软件，未考虑结构初始缺陷及材料非线性，就楼板、水平斜撑对结构整体稳定性的贡献进行对比及评价，MIDAS/Gen 屈曲分析结果如图 15.3-8 所示（图中隐去了其他构件），其中N为稳定安全系数。

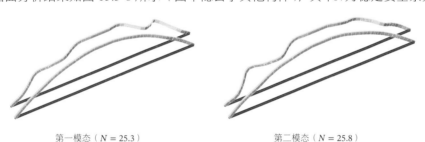

第一模态（$N = 25.3$）　　　　　　　　　　第二模态（$N = 25.8$）

图 15.3-8　针对拱肋的屈曲分析

为了对比研究楼板、水平斜撑在结构整体稳定性上的贡献，分别建立三个对比模型：模型 A（无楼板-无水平斜撑）、模型 B（无楼板-有水平斜撑）、模型 C（有楼板-有水平斜撑），各自进行结构弹性屈曲分析，对前三阶屈曲模态的稳定安全系数N进行对比，具体结果见表 15.3-4。

楼板及水平斜撑对拱肋整体稳定性的影响　　　　　　　　　　表 15.3-4

对比模型	稳定安全系数N		
	第一阶屈曲	第二阶屈曲	第三阶屈曲
模型 A	6.0	7.1	8.9
模型 B	16.3	16.3	22.3
模型 C	25.3	25.8	27.6

整体稳定分析表明：

（1）两个软件的分析结果较为接近，且所得的结构失稳模态也基本一致，分析结果合理。

（2）拱架钢结构的整体稳定安全系数N最小值为 25.3（MIDAS/Gen）和 19.9（PMSAP）。比照《拱形钢结构技术规程》JGJ/T 249—2011 及《钢管混凝土拱桥技术规范》GB 50923—2013 中关于拱的稳定性设计的有关要求，由于多高层建筑拱架结构的特殊性，与各层楼盖共同工作性能良好，结构的整体稳定性安全系数均大于有关参考规范及规程的限值，拱架整体稳定性可得到保障。

（3）水平斜撑及楼板的存在均使得结构的稳定安全系数大幅提升，对结构的整体稳定性具有较大的贡献。因此，设计中应采取适当措施确保楼板的整体性、提高楼板与钢梁及水平斜撑的连接、加强楼盖与拱肋的连接并设置楼盖平面内的拱肋系梁。

3．关键构件的内力构成

根据 1 号连廊结构的特点，挑选其中的关键构件（部位），关注其主要内力各类工况组合的构成比例（表 15.3-5），并进行分析研究以找出其中的主控因素，进而相应制定有针对性的设计措施。

关键构件内力构成   表 15.3-5

关键构件所在部位	内力组合 1st	内力组合 2nd	内力组合 3rd
⬭	拱肋-组合1-a：升温 2%、活荷载 18%、恒荷载 82%	拱肋-组合1-b：风 1%、升温 1%、活荷载 13%、恒荷载 85%	拱肋-组合1-c：水平震 5%、风 0%、活荷载 8%、竖向震 2%、升温 0%、恒荷载 85%
⬯	拉杆-组合2-a：恒荷载 33%、降温 62%、活荷载 5%	拉杆-组合2-b：降温 47%、恒荷载 43%、风 3%、活荷载 7%	拉杆-组合2-c：降温 19%、恒荷载 52%、竖向震 1%、活荷载 5%、水平震 22%、风 1%
◯	筒体-组合3-a：恒荷载 18%、升温 79%、活荷载 3%	筒体-组合3-b：升温 60%、恒荷载 23%、水平风 113°13%、活荷载 4%	筒体-组合3-c：恒荷载 26%、活荷载 26%、升温 23%、风 3%、竖向震 4%、水平震 41%

4．拱脚关键节点分析

根据结构的特点，钢管混凝土拱肋-下弦钢箱拉杆-支座核心筒的交汇点是该拱架结构最重要的节点（图 15.3-6）。上述三者之间的连接设计主要通过以交汇点为中心设置的一个鼓形节点钢箱，形成传力的枢纽。该节点采用厚钢板焊接成一个基本封闭的箱体，其外围封口板及其内部横隔板均设浇筑孔（连通孔）；其周边分别与拱肋、拉杆、上下钢骨柱、钢骨梁相连接；位于剪力墙内的钢箱外表面，设抗剪栓钉。节点钢箱的大样如图 15.3-9 所示。

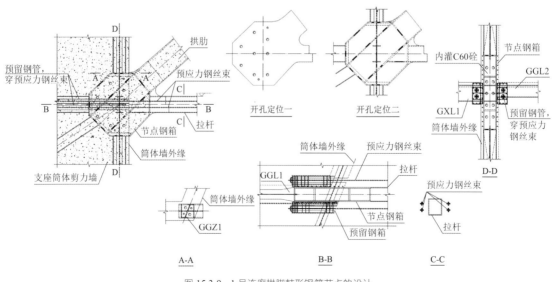

图 15.3-9　1 号连廊拱脚鼓形钢箱节点的设计

考虑到节点的重要性，采用 MIDAS/Fea 软件对节点进行细致有限元分析（图 15.3-10、图 15.3-11）。钢材的本构关系采用 von Mises 模型、混凝土采用 CEB-FIP model code 1990 中的本构关系。

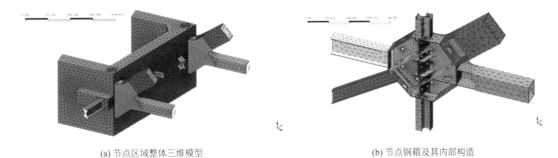

(a) 节点区域整体三维模型　　　　　　　　　　(b) 节点钢箱及其内部构造

图 15.3-10　钢管混凝土拱脚节点区有限元分析模型

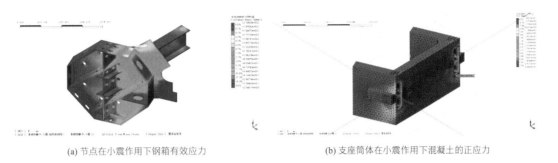

(a) 节点在小震作用下钢箱有效应力　　　　　　(b) 支座筒体在小震作用下混凝土的正应力

图 15.3-11　钢管混凝土拱脚节点区有限元分析模型

分析结果表明：

（1）小震、中震、大震作用下节点钢结构均处于弹性工作状态，最大应力出现在拱肋钢管根部与节点钢箱交会处的腹板上沿转角部位；尽管节点钢箱内开孔较多，经分析验算，开孔处应力集中现象并不显著。

（2）小震、中震、大震作用下，节点钢箱内 C40、拱肋内 C60、支座筒体 C60 以及预应力锚固区牛腿 C60 混凝土的最大压应力均小于混凝土的抗压强度值，最大压应变小于混凝土的极限压应变 0.0033；大震时，支座筒体与节点钢箱连接处，尤其节点钢箱下部的区域，混凝土局部压应力较大，通过适当加大该处边缘构件纵筋及箍筋的方式作加强。

5．拱脚鼓形钢箱节点浇筑工艺试验

考虑到拱脚节点为一个内部构造较为复杂且外围接近封闭的箱体，为检验节点箱体内混凝土的实际浇筑效果并针对性地制定可靠的施工方案，设计上要求施工前开展现场混凝土浇筑工艺试验，按鼓形钢箱节点的实际构造，用有机玻璃制作足尺节点模型，根据拟采用的浇筑振捣施工方案进行了混凝土浇筑试验（图 15.3-12）。试验结果表明，通过采用高强自密实细石混凝土、箱体内隔板适当预留浇筑孔和排气孔、加强振捣等措施，可有效保证节点钢箱内混凝土的密实度及强度。

图 15.3-12　拱脚鼓形钢箱节点混凝土浇筑工艺试验

6．大震动力弹塑性分析

由于结构体系特殊，为保证大震作用下结构的变形及关键构件符合性能目标的要求，采用 PERFORM 3D 软件对 1 号连廊结构进行大震作用下的动力弹塑性时程分析。主要分析结论如下：

（1）最大弹塑性层间位移角为 1/626（X向）、1/100（Y向），基本满足规范限值要求，符合抗震性能验算目标，具有较好的抗侧力刚度。

（2）连廊钢框架相关构件最大应变为7.69×10^{-4}，小于材料屈服应变1.81×10^{-3}；拱肋钢管最大应变为9.29×10^{-4}，小于材料屈服应变1.81×10^{-3}；支座筒体外墙最大应变为6.19×10^{-4}，小于材料屈服应变1.68×10^{-3}。均满足大震受拉、受弯不屈服（图 15.3-13）。

（3）通过大震结构构件耗能图、构件变形图以及关键构件承载力复核（图 15.3-14～图 15.3-16）可以看出，结构在大震作用下连廊部分杆件进入塑性状态，塑性耗能约占总耗能的 25%，结构的抗震承载力富余度较高。其中水平杆件塑性耗能占总塑性耗能约 75%，墙和竖向杆件约占 25%，可见水平杆件的耗能作用得到较充分发挥，对墙和普通竖向构件抗震性能起到有利作用。钢框架部分杆件虽然已屈服参与耗能，但基本没有达到 LS 状态，保证了生命安全，满足设计性能目标；关键构件中支座筒体外侧剪力墙、拱肋、拱底拉杆均处于弹性状态；而吊杆与托柱则基本达到屈服状态，但屈服程度不大，仍有一定的安全富余度，设计时结合性能目标对相关构件采取了适度的加强措施。

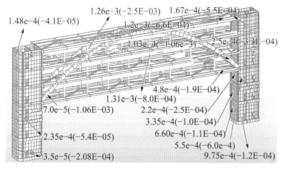

图 15.3-13　大震作用下结构构件纤维典型拉压应变图

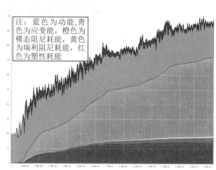

图 15.3-14　总能量分布图

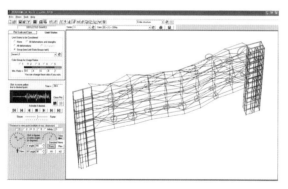

图 15.3-15　地震作用下水平杆件 LS 状态使用率

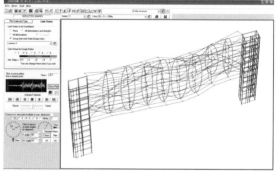

图 15.3-16　地震作用下竖向构件 LS 状态使用率

7．竖向振动舒适度验算

建筑应具有良好的使用条件，大跨度的连体结构需特别关注振动舒适度。结构设计采用 MIDAS GEN 软件对楼盖在人行激励下产生的竖向振动进行有限元分析，以验算连廊各层楼盖能否满足舒适度的要求。

综合考虑国内外标准，连廊结构垂直向振动加速度限值取 0.005g，横向振动加速度限值取 0.025g。计算时采用 26 人同步的激励荷载在结构上分别以 1.5Hz 和 2.3Hz 的频率同步行进。计算结果显示，某些部位的结构竖向加速度响应大于限值要求，需要采取减振措施；而结构水平向加速度响应远小于限值要求，无需采取措施。综合考虑各方面因素，设计在连廊内安装 12 个调谐质量减振阻尼器（TMD），每层 4 个 TMD 分别安装在连廊结构跨中楼盖的相应位置（设于板下梁格内），如图 15.3-17 所示。增设 TMD

后，结构在步行激励下的竖向振动加速度峰值得以大幅降低，减振效率可达 50%以上（图 15.3-18），可显著改善楼盖的舒适度。图 15.3-19 为 TMD 现场安装及调试过程。

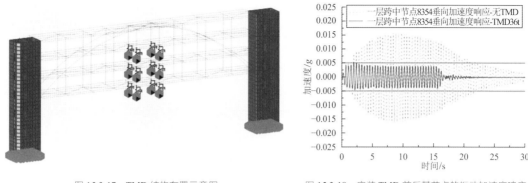

图 15.3-17　TMD 结构布置示意图　　　　图 15.3-18　安装 TMD 前后某节点的振动加速度响应

图 15.3-19　梁格间安装 TMD 及现场调试

8．关于楼盖特殊作用的分析

针对连廊特殊的体型及结构形式，由于结构在荷载作用下发生较为特别的水平变形，从而导致楼板的受力有异于常规情况，因此应特别关注各类荷载工况作用下楼盖的力学表现。

楼板应力分析结果显示，恒荷载工况下，各层楼板均出现一定水平的拉应力，尤其是 4 层通长及屋面层的两端的拉应力相对较大。通过观察与分析，连廊结构在竖向荷载下的水平变形特性（图 15.3-20）导致了各层楼板的特殊受力情况：在拱肋巨大的水平推力作用下，两端支座筒体中部往外变形，作为拱底拉杆的 4 层楼盖也因此发生较大的拉伸变形、承受较大的拉力；而上部 5 层、6 层及屋面层楼盖，因受到支座筒体往外变形效应及拱肋中部往外推的效应的影响，该部分楼盖也受到了一定的拉力，可理解为支座筒体在受到中部推力往外变形后，又受到上部楼层抑制其变形的作用力。

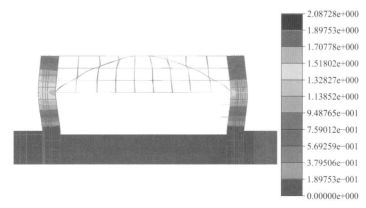

图 15.3-20　竖向荷载下结构沿纵向的水平变形特性（单位：mm）

大跨度拱架结构楼板在温度作用下的效应也较为特别（图 15.3-21），升温工况下的楼板出现少量拉应力，主要原因是：①连廊中部楼盖再无其他落地竖向构件固定，而升温时拱肋膨胀往上变形，再通过刚性吊杆带动各层楼盖，使得整片楼盖类似于整体弯曲；②楼盖由钢梁与混凝土楼板组成，钢的热膨胀系数略大，而混凝土的热膨胀系数略小。在以上两条件下，升温时钢梁膨胀趋势大，而混凝土楼板膨胀趋势小，从而导致钢梁受压、混凝土楼板受拉。

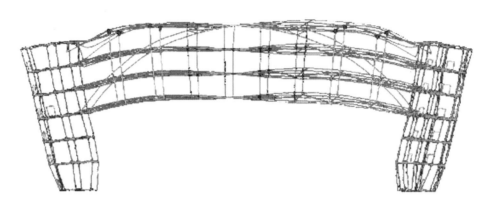

图 15.3-21　升温单工况下结构空间变形特性

通过以上分析可见，各层楼板在竖向荷载、温度作用下，均承受了一定的拉力，也对整体结构受力产生了一定影响，故应对楼板进行适当的加强，确保其有能力参与共同受力；但若整体结构的计算分析中过多地考虑楼板参与受力的贡献，则主体结构可能偏于不安全，故整体计算中应充分考虑楼板不利影响，同时又不至于过分依赖其有利影响；因此，结构设计分别取有楼板（弹性板）、无楼板两种模型进行整体电算分析，以两者分析结果的最不利情况对结构构件进行包络设计。

9．施工模拟分析

大跨度拱架结构是空间整体性很强的结构，其施工顺序对结构整体受力特性存在较显著的影响。设计应根据项目的特点及施工步骤进行符合实际的施工仿真分析，以确定合理的施工顺序，并考察在施工过程中结构构件（尤其是拱肋、拉杆及支座筒体等关键构件）的响应，并与工程现场施工监控结果（应力、位移）进行对比，验证分析方法的正确性。

对连廊结构进行一次成型及分阶段成型的受力对比分析。结构一次成型时，拉索最大索力为3208.6kN；钢构件最大压应力为 67.4MPa，最大拉应力为 29.2MPa；连廊最大竖向位移为 19.3mm。而分阶段成型时，拉索最大索力则为 3209.4kN；钢构件最大压应力为 67.4MPa，最大拉应力为 31.1MPa，钢结构最大拉、压应力均出现在混凝土楼板浇筑完成的工步；连廊最大竖向位移为 21.7mm。对比可知，两者的差异在可接受范围内。

施工模拟分析结果表明，施工过程中楼板浇筑完成时钢结构的应力达到最大值，最大压应力为70.4MPa，最大拉应力为 31.6MPa，钢结构强度符合要求；同时，连廊跨中处达到最大下挠值为 21.7mm，约为 $L/3500$，符合规范要求；张拉水平系杆时，筒体水平位移值很小。总体评估施工过程安全可靠，符合相关要求。

另外，关于施工支撑胎架的拆除顺序，对"A—从两边往中间拆""B—从中间往两边拆"两种方案进行了施工模拟分析对比。对比结果表明，虽然方案 A 所得的拱肋内力略小，但其最后两个工步之间（ST.3-ST.4）最后一道支撑拆除时导致拱肋发生巨大的内力突变，而方案 B 则很好地避免了这一问题。经综合评估，最后选定内力变化较为缓和的方案（B—从中间往两边拆）进行施工拆撑，如图 15.3-22 所示。

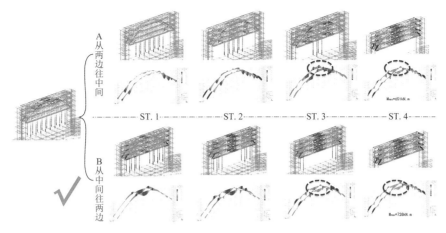

图 15.3-22　基于施工模拟分析择优选定拆撑顺序

10. 施工监测

对连廊关键部位提出了施工过程的应变及位移监测，连同各方对检测结果进行合理性判别与施工反馈。监测点布置及主要应力监测结果如图 15.3-23 所示。

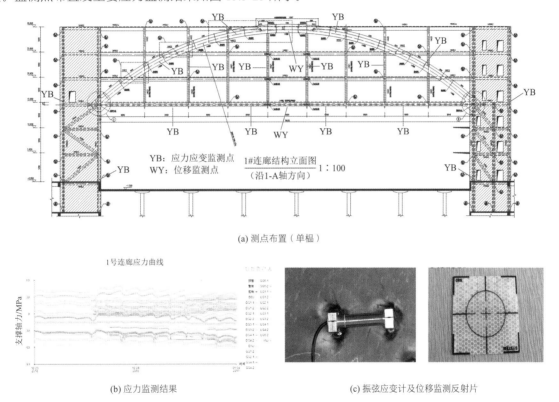

YB：应力应变监测点
WY：位移监测点

1#连廊结构立面图
（沿1-A轴方向）　1：100

(a) 测点布置（单榀）

1号连廊应力曲线

支撑轴力/MPa

(b) 应力监测结果

(c) 振弦应变计及位移监测反射片

图 15.3-23　对连廊特征部位进行施工过程的应力及位移监测

15.4　裙楼（其他）

15.4.1　裙楼分缝及连廊对策

原建筑方案的裙楼分缝意向是将 A 区 + 1 号连廊 + 北塔楼进行刚性连接，再通过 2 号、3 号、4 号连廊与 B 区相接，如图 15.4-1（a）所示。这一做法形成的 A 区 + 1 号连廊 + 北塔楼结构，从连接的角度来看属于复杂连接（高度、刚度相差悬殊的两个结构单体，采用大跨度的、细长的 1 号连廊结构进行"硬接"）；从平面规则性的角度来看属于平面凹凸严重不规则，可预见其扭转位移比将难以满足相关限值要求。

为了避免结构出现上述严重不规则，对原分缝方案作优化：利用 1 号连廊两端的楼电梯间构建结构支座筒体，并与廊体形成独立完整结构（详见 15.3 节），将其与两端主体结构的 A 区、D 区脱开分缝；再将原 4 号连廊与 B 区的连接关系进行重组梳理，并相应调整两者间的分缝部位。从而形成了新的分缝方案，如图 15.4-1（b）所示。

本工程中的四道连廊，其跨度、使用功能、连接关系等各不相同，在上述优化分缝的基础上，针对各自的具体情况提出了不同的结构对策。

1 号连廊：见前文。

2 号连廊：跨度 37m，荷载较大，廊体两侧面正好设有隔墙可为桁架斜杆提供良好的隐蔽遮挡，故采用了两层高的矩形钢管桁架上托一层钢框架的形式。桁架下弦两端以钢支座支承于主体结构外伸的牛腿上，一端滑动铰接、一端固定铰接，如图 15.4-2 所示。

3 号连廊：跨度 31m，荷载不大，且廊体两侧面要求通透无遮挡，故采用每层独立以单跨鱼腹式钢箱梁跨越的方式。钢箱梁两端以钢支座支承于主体结构上，一端滑动铰接、一端固定铰接，如图 15.4-3 所示。

4 号连廊：原跨度 53m，因位于次入口，故经优化后跨中增设四根落地柱，并与 B 区裙楼部分结合，分别与 D、B 区分缝后形成独立结构单元（即 C 区）。

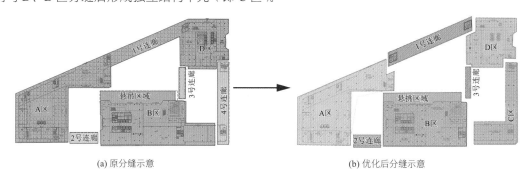

(a) 原分缝示意　　　　　　　　　　　　　　(b) 优化后分缝示意

图 15.4-1　分缝方案优化及连廊布置

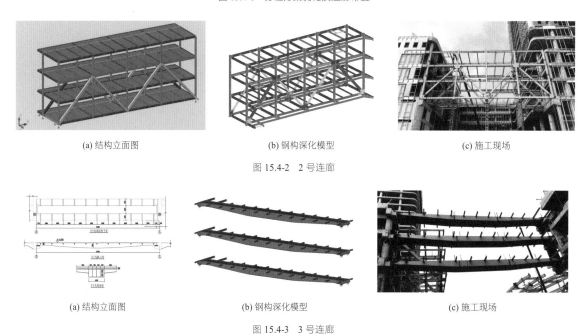

(a) 结构立面图　　　　　　　(b) 钢构深化模型　　　　　　(c) 施工现场

图 15.4-2　2 号连廊

(a) 结构立面图　　　　　　　(b) 钢构深化模型　　　　　　(c) 施工现场

图 15.4-3　3 号连廊

15.4.2 裙楼北侧大悬挑结构设计

1. 实现大悬挑的结构对策

B区裙楼北侧4～6层的大悬挑区域,悬挑跨度达13m(10m),其主要楼层的结构平面布置如图15.4-4所示,图中对应的结构剖面(A-A、B-B)如图15.2-7所示。考虑到该范围的柱网基本与内跨柱网对齐,且4、5层悬挑区域的建筑布置主要为沿柱网分隔的房间,故利用柱间隔墙的空间,在4、5层内部设置斜拉杆(双片钢拉板),实现大悬挑结构。该区域的钢结构典型细部立面如图15.4-5所示。

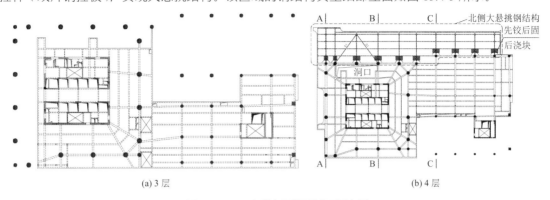

(a) 3层   (b) 4层

图 15.4-4　B区裙楼主要楼层结构平面布置

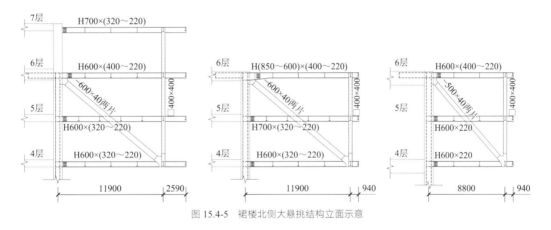

图 15.4-5　裙楼北侧大悬挑结构立面示意

2. 主要构件的内力状况

该区域悬挑跨度大,需两层结构形成整体受力,设计过程特别关注斜拉杆与底部水平压杆的轴力与弯矩。挑选斜拉杆拉力最大的一榀悬挑结构为例,在考虑50%楼板面内刚度的弹性楼板模型中,其主要杆件在结构(钢梁 + 楼板)自重作用下的轴力及弯矩状况,如图15.4-6所示;在考虑"先铰后固"施工顺序后,恒 + 活基本组合作用下主要杆件的轴力及弯矩状况,如图15.4-7所示。

可见:

(1)作为下弦压杆的重要组成部分,4层钢梁承受着较大的水平压力,同时又作为普通承重梁而承受着一定的弯矩,属压弯杆件,故设计上须特别重视其竖直面的稳定性问题。

(2)由于相连楼板的帮助,4层钢梁所受的轴力自外而内逐步减小,尤其外端起始段的变化特别明显,可见此处钢梁与楼板之间的传力特别集中,故该区段应额外加强钢梁面栓钉的配置。

(3)4层钢梁所受压力最大值,仅为斜拉杆拉力水平分量的46%,说明由楼板及另向钢梁形成的整体在节点处就已分担了超过一半的水平压力。

(4)斜拉杆虽因两端固接而承受着一定的弯矩,但仍以受拉为主;另因拉板避开了5层楼盖,故其拉力全长等值无突变。

(5)得益于"先铰后固"的技巧,结构自重作用下的梁内端负弯矩得到了释放。

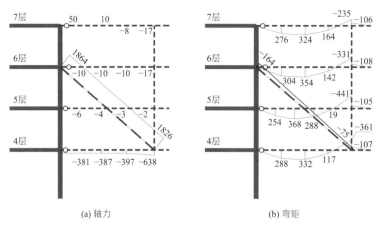

(a) 轴力   (b) 弯矩

图 15.4-6　结构（钢梁＋楼板）自重作用下的内力图

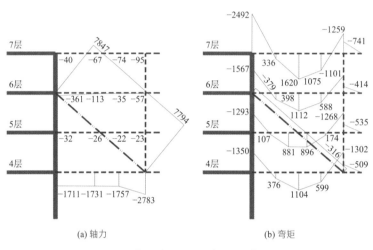

(a) 轴力   (b) 弯矩

图 15.4-7　（1.35 恒＋0.98 活）作用下的内力图

3．重要节点设计

（1）斜拉杆顶端节点

斜拉杆顶端与支柱的连接节点是整个悬挑钢框架结构赖以成立的最关键节点。该节点构造设计的重点在于如何将双片钢拉板的拉力可靠传递至支柱节点并进一步传递至内跨梁板。具体节点构造如图 15.4-8 所示。

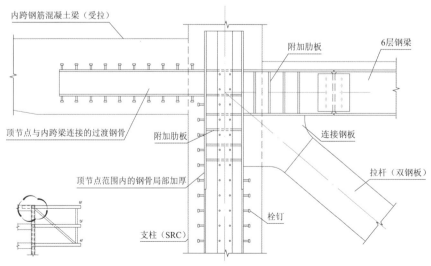

图 15.4-8　大悬挑顶节点大样示意

（2）斜拉杆穿中间楼盖节点

尽管钢拉板因两端采用了固接而已经处于拉弯状态，但设计上还是希望尽量减少中间楼盖对钢拉板的"干扰"，以成全其受力尽量简单化。为此，对双片钢拉板与5层楼盖的交会节点，采用将拉板从5层钢梁两侧穿过、避开钢梁并与楼板脱离的做法，如图15.4-9所示。

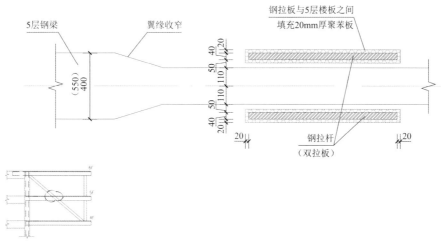

图 15.4-9　钢拉板穿中间楼盖示意

（3）水平钢梁根部"先铰后固"节点

钢梁内端承受的负弯矩致其下翼缘受压，而下翼缘因缺乏楼板的侧向约束，即使配置隔撑或加劲肋，稳定性问题仍然是其承载力上的短板。为此，设计上采用了对钢梁内端"先铰后固"的处理。拼装钢框架时，钢梁内端只以螺栓连接腹板，不连接翼缘（形成近似铰接）；然后施工楼承板，在翼缘未连接部位预留楼板后浇块，如图15.4-4（b）所示；待各层楼板自重均加上后，再焊接钢梁翼缘（形成固接），并封闭后浇块，如图15.4-10所示；最后施工面层、隔墙等，并承受使用活荷载。这样的处理方法，可释放前期阶段（结构自重下）的钢梁内端弯矩，总体减轻其承受的负弯矩值；同时也调动起了钢拉板的受拉承载力余量（因抗拉刚度有限，钢拉板原来承受的拉力偏低）。

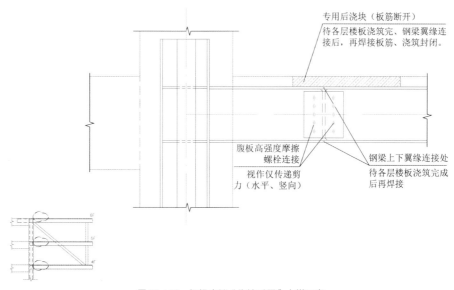

图 15.4-10　钢梁内端"先铰后固"大样示意

（4）4层压弯钢梁楼盖的改良与加强

从前文的主要杆件内力状态分析可知，4层的Y向钢梁处于压弯状态（图15.4-5～图15.4-7）。作为整个悬挑结构赖以成立的关键部位，有必要采取措施确保该处钢梁的稳定承载力。为此，对该处钢梁及其相连楼盖采取如下措施：①将钢梁两侧各 600mm 宽的局部钢筋桁架楼承板加厚至 250mm；②对钢梁及相连楼盖视作钢-混凝土组合梁单独进行压弯承载力验算，根据验算结果对板配筋做加强；③加强钢梁上翼缘及腹板上端与两侧楼板之间的抗剪栓钉连接（确保满足完全抗剪连接）；④加强 4 层钢梁外端-斜拉板下端连接节点与两侧楼板的连接（增设双排抗剪栓钉）。具体如图 15.4-11 所示。

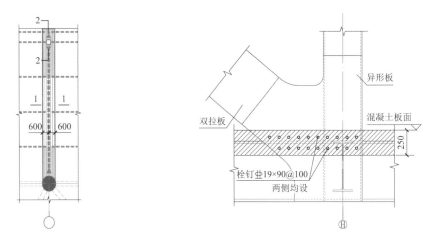

(a) 4 层压弯钢梁两侧楼板加强平面示意   (b) 4 层钢梁外端与斜拉杆节点加强（2-2）

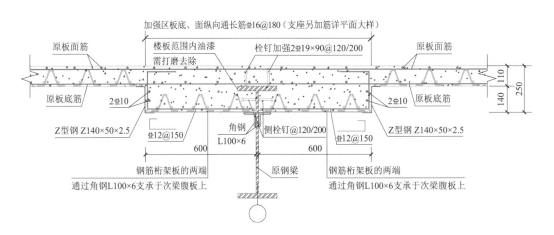

(c) 4 层压弯钢梁两侧楼板加强剖面大样（1-1）

图 15.4-11　4 层压弯钢梁楼盖的改良与加强示意

裙楼北侧上述大悬挑区域的钢结构深化模型及施工现场如图 15.4-12 所示。

(a) 钢结构深化模型   (b) 施工现场

图 15.4-12　裙楼北侧大悬挑

15.5 结语

广州报业文化中心，塔楼并不高、体型也不张扬，但其低调典雅的建筑外观却隐藏着对结构的众多挑战。设计团队根据项目具体情况，对各难题采取了相应的结构对策。

1. 主塔楼曲折柱框架-核心筒结构

针对办公塔楼建筑立面效果需求及四周阳台沿高度的相应变换，结构设计将各部位的外框柱依随建筑需要而外伸、内缩（每次外伸、内缩都利用 2 层高度形成斜柱过渡），从而生成了一种特别的"曲折柱"框架-核心筒结构。设计上对此进行了深入研究并采取相应设计措施：

（1）通过曲折柱结构与直柱结构的整体特性对比分析可知：曲折柱结构中的斜柱有别于柱间支撑，斜柱本身对结构抗侧刚度并不直接产生影响；同等条件下，外倾型曲折柱间接致结构侧向刚度降低、内收型曲折柱间接致结构侧向刚度提高，当两者规模相近且交替组合存在时，对结构整体抗侧刚度的影响形成一定的相互抵消；一般情况下，核心筒对结构整体抗侧刚度起主导作用，外框柱的曲折对侧向刚度所引起的变化往往并不显著。

（2）对斜柱、拉梁、压梁以及上下相邻层的直柱，视作曲折区段的重要构件，特别关注其内力构成，按有-无楼板进行包络验算，并采取相关加强措施；外凸转折层楼盖，随着配筋率增大，其楼板损伤程度得到一定缓解，但当水平拉力较大时（底部外凸转折层），即使加大至2%的配筋率，转折点附近区域的楼板损伤仍然较为严重；转折节点处增设环抱式柱帽有利于增强楼盖梁板与曲折柱转折节点的连接，缓解应力集中问题，降低节点周边楼盖混凝土的受拉损伤；对底部外凸转折层楼盖，在拉梁两侧板内各增设两道无粘结预应力筋，以进一步提高楼盖抗拉能力。

2. 大跨度钢-混凝土拱架结构

作为项目主入口的 1 号连廊，经两轮多方案比选，最终择优选定钢筋混凝土筒体支承的大跨度拱架混合结构方案。该方案针对 1 号连廊的特殊外形及其具体情况，将市政桥梁中的钢管混凝土拱结构技术应用于建筑连廊设计中：利用廊体上部建筑空间设置钢管混凝土拱肋、利用下层楼盖纵向梁形成拱底拉杆、利用连廊两端楼电梯间形成钢骨混凝土筒体作为拱架两端支座，从而构建出一种新型的结构体系：两端筒体支承的大跨度钢-混凝土拱架结构。其中的结构分析及设计要点归纳如下：

（1）考虑到该连廊的特殊性及重要性，将其抗震性能目标提高至 B 级。通过小震弹性验算、中/大震等效弹性验算、大震动力弹塑性验算，并采取相应加强措施，确保连廊结构可满足预设性能目标要求。

（2）通过弹性屈曲分析，可确认连廊结构具有较高的稳定性，整体失稳模态表现为拱肋的面外屈曲，各层楼板及水平斜撑对其稳定性有着较大影响。

（3）设计上特别关注拱肋、拱底拉杆、支座筒体内侧墙体等重要部位的内力构成，并重点研究其中的主控因素，进而相应制定有针对性的设计措施。

（4）针对拱肋-拉杆-筒体的交会点，专门设计了鼓形钢箱节点，并对其进行细致的有限元分析；同时针对其多腔、密闭的特点，进行了现场足尺浇筑工艺试验，以制订有针对性的施工方案。

（5）针对特大跨度连廊开展了人行激励下的竖向振动加速度验算，并通过增设适量的 TMD 改善其竖向舒适度。

（6）通过施工仿真分析，验证了施工过程的结构内力在可接受范围之内；并基于内力变化剧烈程度的控制为目标，选定了合适的施工拆撑方案。

3. 裙楼（其他）

（1）通过优化裙楼分缝，避免了结构的严重不规则；并根据四座连廊各自的特点，采取了针对性的结构处理方式。

（2）裙楼北侧大悬挑（10～13m）区域，利用建筑隔墙设置两层高的斜拉板，与楼层钢梁、钢柱共同形成大悬挑整体空间钢框架结构；并对结构的关键节点进行了针对性的设计。

参考资料

[1] 广东省建筑设计研究院有限公司. 广州报业文化中心超限高层建筑抗震设计可行性论证报告[R]. 2013.

[2] 林景华. 广州报业文化中心 B 区结构设计关键技术[R]. 2016.

[3] 林景华. "曲折柱"框架-核心筒结构研究[J]. 建筑结构. 2023.

[4] 罗赤宇. 高层建筑大跨度拱架结构设计与研究[J]. 建筑结构. 2016.

[5] 广东省建筑设计研究院有限公司. 大跨度钢-混凝土拱架结构抗震性能及舒适度研究[R]. 2016.

[6] 隔而固（青岛）振动控制有限公司. 广州报业文化中心项目前期工程调谐质量减振方案理论分析[R]. 2015.

[7] 广东省建筑科学研究院集团股份有限公司. 广州报业文化中心结构施工监测方案[R]. 2016.

设计团队

结构设计单位：广东省建筑设计研究院有限公司（初步设计＋施工图设计）

结构设计团队：罗赤宇、林景华、叶冬昭、张显裕、周小潋、付进喜、黄辉辉、龚　健、孙艳洁、董瑞智、方晓彤、邹洁明、张　嘉

执　笔　人：林景华、叶冬昭

获奖信息

2021 年广东省优秀工程勘察设计奖建筑结构设计专项二等奖

2021 年中国勘察设计协会优秀勘察设计奖建筑结构与抗震设计二等奖

第16章

广州名盛广场

16.1 工程概况

16.1.1 建筑概况

广州名盛广场（原名"广州国际美食博览中心"）位于广州市北京路，如图 16.1-1 所示，是商业步行街的大型综合性超高层建筑，如图 16.1-2（a）所示。建筑物塔楼为 36 层，地面以上总建筑高度为 168m；裙楼分为 A、B、C 三区，分别为 6 层、10 层及 9 层，5 层地下室埋深为 21m，地下室单层建筑面积近 1 万 m²，且基本满占建筑物用地，项目总建筑面积为 14 万 m²。工程于 2001 年 11 月动工，于 2005 年 6 月裙房土建封顶，并于 2006 年 5 月投入使用，塔楼于 2009 年竣工。本工程建筑剖面如图 16.1-2（b）所示。

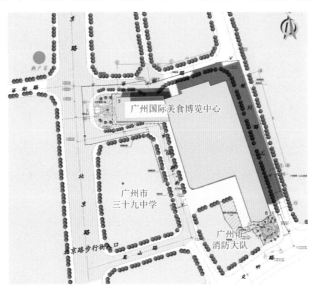

图 16.1-1 广州名盛广场总平面图

(a) 建筑实景图

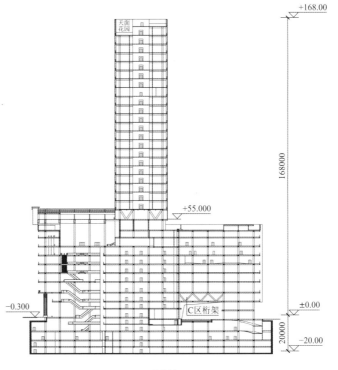

(b) 建筑剖面图

图 16.1-2 广州名盛广场建筑实景图和建筑剖面图

16.1.2 设计条件

1. 主体控制参数

控制参数见表 16.1-1。

			控制参数 表 16.1-1
结构设计基准期	50 年	建筑抗震设防分类	裙楼和地下一层为重点设防类（乙类），地下其他层和塔楼为标准设防类（丙类）
建筑结构安全等级	二级	抗震设防烈度	7 度
结构重要性系数	1.0	设计地震分组	第一组
地基基础设计等级	二级	场地类别	Ⅱ类

2. 结构抗震设计条件

框架抗震等级为一级，塔楼区域 1～10 层剪力墙抗震等级为特一级，其他剪力墙抗震等级为一级。地下室顶板为上部结构的嵌固端。

3. 风荷载

按 50 年一遇，取基本风压为 0.50kN/m²，场地粗糙度类别为 C 类。

16.2 建筑特点

16.2.1 跨越市政道路的 45m 跨度自平衡拱架转换结构

本工程 A 区临北京路一段面宽仅 33m，面积仅 1761m²，且需跨越市政道路。充分考虑到项目的实际情况，在建筑 A 区架空 9m，除消防楼梯筒落地外，其余全部架空，形成 45m 跨度承托 4 层的大跨度转换结构，设计上将桥梁拱架结构应用于民用建筑中，利用两个电梯筒及设置加强横墙的双钢管混凝土组合柱作为竖向支承结构，支承结构间设置跨度 45m 的矩形钢管混凝土拱架结构，如图 16.2-1 所示，并通过下弦拉杆设置预应力来达到转换结构水平力自平衡的效果。设计既满足社会的要求，又满足本工程的实际需要，使北京路商业步行街与广州国际美食博览中心共赢。

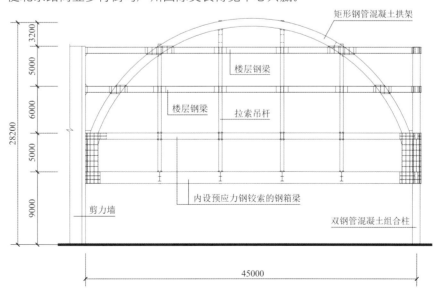

图 16.2-1 A 区钢-混凝土组合拱架结构示意图

16.2.2　承托 8 层结构的 27m 跨度桁架转换结构

在 C 区和 B 区交界的位置有另外一段市政路通过，为承托 B、C 区交界的市政路上方的 8 层结构，结构设计上与建筑配合采用传力明确直接的桁架结构体系，充分利用了钢构件受拉性能好及钢-混凝土组合构件抗压性能好的特点，在二、三层间利用两层的高度形成整体桁架，如图 16.2-2 所示。为解决桁架下弦部分杆件受力及变形较大的问题，设计上在下弦杆设置体外预应力形成部分预应力钢结构，很好地满足了承载力及挠度的要求。

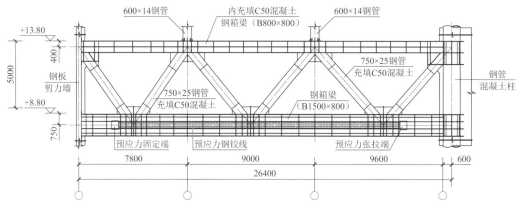

图 16.2-2　C 区钢-混凝土组合结构桁架

16.2.3　36m 跨度预应力钢结构立体桁架支承的空中花园

由于在 B 区裙楼顶层需要设置大空间宴会厅，如图 16.2-3 所示，屋顶又需建造空中花园，屋面大跨度结构需负荷空中花园超过 20kN/m² 的活荷载，常规的 36m 跨度网架远不能满足承载力要求。设计上确定采用预应力钢结构桁架作为主体支承结构，为了减少柱顶弯矩并优化桁架构件截面，本工程将使用在桥梁工程上的定向盘式橡胶支座应用在支承结构上，形成桁架一端的可滑动支座。为完成桁架整体安装，设计与施工密切配合，制定了一系列成功的施工方案，在 50m 高空完成每榀 70 多吨的桁架拼装及平移就位。

图 16.2-3　B 区裙楼顶层大空间

16.3　体系与分析

16.3.1　结构布置

本工程为大底盘单塔楼超 B 级高度建筑，如图 16.3-1 所示，为满足裙楼商场能尽快投入使用的要求，设计上根据工程特点采用了混合结构框架-剪力墙筒体结构体系，地下室与裙楼各楼层采用钢梁与组合楼板的楼盖结构，塔楼采用内置型钢的板柱-核心筒结构。裙楼及地下室采用竖向结构为带约束拉杆异形钢管混凝土墙组成的核心筒及钢管混凝土柱框架。

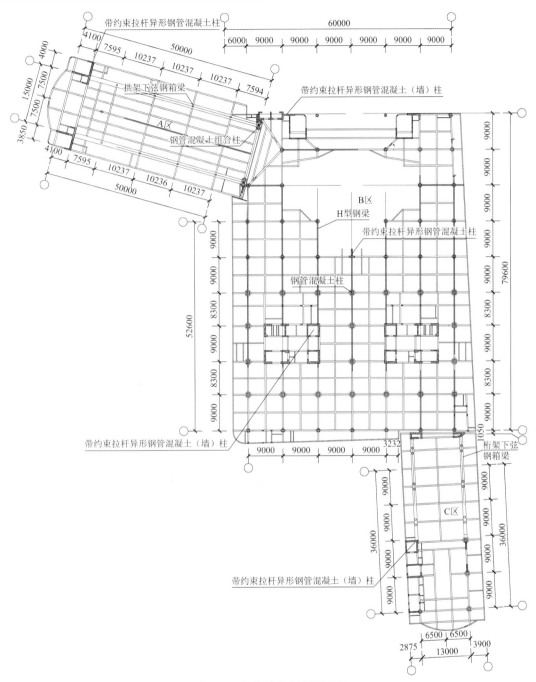

图 16.3-1　裙楼二层结构平面布置图

　　考虑到 B 区裙楼高度为 55m，高层塔楼设置于尺寸为 54m×80m 的裙楼南侧，结构设计上在裙楼北侧利用楼梯间设置了两个剪力墙筒体，有效地减少了塔楼侧置造成的扭转影响。另外，由于塔楼标准层平面相对较小，且建设单位对建筑净空要求非常高，标准层大部分楼层改为内置型钢的板柱-核心筒结构（图 16.3-2），顶部楼层为常规的框架-核心筒结构。

　　为使超高层建筑具有良好的抗侧力刚度和承载力，结合建筑平面和竖向布置，结构设计在塔楼 10 层位置设置刚性层（图 16.3-3），在刚度稍弱的 Y 向（塔楼）共设 4 榀与中央钢筋混凝土核心筒相连的桁架作为刚臂，外框柱则用宽扁梁纵横闭合拉结。桁架的上、下水平杆件分别为上、下楼层的梁，而斜杆则为带约束拉杆方钢管混凝土构件。刚性层的设置使塔楼结构在地震作用及风荷载作用的层间位移得到了较好的改善。

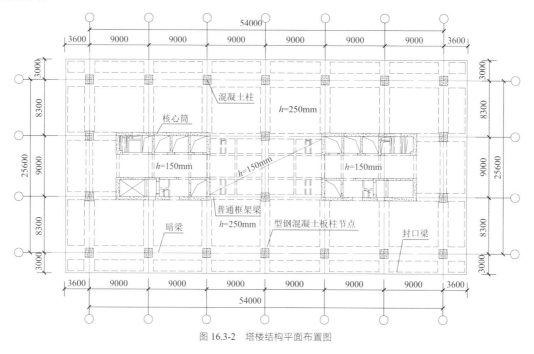

图 16.3-2　塔楼结构平面布置图

为了提高侧向刚度,结构设计上结合设备层(10 层、26 层),沿 Y 向(塔楼)设置 6 榀斜撑(图 16.3-4)。

图 16.3-3　塔楼刚性层桁架

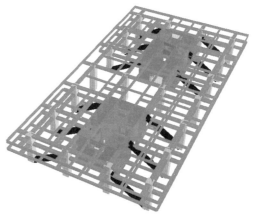

图 16.3-4　设备层斜撑布置图

1．主要构件截面

（1）墙

墙厚从地下 5 层~9 层为 550mm，10 层从 550mm 逐步均匀收窄至顶层的 400mm。

（2）柱

10 层以下：钢管混凝土柱 ϕ1200mm × 20mm、ϕ800mm × 16mm；10 层以上：混凝土柱 1350mm × 1350mm、1250mm × 1250mm、900mm × 1350mm、1100mm × 1100mm、750mm × 1200mm、900mm × 900mm。

（3）梁

裙楼框架梁：18mm × 1000mm × 300mm × 28mm × 300mm × 28mm、500mm × 2500mm × 25mm × 16mm × 25mm × 16mm、25mm × 1400mm × 300mm × 25mm × 300mm × 25mm、300mm × 700mm、500mm × 2000mm；塔楼 11 层、12 层、26 层及天面层框架梁：600mm × 700mm、800mm × 500mm、

800mm×1000mm；塔楼其他层为空心无梁楼盖，板厚为250mm，中间填充轻质砖，柱节点区加型钢，型钢剪力键高度为150mm。

2．基础结构设计

在综合考虑基础方案的安全可靠、经济适用、施工工期等情况，特别是基坑已做钻孔排桩围护，基坑已开挖到-20.4m板底，在此标高开始的人工桩施工十分安全、可靠，故设计上采用人工挖孔桩基础。

地下室底板厚h = 800mm，地下室顶板厚h = 180mm。

16.3.2　性能目标

1．抗震超限分析和采取的措施

根据本工程的结构布置及试算结果，本工程属超限高层建筑，超限情况如下：①超B级高度；②位移比超过1.2；③裙楼局部楼板不连续，开洞面积大于楼层面积的30%；④楼层承载力突变；⑤侧向刚度突变。

针对超限问题，设计中采取了如下应对措施：

（1）将10层以下的核心筒剪力墙的抗震等级提高至特一级，核心筒部位采用了带约束拉杆异形钢管混凝土墙，使核心筒具有钢结构延性好，同时具有钢筋混凝土结构刚度大、抗压性能好等优点；对11、12层（即塔楼的底部）的剪力墙进行加强，外包型钢，内置工字钢和槽钢；12层以上剪力墙内置型钢加强；10层以下框架柱采用钢管混凝土柱。

（2）针对塔楼较多楼层采用板柱-核心筒结构的情况，为确保超限结构的抗震性能，除了严格按照规范板柱节点的要求进行设计并进行详细的计算分析外，还采用了以下加强措施：①两个核心筒左右对称布置，上下居中，避免了位置偏心。②增加核心筒外墙厚度及提高混凝土强度等级，并按核心筒承担全部结构地震剪力考虑；框架柱网尺寸控制在9m以内；塔楼剪力墙和框架的抗震等级均为一级。③楼盖采用了新型的型钢混凝土板柱节点，根据节点试验及ABAQUS软件对节点进行弹塑性损伤分析，新型的板柱节点具有较好的抗冲切及抗弯性能。④考虑到平板厚度为250mm，自重较大，在楼板中填充轻质砌块使楼板自重减轻30%。⑤在柱上板带处设置框架暗梁，暗梁宽度取柱宽另加柱两侧各1.5倍板厚，暗梁支座上部穿柱钢筋面积不小于柱上板带钢筋面积的50%，暗梁下部钢筋不少于上部钢筋的1/2暗梁箍筋的配置。柱上板带支座处暗梁的上部钢筋，至少1/4在跨度方向拉通。⑥在外框处拉通板节点的型钢，形成强度较大外圈梁。

（3）采用弹性楼板的计算方法对裙楼大开洞楼板的应力进行分析，裙楼大部分梁为强度较大的钢梁，特别是洞口周边采用截面较大的工字钢梁和箱形钢梁，大大提高楼板的强度。

（4）针对楼层承载力突变，设计上适当加大相关楼层剪力墙和框架柱的配筋率及配箍率。

（5）针对侧向刚度突变，多遇地震作用下的弹性分析计算程序对该层的地震剪力乘以放大系数1.15。

2．抗震性能目标

根据抗震性能化设计方法，确定了主要结构构件的抗震性能目标，如表16.3-1所示。

主要构件抗震性能目标　　　　　　　　　　　　　表16.3-1

地震水准	多遇地震	设防烈度地震	罕遇地震
允许层间位移	1/745	—	1/100
核心筒剪力墙	弹性	弹性	允许进入塑性，控制塑性变形，不允许发生剪切破坏
外框柱	弹性	弹性	允许进入塑性，控制塑性变形，不允许发生剪切破坏

转换梁、斜撑	弹性	弹性	允许进入塑性,控制塑性变形
外围框架梁、外框柱与筒体之间的框架梁	弹性	允许出现轻微裂缝不允许发生剪切破坏	允许进入塑性,控制塑性变形
连梁	弹性	允许出现轻微裂缝不允许发生剪切破坏	允许进入塑性
普通楼板	弹性	允许出现裂缝,但要控制裂缝宽度和刚度退化	允许开裂,控制裂缝宽度和刚度退化
无梁楼盖的楼板	弹性	允许出现少量裂缝,要严格控制裂缝宽度和刚度退化	允许开裂,控制裂缝宽度和刚度退化
其他结构构件	弹性	允许屈服不允许发生剪切破坏	允许开裂,控制裂缝宽度和刚度退化

16.3.3 结构分析

1. 小震弹性计算分析

采用 GSSAP 和 SATWE 分别计算,采用 STAWE 中的弹性时程分析程序对建筑物在多遇地震作用下进行补充验算。主要计算结果如表 16.3-2 所示。

小震主要计算结果　　　　　　　　　　　　　　　　　　表 16.3-2

计算软件		GSSAP		SATWE	
计算模型		等代梁模型	弹性板模型	等代梁模型	弹性板模型
结构总重量/kN		2159266	2104155	2133491	2114455
周期/s	T_1	4.9905	5.1295	4.7792	4.7507
	T_2	4.5134	4.5274	4.2576	4.2534
	T_3	2.0714	3.2637	2.8598	2.8835
地震作用下基底剪力/kN	X向	18367	16654	18361	18094
	Y向	18028	16701	18360	18138
地震作用下倾覆弯矩/($kN \cdot m$)	X向	1648901	1447215	1529351	1491187
	Y向	1581242	1449776	1543811	1514796
地震作用下最大层间位移角	X向	1/898	1/885	1/1032	1/1039
	Y向	1/839	1/777	1/850	1/852
风荷载作用下最大层间位移角	X向	1/2076	1/1989	1/2305	1/2272
	Y向	1/1070	1/915	1/949	1/934

结构位移和内力曲线比较均匀,层间位移角在 18 层、34 层附近有突变,是设置斜撑令楼层刚度突变所致。

2. 中震作用下的刚度和强度验算

对设防烈度地震(中震)作用下,除普通楼板、次梁以外所有结构构件的承载力,根据其抗震性能目标,按最不利荷载组合进行验算,但不考虑规范规定的构件内力增大、调整系数。根据规范要求,在计算设防烈度地震作用时,水平最大地震影响系数 $\alpha_{max} = 0.224$。主要计算结果如表 16.3-3 所示。

中震主要计算结果　　　　　　　　　　　　　　　　　　表 16.3-3

项目		X向	Y向
中震作用下最大层间位移		1/369(9 层)	1/303(27 层)
基底剪力	Q_0/kN	51007	50902

		3.55%	3.54%
基底弯矩	$W_0/$（kN·m）	6630659	6616824

在X向中震作用下19~22层的少量墙出现裂缝，8层和10层有少量连梁屈服，柱、17层转换大梁及斜撑等其他重要构件未出现屈服情况，框架梁的配筋需求比多遇地震作用下的需求要高，框架梁出现轻微裂缝未发生剪切破坏，楼板出现裂缝，裂缝宽度不大，刚度没有出现明显退化。

在Y向中震作用下20层、21层和34层的少量墙出现裂缝，4~21层和34层有部分连梁出现屈服，框架梁的配筋需求比多遇地震作用下的需求要高，出现轻微裂缝未发生剪切破坏，裙楼部分有少量框架梁屈服，柱、17层转换大梁及斜撑等其他重要构件未出现屈服情况，楼板出现裂缝，裂缝宽度不大，刚度没有出现明显退化。

3．静力推覆分析

采用PUSH&EPDA程序对建筑物在罕遇地震作用下进行静力弹塑性推覆分析。分两步进行加载：第一步为施加重力荷载代表值，并在后续施加水平荷载过程中保持恒定；第二步为逐步施加竖向分布模式为倒三角形的水平荷载。

（1）大震作用下静弹塑性分析所得的性能点处相关指标如表16.3-4所示。

静力推覆分析性能点处相关指标 表16.3-4

项目	X向	Y向
顶点位移/mm	994.5	1307.5
最大层间位移角/层号	1/168（25层）	1/117（10层）
基底剪力/kN	94357.9	101862.6
剪重比	5.8	6.3

（2）大震作用下静力弹塑性分析所得的性能点处弹塑性楼层位移角如图16.3-5所示。

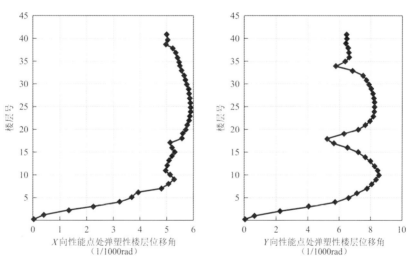

图16.3-5 静力推覆分析性能点处弹塑性楼层位移角

在罕遇地震作用下，性能点处各层弹性位移角最大值均小于1/100，符合《高层建筑混凝土结构技术规程》JGJ 3—2002第4.6.5条的规定，建筑物可实现"大震不倒"的抗震设防目标。

4．动力弹塑性时程分析

1）分析软件及计算模型

采用GSEPA + ABAQUS进行动力弹塑性时程分析。具体计算选用《混凝土结构设计规范》GB

50010—2002 附录 C 提供的受拉、受压应力-应变关系作为混凝土滞回曲线的骨架线，加上损伤系数参数构成了一条完整的混凝土拉压滞回曲线，如图 16.3-6 所示。对于钢材等材料的屈服和强化，采用等向强化二折线模型，滞回曲线如图 16.3-7 所示，其中强化段 $E' = 0.01E$，采用 Mises 屈服准则，等向强化。

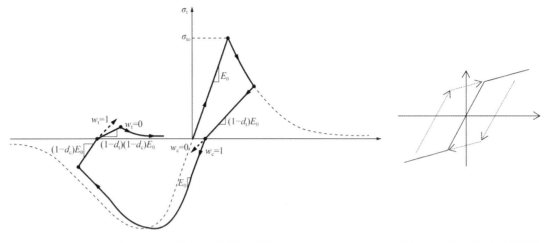

图 16.3-6　混凝土拉压刚度恢复示意图　　　　　图 16.3-7　钢材的拉压滞回曲线

整体模型将结构嵌固在±0.000m。一维梁柱构件采用 ABAQUS 的 B31 梁单元模拟；二维剪力墙和楼板构件用壳元 S4R 和 S3R 模拟；全楼楼板采用弹性楼板（壳单元）模拟。构件配筋按通用有限元软件 GSSAP 计算和构造所得实际配筋布置。

2）地震作用加载情况

模拟施工后，按照工程场地条件，此次分析选取了罕遇地震作用下的一组 USER1 人工地震波和一组天然波（El Centro 波）作为非线性动力时程分析的地震输入。该两组强震记录有三向地面加速度分量，由两个水平分量和一个垂直分量组成。在所采用的这两组地震记录中，这三个分量峰值加速度的比值符合 $X : Y : Z = 1.0 : 0.85 : 0.65$。对该强震地面加速度记录，用这三个分量进行放大或缩小，以达到所需的地面水平加速度峰值（PHGA）并使这三个分量峰值加速度的比值符合前述的比值要求。本工程罕遇地震最大加速度取 220Gal，以 Y 向为主方向计算，波长 30s。

3）各地震波下的计算结果

（1）楼层位移及层间位移角响应

在两组地震波作用下结构的顶点最大位移分别为 238mm（人工波）和 282mm（El Centro 波），位移均较小，与结构 Y 向较柔有关。

（2）基地剪力响应

基地剪力如图 16.3-8 和图 16.3-9 所示。

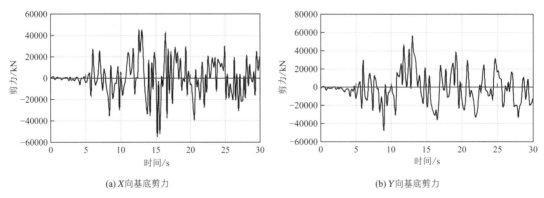

(a) X 向基底剪力　　　　　　　　　　(b) Y 向基底剪力

图 16.3-8　USER1 人工地震波的基底剪力

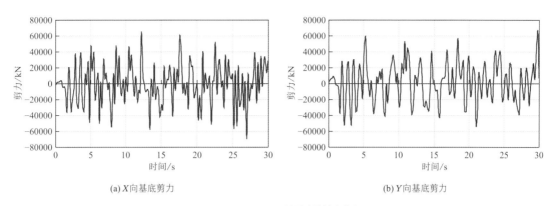

(a) X向基底剪力   (b) Y向基底剪力

图 16.3-9   El Centro 地震波的基底剪力

（3）结构的损伤情况

剪力墙混凝土基本上无受压损伤，图 16.3-10 和图 16.3-11 所示为 30s 时剪力墙混凝土受拉损伤，裂缝没有成片出现，裂缝较多处为有斜撑交接的地方。

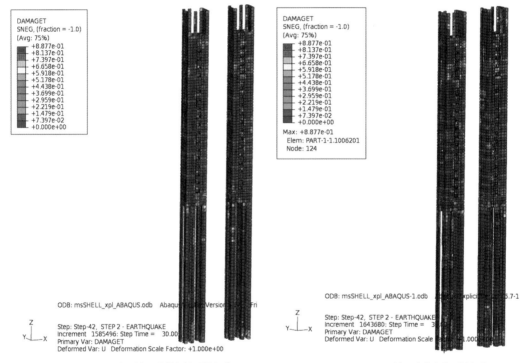

图 16.3-10   USER1 人工地震波剪力墙受拉损伤   图 16.3-11   El Centro 地震波剪力墙受拉损伤

框架最大塑性应变 0.013 小于屈服应变 0.025；框架混凝土部分的最大正应力为 2.86MPa，最大负应力为 20.4MPa，基本控制在混凝土强度标准值内；框架钢材部分的最大应力为 222MPa，基本控制在钢材强度标准值内。分析结果表明整体结构在大震作用下是安全的，达到了预期的抗震性能目标。

16.4 专项设计

本工程在设计上采用了多项结构新技术，其中采用柱支式地下连续墙技术的五层地下室全逆作法设计、新型钢-高强混凝土组合构件的设计应用及大跨度钢-混凝土组合转换结构新技术的应用具有创新性，取得了良好的效果。

针对本工程面对的技术难题，设计上对整体结构及复杂的构件及节点进行了多个计算程序的精心计算及对比,并先后进行了一系列的科研试验和监测检验工作,为大厦的成功建设提供了技术支持,解决了多项结构超限问题。

16.4.1 采用柱支式地下连续墙技术的五层地下室全逆作法施工设计

本工程地下室共五层,基坑具有面积大、开挖深的特点,土方量达到 18 万 m³,同时存在施工场地狭窄、工程地质情况复杂、紧邻密集的民居与学校、工程量大且工期要求紧等因素,基坑的变形及安全控制非常重要。本工程采用优化的地下室全逆作法施工设计,大大缩短了工期,有效减少对周围环境的不利影响,基坑的安全性得到了保证;而钢结构与地下室逆作法配合在地下室结构中成功应用,节省了大量的挡土临时支撑构件,采用的柱支式地下连续墙技术又减少了大量施工困难的入岩段工程量,综合效益良好。本工程采用柱支式地下连续墙技术的五层地下室全逆作法施工设计主要有以下特点:

1. 钢管混凝土柱、带约束拉杆异形钢管混凝土柱(墙)与梁组成地下室全逆作法施工的支撑体系

本工程采用全方位的逆作法施工,基坑开挖及逆作法施工的全过程,是由地下室四周的永久承重地下连续墙、地下室钢管混凝土柱(含圆形和异形)和楼层梁板结构,组成一个完整的支撑系统(图 16.4-1),所有支撑都利用结构的受力构件来充当,节省了大量的支护费用。而核心筒采用带约束拉杆的异形钢管混凝土墙,整体制作和吊装(图 16.4-2、图 16.4-3),浇筑完钢管内混凝土后,钢连梁连接完成直接形成筒体,实现首层以下墙、柱等竖向构件一次性完成施工。核心筒剪力墙配合地下室逆作法的整体化施工具有创新性,比常规逆作法施工中核心筒剪力墙的处理更为简单快捷。优化的地下室全逆作法施工使总工期缩短一年,地下室结构完成时,十层裙楼商场已完工(图 16.4-4)。

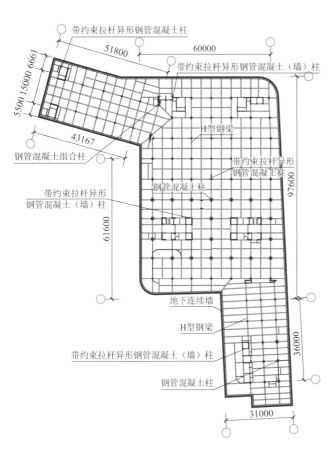

图 16.4-1 地下二层平面结构布置图

图 16.4-2 核心筒剪力墙的整体安装

图 16.4-3　地下室异形钢管吊装　　　　　图 16.4-4　地下室逆作法底板施工

2. 柱支式地下连续墙逆作法新技术

在传统地下室逆作法技术的基础上结合工程的实际情况，设计上提出围护结构为柱支式地下连续墙的逆作法新技术。柱支式地下连续墙充分考虑连续墙在逆作法施工中起到挡土、挡水、承重的作用，抗渗作用通过进入不透水层的普通墙段（以下简称浅墙段）来解决，承重作用则通过连续墙下面以一定的间距设置柱支式嵌岩段（以下简称深墙段），形成新型的地下连续墙结构形式（图 16.4-5）。围护结构采用柱支式地下连续墙 + 喷锚支护组合构件，即土质差的地层上部采用地下连续墙作支护、土质好的地层下部改用喷锚支护，利用刚度巨大的楼面梁板柱作为内支撑，很好地解决了单纯采用地下连续墙作基坑支护造价高的问题。地下连续墙厚度取 600mm，按多支点支护结构计算，利用首层至地下二层楼盖结构作为刚度巨大的支撑点，浅墙段大约在−13.4m 位置终止，连续墙体深度仅是越过透水层，进入硬塑至强风化层或中风化层，其下采用喷锚支护结构组合构件共同挡土、水侧压和抗滑移（图 16.4-5）。在逆作法施工继续向下开挖时，到达较好的土（岩）层后，裸露出来的基坑侧壁由于土质较好，而且侧向土体的上下支撑得到保证，基坑壁内的土层内力会形成一种土拱效应，只要结合常规的浅基坑支护技术则可达到下层土体自身稳定的效果。

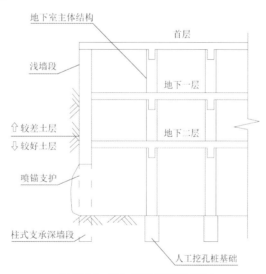

图 16.4-5　柱支式地下连续墙示意图

为了确保柱支式地下连续墙新技术的可行性，设计同时以实际工程为研究背景，运用二维地层-有限元法、三维地层-有限元法以及三维荷载-结构法的方法，采用大型有限元软件 ANSYS、MARC 和 ABAQUS 模拟分析了土体开挖产生的土体内力、变形及其对结构的影响，对柱支式地下连续墙逆作法进行了大量而充分的数值计算分析，对该技术的可行性进行了验证。在此基础上，对实际工程的基坑开挖进行了施工全过程监测，并与有限元分析结果进行对比，保证了有限元仿真分析结果的真实可信性，进一步验证了柱支式地下连续墙逆作法技术的合理性。

3．结合主体结构特点的逆作法设计

由于逆作法技术的特点，地下室主体结构大部分构件均可作为深基坑支撑构件，设计应在逆作法应用中起主导作用，在影响逆作法工效及成本的关键技术设计中充分结合结构特点选择最优方案。

在逆作法施工过程中，先施工的结构可对支护结构起到内撑作用，而太大范围的先施工结构又影响开挖及后续部分的施工，为了提高地下室土方开挖的效率及速度，设计配合土方开挖的工程制定了钢结构安装的流程，设定了先施工钢梁作为内撑的合理区域。为使逆作法施工工程中的内撑设置得到保障，使地下连续墙、楼面梁、板以及柱形成为整体结构，利用其侧向刚度，对基坑侧向土压力起到一个较强的水平支撑效果，设计中采用 ABAQUS 对整个地下结构在开挖过程的受力特性进行了三维有限元计算（图 16.4-6、图 16.4-7），以分析在施工荷载作用下地下室整体结构所起到的内撑效果。本工程采用全机械化开挖和出土，土方开挖和结构施工组成合理的流水作业，为工期的缩短提供有力的保证。

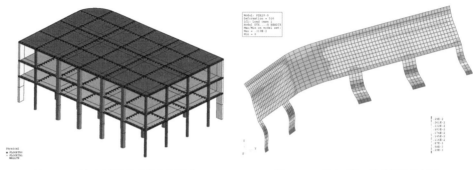

图 16.4-6 地下室逆作法内撑分析模型　　　　图 16.4-7 柱支式地下连续墙位移云图

4．钢结构在地下室逆作法中的应用

地下室楼板结构采用钢梁与压型钢板相结合的方案，经过构造加强的 H 型钢梁组合楼板形成强大的平面内刚度，从而形成巨大的内支撑体系；由于采用压型钢板作为永久性模板，实现了免拆模，从而省去楼面支顶及模板拆除等占用的时间，加快了地下室内土方开挖进度及地下室结构的施工进度。

由于地下室底板及四周柱式地下连续墙为钢筋混凝土结构，与内部钢结构的连接节点构造成为设计关键。由于逆作法施工与常规施工方法有较大的区别，施工时是在地下自上而下进行，工作环境与施工条件有很大变化，节点构造必须在工艺上满足现有的工艺手段与施工能力并满足抗渗防水要求。因此，在设计过程中加强了与施工的配合，对逆作法施工中墙、柱、梁、板节点等关键技术进行重点优化，主要包括地下室钢梁与连续墙的连接节点大样（图 16.4-8）、钢管混凝土柱定位器大样、钢管混凝土柱与钢梁楼板连接构造。在地下室楼面梁、板与地下连续墙连接处，均改为采用混凝土梁、板的形式，避免了钢梁和压型楼板伸入连续墙时切断墙的竖向钢筋，并且可以保证很好地与地下连续墙结合。

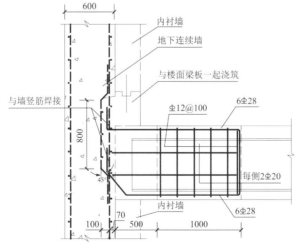

图 16.4-8 地下室钢梁与连续墙连接大样

16.4.2 带约束拉杆异形钢管混凝土柱（墙）技术

本工程裙楼及地下室竖向结构为带约束拉杆异形钢管混凝土柱（墙）组成的核心筒及钢管混凝土柱框架（图16.4-1），钢管内充填C70、C80高强混凝土，提高了墙柱的承载力及逆作施工支承结构的稳定性，各楼层采用钢梁与组合楼板的楼盖结构。带约束拉杆异形钢管混凝土柱（墙）结构具有钢结构延性好，配合逆作法施工快捷的特点，同时具有钢筋混凝土结构刚度大、抗压性能好等优点（图16.4-9），使商场部分墙柱面积减少，建筑视线通透。

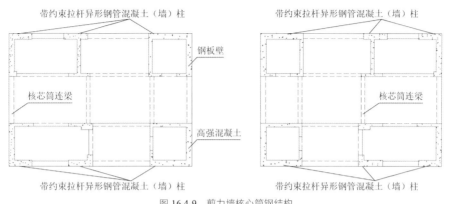

图16.4-9 剪力墙核心筒钢结构

本工程采用的带约束拉杆异形钢管混凝土柱（墙）技术是由高强混凝土填入异形薄壁钢管（如方形、L形、T形等）内，并在异形薄壁钢管各边按一定间距设置约束拉杆组成的组合结构构件（图16.4-10）。其基本原理是借助内填混凝土使钢管的局部屈曲模式发生变化，以及约束拉杆的拉结作用使钢管壁的变形减小，从而增强钢管壁的稳定性和延性；同时，借助钢管和约束拉杆对核心混凝土的套箍（约束）作用，使核心混凝土处于三向受压状态，从而使核心混凝土具有更高的抗压强度和变形能力。

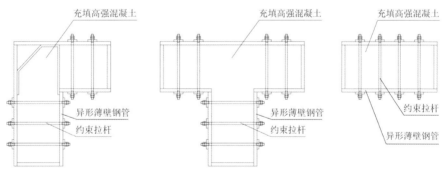

图16.4-10 带约束拉杆异形钢管混凝土柱（墙）

16.4.3 45m跨度新型预应力钢-混凝土组合自平衡拱架转换结构

由于拱体受力主要为受压，在带约束拉杆的1175mm×1000mm矩形钢管内充填高强混凝土，既能解决钢构件的稳定问题，又能增加构件的抗压强度；钢拱架结构拱脚设在二、三层楼面标高处，以二、三层平面中内设预应力钢绞索的钢箱梁作为拱架的拉杆，其中二层钢箱梁截面为1175mm×1500mm，三层截面为1175mm×800mm，均采用厚度小于30mm的钢板，梁截面高度均能较好地满足建筑使用要求；各层楼盖结构以466mm×466mm方钢管及预应力钢绞线悬索拉吊于拱架上，与拱体和拉杆形成大跨度拱架结构（图16.2-1、图16.4-11）；由于拱的作用可使大跨度结构成为现实，同时由于各构件组合而成的巨型框架又可成为稳定的结构体系，可承受各种使用荷载及外部作用。

图 16.4-11　A 区钢-混凝土组合拱架结构施工安装

吊杆作为拱架结构的主受力构件，吊杆与拱架的连接节点是悬吊楼层主要传力途径。设计采用计算与模型试验结合，模型试验结果表明，竖向吊杆除底层吊杆出现局部压应变外，其余应变均为拉应变，这表明吊杆起着将各层梁的荷载传递到拱上的作用；另外，由于吊杆对主拱杆件的下翼缘产生的局部应力较大，吊杆节点需要优化。针对模型试验结果，结构设计对吊杆采用了软硬杆结合的办法，466mm×466mm 方钢管内设置了预应力拉索，方钢管可承受压力及弯矩，并方便拱架施工及成型，而预应力钢索作为吊杆破坏的二次防线，解决了吊杆对主拱传力不明确的问题并使结构的挠度得到了有效控制。

由于类似的结构在国内外应用较少，为了确保结构的安全及计算的准确性，计算上先后采用 SAP2000、ETABS、MIDAS 及 ANSYS 等程序对结构进行了较深入的分析，并进行了模型结构试验。结合国内设计规范的参数，与科研单位密切配合，利用现有的计算手段对结构进行较真实的模型分析，使计算结果能真实反映结构实际受力情况。在对包括地震作用、风荷载及施工因素等各种可能出现的工况组合进行详细分析后，针对性地进行结构薄弱部位的构造加强以确保结构安全。计算和试验表明，由于钢管混凝土拱和边柱的主结构刚度很大，对于竖向挠度的控制起到了很好的作用。

16.4.4　27m 跨度部分预应力钢-混凝土组合桁架转换结构

桁架设计充分利用了钢构件受拉性能好及钢-混凝土组合构件抗压性能好的特点，上下弦杆采用钢箱梁，斜杆采用钢管混凝土构件；另外，在桁架受压杆件灌注混凝土，既降低混凝土浇筑难度又增强构件的受力性能。由于桁架一侧支承构件截面限制，设计上利用通风管道井处理为带约束拉杆异型钢管混凝土构件小筒体，除承受大跨度转换构件传递的弯矩外，还加强了整体结构的抗侧力刚度并改善了结构的抗震性能。为了有效地减小结构的挠度及下弦杆较大的拉力，在下弦杆设置四束 $8 \times \phi^S15.2$mm 无粘结预应力钢绞线形成部分预应力钢结构（图 16.2-2、图 16.4-12），经计算及实测，能很好地满足承载力及挠度的要求。对钢结构桁架结构采用部分张拉体外预应力的方法，可针对部分受力及变形较大的杆件进行，对减少用钢量及构件的挠度有着良好的效果。

图 16.4-12　27m 跨度钢-混凝土组合结构桁架

16.4.5　36m 跨度超重负荷预应力钢结构立体桁架

考虑到常规做法因支座与主体结构采用两端固接，造成支承柱顶弯矩偏大，需要加强构造，且桁架杆件截面亦偏大；为了减少柱顶弯矩并优化桁架构件截面，本工程将在桥梁及市政工程上的定向盘式橡胶支座应用在支承结构上，形成桁架一端的可滑动支座（图 16.4-13）。为了减少地震作用下位移对塔楼结构产生过大的影响，在连接部分采用加强构造处理。为方便桁架整体安装，设计与施工密切配合，制定了一系列施工方案，在 50m 高空完成每榀 70 多吨的桁架拼装及平移就位。

(a) B 区桁架施工　　　　　　　　　　　　(b) B 区桁架定向滑动支座

图 16.4-13　B 区桁架

16.4.6　钢-混凝土组合构件内高强混凝土的浇筑与检测技术

本工程高层塔楼超过 150m，为提高竖向构件的承载力，结构设计在带约束拉杆异形钢管混凝土柱（墙）及钢管混凝土柱下部楼层采用了 C70、C80 高强混凝土。为确保高强混凝土的质量，设计、施工及业主各方密切配合，在高强混凝土的配合比、高抛振捣施工工艺及管内混凝土的无损检测等方面通过试配和现场试验及实测的办法进行了研究。对于高强混凝土，采取了如低水灰比、尽量减少水泥用量、掺入超细矿渣细磨粉末、加入高效减水剂和缓凝剂、采用超细石和冰水等措施，为进一步克服高强混凝土的脆性和提高其抗裂能力，掺入了 0.08% 聚丙烯纤维。对于钢管混凝土柱混凝土高抛施工质量的控制要求，在施工前采用废钢管进行了高抛混凝土施工试验，并对完成的混凝土进行剖管目测与抽芯结合的检测。通过试验的效果提出了 10m 高度内通过高抛加振捣结合的混凝土浇筑施工方法，并采用预埋管进行超声波检测以对管内混凝土的质量起到控制作用。

16.5　试验研究

由于与拱状桁架钢结构模型类似的建筑结构在国内外应用实践较少，为了确保结构的安全及计算的准确性，项目委托了华南理工大学进行了结构模型试验，并在计算上采用了 SAP2000、ETABS 及 ANSYS 等程序对结构进行了深入的分析验证。

16.5.1　试验目的

（1）检验拱状桁架钢结构模型在荷载作用下的承载能力。
（2）观察桁架模型各组成部分，包括钢管拱、横梁、拉杆等的受力特性。

（3）对拱状桁架设计方案进行分析和评估。

16.5.2 试验设计

1．试件的设计

根据实验室的空间和加载设备能力，模型比例取 1：10。模型主要由立柱（ϕ245mm × 10mm 无缝钢管高强砂浆柱）、拱形结构（125mm × 300mm × 8mm 钢箱形拱结构，内灌注高强砂浆）、横梁（分别为 150mm × 300mm × 8mm 箱形梁、125mm × 300mm × 8mm 箱形梁及双匚10 槽钢）以及吊杆（100mm × 100mm × 8mm 箱形柱）组成，具体结构可见图 16.5-1～图 16.5-3。

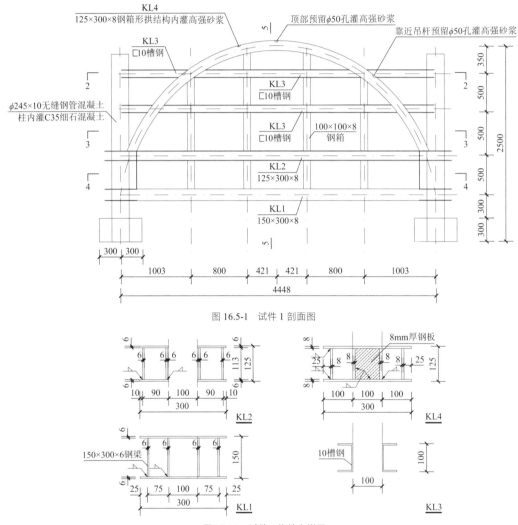

图 16.5-1　试件 1 剖面图

图 16.5-2　试件 1 构件大样图

2．试件的制作

本次试件的钢材为 Q235、E43 焊条，立柱中填充的高强砂浆强度等级为 C35，拱形结构中内灌高强砂浆。试件中钢材部分的制作、焊接在广州德辉钢管机械有限公司完成，在工厂完成的焊缝质量要求达到二级焊缝质量标准。立柱中的高强砂浆采用商品高强砂浆，在实验室进行浇筑，实际浇筑时采用了两批不同的商品高强砂浆，其中，试件二和试件一的左柱浇筑采用第一批高强砂浆，试件一的右柱浇筑采用第二批高强砂浆。高强砂浆强度由同条件养护的 150mm 立方体试块确定。高强砂浆的灌注也在实验室中进行，采取多孔多次灌注，保证砂浆密实。其中，试件二在第一、二层横梁间设置两束ϕ15.24mm 的高强预应力钢绞线（f_{ptk} = 1860N/mm²）。

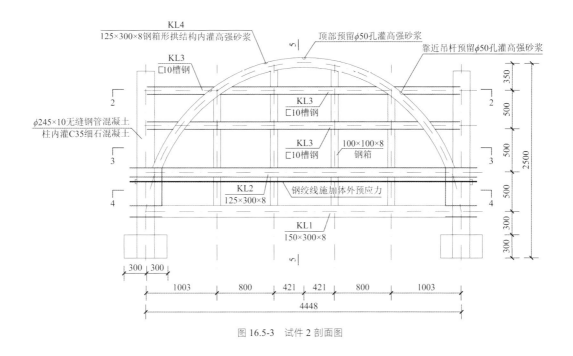

图 16.5-3 试件 2 剖面图

16.5.3 试验现象与结果

该拱桁架模型共两个试件，其几何尺寸完全相同，不同之处在于试件二施加了预应力。另外，由于试件一在节点荷载为 90kN（尚未达到设计荷载）时在钢管拱与竖向吊杆及 KL3 的交接处出现第一个屈服点，因此试件二在试件一基础上于此薄弱处加焊了两块长方形钢板。

1. 承载力分析

该拱状桁架设计荷载每个节点处为 100kN，本次试验试件一在节点荷载增大到 200kN 时，除少数部分钢管拱形梁腹板达到屈服应变外，结构其他部分的钢板仍处于弹性工作状态，结构挠度也仍然满足要求；试件二节点荷载为 160kN（1.6 倍设计荷载）时，出现第一个屈服点，在节点荷载增大到 200kN 时，主要是钢管拱部分出现屈服，而 KL3（第三层）也出现屈服点，其余部分仍是弹性工作状态，可以认为该结构的节点承载力试验值大于等于 200kN。

2. 位移分析

绘制出试件一、试件二的 KL1、KL2、KL3 跨中的荷载-位移曲线，如图 16.5-4 所示。可以看出，试件一和试件二 KL1 梁荷载位移曲线基本接近直线，试件一只当节点荷载达到 160kN 之后，结构刚度稍有降低，而施加预应力的试件二直到节点荷载达到 175kN 才有所降低。而 KL1 的挠跨比一直到节点荷载达到 200kN 时仍为 1/315，可以满足规范要求，施加预应力的试件二在节点荷载达到 200kN 之前，比试件一挠度更小，节点荷载在 200kN 之后，反而趋于一致，荷载-位移曲线基本重合。KL2 梁，试件一在节点荷载为 140kN 之前基本为一直线，构件处在弹性阶段，后面数据有较大的离散性，试件二在节点荷载 170kN 之前为弹性阶段，在节点荷载达到 200kN 时，挠跨比为 1/324，试件二更达到 1/354，完全满足规范要求；KL3 在节点荷载为 200kN 时，试件一挠跨比为 1/350，试件二为 1/373；这表明虽然有局部构件达到塑性状态，但整体结构一直处于弹性阶段，具有较好的刚度。

由图 16.5-4 可以看出，梁的荷载-位移曲线基本为一直线，一般在节点荷载达到 170kN 作用时才发生转折，构件局部出现屈服，刚度有所下降，在节点荷载达到 200kN（2 倍设计荷载）时，挠跨比也满足规范要求；试件二施加预应力作用后，挠度得到进一步减小，其作用对 KL2、KL3 梁更为明显。

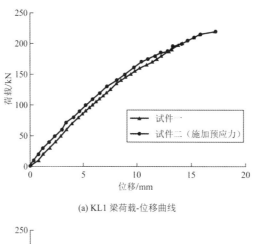

(a) KL1 梁荷载-位移曲线

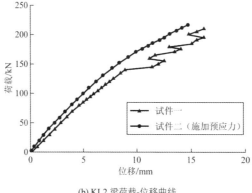

(b) KL2 梁荷载-位移曲线

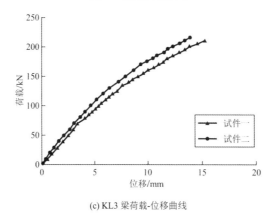

(c) KL3 梁荷载-位移曲线

图 16.5-4　荷载-位移曲线

3．内力分析

　　分别针对拱形梁、横梁、钢管柱及其节点区、竖向吊杆、预应力筋、拱梁内高强砂浆进行了应力应变分析。拱形梁起到了重要的压力传递作用，其存在改变了原来的框架受力特点，与四层框架梁和吊杆共同作用，很好地起着一个拱形桁架转换层的作用。但与其他构件相比，拱形梁较早达到了屈服，可以表明，这是结构的一个较薄弱部位。建议适当增大拱形梁腹板厚度，特别是下翼缘腹板的厚度或是提高其钢号。拱底下的钢管区，其压应变比上段柱要明显增大，表明钢管拱的压力很好地传递到了钢管柱上。在节点区处，四片钢管外的竖向加劲肋很好地起到了传递一部分压力的作用。节点区剪切应变较小，节点应力主要是以竖向压应变为主。节点区的加强环应变、应力均较小。试件一和试件二的吊杆自下而上的拉应力逐步增大，接近跨中的吊杆，其应力相应较大，试件一和试件二的吊杆都存在较大的弯曲作用，导致拉杆局部出现压应变；试件二施加的预应力使拉杆的拉应变有所减小，特别在大荷载的情况下更为明显。

16.5.4 试验结论

通过对试验数据进行分析，可以得到如下结论：

（1）该拱桁架模型的实际节点承受荷载为设计荷载的 2 倍以上，模型设计安全、合理。

（2）该拱桁架模型的挠度可以满足设计要求。

（3）拱形梁起着很好的压力传递作用，但是由于其受力较大，钢板较早达到屈服应变，节点处和节点区的下翼缘腹板都是整个结构的最薄弱部分，建议加大钢腹板厚度或提高其钢材强度，采用两侧加贴钢板的加强方法能改善其受力性能使之不过早出现屈服，是有效的方法之一。

钢管柱节点区在设计荷载下压应变较大，环向应变和剪应变均较小，加劲肋对传递竖向压力作用明显，加强环在整个试验中受力很小，整个钢管柱节点受力安全合理。

水平横梁起着拉杆作用，也存在着较大的局部弯曲作用。

竖向吊杆将各层荷载较好地传递到受压的拱形梁上，自下而上拉力增大，靠近跨中的吊杆拉力较大，也存在着明显的弯曲作用，使吊杆的底层部分出现局部的压应变。

预应力筋的存在有利于挠度减小，特别是预应力直接作用的 KL2 梁；并且减小了 KL1、KL2 梁的拉应变值，但却使两根 KL3 的应变值有所增大，特别是由下往上第三层 KL3 的应变值增大明显。

（4）试件一和试件二均在整个结构构件尚未完全屈服的情况下出现焊缝拉裂导致无法继续试验的情况，这就表明裂缝质量对整个结构荷载传递至关重要，必须严格保证焊缝施工质量，避免在应力复杂的地方拼接钢板加焊焊缝。

16.6 结语

结构设计应遵循安全、实用的原则，根据工程实际情况进行技术的优化与创新，本工程结构设计从建设项目策划及地下室施工项目开始前进行了综合研究分析，针对工程的特殊情况与建筑物的环境特点，选择了科学、合理、经济的结构形式与施工步骤，各项新技术的应用均具有针对性及实效性，取得了良好效果。

参考资料

[1] 华南理工大学土木工程系. 名盛广场柱支式地下连续墙地下室逆作法可行性研究报告[R]. 2005.

[2] 华南理工大学土木工程系. 名盛广场 A 区拱状桁架结构模型试验研究[R]. 2004.

[3] 林勇军, 姚晋华. 名盛广场地下室逆作法施工技术[J]. 广东土木与建筑, 2003.(10).

设计团队

结构设计团队：陈　星、罗赤宇、叶群英、林朴强、徐　静、王金锋、向　前、赖鸿立、李滨飞、蔡凤维

执　笔　人：蔡凤维、罗赤宇

获奖信息

2007 年中国建筑学会优秀建筑结构设计一等奖

2009 年全国优秀工程勘察设计行业奖建筑结构二等奖

哈密市民广场

17.1 工程概况

17.1.1 建筑概况

哈密市民服务中心项目位于新疆哈密市伊州区新民六路，总建筑面积 5.8 万 m²，地下 1 层，地上 4 层，外包尺寸为 253m×110m，高度为 27.5m。建筑造型酷似一本打开的书，简洁、美观，设计理念为"记录城市历史之书，连接欧亚大陆之桥"。项目包含行政服务中心、规划展示馆、科技馆、大数据中心四大功能，实现"开放式办公，一条龙服务，一站式办结"的服务体制。大楼建成后将成为当地引领城市发展前进步伐的标志性建筑。建筑平面如图 17.1-1 所示，建筑鸟瞰如图 17.1-2 所示。

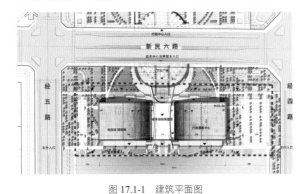 

图 17.1-1　建筑平面图　　　　　　　　　　图 17.1-2　建筑鸟瞰图

17.1.2 设计条件

本工程抗震设防烈度为 7 度，设计基本地震加速度为 0.1g，设计地震分组为第二组，场地类别为 Ⅱ 类，设计特征周期为 0.4s。本工程钢结构强度设计时采用 100 年重现期风压值，$W_0 = 0.7\text{kN/m}^2$，整体考虑±40℃的温度作用，基本雪压按 100 年重现期取值为 0.3kN/m²。本工程采用 CFG 复合地基筏板基础＋人工挖孔灌注桩，其中人工挖孔桩桩径为 1200mm，桩身混凝土强度等级为 C35，有效桩长约为 10m，桩端持力层为细砂层、粉土层，单桩竖向承载力特征值为 2000kN，单桩水平承载力特征值为 700kN。本工程钢材材质为 Q345B，钢结构防腐设计耐久年限为不小于 25 年，钢结构柱、钢拱防火采用厚型防火涂料，耐火极限为 3.0h，干膜厚度大于等于 50mm；钢结构拱梁采用厚型防火涂料，耐火极限为 2.0h，干膜厚度大于等于 30mm。

17.2 建筑特点

17.2.1 多拱联合受力体系

主体钢结构采用多个拱结构相互连接形成一个整体，使结构整体受力更为合理，在较大程度上实现了结构自平衡、自稳定的目的。此外，多个钢拱相结合的结构框架与建筑外形相匹配，充分展现了"记录城市历史之书，连接欧亚大陆之桥"的设计理念。

结合建筑的造型，内倾的双主拱通过水平桁架和次拱相连接，使主拱平面外的刚度得到显著提高，次拱可为双主拱提供平面外支撑，同时内倾的双主拱又可抵消部分水平卧拱的拱脚推力，主拱腰部设置的腰桁架和结构底板上的预应力拉梁又可抵消大部分主拱的拱脚推力并提高主拱的平面内刚度，此外，在两侧翼上设置卧拱可有效地使水平力"跨越"腰桁架，直接作用到作为支座的主拱上，避免了腰桁架在作为主拱的拉杆同时还要抵抗侧翼传来的较大的水平力，造成双向受力的不利情况，从而使结构在具有昼夜温差大、风荷载大等特点的哈密地区很好地实现建筑功能。

17.2.2 钢桁架非对称拱

主拱根据建筑造型采用非对称拱，其在竖向荷载作用下具有构件内力不对称的特点，此时若仍按照对称拱的形式设置构件尺寸或以拱脚内力的较大值来进行构件设计会导致构件截面过大造成设计不合理和材料浪费。因此，为了保证结构的安全和达到经济节约的目的，对两侧拱脚的桁架弦杆采用不同截面的设计方案，并在内力较大侧拱脚的弦杆内灌注 C40 混凝土，形成钢管混凝土弦杆，大大提高了弦杆的受压承载力及稳定性。

17.2.3 预应力拉梁联合工字形带抗推挡墙排桩基础

一般拱结构的支座以轴向受力为主，而本工程的拱结构由于倾斜放置，轴向与面外两方向均存在水平推力，其中轴向为主方向，推力较大，且桩端持力层为粉土或细砂层。因此，通过有限元软件 PLAXIS 3D 计算位于地基土中的群桩基础在水平荷载作用下的各排基桩受到的桩周土体作用力，从而利用各排基桩受力特性及规律提出一种能有效抵抗水平推力的工字形带抗推挡墙排桩基础，该基础的承台形状为工字形，在其中的两排桩上设立抗推挡墙。由于预应力拉梁可抵消部分拱脚轴向推力，通过将工字形带抗推挡墙排桩基础与预应力拉梁相结合，可有效解决拱脚处存在较大双向水平推力的问题，从而达到安全经济的效果。

17.3 体系与分析

17.3.1 方案对比

1. 主拱稳定性方案分析对比

单主拱模型荷载及支座条件如图 17.3-1 所示。第一阶弹性屈曲变形模态如图 17.3-2 所示，可见第一阶弹性屈曲为平面外失稳，屈曲荷载因子为 373.5。第二阶弹性屈曲变形模态如图 17.3-3 所示，可见第二阶弹性屈曲为平面外失稳，屈曲荷载因子为 630.7。第三阶弹性屈曲变形模态如图 17.3-4 所示，可见第三阶弹性屈曲为平面内失稳，屈曲荷载因子为 1128。由此可见，在单主拱的情况下，由于平面外缺少约束，平面外刚度较弱，故第一、二阶屈曲模态均为平面外失稳，第三阶才出现平面内屈曲。

图 17.3-1　单主拱模型荷载及支座条件　　　　图 17.3-2　单主拱第一阶弹性屈曲变形模态

図 17.3-3　単主拱第二阶弹性屈曲变形模态　　　　　　　　图 17.3-4　单主拱第三阶弹性屈曲变形模态

带拉杆腰桁架单主拱模型荷载及支座条件如图 17.3-5 所示。第一阶弹性屈曲变形模态如图 17.3-6 所示，可见第一阶弹性屈曲模态与单主拱相同，为平面外失稳，屈曲荷载因子为 419，比单主拱提高 12.2%。第二阶弹性屈曲变形模态如图 17.3-7 所示，可见第二阶弹性屈曲模态与单主拱相同，为平面外失稳，屈曲荷载因子为 706.8，比单拱提高 12.0%。第三阶屈曲模态仍为平面外失稳，第四阶弹性变形模态如图 17.3-8 所示，可见第四阶屈曲模态为平面内失稳，屈曲荷载因子为 1321，比单主拱提高了 17.1%。由此可见，在带拉杆腰桁架单主拱的情况下，由于平面外缺少约束，平面外刚度较弱，且平面内存在拉杆腰桁架的约束，故第一、二、三阶屈曲模态均为平面外失稳，第四阶才出现平面内屈曲，同时平面内屈曲荷载因子提高程度大于平面外屈曲荷载因子的提高程度。

图 17.3-5　带拉杆腰桁架单主拱模型荷载及支座条件　　　图 17.3-6　带拉杆腰桁架单主拱第一阶弹性屈曲变形模态

图 17.3-7　带拉杆腰桁架单主拱第二阶弹性屈曲变形模态　　图 17.3-8　带拉杆腰桁架单主拱第四阶弹性屈曲变形模态

带次拱双主拱模型荷载及支座条件如图 17.3-9 所示。第一阶弹性屈曲变形模态如图 17.3-10 所示，可见第一阶弹性屈曲为平面外失稳，屈曲荷载因子为 1059，是相应单主拱屈曲荷载因子的 2.83 倍。第二阶弹性屈曲变形模态如图 17.3-11 所示，可见第二阶弹性屈曲仍为平面外失稳，屈曲荷载因子为 1304，为相应单主拱屈曲荷载因子的 2.07 倍。第三阶弹性屈曲变形模态如图 17.3-12 所示，可见第三阶弹性屈曲为平面内失稳，屈曲荷载因子为 1424，为相应单主拱屈曲荷载因子的 1.26 倍。

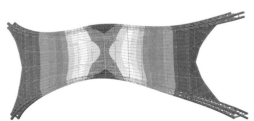

图 17.3-9　带次拱双主拱模型荷载及支座条件　　　　　　图 17.3-10　带次拱双主拱第一阶弹性屈曲变形模态

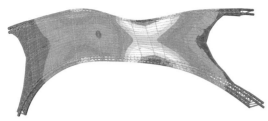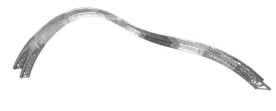

图 17.3-11　带次拱双主拱第二阶弹性屈曲变形模态　　　　图 17.3-12　带次拱双主拱第三阶弹性屈曲变形模态

带次拱及拉杆腰桁架双主拱模型荷载及支座条件如图 17.3-13 所示。第一阶弹性屈曲变形模态如图 17.3-14 所示，可见第一阶弹性屈曲为平面外失稳，屈曲荷载因子为 1119，是带次拱双主拱屈曲荷载因子的 1.07 倍。第二阶弹性屈曲变形模态如图 17.3-15 所示，可见第二阶弹性屈曲为平面外失稳，屈曲荷载因子为 1456，为带次拱双主拱屈曲荷因子的 1.19 倍。第三阶弹性屈曲变形模态如图 17.3-16 所示，可见第三阶弹性屈曲为平面内失稳，屈曲荷载因子为 1654，为带次拱双主拱屈曲荷因子的 1.16 倍。由此可见，次拱及拉杆腰桁架的设置使双主拱平面内、平面外稳定性都得到了提高，且平面内稳定性提高程度大于平面外稳定性提高程度。

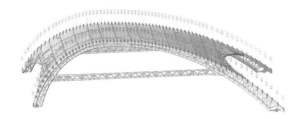

图 17.3-13　带次拱及拉杆腰桁架双主拱模型荷载及支座条件　　　　图 17.3-14　带次拱及拉杆腰桁架双主拱第一阶弹性屈曲变形模态

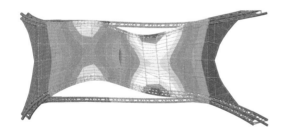

图 17.3-15　带次拱及拉杆腰桁架双主拱第二阶弹性屈曲变形模态　　图 17.3-16　带次拱及拉杆腰桁架双主拱第三阶弹性屈曲变形模态

各方案的非线性屈曲变形如图 17.3-17～图 17.3-20 所示，主拱的最大位移均发生在斜率较小处，其中单主拱和带拉杆腰桁架单主拱的非线性屈曲为平面外失稳，与弹性屈曲第一阶模态相同，带次拱双主拱和带次拱及拉杆腰桁架的双主拱则与弹性屈曲第一阶模态不同，为平面内失稳。由图 17.3-21 可见，在非线性屈曲分析中，单主拱的位移为 −0.845m 时，荷载系数达到最大值 65.4，为弹性屈曲荷载系数的 17.5%；带拉杆腰桁架单主拱的位移为 −0.792m 时，荷载系数达到最大值 69.4，为弹性屈曲荷载系数的 16.7%，为单主拱非线性屈曲荷载系数的 1.06 倍；带次拱双主拱的位移为 −0.5m 时，荷载系数达到最大值 181.5，为弹性屈曲荷载系数的 12.7%，为单主拱非线性屈曲荷载系数的 2.78 倍；带次拱及拉杆腰桁架双主拱的位移为 −0.45m 时，荷载系数达到最大值 193，为弹性屈曲荷载系数的 11.5%，为带次拱双主拱的非线性屈曲荷载系数的 1.06 倍。

由此可见，通过设置拉杆腰桁架、次拱、水平桁架等结构构件可提高结构的平面内、平面外弹性屈曲荷载系数，且其对结构平面外荷载系数的提高程度大于对平面内荷载系数的提高程度，同时可使平面内和平面外的弹性屈曲荷载系数趋向接近。

365

第17章　哈密市民广场

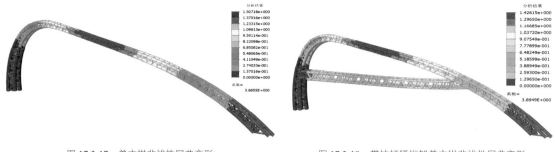

图 17.3-17 单主拱非线性屈曲变形   图 17.3-18 带拉杆腰桁架单主拱非线性屈曲变形

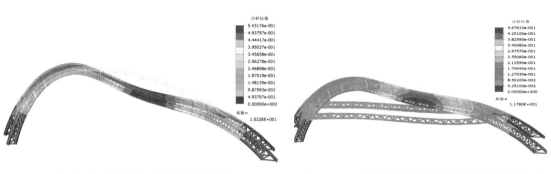

图 17.3-19 带次拱双主拱非线性屈曲变形   图 17.3-20 带次拱及拉杆腰桁架双主拱非线性屈曲变形

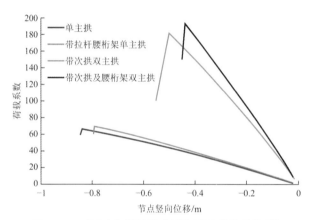

图 17.3-21 各方案非线性屈曲分析节点竖向位移-荷载系数

此外，通过设置拉杆腰桁架、次拱、水平桁架等结构构件能提高结构的极限承载力，其中设置水平桁架和次拱将两主拱联系在一起对提高主拱极限承载力影响最大，设置拉杆腰桁架对提高主拱极限承载力影响次之。在四种方案中，带次拱及拉杆腰桁架双主拱的极限承载力最大，带次拱双主拱次之，单主拱最小。

2. 侧翼抗侧力方案对比

由于本项目两侧翼纵向（X向）跨度大（单翼121m），且存在斜率约为 0.16 的坡度，故除X向水平作用外，侧翼上的竖向恒、活荷载也会引起较大的主拱架面外反力和变形，加之本项目处于我国新疆哈密地区，风荷载较大，昼夜温差、四季气温变化剧烈，温度作用和风荷载作用下沿侧翼纵向水平推力大，如何抵抗水平推力，使得结构杆件的内力和变形均在合理的、满足规范要求的范围内，且具有清晰的传力途径和经济效益，成为项目结构设计的一个关键点。

采用三种侧翼抗侧力方案进行对比，方案一为无卧拱及侧翼水平桁架方案（图 17.3-22），方案二为在两侧翼端部增设侧翼水平桁架方案（图 17.3-23），方案三为在两侧翼端部增设卧拱方案（图 17.3-24），其中方案二的侧翼水平桁架腹杆采用 HW350mm × 350mm × 12/19mm 截面，方案三的腰拱采用截面 ϕ500mm × 30mm 的圆钢管。

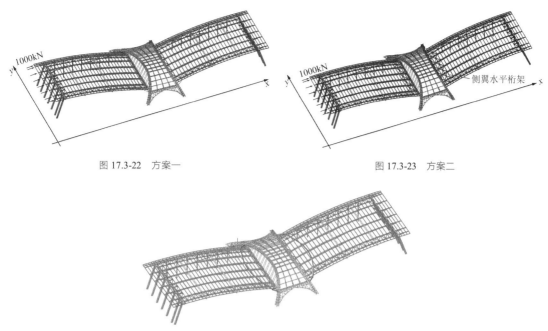

图 17.3-22　方案一　　　　　　　　　　　　　　图 17.3-23　方案二

图 17.3-24　方案三

表 17.3-1 为各抗侧力方案的力学性能及经济性对比。可见,方案一的腰桁架跨中杆件轴力最大值最大,方案三比方案二增加了 4.6%,说明方案三与方案二在此方面相差不大,均可作为备选方案。方案一两翼端部跨中的侧向位移(主拱下腰桁架的跨中侧向位移)和腰桁架端部弦杆内力最大,方案二次之,方案三最小,其中方案二和方案三的两翼端部跨中侧向位移分别为方案一的 64% 和 58%,方案二的腰桁架端部弦杆内力远大于方案三,约为方案三的 2.1 倍,说明在控制两翼端部跨中侧向位移和腰桁架端部弦杆内力中方案三的效果最好。

各抗侧力方案的力学性能及经济性对比　　　　　　　　　　　　表 17.3-1

力学性能及经济性指标	方案一	方案二	方案三
腰桁架跨中杆件轴力最大值/kN	397.4	340.0	355.5
腰桁架端部弦杆内力/kN	738.1	1309.4	621.1
两翼端部跨中侧向位移/mm	73.4	47.1	42.7
增设的杆件总长度/m		518.92	173.17
增设的杆件截面面积/m²		0.017	0.044
增加构件总质量/t		69.9	60.6

方案三在水平荷载作用下的杆件轴力图如图 17.3-25 所示,方案三中卧拱拱顶处的轴力为 1628kN,两翼主梁的轴力约为 550kN,卧拱的轴力远大于两翼主梁的轴力,且方案三中两翼主梁的轴力比方案一减小约 373kN,表明卧拱的设置可有效抵抗水平推力。由表 17.3-1 可知,方案二和方案三中腰桁架端部杆件与跨中杆件的轴力最大值比值分别为 3.85 和 1.75,可见方案三的腰桁架内力分布更为均匀,因此方案三的抗水平力性能优于方案一和方案二。

同时,在两翼端部跨中侧向位移基本相同的前提下,方案三比方案二的用钢量少(表 17.3-1)。并且,方案三中的卧拱有效地使水平力"跨越"水平桁架,直接作用到作为支座的主拱上,避免了水平桁架在作为主拱拉杆的同时,还要抵抗很大的侧翼传来的水平力,造成双向受力的不利情况,这是同样具有可观的抗侧刚度的水平桁架方案所不具备的优越性。此外,卧拱杆件数量少,截面轻盈,可减轻结构自重,同时卧拱方案的节点数量少,结构形式简洁,降低了节点施工量,建筑使用阶段的观感也比较良好,具有可靠的结构安全性和较高的经济性。

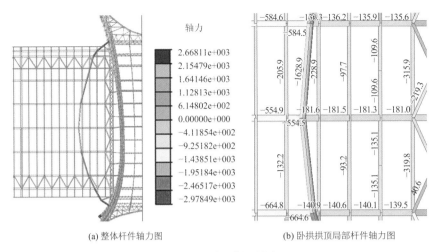

| (a) 整体杆件轴力图 | (b) 卧拱拱顶局部杆件轴力图 |

图 17.3-25　方案三的杆件轴力图

综上所述，侧翼水平桁架和卧拱的设置均能显著增加结构的侧向刚度，而方案三较为经济且受力更均匀、传力途径更简洁清晰，因此两侧翼的抗侧力方案宜选择方案三。

17.3.2　结构体系

在新疆哈密市民服务中心项目中采用的多拱联合受力结构体系如图 17.3-26 所示，其主要由主拱、次拱、水平卧拱、水平桁架、腰桁架及预应力拉梁组成，主拱长方向跨度约为 110m，拱高约为 26m，次拱构件尺寸为 $\phi700mm \times 22mm$，水平卧拱构件尺寸为 $\phi500mm \times 30mm$，其他主要构件的尺寸信息如表 17.3-2 所示。

内倾的双主拱通过水平桁架和次拱相连接，水平桁架和次拱为双主拱提供平面外支撑，且内倾的双主拱可抵消次拱产生的部分拱脚推力，水平卧拱则将两侧翼的水平推力传至腰桁架和主拱处，同时腰桁架可抵消部分水平卧拱的拱脚推力，此外，主拱平面内产生的绝大部分拱脚推力由腰桁架和预应力拉梁抵消，从而较大程度上实现结构自平衡、自稳定的目的。

主要构件尺寸　　　　　　　　　　　　　　表 17.3-2

构件类型	桁架高度/m	上弦杆/mm	下弦杆/mm	腹杆/mm
主拱	2~5	$\phi800 \times 20$　$\phi630 \times 16$ $\phi1000 \times 30$	$\phi700 \times 20$ $\phi1250 \times 32$	$\phi245 \times 10$　$\phi350 \times 12$ $\phi500 \times 16$　$\phi650 \times 22$
腰桁架	2	$\phi500 \times 16$ $\phi560 \times 16$ $\phi800 \times 20$	$\phi500 \times 16$ $\phi800 \times 20$ $\phi1000 \times 22$	$\phi245 \times 10$　$\phi325 \times 12$ $\phi350 \times 12$　$\phi630 \times 16$
水平桁架	2.4	$\phi700 \times 22$	$\phi500 \times 30$	$\phi230 \times 6$

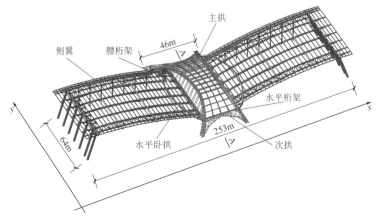

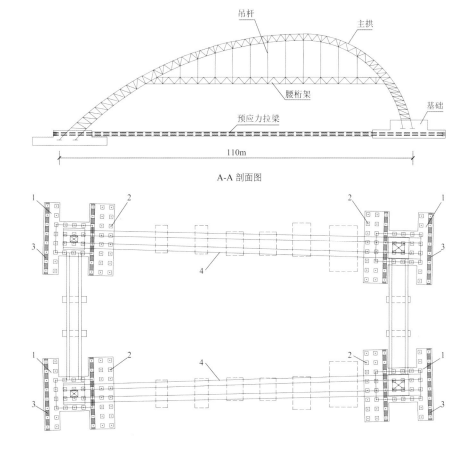

图 17.3-26 结构布置图

1—桩承台； 2—人工挖孔桩； 3—地下连续墙； 4—预应力拉梁

17.3.3 结构分析

结构在各种工况下（仅列出部分荷载组合工况）的竖向位移最大值如表 17.3-3 所示，各工况的竖向位移包络最大值为 199.62mm，满足规范 1/400 的要求。在升、降温工况下的最大竖向位移分别为 63.25mm 和 63.32mm，可见温度作用对结构的影响不可忽略，在设计中应考虑。此外，结构杆件的应力比最大值为 0.96，小于 1.0，满足承载力要求。

各种工况的竖向位移最大值（mm）   表 17.3-3

	恒荷载	活荷载	恒荷载 + 活荷载	X向地震	Y向地震
位移	129.51	18.22	152.69	23.32	5.80
	X向风荷载	Y向风荷载	升温工况	降温工况	包络工况
位移	4.32	1.98	63.25	63.32	199.62

17.4 关键点研究及设计

17.4.1 钢桁架非对称主拱设计

由于主拱外形的不对称，在竖向荷载作用下，构件内力亦不对称，因此，根据拱轴线上轴力、弯矩的分布，主拱采用变截面桁架。在实际工程中，主拱在恒荷载 + 活荷载作用下的主拱轴力如图 17.4-1 所示，拱脚轴力相差较大，A 端杆件最大轴力约为 9200kN，B 端杆件最大轴力约为 16000kN，约为 A 端最大轴力的 1.74 倍。针对这种情况，在设计中 A、B 两端的桁架弦杆采用不同的截面：A 端弦杆的最大截面为ϕ1000mm × 30mm，B 端弦杆的最大截面为ϕ1250mm × 32mm。考虑到经济性，防止 B 端弦杆截面过大，在 B 端靠近拱脚的弦杆内灌注 C40 混凝土，形成钢管混凝土弦杆，大大提高了弦杆的受压承载力及稳定性，在满足结构安全性的前提下，减小了杆件的尺寸，取得了良好的经济效益。

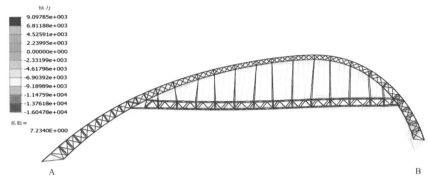

图 17.4-1　恒荷载 + 活荷载作用下主拱轴力图

17.4.2　卧拱刚度和结构侧向刚度的关系研究

由于本项目的水平桁架由主拱下方的吊杆支承，面外刚度较弱，且其同时承受主拱竖向变形下产生的拉力，属于结构中特别重要的部分，若水平力使其产生较大变形，则会产生较大杆件次应力，影响吊杆作用发挥，削弱水平桁架对主拱的拉杆作用，使整体计算偏离设计计算假定。因此，在设计中需严格控制水平桁架在水平力作用下的变形，而对卧拱刚度和结构侧向刚度的关系进行研究有助于确定在哪些具体条件下，增大卧拱刚度可显著减小两侧翼端部跨中侧向位移（腰桁架跨中侧向位移），从而使优化后的结构布置得到较好的效果。

卧拱按照受压杆件设计，可认为杆件刚度$K = EA/L$，由于弹性模量E与杆件长度L为定值，可通过改变杆件截面面积A来改变卧拱的刚度。

选取以下六种卧拱截面进行研究：ϕ450mm × 15mm（$A = 0.0205m^2$）、ϕ500mm × 30mm（$A = 0.044m^2$）、ϕ800mm × 30mm（$A = 0.0726m^2$）、ϕ1000mm × 30mm（$A = 0.0914m^2$）、ϕ1300mm × 40mm（$A = 0.01583m^2$）、ϕ1500mm × 40mm（$A = 0.1835m^2$）。在侧翼末端作用一列$F_h = 1000kN$的模拟节点荷载。

卧拱截面面积与两侧翼端部跨中侧向位移的关系曲线如图 17.4-2 所示。当卧拱截面面积A小于 0.0914m^2时，两侧翼端部跨中侧向位移随卧拱刚度的增大而减小较快，而当A大于 0.0914m^2时，关系曲线的走势逐渐趋于平缓，其原因是结构的抗侧刚度由卧拱和两翼框架共同决定，卧拱与两翼框架相互支承，若仅提高卧拱的刚度，而两翼框架的刚度保持不变，则卧拱刚度的提高对总体结构侧向刚度提高的效率会逐渐降低。因此，采用卧拱体系来提升结构侧向刚度时，需要注意卧拱与两翼框架的刚度协调才能取得良好效果。

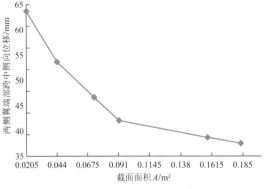

图 17.4-2　卧拱截面面积与两侧翼端部跨中侧向位移关系

17.4.3 吊杆作用研究

由于主拱下方的腰桁架跨度长达 78.8m，在两侧翼的竖向荷载作用下，如何控制腰桁架跨中杆件的内力和挠度亦是设计的一个关键点。

通过在主拱和腰桁架之间是否设置吊杆的两种情况，对比主拱与腰桁架的内力和变形，以研究在竖向荷载作用下吊杆对减少结构变形和增加结构冗余度的贡献，不设置吊杆的结构模型和设置吊杆的结构模型分别如图 17.4-3 和图 17.4-4 所示。

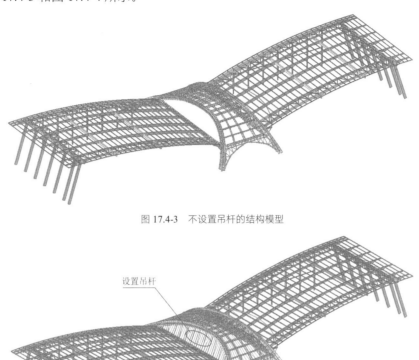

图 17.4-3　不设置吊杆的结构模型

设置吊杆

图 17.4-4　设置吊杆的结构模型

以 1.35 恒荷载 + 1.4 × 0.7 活荷载作为竖向荷载代表值，吊杆采用 13 组 2φ245mm × 12mm 钢管，忽略两翼混凝土结构对钢结构的支承作用进行分析。

两种情况的结构变形如图 17.4-5 和图 17.4-6 所示，可见增加吊杆可有效减小腰桁架的变形。表 17.4-1 为设置吊杆前、后的力学性能对比。可知，腰桁架的下弦杆轴力和挠度在设置吊杆后均大幅下降，其中下弦杆轴力最大值减小了 4200kN，挠度减小了 285mm，即由跨度的 1/192 减小到 1/630，已满足规范变形容许值（跨度的 1/400）的要求，说明吊杆的作用是在腰桁架跨内增加了支点，减小了腰桁架计算跨度，从而减小腰桁架的变形及杆件内力。

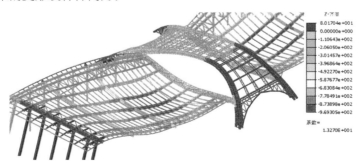

图 17.4-5　不设吊杆的结构变形图（单位：mm）

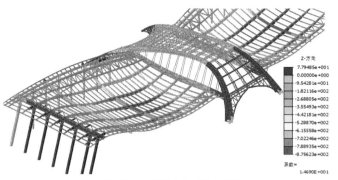

图 17.4-6　设置吊杆后的结构变形图（单位：mm）

设置吊杆前、后的力学性能对比　　　　　　　　　　　　　　　表 17.4-1

方案类型	腰桁架的下弦杆最大轴力/kN	腰桁架的挠度/mm
设置吊杆前	6200	410
设置吊杆后	2000	125

17.4.4　工字形带抗推挡墙的双向排桩基础研究及设计

本工程拟建场地地貌为冲洪积平原，地面较为平坦，无断裂通过，场地稳定性良好。通过探孔揭露，上部第四系覆盖土层主要有冲洪积成因的粉质黏土、粉细砂、砾砂及粉土等，如表 17.4-2 所示。

据地区经验，哈密地区常年降雨量小，地下水水位在地面以下超过 20m，本项目建设场地丰水期地下水水位上升高度不大于 1m。结合当地施工条件，选择当地常用的人工挖孔方桩基础，该桩具有成桩质量好，单桩承载力高，施工便捷等优势。

场地地质特征　　　　　　　　　　　　　　　表 17.4-2

层号	岩土层岩性	性状	厚度/m	层面标高/m	地基承载力特征值f_{ak}/kPa
<1>	粉土	灰黄色，表层原为耕土，局部含少量粉砂，孔隙发育，干，稍密状态，局部有少量人工弃土	0.50～2.40		$f_{ak} = 80$
<2>	细砂	黄褐色～青灰色，局部为粉砂或中粗砂，石英、长石等矿物为主，干～稍湿，中密～密实状态	3.00～7.20		$f_{ak} = 230$
<2-1>	砾砂	黄褐色，局部青灰色，硬质岩颗粒为主，石英长石等矿物组成，局部为粗砂，干～稍湿，中密～密实状态			$f_{ak} = 260$
<2-2>	粉质黏土	姜黄色～灰黄色，局部夹有薄层粉砂，切面较光滑，有轻微光泽，稍湿～湿，硬可塑状态	0.60～2.00	753.10～752.00	$f_{ak} = 210$
<3>	砾砂	青灰色及黄色，硬质岩颗粒组成，石英、长石等矿物为主，局部为粗砂或圆砾，稍湿，密实状态	1.50～2.90	752.00～748.19	$f_{ak} = 280$
<4>	细砂	黄色，局部为粉砂，含少量粉土，石英、长石等矿物为主，局部夹有粉土或砾砂透镜体，稍湿～湿，中密～密实状态	0.90～5.60	750.00～748.19	$f_{ak} = 230$
<5>	粉土	黄褐色，切面较粗糙，局部含砂量较大，偶见细砂透镜体，含多量硬质结核，取样较困难，钻机进尺较平稳，稍湿～湿，密实状态	1.80～4.90	746.00～749.08	$f_{ak} = 230$
<6>	细砂	黄色，含粉土，含结核，该层在 ZK1 号、ZK2 号及 ZK22 号探孔中有揭露，呈密实状态			

岩土有限元分析软件 PLAXIS 3D 具有独特的 Embedded 桩单元和强大的土体本构模型库，可有效模拟桩土间的受力情况，因此采用 PLAXIS 3D 对桩土在水平作用力下的受力情况进行分析。

根据规范《建筑桩基技术规范》JGJ 94—2008 中单桩水平承载力和群桩基础的经验公式（5.7.2）、式（5.7.3）、式（5.7.5），得到群桩基础模型如图 17.4-7 所示。

当采用竖向群桩抵抗水平推力时，不同桩间距的群桩将带动不同体积的土体参与抵抗水平推力。现采用 PLAXIS 3D 分别在三维尺寸为 300m × 300m × 60m 的土体中建立桩间距为2d、2.5d、3d、4d、

$6d$ 的群桩基础，并在相同水平推力（约 **30000kN**）作用下，对垂直于水平推力的各排桩平均水平推力进行统计，其中各桩典型剪力图如图 17.4-8 所示。各排桩的土对桩的作用力（以下简称"土水平反力"）为在桩顶处的剪力值减去在桩底处的剪力值。对每排桩所受的土水平反力求平均得到第 1 排桩到第 8 排桩平均土反力（用 F_{zti} 表示，其中 $i = 1,2,\cdots,8$），并对第 1 排桩到第 8 排桩的平均土反力求和得到总土反力（用 F_{zts} 表示），从而得到各排桩的土反力占总土反力的百分比，即 F_{zti}/F_{zts}，统计结果如表 17.4-3 所示。

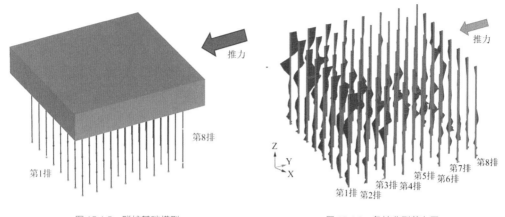

图 17.4-7　群桩基础模型　　　　　　　　图 17.4-8　各桩典型剪力图

不同桩间距下各排桩的土反力占比（单位：%）　　　　　　　表 17.4-3

排号	桩间距与桩边长比值				
	2.0	2.5	3.0	4.0	6.0
第1排	56.06	41.06	67.03	90.04	91.96
第2排	12.13	8.80	−6.38	−6.85	22.06
第3排	13.05	18.06	6.31	32.53	8.30
第4排	10.19	17.41	17.71	66.05	67.71
第5排	4.05	6.03	12.33	−49.55	−61.09
第6排	11.07	0.68	1.68	−0.34	5.89
第7排	11.83	13.15	25.04	12.05	25.24
第8排	−18.38	−5.18	−23.73	−43.93	−60.09

各桩沿深度变化的位移曲线如图 17.4-9 所示，桩周土体位移如图 17.4-10 所示，可知：

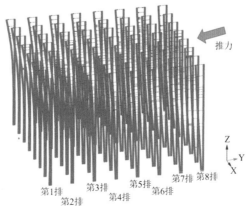

图 17.4-9　各桩沿深度变化的位移曲线

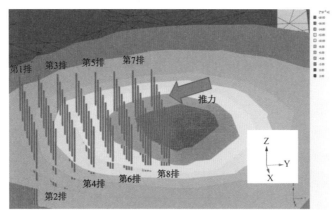

图 17.4-10　桩周土体位移

（1）当桩周土体水平位移小于桩身水平位移时，土体对基桩产生与拱脚推力方向相反的水平力（表 17.4-3 中的正值，以下简称"正土反力"，可看作土力学中的被动土压力的合力）。

（2）当桩周土体水平位移大于桩身水平位移时，土体对基桩产生与拱脚推力相同的水平力（表 17.4-3 中的负值，以下简称"负土反力"，可看作土力学中的主动土压力的合力）。

（3）土体水平位移与桩身水平位移差越大，则土反力绝对值越大，土体水平位移与桩身水平位移差越小，则土反力越小。

（4）当桩间距增大时，群桩带动更多的桩周土体抵抗水平推力，且桩间距过大时土体水平位移呈现出更大的不均匀性，与桩顶被承台嵌固的水平位移相近的群桩基桩变形差大，因此桩间距是桩边长的 4～6 倍，对比 2～3 倍的，土反力的绝对值更大。

由表 17.4-3 可知，在考虑承台四周土体参与抵抗水平力的条件下：

（1）对于本场地桩间距是桩边长的 4～6 倍布桩时，群桩第 1 排桩外土体变形较小，土体对第 1 排桩提供了约为总推力 90% 的正土反力；

（2）土体对第 5 排和第 8 排桩产生较大的负土反力（表 17.4-3 中为负值），绝对值约为第一排桩受到正土反力的 50%。

上述结果考虑了承台四周土体参与抵抗拱脚推力，但施工过程中在承台四周土体尚未回填或回填土尚未稳定，对承台施加与拱脚水平推力反向的预应力拉力时，承台四周土体尚未能完全参与抵抗外部施加的水平力。因此在上述模型的基础上，不考虑承台四周土体情况下重新建模计算，采用相同统计方法统计各排桩的土反力占总土反力百分比 F_{zti}/F_{zts}，统计结果如表 17.4-4 所示。

施工期间不同桩间距下各排桩的桩土水平反力占比（单位：%）　　　　　　　　　　表 17.4-4

排号	桩间距与桩边长比值				
	2.0	2.5	3.0	4.0	6.0
第 1 排	37.88	24.69	27.91	22.54	39.87
第 2 排	11.90	11.28	6.47	15.60	29.51
第 3 排	10.90	11.99	8.91	13.58	8.30
第 4 排	8.47	11.94	11.34	9.30	16.84
第 5 排	6.09	9.74	12.24	14.04	3.95
第 6 排	11.64	6.24	7.27	9.97	9.70
第 7 排	12.50	13.90	17.31	9.33	8.44
第 8 排	0.63	10.21	8.55	5.64	−22.02

可知，在不考虑承台四周土体参与抵抗外部水平推力的条件下：

（1）桩间距与桩边长比值为 2.0～4.0 时，第一排桩外侧土体对第一排桩能提供约为总推力 22%～37% 的正土反力，其余群桩之间的土体均匀变形对其余各排桩产生约为总推力 10% 的正土反力，土体不会对基桩产生负土反力（桩间距与桩径比值为 2.0～4.0，结果均为正值）。

（2）当桩间距过大时，如桩间距与桩径比值为 6.0，土体对最后一排桩产生约为总推力 22% 的负土反力。

根据施工过程中群桩不考虑承台土体参与抵抗水平推力的计算结果和建筑投入使用后考虑承台外侧土体抵抗水平推力的计算结果二者综合考虑，认为桩间距与桩边长比值为 2.5 的布桩，设计最为合理，原因为：

（1）不考虑承台四周土体时，八排桩受土反力最为均匀，第 1 排桩与第 8 排桩承担的土反力差值最小，中间各排桩受到的土反力也最为接近且均为正土反力。

（2）考虑承台四周土体时，仅第 8 排桩受土体作用为负土反力且绝对值最小，其他各排桩受的土反力也最为均匀且为正土反力。因此选择了桩间距与桩边长为 2.5 作为下一步研究的固定参数。

由表 17.4-3 及表 17.4-4 中桩间距与桩边长比为 2.5 的数据，前两排和后排桩体受土反力较大，而第 5 排、第 6 排桩体受到土反力较小，取消第 5 排、6 排的共 12 根桩基，桩数由 64 根减少到 52 根，如图 17.4-11 所示。

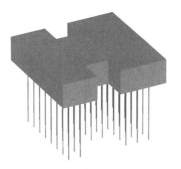

图 17.4-11　工字形布桩群桩基础

对比矩形布桩群桩基础和工字形布桩群桩基础各桩沿深度变化的弯矩图，分别如图 17.4-12 和图 17.4-13 所示。由图 17.4-12 可知，与土相邻的前排桩和侧排桩沿深度变化的弯矩较大，受到的土反力大；而内部基桩和后排桩沿深度变化的弯矩较小，受到的土反力小。因此，增加群桩外周与土的接触，有利于发挥土体抵抗水平推力，工字形布桩增加了群桩外周与土的接触。由图 17.4-13 可知，工字形群桩基础两翼基桩沿深度变化的弯矩均较大，腹部基桩沿深度变化的弯矩相对翼部基桩较小。因此从受力角度，矩形布桩群桩基础优化为工字形布桩群桩基础合理。

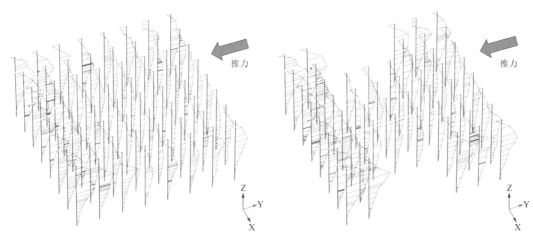

图 17.4-12　矩形布桩群桩基础桩身弯矩图　　　　　图 17.4-13　工字形布桩群桩基础桩身弯矩图

对比工字形布桩群桩基础和矩形布桩群桩基础的桩顶水平位移，分别如图 17.4-14 和图 17.4-15 所示。矩形布桩群桩基础桩顶水平位移为 8.78mm，工字形布桩群桩基础桩顶水平位移为 9.2mm。位移增大约 4.8%。桩数量减少了 18.75%。因此认为工字形布桩群桩经济合理，同时能较好地抵抗水平推力。

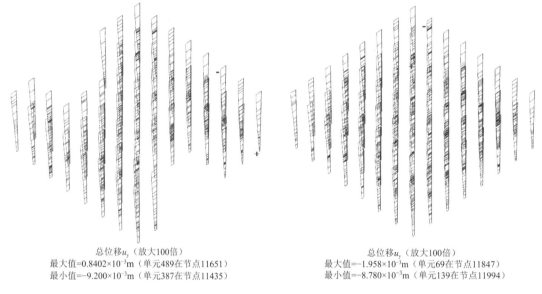

总位移u_y（放大100倍）
最大值=$0.8402×10^{-3}$m（单元489在节点11651）
最小值=$-9.200×10^{-3}$m（单元387在节点11435）

图 17.4-14　工字形布桩群桩基础桩顶水平位移

总位移u_y（放大100倍）
最大值=$-1.958×10^{-3}$m（单元69在节点11847）
最小值=$-8.780×10^{-3}$m（单元139在节点11994）

图 17.4-15　矩形布桩群桩基础桩顶水平位移

选择桩长为 6m、9m、12m、15m、18m、21m、24m，按桩中心距为 2.5b 进行布桩，并采用三维岩土有限元软件进行建模计算。

以每一排桩作为统计单元，计算每排桩平均土反力，如表 17.4-5 所示。

不同桩长的各排桩受土反力的特点不同，由表 17.4-5 可知：

（1）对于桩长为 6m，各排桩受到的土反力均较小，是因为群桩承台尺寸较大，外部推力通过承台底面直接传递到承台底面下部土体，相对于尺寸较大的承台桩长 6m 尺寸较小，桩土能提供的抗侧刚度有限，因此所受到的土反力也较小；

（2）对于桩长为 24m，前 4 排桩均比桩长 9～21m（桩长 6m 除外）的小，后 4 排桩基本比桩长 9～21m 的大。因此并非桩越长，抵抗外部水平推力越有效。桩较长时，各排桩抵抗外部水平推力有后置的趋势，后排桩抵抗外部水平推力贡献较大；

（3）对于特定场地和由竖向荷载决定的特定桩数对应的承台尺寸条件下，桩基可选择长度合理的桩长。

各排桩的平均土反力（单位：kN）　　　　　　表 17.4-5

排号	桩长/m						
	6	9	12	15	18	21	24
第1排	467.48	734.27	754.53	704.32	687.44	746.70	566.04
第2排	189.50	242.62	333.81	321.68	303.17	314.83	183.63
第3排	131.10	181.25	237.38	342.06	412.96	402.97	120.52
第4排	79.08	234.91	286.49	340.68	300.99	326.06	216.21
第5排	63.04	215.25	233.01	277.78	192.15	300.71	374.79
第6排	35.44	154.31	167.35	177.95	329.10	319.77	551.78
第7排	224.78	372.31	375.10	396.39	592.39	601.96	649.55
第8排	105.27	120.20	212.75	291.25	182.68	175.76	207.28

虽然不同桩长的各排桩受土反力特点有所不同，但也有一个共同特点，对于特定场地和特定桩数量的大尺寸承台，其中第 1 排桩和第 7 排桩受土反力抵抗外部水平推力最为明显。

为进一步研究土反力对应荷载随深度变化的规律，选择土反力最大的第 1 排桩作为研究对象。各桩长的第 1 排桩典型单桩沿深度变化的剪力曲线图如图 17.4-16 所示。桩身受土反力对应线荷载（以下简称"土压力"）为桩身剪力值对深度求导，即土压力为剪力曲线的斜率。当剪力曲线斜率为零时，土压力为零；剪力曲线斜率越大，土压力越大；剪力曲线斜率越小，土压力越小；当剪力曲线倾斜方向改变时，土压力方向改变。土压力方向同土反力方向，当剪力曲线斜率为正，即土压力方向与外部推力方向相反时，类似于被动土压力，简称为被动土压力，当剪力曲线斜率为负，即土压力方向与外部推力方向相同时，类似于主动土压力，简称为主动土压力。

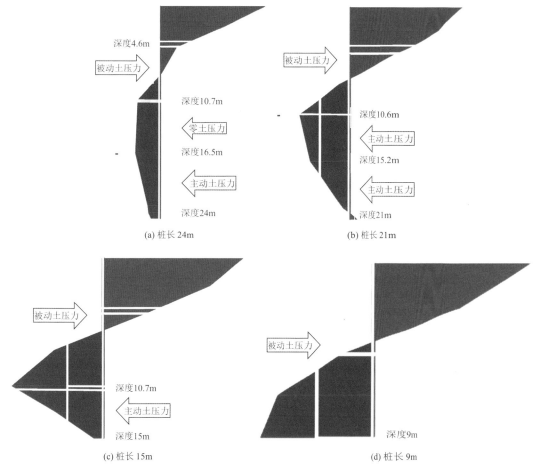

图 17.4-16　各桩长的第 1 排桩典型单桩沿深度变化的剪力曲线图

由图 17.4-16（a）可知，剪力曲线 10.7m 以上以 4.6m 为分界可划分为两段接近直线，4.6m 以上深度范围基桩受到较大的被动土压力；10.7～16.5m 深度范围剪力曲线斜率极小，接近平行于基桩轴线方向，该段基桩受到土压力接近为零；16.5m 至桩底 24m 深度范围，剪力曲线斜率为负，桩身受到主动土压力。

由图 17.4-16（b）可知，10.6m 以上深度范围基桩受被动土压力，该范围剪力曲线斜率大，被动土压力大；10.6～15.2m 深度范围剪力曲线斜率为负且绝对值较小，主动土压力较小，15.2m 至桩底 21m 深度范围剪力曲线斜率为负，基桩受主动土压力较大。

由图 17.4-16（c）可知，10.7m 以上深度范围基桩受被动土压力，10.7m 以上深度范围剪力曲线斜率大，被动土压力大，10.7m 至桩底 15m 深度范围剪力曲线斜率为负，基桩受主动土压力且绝对值较大。

由图 17.4-16（d）可知，9m 桩长的基桩全段剪力曲线斜率为正，基桩受被动土压力。

由此可见，用于抵抗外部水平推力的基桩并非越长越好，总体来说，上部基桩受到被动土压力，下部基桩受到主动土压力，不同桩长有一个界分被动与主动土压力的临界点，基桩临界点以下深度范围对抵抗外部水平推力贡献不大，应选择合理的桩长；当桩逐渐加长时，基桩受主动土压力的范围逐渐增大（9m 基桩不存在主动土压力，24m 基桩受主动土压力范围最大）；当桩逐渐加长时，下部基桩范围受到的主动土压力绝对值逐渐减小（15m 基桩主动土压力绝对值大于 24m 基桩的主动土压力）。

在水平推力作用下，群桩基础中桩土共同体在本项目地质条件下，桩间距是桩边长的 2.5 倍时，各桩受土作用力最均匀，当桩间距是桩边长的 6 倍时，各桩受土作用力呈现较大的不均匀性。不同桩间距的群桩基础第一排桩受到最大土反力，土体对桩体的作用为"被动土压力"，最后一排桩承担最小的土反力，当桩间距是桩径的 6 倍时，土体对桩体的作用为"主动土压力"。

桩体在不同深度范围受到土压力不同，在上部深度范围土体对桩体的作用为"被动土压力"，在下部深度范围土体对桩体为"主动土压力"，在本项目场地及本次统计的桩长范围，上部的 8.5 倍桩径深度范围桩体受到较大的被动土压力，过长的桩长其下部深度范围并不能充分发挥土体抵抗外部推力的作用。

因此，对于本工程的场地条件，选取桩间距为桩边长的 2.5 倍较为合理，选取桩长约为桩边长的 8.5 倍较为合理，按工字形布置群桩基础，能有效发挥土体的被动土压力抵抗水平推力。

由以上结果可知，本场地深度 10m 以上桩身均受到被动土压力，因此选择群桩桩长为 10m 作为下一步研究抗推挡墙的定参数。

桩间距选择 2.5b，对于桩长为 10m 的群桩基础，为进一步研究抗推挡墙随深度变化的规律，采用三维岩土有限元软件建模，在第 1 排桩处建立厚度同桩直径的高度分别是 3m、6m 和 9m 的抗推挡墙，如图 17.4-17 所示。

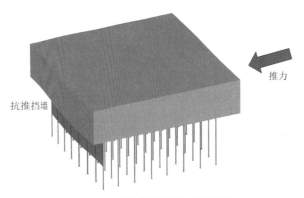

图 17.4-17　带抗推挡墙的排桩基础模型

当抗推挡墙位移小于相邻土体位移时，土对抗推挡墙产生主动土压力；当抗推挡墙位移大于相邻土体位移时，土对抗推挡墙产生被动土压力。以上土压力均可由单位宽度抗推挡墙的剪力对深度求导得到，即抗推挡墙单位宽度剪力曲线斜率大，则土压力大，当抗推挡墙单位宽度剪力曲线斜率为正时，土压力为被动土压力，当斜率为负时，土压力为主动土压力。3m、6m 和 9m 抗推挡墙在相同位置的典型单位宽度剪力图，如图 17.4-18 所示。

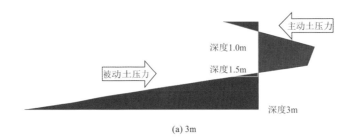

(a) 3m

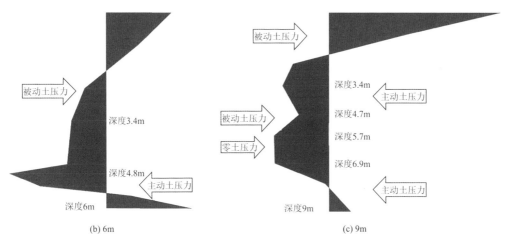

(b) 6m   (c) 9m

图 17.4-18　各尺寸的抗推挡墙单位宽度剪力图

在 1.0m 以上深度范围抗推挡墙受主动土压力；1.0～3.0m 深度范围抗推挡墙受被动土压力，该范围以 1.5m 为界，1.0～1.5m 深度范围的被动土压力较小，1.5m 至墙底 3.0m 深度范围的被动土压力较大。

在 4.8m 以上深度范围抗推挡墙受被动土压力，3.4m 深度以上被动土压力较大；3.4～4.8m 深度大部分范围土压力接近为零；4.8m 至墙底 6m 深度范围抗推挡墙受主动土压力，土压力较大。在 3.4m 以上深度范围抗推挡墙受被动土压力，土压力较大；3.4～6.9m 深度范围，交替出现主动土压力、被动土压力和零土压力，该范围土压力值均较小；6.9m 至墙底 9m 深度范围抗推挡墙受主动土压力，土压力较大。

由图 17.4-18 可知：

（1）用于抵抗外部水平推力的抗推挡墙有合理的深度，当抗推挡墙高度太小时，上部抗推挡墙受到主动土压力（3m 抗推挡墙的上部 1/3 深度范围受到主动土压力），上部抗推挡墙起不到有效抵抗外部水平推力的作用，当抗推挡墙高度太大，在临界值深度范围土压力较小，甚至为零土压力（如 9m 抗推挡墙 3.4～6.9m 深度范围）。

（2）除了高度较小的抗推挡墙外的一般高度抗推挡墙，上部深度范围受被动土压力，下部深度范围受主动土压力。经过试算，5m 高度的抗推挡墙对于本场地及特定群桩布置较为合理，绝大部分深度范围受到被动土压力，仅墙底极小部分深度范围受主动土压力，如图 17.4-19 所示。因此选择抗推挡墙深度为 5m 作为下一步研究不同布置形式的抗推挡墙在抵抗外部水平推力研究的定参数。

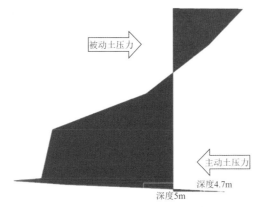

图 17.4-19　5m 抗推挡墙单位宽度的剪力图

群桩基础按桩间距 2.5b、桩长 10m 布置，抗推挡墙分别布置在最前排（如图 17.4-20 所示，以下简称模型一）、最后排（如图 17.4-21 所示，以下简称模型二）和外侧一排（如图 17.4-22 所示，以下简称模型三），对群桩及抗推挡墙顶部位移和抗推挡墙及其相邻桩的受力状况进行对比分析。

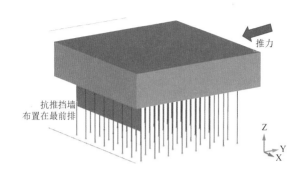

图 17.4-20　模型一

经典回眸　广东省建筑设计研究院有限公司篇

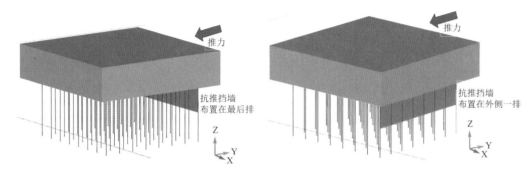

图 17.4-21　模型二　　　　　　　　　　　　　图 17.4-22　模型三

各排桩受到的土反力占群桩和抗推挡墙的总土反力的比例如表 17.4-6 所示，其中在设有抗推挡墙处，表中数据为该排桩与抗推挡墙受到的土反力之和占群桩和抗推挡墙的总土反力的比例。

各排桩受到的土作用力占比（单位：%）　　　　　　　　　　　　表 17.4-6

排号	模型一	模型二	模型三
最前排	20.4	49.6	22.3
最后排	8.4	−33.3	1.7
外侧一排	16.8	22.6	50.1

由表 17.4-6 可知，当抗推挡墙布置在最后排（模型二）时，由于抗推挡墙上主动土压力作用，将导致其他基桩受到更大的土压力，如第一排基桩受到更大的被动土压力（模型二第一排基桩受到的被动土压力约是模型一的 2.5 倍）；当抗推挡墙厚度方向垂直于外部推力方向，抗推挡墙布置在外侧一排基桩上（模型三）时，抗推挡墙严格意义可看作剪力墙，抗侧刚度大，能有效抵抗水平推力，但同时将承担绝大部分的水平推力，外侧一排基桩和剪力墙受到的土作用力约占全部基桩和剪力墙总土作用力的 50%，不利于均匀承担外部推力；当抗推挡墙布置在第一排时，各桩及抗推挡墙能充分发挥土作用力，均匀承担外部推力。

通过试算及优化布置群桩基础、合理布置抗推挡墙，如图 17.4-23 所示，有利于群桩整体均匀承担外部水平推力。

群桩基础在水平推力作用下各排桩受土反力不同，在合适的位置设置抗推挡墙能充分发挥土反力并令各排桩受力均匀。抗推挡墙设置在推力方向的群桩最前排基桩处，墙厚方向平行推力方向，既能充分发挥土体的被动土压力，土体对各桩的作用力也较均匀。抗推挡墙设置在推力方向的群桩最后一排基桩处，墙厚方向平行于推力方向，土体对群桩及抗推挡墙的作用不均匀性最大。土体对抗推挡墙和后排桩体产生较大的主动土压力，对前排桩产生更大的被动土压力。当"抗推挡墙"厚度方向垂直水平推力方向，此时挡墙可视为剪力墙，能有效控制群桩基础的侧向位移，但各桩受土作用也有较大的不均匀性。

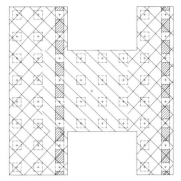

图 17.4-23 工字形带抗推挡墙的双向排桩基础

合理选取抗推挡墙高度能有效发挥土作用,高度过小的抗推挡墙(挡墙高度约为挡墙厚度的 3 倍)无法充分利用土体抵抗水平推力,抗推挡墙上部深度范围承受主动土压力,下部深度范围承受被动土压力。高度过大的抗推挡墙并不经济,抗推挡墙上部深度范围承受被动土压力,土体能充分抵抗水平推力,下部深度范围挡墙承受主动土压力。对于本项目的场地条件,土体可充分抵抗水平推力,工程量最经济的抗推挡墙高度约为墙厚的 4~5 倍。

17.5 结语

在结构设计过程中,主要完成了以下创新性工作:

(1)综合国内外文献,目前对合理设置结构构件,使多个钢拱结构形成一个在平面内、外均能较大程度上实现自平衡、自稳定的结构体系鲜有研究及应用。本工程通过概念设计,在两榀相互内倾的主拱之间设置次拱、腰桁架及水平桁架,使两主拱在平面内、外的稳定性以及主拱极限承载力均得到显著提高,且受力状态更加合理。

(2)由于主拱外形的不对称,其构件内力亦不对称,通过在主拱左右两侧采用不同截面的桁架杆件及在轴力较大的拱脚处设置钢管混凝土弦杆的措施可有效提高主拱的安全性和经济性。

(3)本工程采用卧拱方案能有效地使水平力“跨越”腰桁架,直接作用到作为支座的主拱上,避免了腰桁架在作为主拱的拉杆同时还要抵抗侧翼传来的较大的水平力,造成双向受力的不利情况,这是其他抗侧力方案所不具备的优越性。此外,卧拱杆件数量少,截面轻盈,自重较小,有效减轻了两翼平面上的竖向荷载,有利于结构安全,同时卧拱方案的节点数量少,结构形式简洁轻盈,降低了节点施工量,建筑使用阶段的观感也较良好。

(4)在桥梁工程领域,在拱下方设置吊杆承担桥面荷载的拱索桥体系已被广泛应用并取得了良好的结构安全性能和经济效益,本工程借鉴桥梁工程,将拱 + 吊杆方案运用至民用公共建筑中。通过研究表明,吊杆对减小腰桁架竖向位移,降低腰桁架杆件内力有显著作用,且吊杆采用较小的截面即可满足作为腰桁架的支座的要求。吊杆对改善腰桁架的内力变形效果显著,能有效地利用主拱的平面内刚度减小腰桁架的挠度,为腰桁架提供了杆件截面优化的空间。

(5)基于本工程提出一种工字形带抗推挡墙的双向排桩基础。研究表明,在水平推力作用下,前两排基桩受到的桩周土作用力最大,外侧基桩(不包含最后一排内部基桩)受到的桩周土作用力仅次于前两排基桩,且当桩中心间距与桩径比值较大时,各排基桩受到的桩周土体作用力出现较明显不均匀情况,第一排基桩受到极大的桩周土体作用力(约占总作用力的 90%),中间排基桩受到的桩周土体作用力出现振荡情况,中间排基桩对抵抗水平推力的贡献不大。在合适的位置设置抗推挡墙能充分发挥土反力并令各排桩受力均匀,抗推挡墙设置在推力方向的群桩最前排基桩处,墙厚方向平行推力方向时,既能充分发挥土体的被动土压力，也可使土体对各桩的作用力较均匀。

（6）针对大型拱结构拱脚存在巨大水平推力的问题，提出一种预应力拉梁联合工字形带抗推挡墙排桩基础，在粉土/细砂层作为持力层的地质条件下，进一步提高结构的安全性和经济性，可更有效地抵抗拱脚水平推力。

设计团队

广东省建筑设计研究院有限公司：

苏恒强、陈　星、黄　佳、方虎生、吴泉霖、何　军、叶苑青、陈志海、梁超群、欧阳秋、区铭恒、李雨盈

执笔人：苏恒强、黄　佳、何　军

获奖及专利信息

2021 年度广东省优秀工程勘察设计奖公共建筑设计一等奖

多拱联合受力结构体系的研发及应用获 2021 年度广东省工程勘察设计行业协会科学技术奖一等奖

第十四届第二批中国钢结构金奖

实用新型专利：多拱联合受力自平衡的大跨度拱形钢结构体系

实用新型专利：大跨度拱形场馆结构体系

实用新型专利：工字形带预应力拉杆及抗推挡墙的双向排桩基础

第18章

广州之窗

18.1 工程概况

18.1.1 建筑概况

中交集团南方总部基地位于广州市海珠区沥滘，北靠振兴大街，南临珠江后航道，与洛溪岛相望，与广州市新城市中轴线末端的新客运港相连，属于城市新中轴线规划的周边重点建设地段。基地分为 A、B、C 三个区，基地总平面图及效果图如图 18.1-1 所示。其中东端 A 区已建成投入使用，广东省建筑设计研究院有限公司负责 B、C 区设计工作，西端 C 区在建，中部 B 区为本章论述重点。基地整体造型取自"广州之窗"的寓意，代表广州是中国对外经商的窗户的设计理念；从南向北看为"广州 001"，寓意广州在国际交流中创造了无数第一；从北向南看为"广州 100 分"，寓意着广州在改革开放中交出满分答卷。项目整体于 2014 年 7 月获广州市政府批准命名为"广州之窗商务港"。

B 区总建筑面积约 19.5 万 m²，其中地上建筑面积 13.68 万 m²，地下 5.82 万 m²。由地下 3 层地下室，地上 2 栋塔楼组成。东、西塔均为 40 层，屋顶标高为 187.0m。塔楼在 2~4 层之间存在 3 层连体（下连体），在 34~40 层之间存在 7 层连体（上连体），连体主桁架部分跨度约 51m。首层为建筑大堂，2~4 层为会所、商业（餐饮），上部均为 SOHO 办公，项目建筑建成实景如图 18.1-2 所示。

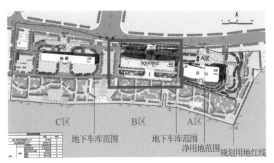 

图 18.1-1　基地总平面图及效果图

图 18.1-2　建成实景

18.1.2 设计条件

1. 主体控制参数

控制参数见表 18.1-1。

控制参数　　　　　　　　　　　　　　　　　　　　　　表 18.1-1

结构设计基准期	50 年	建筑抗震设防分类	重点设防类（乙类）
建筑结构安全等级	二级	抗震设防烈度	7 度

结构重要性系数	1.0	设计地震分组	第一组
地基基础设计等级	甲级	场地类别	Ⅱ类
建筑结构阻尼比	0.04/0.06		

2．结构抗震设计条件

主塔楼结构高度为 187m，采用现浇钢筋混凝土框架-多核心筒结构体系，核心筒剪力墙抗震等级为特一级，框架抗震等级为一级。地下室顶板采用梁板体系，板厚 180mm，无大开洞情况。地下一层与首层的侧向刚度比X向为 5.6、Y向为 2.7，地下室顶板可作为上部结构的嵌固部位。

3．风荷载

结构变形验算时，按 50 年一遇取基本风压为 0.50kN/m²，承载力验算时按基本风压的 1.1 倍，场地粗糙度类别为 B 类。本项目处于珠江边，高宽比、长宽比均较大，风荷载为控制荷载，横风效应明显。同时基地 A 区、C 区建筑物较高，距离较近，风荷载相互干扰的群体效应比较明显。因此，本项目委托了风洞试验单位进行高频测力天平试验及结构同步测压试验，风洞模型比例为 1：400，如图 18.1-3、图 18.1-4所示。设计中采用了规范风荷载和风洞试验结果进行位移和强度包络验算。

图 18.1-3　高频测力天平风洞试验

图 18.1-4　同步测压风洞试验

18.2 建筑特点

18.2.1 扁长形平面

为最大化地利用江景资源，建筑平面呈扁长形，南北向为主朝向。垂直交通及管井设置在中部，主要办公空间分布在南北两侧。

建筑平面尺寸 176m×25m，其中西塔 71m×25m，东塔 54m×25m，整体长宽比 7.0，高宽比 7.5。上部结构由两栋 187m 高的东、西塔楼组成，平面如图 18.2-1 所示。

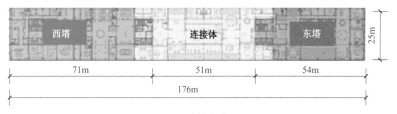

图 18.2-1　建筑典型平面图

18.2.2　上下双连体立面造型

立面采用现代风格地标性建筑设计手法，以广州"窗口"寓意为主题，打造珠江边标志性建筑，建筑体型设计利用垂直线条的构件与主要功能空间有机结合，打造出有遮阳功能的"相框"造型，令人印象深刻，使之成为高档办公产品的标杆。

南北立面利用上、下两个连体和主塔楼形成巨大的数字"0"，首层架空且两个端头的框架柱不落地，形成悬浮的整体效果。首层架空空间在呼应整体造型的同时也打通城市与珠江的景观视廊，最大地释放出珠江魅力，创造出别致高雅的室外活动场所。

18.3　体系与分析

18.3.1　连体结构方案比选

连体结构选型是本项目重点，综合考虑结构受力、建筑效果等，选用对建筑立面和使用功能影响最小的强连接方案作为本项目的连体连接方案。

根据建筑平面、使用功能和楼层数量、高度，上连体结构在强连接方式下，考虑了五种结构方案（图18.3-1），从建筑效果、结构特性和经济指标等方面进行了对比。

1．方案1（顶部桁架体系）

在连体的顶部布置2榀钢桁架作为主要的竖向承重受力构件，桁架高8m，向两边延伸至两个塔楼核心筒的顶部，并锚固其中。桁架的位置在屋顶，下部的连体结构吊挂在顶部桁架之下，其竖向荷载全部由吊柱向上传递至顶部桁架，再通过与其相连的两侧塔楼向基础传递。连体中的楼板负责传递水平力，采用一定厚度的组合楼板形式，以抵抗较大的楼板水平应力，并在楼板下方设置面内交叉支撑，增强楼板水平刚度，提高连体的整体刚度。

2．方案2（底部桁架体系）

方案2的结构形式与方案1类似，只是方案2的支承连体结构用的桁架布置在连体的下部，即上部的连体竖向荷载由布置在连体下方的桁架来承担，并通过与其相连的两侧塔楼向基础传递。对比方案1和方案2，方案2比方案1的整体性更好，因为在连体结构的下部增加了桁架结构之后，左右两侧塔楼之间的连接比方案1更加充分，桁架对整个塔楼的整体刚度贡献率要好，同时此方案有利于加强桁架上部柱子的柱脚约束。

3．方案3（顶底双桁架体系）

为了降低桁架的高度，组合了方案1和方案2的结构布置形式。在连体顶部和底部均设置桁架，顶、底桁架的受力较为均衡，与之相连的构件内力较小。

4．方案4（大斜撑体系）

采用大斜撑方案，在连体外围设置相互交叉的2组斜撑，与两个塔楼相连。在此方案中，利用斜撑在连体结构中形成一个类似拱形的大斜撑结构，把连体中的竖向荷载通过斜撑直接传到两侧塔楼的竖向构件中。

5．方案5（整体空腹桁架体系）

采用整体空腹荷载方案，利用连体的框架结构在空间上形成一个无斜腹杆的空间桁架结构，并与两个塔楼相连。在此方案中，为了建筑立面效果和室内使用功能，把普通桁架中具有的斜腹杆取消掉。

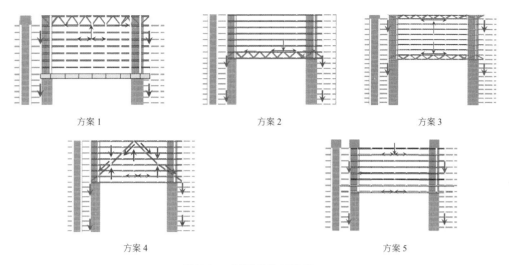

方案 1   方案 2   方案 3

方案 4   方案 5

图 18.3-1　上连体结构方案对比

6．结构方案对比

方案 1 和方案 5 对建筑使用具有较好的效果，但方案 5 存在结构效率较低、施工难度较大的问题；方案 2～4 对建筑外观或功能使用影响较大。五种结构方案的基本周期动力特性差异较小，说明五种方案具有基本相当的结构刚度。方案 1～3 的经济性均较好、施工难度也相对较低，其中方案 2 同时具有最优的经济性及施工难度。

根据结构方案对比结果，方案 2 为最优方案，但由于此方案的桁架需要突出连体底部，与建筑造型有冲突，因此最终无法选用；方案 3 也存在同样的问题。方案 4 和方案 5 经济性较差、施工难度也偏高，不予考虑。方案 1 在顶部利用屋面高度设置 2 榀桁架，虽然传力路径并非最优，但与建筑外形吻合度较高，而且不影响上连体的使用空间，因此选取方案 1 为最终方案。

18.3.2　结构布置

1．塔楼及连体结构布置

根据结构方案对比，最终确定本工程采用框架-多核心筒体系，西塔楼布置了三个核心筒，其中中间的核心筒只上到中区，东塔楼布置了两个核心筒。上、下部连接体采用钢桁架，与塔楼刚性连接。下连体采用近似拱结构的整体钢桁架结构体系、上连体采用顶部钢桁架＋钢结构悬挂下部楼层的结构体系。受建筑外立面造型，东、西两端最外排柱不能落地，采用斜柱转换。结构整体立面如图 18.3-2 所示，下连体立面图、上连体立面图如图 18.3-3、图 18.3-4 所示。

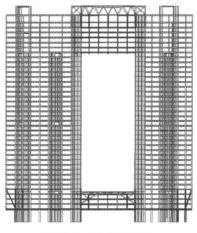

图 18.3-2　结构整体立面图

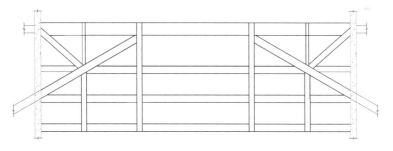

图 18.3-3　下连体立面图

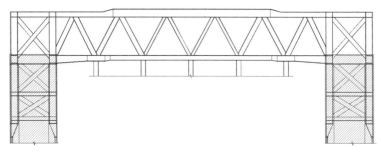

图 18.3-4　上连体立面图

各层平面图如图 18.3-5～图 18.3-7 所示。塔楼楼面采用现浇钢筋混凝土梁板体系，核心筒内及与连体相接的区域板厚 150mm、核心筒外板厚 110mm；连体区域楼面采用"钢梁＋组合楼板"，楼板厚度 150mm。为加强楼板面内刚度，在上连体每一个楼层内，均设置了如图 18.3-8 所示的水平支撑。

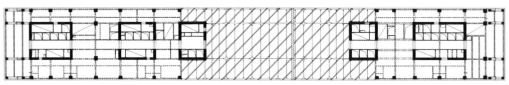

图 18.3-5　下连体楼层平面图

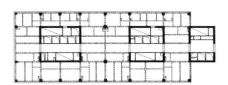

图 18.3-6　中间楼层平面图

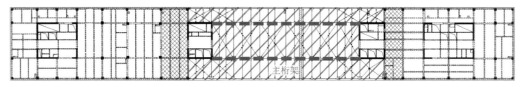

主桁架

图 18.3-7　上连体楼层平面图

水平支撑

图 18.3-8　水平支撑平面图

2．基础结构设计

基础底板埋深约16.600m，相当于绝对标高−8.150m（广州高程）。基础底板以下主要分布有②₅粉质黏土、③粉质黏土、④₂强风化泥质粉砂岩、④₃中风化粉砂质泥岩、④₄微风化粉砂质泥岩。微风化岩面距基坑底17～25m，岩石抗压强度较低，仅8～12MPa。

主塔楼采用桩筏基础，桩型为人工挖孔灌注桩，桩长约18m，桩径2～2.5m，扩大头直径2.8～4.7m。桩端持力层为微风化粉砂质泥岩，单桩承载力特征值为30000～70000kN。

基础筏板核心筒区板厚2500mm，塔楼其他区域筏板板厚1000mm、纯地下室区域筏板板厚700mm。纯地下室框架柱柱底设置柱墩提高基础底板抗冲切能力，并设抗浮锚杆。基础平面布置图如图18.3-9所示。

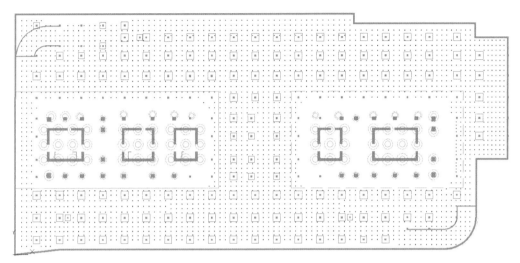

图 18.3-9　基础平面布置图

18.3.3　性能目标

1．抗震超限分析和采取的措施

主塔楼超限项如下：（1）塔楼结构超B级高度；（2）塔楼考虑偶然偏心的扭转位移比大于1.2；（3）塔楼整体平面长宽比大于6.0；（4）塔楼东西端存在斜柱转换（L2～L6），西塔斜柱区收进9m、东塔斜柱区收进6m；（5）东、西两个塔楼在底部及顶部均存在大跨度连接体。

针对超限问题，设计中采取了如下应对措施：

（1）下连体及以下的楼层、与上连体相接的两个核心筒，核心筒转角设置型钢，节点楼层的楼层标高处设置型钢梁，构成核心筒内的型钢混凝土框架，提高核心筒的抗震承载力和结构延性。

（2）上下连体及其相连一跨采用弹性板进行结构分析，并进行温度作用分析，对连体及塔楼连接部位的楼板进行了加强，楼板厚度采用150mm。为加强楼板面内刚度，在上连体每一个楼层内，均设置了水平交叉撑。

（3）上下连体钢结构主要受力构件，按照中震弹性设计，并考虑竖向地震作用。

（4）西塔斜柱转换区收进9m，考虑局部斜柱失效，进行了抗连续倒塌分析，在5层设置后安装的拉杆作为二道防线。

（5）对有斜柱的楼层以及与连体相连接的楼层，采用加强的设计以确保结构设计的安全性。

（6）对连体区域大跨度楼板进行舒适度分析。

（7）对本项目特殊和典型的节点进行针对性的设计和有限元细部分析，检查应力分布情况，确保其承载力以及对结构的影响在安全合理的范围。

（8）进行了弹性时程分析和弹塑性时程分析，确保大震作用下结构的抗震性能。

2. 抗震性能目标

根据抗震性能化设计方法，确定了主要构件抗震性能目标，如表 18.3-1 所示。

主要构件抗震性能目标   表 18.3-1

地震水准		多遇地震	设防烈度地震	罕遇地震
预期结构震后性能状况（结构抗震性能目标为 C）		1	3	4
允许层间位移角		1/586	1/300	1/100
关键构件	下连体	满足弹性设计对承载力、变形的要求	正截面弹性抗剪弹性	正截面不屈服抗剪不屈服
	上连体主桁架			
	连体高度及上下各一层范围，与桁架相连的核心筒			
	东、西山墙底部斜柱转换相关范围			
普通竖向构件	除关键构件外的其他竖向构件		正截面不屈服抗剪弹性	部分进入屈服阶段，限制受剪截面，防止出现脆性受剪破坏
耗能构件	连梁、框架梁		抗剪不屈服	大部分进入屈服阶段

18.3.4 结构分析

1. 小震弹性计算分析

采用 ETABS 和 SATWE 分别计算，振型数取为 30 个，周期折减系数为 0.8。计算结果见表 18.3-2～表 18.3-5。两种软件计算的结构总质量、振动模态、周期、基底剪力、倾覆弯矩、层间位移角等均基本一致，可以判断模型的分析结果准确、可信。塔楼连体后，结构的长宽比显著上升，相比未连接的塔楼单体，结构整体的扭转周期上升为第二周期，结构第一扭转周期与第一平动周期比值为 0.781，结构前三阶振型图如图 18.3-10 所示。

总质量与周期计算结果   表 18.3-2

周期		ETABS	SATWE	SATWE/ETABS	说明
总质量/t		256020	255624	99%	
周期/s	T_1	4.826	4.837	100%	Y 平动
	T_2	3.771	4.077	108%	扭转
	T_3	3.738	3.664	98%	X 平动
	T_4	1.148	1.175	102%	第二阶 Y 平动
	T_5	1.048	1.135	108%	第二阶扭转
	T_6	0.961	0.937	98%	第二阶 X 平动

基底剪力计算结果   表 18.3-3

荷载工况	ETABS（kN）	SATWE（kN）	SATWE/ETABS	说明
SX	37373	36239	97%	X 向地震
SY	34332	31967	93%	Y 向地震
Wind X	9593	9373	98%	X 向风荷载
Wind Y	50148	48363	96%	Y 向风荷载

倾覆弯矩计算结果   表 18.3-4

荷载工况	ETABS（kN·m）	SATWE（kN·m）	SATWE/ETABS	说明
SX	3859	3753	97%	X向地震
SY	3440	3333	97%	Y向地震
Wind X	1035	1010	97%	X向风荷载
Wind Y	5569	5383	96%	Y向风荷载

层间位移角计算结果   表 18.3-5

荷载工况	ETABS	SATWE	SATWE/ETABS	说明
SX	1/1552	1/1501	103%	X向地震
SY	1/915	1/894	102%	Y向地震
Wind X	1/5780	1/6444	90%	X向风荷载
Wind Y	1/592	1/631	94%	Y向风荷载

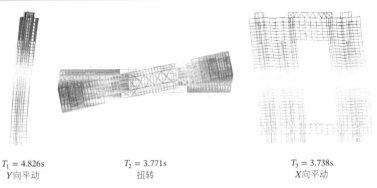

$T_1 = 4.826s$　　　　　$T_2 = 3.771s$　　　　　$T_3 = 3.738s$
Y向平动　　　　　　　　扭转　　　　　　　　X向平动

图 18.3-10　前三阶振型图

2. 小震弹性时程分析

采用 MIDAS/Building 非线性有限元分析程序对塔楼进行弹性时程分析，以了解结构在地震全过程下的反应，包括楼层剪力和楼层倾覆力矩。时程分析采用安评单位提供的属于 II 类场地，设计地震分组第一组的 7 条地震波，其中天然波 5 条，人工波 2 条，满足规范要求。7 条地震波的有效持续时间均大于结构基本自振周期的 5 倍，地震波的时间间隔为 0.02s。

时程分析剪力和倾覆力矩沿楼层分布的曲线如图 18.3-11 和图 18.3-12 所示。时程分析与反应谱计算结果具有一致性和规律性，时程分析的楼层剪力和倾覆弯矩在X向和Y向均比反应谱分析得到的结果小。

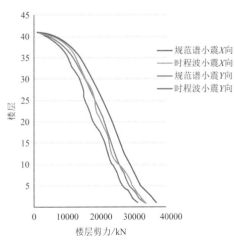

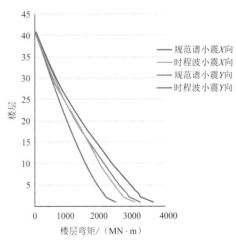

图 18.3-11　反应谱与时程波平均值楼层剪力　　　图 18.3-12　反应谱与时程波平均值楼层弯矩

3. 大震动力弹塑性时程分析

采用 MIDAS Building 非线性有限元分析程序对塔楼进行动力弹塑性时程分析，考察其是否能够满足结构抗震性能目标。

（1）罕遇地震分析参数

地震波的输入方向，依次选取结构X或Y方向作为主方向，另两方向为次方向，分别输入三组地震波的两个分量记录进行计算。结构初始阻尼比取 4%，每个工况地震波峰值按水平主方向：水平次方向：竖向 = 1∶0.85∶0.65 进行调整。大震作用下时程波与反应谱对比如图 18.3-13 所示。

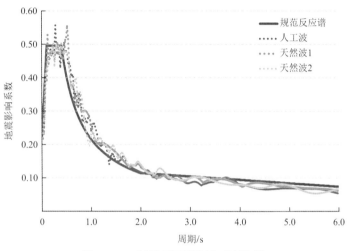

图 18.3-13　大震作用下时程波与反应谱对比

（2）基底剪力

将结构在大震时程作用下与在小震反应谱作用下的底部剪力进行比较，最大比值为5.23，如表 18.3-6 所示。

结构底部剪力对比　　　　　　　　　　　　　　　　　　表 18.3-6

工况	X向最大底部剪力/kN			Y向最大底部剪力/kN		
	大震	小震	比值	大震	小震	比值
天然波 1	153500		4.20	109000		3.23
天然波 2	185600	36754	5.07	176800	33797	5.23
人工波 1	176700		4.83	122400		3.62

（3）最大层间位移角

在三条地震波的作用下，结构最大层间位移角的数值及所对应的层号如表 18.3-7 所示。最大层间位移角均小于 1/100 的规范值，满足规范的要求。

最大层间位移角　　　　　　　　　　　　　　　　　　表 18.3-7

	方向	最大层间位移角	出现的楼层
天然波 1	X	1/360	25
	Y	1/181	35
天然波 2	X	1/373	23
	Y	1/154	35
人工波 1	X	1/295	28
	Y	1/178	35

（4）罕遇地震作用下构件性能评价

为了评估结构在罕遇地震中的破坏情况，以人工波为例，评估结构构件的性能。

从图 18.3-14 和图 18.3-15 所示塑性铰分布来看，塔楼框架梁和连梁塑性铰开展得比较充分，沿高度分布较均匀，起到耗能减震作用。

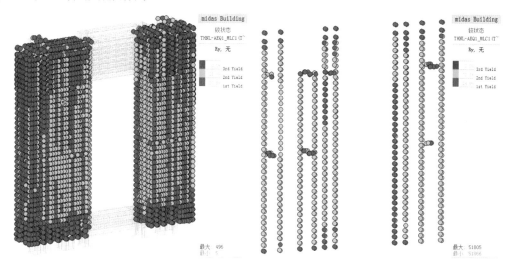

图 18.3-14　塔楼框架塑性屈服情况（$T = 40s$）　　　图 18.3-15　塔楼连梁塑性屈服情况（$T = 40s$）

从框架柱的损伤情况来看，框架柱的屈服状态保持在屈服等级的第一阶段，可以认为框架柱没有进入塑性。从墙的损伤情况来看，墙体混凝土受压基本保持在应变等级的第一阶段，钢筋的拉应变保持在应变等级的第一阶段，可以认为墙体没有进入塑性。符合"强柱弱梁"的设计概念。

在罕遇地震作用下，连体、连体与墙体的连接部位及斜柱区的框架和墙体构件中有部分框架梁进入塑性，框架柱和墙体基本处于弹性阶段，满足前面设定的抗震性能指标，如图 18.3-16、图 18.3-17 所示。

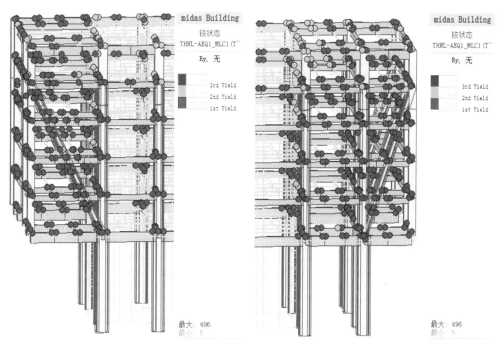

图 18.3-16　西塔斜柱区框架塑性屈服情况（$T = 40s$）　　　图 18.3-17　东塔斜柱区框架塑性屈服情况（$T = 40s$）

（5）结论

在罕遇地震作用下，结构整体及构件的抗震性能满足预期的性能目标，结构能够满足"大震不倒"的要求。

18.4 专项设计

18.4.1 连体专项设计

针对连体大跨、高位等特点，进行了如下专项设计：楼板应力分析、连接节点有限元分析、大跨度楼板舒适性分析、连体结构分析设计（包括连体结构与单塔楼特征对比、连接体振动特性分析）、施工模拟分析等。

1. 连体楼板应力分析

为考察连体楼板在硬化收缩、温差、竖向荷载、水平荷载等作用下楼板应力状态，对楼板应力进行多工况专项分析。根据项目特点，本节重点介绍竖向荷载作用下楼板应力分析。计算桁架构件时，偏安全地弱化了楼板的刚度影响。但由于楼板存在一定的刚度，因此各层楼板也会跟随桁架一并变形，在一定程度上参与了桁架的整体受力。

（1）下连体楼板应力分析

从图 18.4-1 可知，在竖向荷载作用下，斜撑与桁架形成拱效应明显大于空腹桁架效应，在斜撑与楼板交接处有较大的集中力作用。

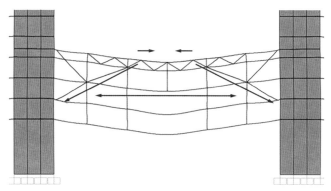

图 18.4-1　下连体在竖向荷载（SDL + LL）下的变形图

5 层楼板，在斜撑之间区域，由于受到拱效应作用，出现拉压力对（黑色圈部分），如图 18.4-2 所示。局部最大轴向压力约为 5MPa，中部平均轴向压力约为 2.11MPa，与混凝土强度标准值比约为 13%；在斜撑影响区域，局部拉力达到 3MPa，该区域平均拉力约为 1.8MPa。除了斜撑影响区域，斜撑与核心筒之间区域，楼板轴心力处于 −0.85~0.85MPa 之间。3 层及 4 层楼板处于拱架下拉区，中部楼板最大拉力约为 1MPa，斜撑节点附近同样出现拉压力对（黑色圈部分），如图 18.4-3 所示。局部楼板拉力达到 2.2MPa，平均拉力只有 1.03MPa，均不大于混凝土开裂抗拉强度。2 层楼板中部平均轴拉力约为 0.77MPa，小于混凝土开裂抗拉强度标准值 2.2MPa。

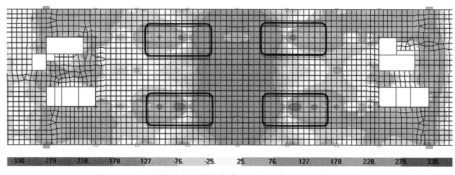

图 18.4-2　5 层楼板在竖向荷载（SDL + LL）作用下X向内力图

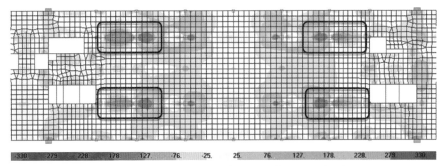

图 18.4-3　4 层楼板在竖向荷载（SDL + LL）作用下X向内力图

（2）上连体楼板应力分析

从图 18.4-4 可知，在竖向荷载作用下，下部框架通过吊柱向上传递荷载，最后由顶部桁架传递到两侧核心筒。荷载基本由主桁架承受，下部空腹桁架参与整体受力较少。

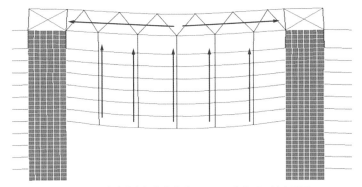

图 18.4-4　上连体在竖向荷载（SDL + LL）作用下的变形图

在竖向荷载作用下，主桁架作用明显。主桁架上弦杆受压（42 层），压应力约为 7.2MPa，占混凝土设计强度 43%。主桁架下弦杆受拉（41 层），拉应力局部区域最大拉应力约为 3.75MPa，平均拉应力约为 1.98MPa。如图 18.4-5、图 18.4-6 所示。

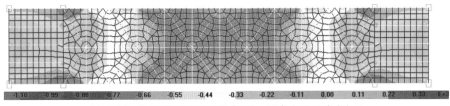

图 18.4-5　42 层楼板在竖向荷载（SDL + LL）作用下X向内力图

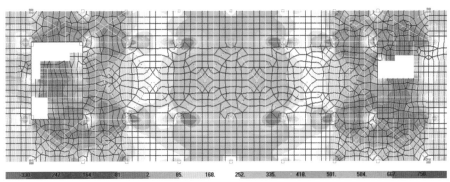

图 18.4-6　41 层楼板在竖向荷载（SDL + LL）作用下X向内力图

34～40 层楼板，除在核心筒附近楼板应力超过 2.2MPa，需要额外加强配筋外，中部区域从 40 层 0.71MPa 逐渐减少到 34 层 0.39MPa，端部区域从 40 层 1.07MPa 逐渐减少到 34 层 0.93MPa，均小于混凝土标准开裂强度。

（3）连接体楼板小结

从上述分析可知连接体楼板在竖向荷载及水平作用下均参与整体受力，局部应力较大，需根据各工况应力对关键部位加强配筋。

2．连体与主体结构相连节点有限元分析

上连体主要传力构件为两榀转换桁架，桁架高 7.8m，跨度 51m。与核心筒连接处需传递巨大的弯矩和剪力，选择南侧桁架西面节点作为研究对象，进行节点有限元分析。

采用 Rhino 建立几何模型，并用 hypermesh 进行网格划分，建立有限元模型。位移边界条件采用嵌固端底部固结。力边界条件取不同工况下构件的弯矩、剪力和轴力加在模型中伸出的杆端。

受拉区混凝土在大震作用下受到往复荷载导致刚度及承载力出现退化，但节点受压区不会出现拉力，因此偏安全考虑大震工况下取消受拉区混凝土但保留受压区混凝土进行有限元分析。分析模型如图 18.4-7 所示。图 18.4-8 为混凝土主压应力分布云图，除局部应力集中位置外节点区混凝土没有超过 C60 的强度标准值。

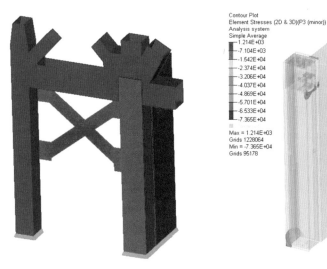

图 18.4-7　大震工况下节点分析模型　　　图 18.4-8　X向大震作用下混凝土主压应力
分布云图（kPa）（应力>38.5MPa）

图 18.4-9 和图 18.4-10 为型钢的 von Mises 应力分布云图，以及内部加劲肋应力分布。与东端节点相连的钢柱和桁架下弦杆区域局部应力水平大于 250MPa，由局部的应力集中造成，西端型钢的应力最大值约为 200MPa，小于材料强度标准值 315MPa。

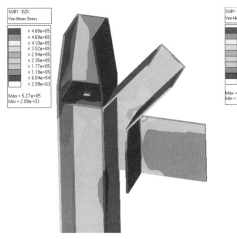 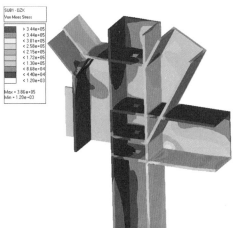

图 18.4-9　X向大震作用下型钢 von Mises 应力　　　图 18.4-10　X向大震作用下型钢 von Mises 应力

经典回眸　广东省建筑设计研究院有限公司篇

上、下连体的节点分析分别考虑了设计控制工况、大震工况和杆件失稳荷载工况。节点分析结果表明，在各自的设计控制工况下，节点区能满足既定的性能目标，基本保持在弹性范围内，对于可能开裂的区域通过配筋控制裂缝宽度；大震工况下，混凝土仅仅局部应力集中位置超过混凝土抗压强度标准值，型钢基本保持弹性，能够保证大震作用下不屈服的性能目标，钢结构部分应力集中可通过设置倒角等措施消除；杆件失稳荷载工况下，节点也能满足"强节点"的设计思想。

3. 大跨度楼板舒适度分析

本文选取下连体分析，主桁架最大跨度 51m，两侧边框架跨度 69m，主要结构梁高 600～1200mm，连体第一周期为悬挑部分竖向振动为主，周期 0.449s，即频率为 2.23Hz，结构刚度比较小，在人步行频率范围（1.5～2.8Hz）之内，需要对其进行人行荷载作用下连体竖向舒适度检验。进行弹性时程分析时，分析时间步长为 0.01，分析步数为 2000，计算采用振型阻尼，阻尼比为 0.02。人行荷载采用国际桥梁及结构工程协会（IABSE）推荐的连续行走荷载函数。计算加速度峰值为 0.054m/s²（图 18.4-11），小于规范限值 0.15m/s²，满足要求。

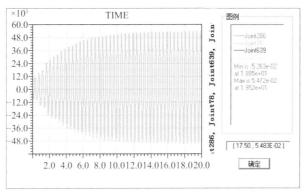

图 18.4-11 下连体加速度时程分析结果

4. 上连体施工模拟

上连体的底标高 151.05m，顶标高 194.80m，总高接近 44m，总重达 3800t，且下部没有支承，采用高空拼装难度很大。经与各参建单位多次洽商，采用施工方案 B，即施工时先不安装下连体，在地面采用顺装的方式逐层往上拼装上连体，待塔楼封顶后整体提升上连体，上连体施工完成后再对下连体进行安装。采用此方法施工，可以最大限度地降低高空作业的难度，但由于下连体要等上连体施工完成后才能开始施工，将会延长项目总工期。且由于提升重量很大，对施工单位的提升能力要求较高。

图 18.4-12 是方案 B 的施工顺序示意图。为表达清晰，仅表示了与连接体连接的核心筒，吊柱的临时支撑未表示。图中蓝色表示每一阶段的新建部分。

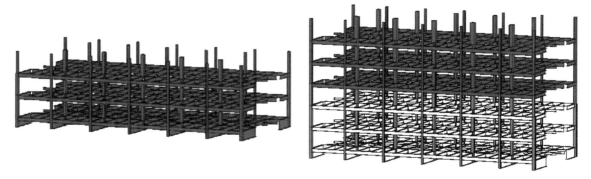

Step1 在地面拼装上连体   Step2 逐层往上拼装

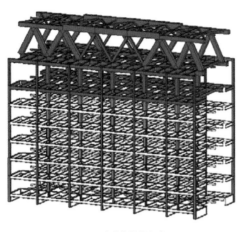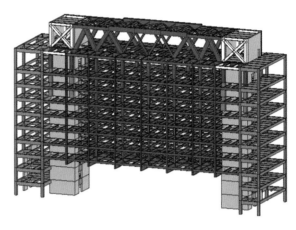

Step3 上连体拼装完成　　　　　　　　　　Step4 整体提升上连体

图 18.4-12　上连体施工方案 B 施工顺序示意图

　　基于上述施工假定条件进行了施工模拟分析。由于本方案上连体安装方式为顺装,主桁架下面的各层吊柱将在拼装过程中承受压力,需考察施工拼装过程中吊柱受力是否超出承载力范围;另外,由于整体提升过程中桁架两端为铰接且提升重量大,桁架中部弯矩将会有很明显的增大,需要重点分析其对上连体整体刚度和结构安全的影响。经分析,各个步骤结构应力及变形满足要求。

　　2020 年 6 月 16 日,上连体开始整体提升,提升重量为 2850t,提升高度为 151m,为当时国内提升重量最大、提升高度最大的连廊。共设置四个提升吊点,每个提升点布置四个同型号(YS-SJ-405)提升器,钢绞线安全系数为 2.6~2.9 倍。提升点竖向同步偏差控制在 20mm,合龙对接精度为东西向缝宽不大于 30mm、南北向错台不大于 5mm。提升历时约 16h,过程顺利(图 18.4-13)。

图 18.4-13　上连体整体提升施工实景

18.4.2　斜柱转换专项设计

1. 斜柱转换区设计概况

　　受建筑外立面造型限制,东、西两端最外排柱(每端各有四根柱)不能落地,均采用斜柱方式进行转换。斜柱布置在 2~5 层,斜柱及 5、6 层相关部位的楼层梁采用型钢混凝土梁。为较为准确得到型钢梁的内力,斜柱相关部位的楼板采用弹性楼板假定,其中 5、6 层楼板相关范围板厚为 150mm。斜柱及型钢混凝土梁的布置如图 18.4-14 和图 18.4-15 所示。其中西端斜柱夹角较大,为 1:2,东塔斜柱夹角 1:3。

　　东端由于上部楼层的收进距离只有 6m,考虑了在某一斜柱失效后东端最外一跨每层梁可通过增加支座钢筋来保证承载力承担东端最外一跨内的荷载。但西端悬挑距离较大,为确保西端斜柱失效时结构的安全,考虑了抗连续倒塌的设计要求,在西端 5 层设置两道拉杆,位置如图 18.4-14 所示,拉杆在整体结构施工完成后再安装。

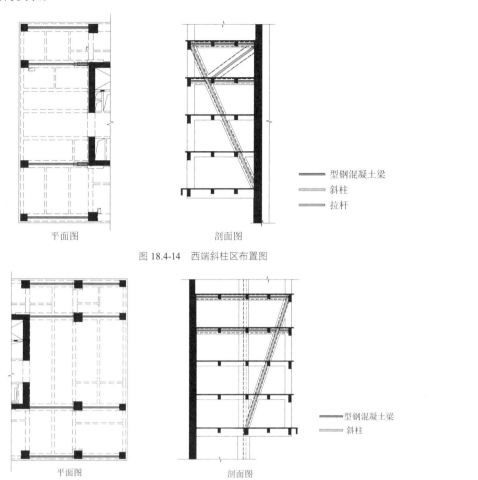

平面图   剖面图

图 18.4-14   西端斜柱区布置图

型钢混凝土梁
斜柱
拉杆

平面图   剖面图

图 18.4-15   东端斜柱区布置图

型钢混凝土梁
斜柱

2．斜柱转换区楼板应力分析

在 5 层、6 层，与斜柱相连的水平型钢梁（图 18.4-14 和图 18.4-15 中红色水平线）会受到较大的水平拉力，且伴随着角度越大，拉力也越大。相关区域的楼板也会出现比较大的拉应力，图 18.4-16 为西端 5、6 层在竖向荷载作用（恒荷载 + 活荷载）下楼板应力分析结果，5、6 层楼板厚度 150mm，其余为 110mm。从结果分析，由于 6 层楼板平面内存在较大拉应力约为 4.9MPa，需要在相关范围增设 1.5% 的楼板受拉钢筋。5 层约为 2.3MPa，需要在相关范围增设 0.9% 的楼板受拉钢筋；而 4 层约为 1.86MPa，小于混凝土受拉应力标准值。

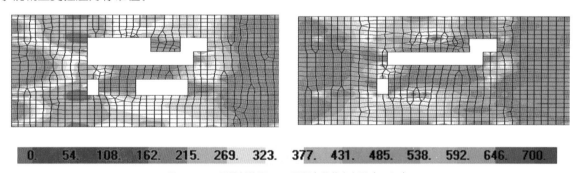

0   54.   108.   162.   215.   269.   323.   377.   431.   485.   538.   592.   646.   700.

图 18.4-16   西端斜柱区 5、6 层竖向荷载内力图（kN/m）

3．斜柱区抗连续倒塌分析

采用拆除构件法评价结构抗连续倒塌的能力，设计过程不依赖于意外荷载，适用于任何意外事件下的结构破坏分析。选用弹性静力方法评估结构的整体表现，研究重要构件突然失效时，结构冗余度是否足够，其他的传力途径是否能实现，结构是否会逐步倒塌，并采取加强或改进设计措施。

拆除 1 根斜柱，采用弹性静力方法分析剩余结构的内力与变形。以西塔斜柱转换区为例，斜柱区抗连续倒塌分析选择受力最大的南侧核心筒对应位置（AB 轴）斜柱抽柱，按照施工阶段性分析的方式，模拟塔楼主体施工完毕到安装斜向拉杆，到最后斜柱失效的一个过程。分析采用通用有限元分析软件 MIDAS Gen V.8.0 进行计算，分析模型及具体分析过程如图 18.4-17 所示。

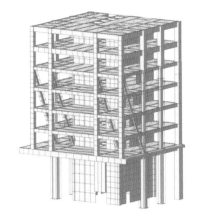 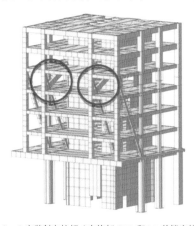 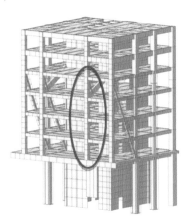

Step1 西塔楼施工完成荷载状态: DL　　Step2 安装斜向拉杆（在施加 SDL 和 LL 前锁定拉杆）荷载状态: DL + SDL + 0.5LL　　Step3 AB 轴斜柱失效荷载状态: DL + SDL + 0.5LL

图 18.4-17　西塔抗连续倒塌分析步骤

注：DL = 自重；SDL = 附加恒荷载；LL = 活荷载。

西塔楼斜柱失效前后传力路径的分析结果如图 18.4-18～图 18.4-20 所示。

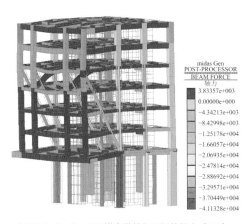 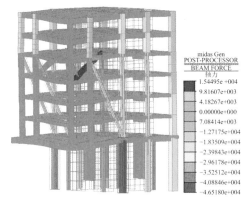

图 18.4-18　Step2 西塔安装拉杆后梁柱轴力（kN）　　　图 18.4-19　Step3 西塔斜柱失效后梁柱轴力（kN）

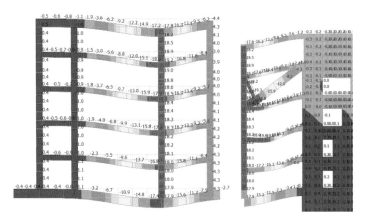

图 18.4-20　Step3 西塔斜柱失效后 A1 轴梁柱竖向变形增量（mm）

在西塔主体施工完成，尚未施加附加恒荷载和活荷载的情况下（Step1），斜柱区的受力体系是以 4 根斜柱受压为主，用来承担 2～5 层及其上部楼层悬挑部分的自重；位于 5、6 层核心筒和斜柱之间的梁以受拉为主，下部楼层此位置的梁以受压为主。当安装拉杆，并施加附加恒荷载和活荷载后，受力体系基本与 Step1 相同，但由于拉杆承担一部分拉力，使与之相连的 5 层柱明显转向受压，同时，位于 5 层的梁也逐渐形成受压的趋势。

当斜柱 2 失效，与之相连的拉杆拉力迅速增大，且其他 3 根斜柱的压力也不同程度地增大，尤其是与斜柱 2 距离最近的斜柱 1 压力增大最明显。由于斜柱的失效，该处竖直向下的位移将近 20mm，导致 2～6 层斜柱周边的梁弯矩明显增大。从斜柱失效后的竖向变形增量图可以看出，原本由斜柱 2 承担的重力荷载迅速向周围的拉杆以及梁柱扩散，形成一条新的传力路径，实现内力重分配。针对 AB 轴与拉杆相连的墙，斜柱失效后，其最大剪力出现在 5 层，在 DL + 0.5LL 组合下最大剪力 12273kN，按照抗连续倒塌要求，混凝土材料采用标准值进行剪力墙受剪承载力验算，得出此墙肢受剪承载力 74100kN，剪力满足规范要求。其他构件承载力基本满足要求，只有与斜柱 2 直接相连的梁出现局部承载力不足的问题。经核查，在梁端部加大局部配筋，可以解决此问题。

分析结果表明，结构不会因为某些重要杆件的失效引起连锁反应而倒塌，结构整体具有较高的抗连续倒塌能力。

18.5 健康监测

针对项目的特殊性，对环境条件、结构状态进行运营期健康监测，包括风速风压、温湿度、加速度、应力、竖向位移、倾斜度、钢结构腐蚀度等。所有传感器和采集仪组网后实现自动化监测并实现预警。

投入使用至今，钢连体、斜柱托换区应力、变形等数据波动很小，结构处于稳定安全状态。2023 年 2 月 5 日 11:38 佛山三水发生 3.2 级地震，加速度监测数据有变化，但幅度不大，如图 18.5-1 所示。

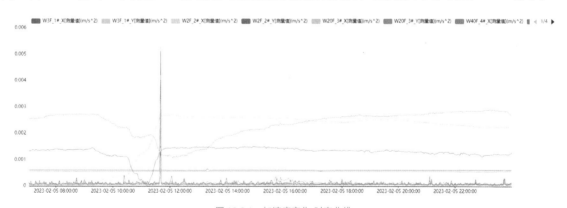

图 18.5-1　加速度变化-时态曲线

18.6 结语

中交集团南方总部基地是广州新中轴线南端的地标性建筑，以广州"窗口"为寓意，打造珠江边标志性建筑。采用现浇钢筋混凝土框架-多核心筒结构体系，下连体采用钢拱桁架，上连体采用钢桁架悬挂框架。结构性能优良，完美实现建筑功能及造型效果。结构设计主要有以下亮点：

1. 塔楼底部斜柱转换

为满足建筑外立面造型要求，西塔西端、东塔东端最外排柱不能落地，底部分别收进 9m、6m。结构设计在 2~5 层采用跨层斜柱转换的形式，较为高效地实现了建筑造型要求。设计过程重点关注斜柱引起的楼板应力，并采用拆除构件法进行抗连续倒塌分析，根据分析结果在西塔 5 层设置后安装的拉杆作为二道防线，确保结构安全。

2. 下连体拱桁架

下连体的设计充分利用底部筒体抗侧刚度大的条件，在东、西两个塔楼的核心筒之间设置了两榀类似拱与空腹桁架结合的主受力结构。充分利用拱结构以轴力为主的高效传力特点，既能很好地满足结构受力及变形要求，又最大限度地减少斜杆数量，从而较好地满足建筑功能需求。妥善地解决了结构大跨度和建筑空间的矛盾，做到了结构成就建筑之美。

3. 上连体高位桁架悬挂设计

上连体在东、西两个塔楼的顶部 7 层设置连接体，连体桁架设置在顶层，再通过桁架底部的吊柱，悬吊下部 7 层结构。主桁架设置在顶层，与建筑外形吻合度较高，且不影响建筑内部功能，连体各楼层南、北两侧具有良好的景观效果。由于桁架直接放置于筒体顶部，连接简单、安全可靠。该结构形式也为上连体高效、安全的施工创造条件。

对于复杂高层连体结构，需结合建筑造型、功能布置、结构受力特性等因素，多方案比选，确定合适的连体结构体系、连接形式。本项目通过对塔楼连体前后的整体特性、地震作用下效应的分析，较好地了解连体结构的受力特点，提出合理的结构方案，丰富了设计思路和设计方法，可为类似工程提供设计参考。

参考资料

[1] 广东省建筑科学研究院. 风洞试验系列报告[R]. 2014.
中交南方总部基地（B）区高频天平测力试验报告（2014.5.4）
中交南方总部基地（B）区风洞动态测压试验报告（2014.5.4）
中交南方总部基地（B）区风致结构响应分析报告（2014.5.4）

[2] 广东省地震工程勘测中心. 中交集团南方总部基地（B区）地震安全性评价报告[R]. 2013.

[3] 广东省建筑设计研究院有限公司, 奥雅纳工程咨询（上海）有限公司深圳分公司. 中交集团南方总部基地项目（B区）超限高层建筑工程抗震设防专项审查报告[R]. 2014.

[4] 广州港湾工程质量检测有限公司. 中交南方总部基地 B 区健康监测报告[R]. 2023.

设计团队

广东省建筑设计研究院有限公司（初步设计 + 施工图设计）：
罗赤宇、周敏辉、周培欢、刘良贤、张炜煜、陈应荣、刘会乐、蔡志滨、舒伟伟、刘振武、吴燕巍

奥雅纳工程咨询（上海）有限公司深圳分公司（方案 + 初步设计）

执笔人：周敏辉、陈应荣

第19章

广州无限极广场

19.1 工程概况

19.1.1 建筑概况

广州无限极广场位于广州市白云新城，建筑场地因中部有地铁隧道穿过而将该地块分为两个区域，总建筑面积约 18.6 万 m²。建筑方案由英国扎哈·哈迪德建筑事务所（ZHA）设计，主体结构分为东西两个塔楼，建筑设计结合场地特点及企业形象，在东西塔楼内部设置多个中庭并通过内部天桥组织交通，地块中部的跨层连廊则将两个塔楼紧密连接成"无限之环"的建筑形态。

主体结构东、西两个塔楼均为办公商业综合楼，地上平面尺寸分别为 99.4m × 103.6m（A 塔楼，简称 A 塔）和 63.2m × 103.6m（B 塔楼，简称 B 塔），地上均为 8 层，在 7 层竖向收进，结构高度为 34.7m，地下 2 层，层高分别为 6.0m 和 4.0m；两塔楼相距约 60m，分别在 3 层和 6~7 层设置两道斜交连接体（3 层室外连廊，6、7 层室外连廊），最大跨度为 86.4m，连接体（连廊）区域建筑功能为办公和展览，形成大跨度斜交非对称复杂连体结构。建筑建成实景和剖面如图 19.1-1 所示，建筑典型平面图如图 19.1-2 所示。

(a) 广州无限极广场建成实景

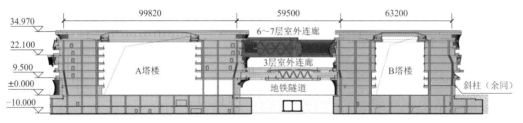

(b) 建筑剖面图

图 19.1-1　广州无限极广场建成实景和建筑剖面图

(a) 3 层平面图　　　　　(b) 5 层平面图　　　　　(c) 8 层平面图

图 19.1-2　建筑典型平面图

19.1.2 设计条件

1．主体控制参数

控制参数见表 19.1-1。

控制参数　　　　　　　　　　　　　　　　　　　　　　　　表 19.1-1

结构设计基准期	50 年	建筑抗震设防分类	重点设防类（乙类）
建筑结构安全等级	一级	抗震设防烈度	7 度
结构重要性系数	1.1	设计地震分组	第一组
地基基础设计等级	甲级	场地类别	Ⅱ类
建筑结构阻尼比	混凝土结构 0.05/钢结构 0.02		

2．结构抗震设计条件

塔楼抗震等级：剪力墙为特一级、框架为二级。在不考虑地下室侧约束的情况下，由计算得地下 1 层与首层侧向刚度比大于 2，故本工程嵌固部位确定为地下室顶板。

3．风荷载

承载力及结构变形验算时，均按 50 年一遇取基本风压为 0.50kN/m²，场地粗糙度类别为 C 类。项目开展了风洞试验，模型缩尺比例为 1：150。设计中采用了规范风荷载和风洞试验结果进行位移和强度包络验算。

19.2　设计特点

19.2.1　超大跨度斜交非对称复杂连体结构

本工程为双塔连体高层建筑结构，塔楼采用钢筋混凝土框架-剪力墙结构体系，存在扭转不规则、楼板不连续及尺寸突变等不规则项；连廊采用钢桁架结构，最大跨度为 86.4m，大于 36m，故本工程为特大跨度的连体结构，属特殊类型超限高层建筑，是当时国内连廊跨度最大的连体结构。

连体结构的受力比一般单体结构或多塔楼结构更加复杂。与其他体型的结构相比，连体结构的扭转效应更加明显。在风或地震等水平作用下，除了会产生同向平动外，也可能会产生相向运动。塔楼之间的振动形态差异随塔楼结构差异的增大而增加。此外，在连体结构中，一方面连接体部分需要协调或适应两侧塔楼的结构变形，另一方面，连体结构在竖向地震作用下的响应也较为明显。故合理选择连接体结构与两侧塔楼的连接方式是一个非常关键的问题。

本项目两栋塔楼的体量差异大，上下两道连廊呈斜向交叉十字形布置，且连廊跨度大，兼具了"斜交、双层、超大跨度、塔楼体量悬殊"等诸多不利因素。这样的"超大跨度斜交非对称复杂连体结构"，其动力特性迥异于单塔建筑，且远比普通的正交、单层连体结构复杂，在地震随机荷载激励下，其响应变得更加难以预测。连接体（室外连廊）用于办公及展览，采用钢桁架结构，除需满足自身的强度和挠度要求外，还要满足横向风振的舒适度要求，以及承受连体结构复杂地震作用的需要（变形协调、防塌落、防碰撞等）。对于本项目，强连接及常规弱连接都很难兼顾前述需求，因此我们创新性地采用了"韧性连体"的设计思路。每道连廊下弦支座处采用自创的专利技术："防锁死单向滑移弹性减震铰支座 +

黏滞型阻尼器"的复合减震装置。

19.2.2　紧邻地铁、岩溶强烈发育的地质条件

如图 19.2-1 及图 19.2-2 所示，本工程主要不利地质条件如下：

（1）溶、土洞强烈发育，详勘阶段的土洞、溶洞的单孔见洞率分别为 6.1%、39.4%。超前钻阶段的溶洞单孔见洞率达 86.6%，且多为串珠状溶洞，含有超大溶洞，最大溶洞高达 25m。溶蚀较为严重，溶洞顶板厚度小，大部分小于 0.5m，洞内多由软～流塑状的黏性土夹岩屑充填，稳定性较差。

（2）基岩埋深悬殊，场地西侧部分区域底板标高已露出基岩，而其他区域基岩面有深达 40 多米的；基岩面起伏大，存在地下石柱、悬崖，同一根桩超前钻的两个钻孔，基岩面相差可达 22m。

（3）土洞多位于基岩面之上，地下水位聚集发育的区段。埋藏深度较小的土洞在后期随着洞体的不断扩大，可能引起地面塌陷等现象。

（4）靠近基岩，存在流塑、软塑状粉质黏土夹层。

在两塔楼之间的下穿地铁 2 号线隧道，其边线距地下室边线仅 17m，隧道为浅埋式，且采用筏板基础，其基底标高比基坑底标高还小，顶板距地面仅 1.8～2.5m，因此，土方开挖和桩基施工都极易引起地下水位的变化，从而导致地铁隧道的沉降。灌注桩施工须穿透溶洞的薄顶板，形成连通溶洞、地下河的水道，打破了溶洞原有平衡，一旦发生管涌、突涌、溶洞坍塌，将对基坑支护和地铁隧道的结构安全构成严重的威胁。

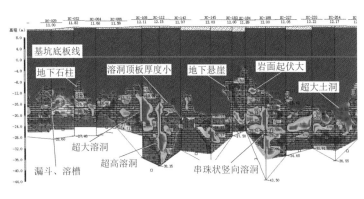

图 19.2-1　岩溶 CT 剖面图

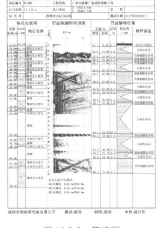

图 19.2-2　管波图

19.2.3　跨越浅埋隧道的室外连廊吊装条件

为了保护浅埋式地铁隧道的安全，广州地铁集团地铁设施保护办公室（以下简称地保办）要求地面施工荷载不能超过 20kN/m²，而最重的 6、7 层室外连廊骨架总重达 1450t，加上胎架、施工机械等，满堂支架的常规吊装方式无法满足此限载要求。

根据现场实际情况，提出了"卧拼、翻转、整体提升"的概念方案（图 19.2-3）。先将连廊两侧的主桁架平卧着拼装，将结构自重分摊到最大的面积上，使堆载压强最小，满足限载要求。然后在支护桩上设置提升架，以此为支点，将两榀主桁架对称翻转、侧立起来，在这过程中将桁架荷载全部转移到支护桩上，再利用提升架提升离地，拼装横向杆件后，整体提升到位。这种吊装方式可以最大限度地减轻对地铁隧道的不利影响，且安全、经济，因此得到了地保办专家的认可，并被施工单位采纳应用。

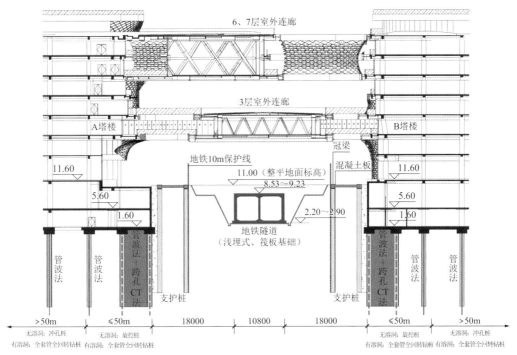

図中标注文字：

6、7层室外连廊

3层室外连廊

A塔楼   B塔楼

冠梁

地铁10m保护线   混凝土板

11.60   11.00（整平地面标高）   11.60
         8.53~9.23
5.60   5.60
1.60   2.20~2.90   1.60

地铁隧道
（浅埋式、筏板基础）

管波法   管波法   管波法+跨孔CT法   支护桩   支护桩   管波法+跨孔CT法   管波法   管波法

>50m   ≤50m   18000   10800   18000   ≤50m   >50m

无溶洞：冲孔桩   无溶洞：旋挖桩   无溶洞：旋挖桩   无溶洞：冲孔桩
有溶洞：全套管全回转钻孔桩   有溶洞：全套管全回转钻孔桩   有溶洞：全套管全回转钻孔桩   有溶洞：全套管全回转钻孔桩

图 19.2-3　主体结构与地铁隧道关系

19.3　体系分析

19.3.1　方案对比

1. 基础方案对比

根据本工程结构特点、场地地质条件，进行基础选型对比分析，见表 19.3-1。

基础选型对比　　　　　　　　　　　　　　　　　　　　表 19.3-1

基础形式	可行性	承载力	变形
复合地基（刚性桩复合地基）	采用 PHC 管桩作为刚性桩，桩顶设置褥垫层，对桩间土的稳定性要求高，须对土洞、浅层溶洞全面处理。由于单纯钻探勘察不易对溶、土层全面查明；管桩在基岩面倾斜处易滑桩、断桩；局部区域基岩面浅，甚至底板即为微风化岩，刚性桩无法实施，褥垫层无法调整过大差异沉降；因此存在较大风险	桩侧土层为粉质黏土、砾砂、粉质黏土或粗砾砂，桩端较多为软塑状粉质黏土。刚性桩采用 φ0.4m@1.8m 的 PHC 管桩，复合地基承载力约为480kPa，基本满足要求。有抗浮要求时需增加抗浮锚杆，但抗浮锚杆在桩基础及地下室施工过程中由于预先受压（褥垫层沉降所致），产生松弛变形，后期抗拔承载力及变形会受到较大影响	岩土面起伏很大，且分布有软夹层，刚性桩位于基岩面，与桩周土的沉降差较难调整，即使设置褥垫层，仍无法有效、可靠地调节
预应力管桩基础（采用静压桩）	岩面起伏大，缺失强风化层，普遍存在软塑状黏土，部分土洞底即为微风化岩，断桩率高，桩长悬殊，多桩承台补桩困难。基础下方及靠近地铁两侧的浅层土、溶洞需预处理，管桩较难穿越处理层，处理层的可靠性也难以通过检测手段验证。局部区域基岩面浅，管桩太短，难以保证承载力	承载力可满足，但岩溶地区的管桩单桩承载力低，桩数较多。有抗浮要求时可设计为抗拔桩，基础埋深小的区域单桩抗拔承载力低，局部需采用锚杆抗拔，而土、溶洞区域锚杆施工时容易漏浆，质量难控制	桩底持力层为微风化岩或预处理层，沉降量绝对值小，差异沉降小
嵌岩灌注桩基础（采用旋挖、冲孔、全套管全回转钻机成桩）	微风化岩埋深 7.50~52.60m，平均埋深约 22.6m，以微风化岩作为持力层，工艺可行。每桩做超前钻，以确定桩长，保证桩底持力层满足要求。为降低施工难度，保证质量及工期，可对场地进行补充物探，根据物探及钻探结果有针对性地确定需要提前处理的溶、土洞	灌注桩单桩承载力高，承载力满足要求，有抗浮要求时可设计为抗拔桩。支撑室外连桥的柱、剪力墙可采用多桩承台，其余柱下可单柱单桩布置。在本场地采用灌注桩基础的可靠性较管桩、天然地基、复合地基高	持力层统一为微风化岩，沉降量绝对值小，差异沉降小

经以上对比分析，本工程采用灌注桩基础，以微风化石灰岩作为持力层，为嵌岩端承桩。柱下多为单桩，剪力墙为多桩，大跨度连廊的柱下为三桩。由于纯地下室部分的结构自重及首层填土等永久荷载

不能平衡水浮力，为满足抗浮要求、减少底板配筋，纯地下室部分的桩基兼作抗拔基础。

为减少振动、保护地铁结构，离地铁隧道外边线 50m 范围内的基桩采用旋挖桩机或全套管全回转钻机成桩，其余基桩采用冲孔桩机成桩，有较大土、溶洞的区域则采用全套管全回转钻机成桩。

2. 塔楼结构体系方案对比

本工程塔楼结构高度 34.7m，因连廊跨度超大，属于超限高层建筑。各楼层均为"8"字形的大开洞平面，柱网主要为单跨或双跨布置，若采用纯框架结构体系，相当于仅存在一道防线。连廊与塔楼斜向相连，连接部位处于塔楼的角部，在地震或风荷载的水平作用下，由于顺桥向作用的偏心距大，如果连接方式处理不当，容易产生明显的扭转效应（图 19.3-1、图 19.3-2），对纯框架结构尤其不利。若采用框架-剪力墙结构体系，在角部位置设置剪力墙，形成二道防线，增强了塔楼的抗扭转性能，可有效对抗斜交连体带来的扭转效应。综合考虑安全性、可靠性及经济性的需要，本工程的塔楼采用了框架-剪力墙结构体系。

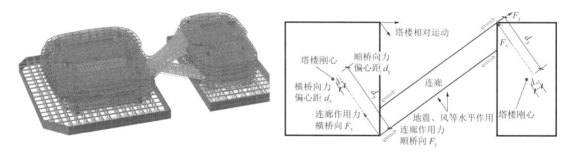

图 19.3-1　结构整体模型图　　　　　图 19.3-2　斜交连体连廊和塔楼相互作用示意图

剪力墙主要设置在电梯间、楼梯间，尽可能均匀、对称地布置，典型楼层结构平面图如图 19.3-3 所示。由下至上，墙柱混凝土强度等级为 C60～C40，梁板混凝土强度等级为 C40～C35。剪力墙厚度为400～300mm，为满足中震作用下剪力墙偏拉的承载力要求，局部墙肢边缘构件内置型钢。

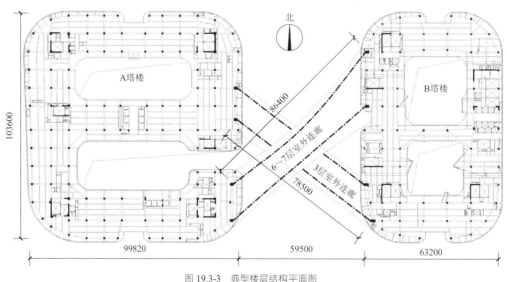

图 19.3-3　典型楼层结构平面图

框架柱主要为圆柱，与连廊相连的支承柱采用变截面钢筋混凝土柱，与 3 层室外连廊连接的变截面柱尺寸为 1300mm × (1400～3300)mm，与 6、7 层室外连廊连接的变截面柱尺寸为 1300mm × (1400～3600)mm。由于建筑外立面造型需求，同时为减少边跨悬臂梁的悬挑长度，部分边柱为斜柱，倾斜率均小于 1/6（即外倾角小于 9°）。主体结构水平力大部分由剪力墙承担，各层框架部分承受的地震倾覆力矩为 23%～35%，而斜柱数量占全部框架柱的比例约为 26%，因此斜柱部分框架承受的地震倾覆力矩约为 5.9%～9.1%，该部分斜柱的倾斜对结构整体性能的影响很小。斜柱大部分设置在 2 层以上的楼层，与斜柱相连、顺斜柱倾斜方向的框架梁均按拉弯构件进行设计（偏保守地忽略楼板的作用，拉力全部由框架梁承受）。斜柱周边的楼板在中震作用下的应力水平与普通柱周边的楼板相差不大，拉应力在 1MPa 以内，在构造上对斜柱周边的楼板配筋进行必要的加强。

在楼盖选型方面，地下室底板为平板结构，地下 1 层采用带柱帽的平板结构，塔楼内地下室顶板采用梁板结构，塔楼外地下室顶板采用主梁 + 加腋大板的结构形式。塔楼标准层采用主次梁梁板结构，内部次梁单向布置，周圈次梁环向布置，主梁高按 550～600mm 控制，悬臂梁跨度超过 5m 时采用缓粘结预应力结构。屋面天窗部位为配合聚四氟乙烯（PTFE）充气膜结构，采用弧形钢管拱支承。

3．钢连廊结构方案对比

3 层室外连廊跨度 77.9m，宽度约 17m，结构高度 4.2m，跨高比 18.5；6、7 层室外连廊跨度 86.4m，跨 6 层及 7 层设置，宽度约 20.5m，结构高度 8.4m，跨高比 10.3。

连廊最大跨度达 86.4m，若采用混凝土结构则过于笨重，且无法实现较为轻盈的建筑效果。钢结构自重较混凝土小，材料强度远高于混凝土，结构形式自由，容易实现较为复杂的建筑需求。结合建筑使用功能需求及结构受力特点，采用钢桁架结构，以适应大跨度、大跨高比的需求。

4．连体结构连接方式选型分析

本工程为"超大跨度斜交非对称复杂连体结构"，连接体（即连廊）与塔楼连接方式的合理选择是保证结构安全的关键。连接方式须综合考虑斜交连体的特殊性、本工程的结构特点进行选型。

1）斜交连体连接方式的对比分析

（1）强连接

图 19.3-4 描述了连体结构的复杂运动，连廊、各塔楼间的相对运动由"相向平动、反向错动、相对扭转"组合而成。由于斜交连体的连廊与塔楼平面的角部斜向相连，连廊作用力方向、作用点位置均偏离塔楼平面刚心（见图 19.3-1），三种运动方式连廊均会牵扯塔楼平面角部，将导致塔楼扭转，如连接方式采用"强连接"，则会加剧这种效应；两栋塔楼体型大小悬殊，如采用"强连接"，由于连廊须协调两栋塔楼的变形，连廊及相关结构构件受力复杂，易形成薄弱部位，而塔楼平面为大开洞的环形平面，薄弱部位位于环形平面的角部，对抗震不利；因此，本工程不应采用"强连接"。

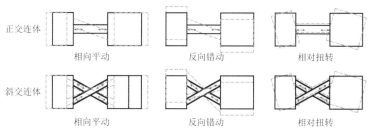

图 19.3-4　连体结构的相对运动方式

（2）弱连接

常见"弱连接"有两种方式：

第一种：连接体一端与结构铰接，另一端做成滑动支座。为了弱化相互影响，滑动端一般采用双向滑动支座或厚橡胶垫支座。铰接端一般有两个以上固定铰支座，连廊与该侧塔楼在水平平面内实质上为固接。个别工程实例的铰接端只设置一个固定铰支座，连廊与该侧塔楼铰接，是最"自由"的弱连接，所有的水平力均由一个固定铰支座承担，相当于抗震只有一道防线，一旦破坏，连廊将进入失控的运动状态，甚至撞击塔楼、整体滑脱，极强随机性的地震作用下，失控的结构是无法计算分析的，即使增设钢缆"保险索"，仍然无法保证安全。

第二种：两端均为滑动支座，为了抗风，每端均须设置单向滑动支座或横向约束，也有两端都是橡胶垫支座、类似隔震层的做法。

（3）本工程的连接做法

本工程位于台风多发、易发地区，连廊夹在两栋楼之间，受"夹道效应"的影响，风荷载较大，脉动效应明显。如采用第一种方式，连廊固接于其中一栋塔楼，相当于该塔楼伸出超大跨度的水平伸臂，对抗风、抗震均不利，不应采用。考虑到连廊用于办公和展览，为了避免连廊随塔楼风振抖动叠加鞭梢效应，而产生过大的振动和变位，类似隔震层的做法也不合适，因此，本工程采用了两端布置单向滑动支座的连接方式，每端两个，可顺桥向单向滑动。

2）斜交连体结构的特殊"锁死"问题

由于斜交连体的特殊几何性质，两栋塔楼反向错动时，斜交连廊支座横桥向的变位是正交连廊的 40 多倍，远远超出了顺桥向单向滑动支座的横桥向安装间隙，连廊和塔楼因此"锁死"，相向平动、相对扭转也有类似问题。本工程有 X 形、上下错开布置的两道连廊，"锁死"问题更为突出。

单向滑动支座横向（垂直滑动向）活动范围为支座上下盖板的旷量（即装配间隙），一般不超过 2mm，可认为是一种水平向的"硬接触"或"硬约束"。斜交连体结构的连廊一端只要超过两个横桥向硬约束（两个单向滑动支座），就会出现"锁死"问题。如果连廊一端改为一个单向滑动铰支座，虽然避免了"锁死"问题，但是横桥向的所有水平力将由该单向滑动铰支座承担，相当于抗震只有一道防线，并非好选择。

本工程通过在单向滑动支座内增设弹性元件、阻尼元件的办法，解决了前述各种问题、矛盾。连廊两端各有两个单向滑动弹性减震支座（图 19.3-5），减震支座在横桥向为"大刚度、小位移量"，避免风振鞭梢效应，保证了良好的舒适度，且可以提供微量的滑移能力，不会出现前述"锁死"现象。常规单向滑动支座，垂直滑动向为"硬接触"，多个支座的旷量大小不等，安装时总会有偏置误差，实际受荷时，先接触的支座会承担更多的水平荷载，甚至承担了所有荷载，而设计时按一般连接建模计算，无法考虑这种随机"旷量"导致的受力不平衡问题，留下安全隐患。本工程在垂直滑动向（即横桥向）安装大刚度弹性单元，由"硬接触"变成弹性接触，使得各支座可以协同、均匀作用，共同抵抗水平力。减震支座在顺桥向为"小刚度、大位移量"，配合顺桥向布置的黏滞型阻尼器，以达到复位、限位、减震的效果，使得塔楼的扭转效应也得到有效控制。

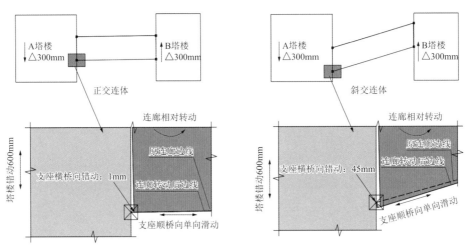

图 19.3-5 连廊支座、塔楼相对变位示意图

19.3.2 结构抗震性能研究与分析

1. 结构抗震性能要求

本工程属特大跨度连体的特殊类型超限高层建筑结构，设计采用结构抗震性能设计方法进行分析和

论证。设计根据结构可能出现的薄弱部位及需要加强的关键部位，依据广东省标准《高层建筑混凝土结构技术规程》DBJ 15—92—2013（以下简称《广东高规》）第 3.11.1 条的规定，结构总体按 C 级性能目标要求进行设计，具体要求如表 19.3-2 所示。连接体（室外连廊）平面布置如图 19.3-6 所示。

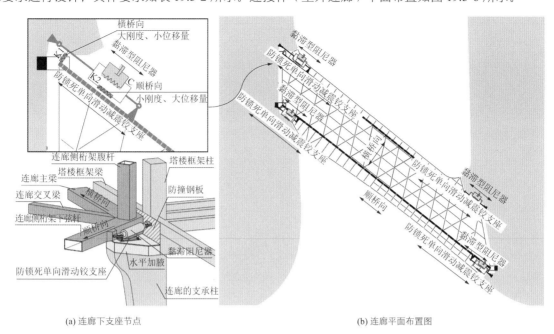

(a) 连廊下支座节点　　　　　　　　　　　　　(b) 连廊平面布置图

图 19.3-6　连接体（室外连廊）平面布置图

为满足抗震性能目标要求，采用多种程序对结构进行了弹性、弹塑性计算分析，除保证结构在小震作用下完全处于弹性工作外，还补充了关键构件在中震和大震作用下的验算。计算结果表明，结构性能表现良好，各项指标均满足规范 C 级性能目标的有关要求。

不同抗震性能水准的结构构件承载力设计要求　　　　　　　　　　表 19.3-2

构件分类	具体构件	小震	中震	大震
关键构件	连廊支座节点（包括支座）	弹性（节点极限承载力为构件的 1.2 倍）	弹性（节点极限承载力为构件的 1.2 倍）	强度应力比<0.7
	连廊桁架弦杆、斜腹杆、支座处竖杆及节点	弹性（应力比<0.75，其中支座处杆件<0.65，节点极限承载力为构件的 1.2 倍）	弹性（应力比<0.85，其中支座处杆件<0.75，节点极限承载力为构件的 1.2 倍）	强度应力比<1.0（支座处杆件<0.8）
	塔楼 A 室内天桥钢箱梁（两端铰接）	弹性（应力比<0.65）	弹性（应力比<0.75）	强度应力比<0.8
	连廊支座支承体系（支承柱及其连接梁），室内天桥及其相连柱，底部加强区剪力墙	依据《广东高规》第 3.11 条验算公式计算，构件重要性系数取 1.15，其中加强区剪力墙计算受弯承载力时的重要性系数取 1.0		
普通构件	其他钢结构构件	弹性	弹性	允许部分进入屈服
	其他混凝土柱，悬臂梁，非底部加强区剪力墙	依据《广东高规》第 3.11 条验算公式计算，构件重要性系数取 1.0		
耗能构件	框架梁、连梁	依据《广东高规》第 3.11 条验算公式计算，构件重要性系数：框架梁 0.9，连梁 0.7		

注：控制非地震组合的钢构件应力比：关键构件小于 0.75，一般构件小于 0.85。

2．中震作用分析

对中震作用下，除普通楼板、次梁以外所有结构构件进行承载力验算，根据其抗震性能目标，结合《广东高规》中"不同抗震性能水准的结构构件承载力设计要求"的相关公式，进行整体模型的结构构件性能计算分析，并将计算得到的内力对各关键构件进行详细的构件验算。在计算中震作用时，采用规范反应谱计算，水平最大地震影响系数 $\alpha_{\max} = 0.23$，钢结构构件阻尼比取 0.02，混凝土构件阻尼比取 0.05，不考虑黏滞阻尼器的附加阻尼作用。计算结果及相应加强措施如下：

（1）底部加强区剪力墙（地下1层至地上2层），塔楼A天桥钢箱梁，竖向收进6~8层的周边框架柱，天桥支承梁及其相连柱（5~6层）均满足第3性能水准关键构件验算的要求；其他普通构件及耗能构件（框架梁和连梁）均满足相应第3性能水准的要求。

（2）连廊支座节点，连廊桁架弦杆、斜腹杆、支座处竖杆及节点，连廊支座支承体系最大应力比为0.76，满足"应力比小于0.85，其中支座处杆件小于0.75，节点极限承载力为构件的1.2倍"的要求。

（3）由于本项目为框架-剪力墙结构，剪力墙主要分布在角部和边上，在中震作用下剪力墙存在受拉的情况，设计时根据拉力的大小在剪力墙内设置一定数量的型钢或抗拉钢筋，以增加剪力墙的抗拉能力，当拉应力超过 $1.0f_{tk}$（混凝土轴心抗拉强度标准值）时，计算得到的拉力全部由型钢或钢筋承担。

3．大震动力弹塑性分析

由于结构体系特殊，为了解大震作用下结构进入塑性的程度以及结构整体的抗震性能，本工程采用 SAUSAGE 软件进行弹塑性时程分析，验算结构构件的抗震水平，进而寻找结构薄弱环节并提出相应的加强措施。主要分析结论如下：

（1）X向、与X向夹角为51°、Y向、与X向夹角为151°分别作为地震输入的主方向时，结构最大位移为0.092~0.107m，最大层间位移角为1/153~1/125（表19.3-3），均满足规范限值1/125的要求。在7组地震波三向输入作用下，结构整体刚度退化没有导致结构倒塌，满足"大震不倒"的设防要求。

X 向为地震输入主方向时大震动力弹塑性分析计算结果 表 19.3-3

地震波	R1	R4	T1	T2	T3	T4	T5	平均值
基底剪力/kN	156242	157790	141509	181591	144089	158040	126225	152212
与小震CQC法基底剪力比值	4.7	4.7	4.3	5.5	4.3	4.8	3.8	4.6
顶层位移/m	0.110	0.113	0.103	0.151	0.070	0.126	0.123	0.114
最大层间位移角（所在楼层）	1/146（7）	1/102（7）	1/139（7）	1/162（4）	1/111（8）	1/103（7）	1/142（7）	1/134（7）

注：大震层间位移角平均值按《建筑抗震设计规范》GB 50011—2010 第3.10.4 条的条文说明计算。

（2）表 19.3-3 数据表明在各个地震波作用下，大震基底剪力接近于小震 CQC 法基底剪力的 5 倍，接近于理论值，证明了地震波的选取是合适的。

（3）连廊桁架弦杆、斜腹杆、支座处竖杆，塔楼 A 天桥钢箱梁，天桥支承梁及其相连柱的钢材未出现屈服。连廊支承柱及其连接梁钢筋未出现屈服。

（4）底部加强区少量剪力墙出现轻度至中度损伤，损伤主要集中在转角处和端部剪力墙，少量剪力墙边缘构件钢筋出现塑性变形；底部加强区以上部位大部分剪力墙为轻微到中度损伤；大部分连梁发生中度到严重损坏。剪力墙受压损伤情况如图 19.3-7 所示。

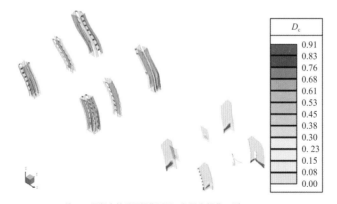

注：D_c 混凝土的受压损伤因子，如没有损伤，则 $D_c = 0$。

图 19.3-7　剪力墙受压损伤情况示意图

（5）底层大部分框架柱柱底处于受压工作状态，结构两塔楼部分框架柱混凝土发生轻度到中度受压损伤，竖向构件均满足抗剪截面验算剪压比要求。

（6）结构框架梁出现轻微到中度受压损伤，部分梁构件钢筋进入屈服，悬臂梁未出现屈服。

（7）连廊部位在竖向大震作用下，3层室外连廊结构跨中部位最大竖向变形约为0.035m；6、7层室外连廊结构跨中部位最大竖向变形约为0.030m，连廊钢结构未出现屈服。

（8）弹性支座附加黏滞阻尼器的最大阻尼力为2714kN（图19.3-8），最大变形为71mm，小于限值200mm，满足变形要求。

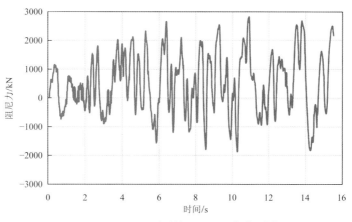

图 19.3-8　6 层 B7 支座处阻尼器阻尼力时程曲线

19.4　专项设计

19.4.1　韧性连体结构设计及专利复合减震装置

1.　韧性连体结构概念的提出

1）传统的"强度-延性"抗震体系存在的不足

（1）难以抵抗超过设计烈度的地震，可能导致成片建筑结构倒塌，引发地震灾难。

（2）主要承重结构用于耗能，"延性就是破坏"，震后难以修复，甚至变成"站立的废墟"。

（3）抗震措施以"抗"为主，遭遇地震时的非弹性变形和强烈振动，将引起非结构构件及设备的破坏，必然导致建筑使用功能甚至城市功能的丧失，引起直接或间接的人员伤亡或灾难。

2）消能减震、隔震抗震体系的优越性

（1）以非承重构件作为消能构件或另设耗能装置，通过其自身损耗来保护主体结构，更安全可靠。

（2）消能、隔震单元在震后易于修复或更换，使得建筑结构可以迅速恢复使用。

（3）可衰减结构的地震反应，大幅减少主结构、非结构构件及设备的破坏。

3）韧性结构（Resilience Structure）

结构抗震设计理论经历了"静力理论→反应谱理论→动力理论→性态理论→韧性理论"的演化过程。韧性的内涵可概括为"4R"，即 Robustness（健壮性）、Redundancy（冗余性）、Resourcefulness（丰富性）、Rapidity（快速性）。韧性结构的性能目标是：在遭遇罕遇地震时，结构不发生严重破坏；地震结束后，结构能恢复预期状态，进而恢复建筑功能的性能。韧性理念弥补了基于性态的抗震设计方法的不足，在抗震设计中既考虑了地震时结构的性态，又考虑了结构在震后的恢复能力，具有重要的现实意义，代表着结构抗震设计理论的发展方向。

4）韧性连体结构

对于连体结构，在满足"小震不坏、中震可修、大震不倒"的"三水准"抗震设防目标的基础上，遵循韧性结构的"4R"设计原则，达到了以下两方面的效果，即可称为"韧性连体结构"：

（1）连体结构的连接部位容易形成薄弱层，若措施不当，易出现较严重震害，如要实现不破坏的设计，则代价巨大、可行性低，而一般的弱连接连体结构，仅能消除部分不利影响，但不具备减震效果。如果能运用消能减震技术，通过连接体的减震、耗能作用，既消除了连体结构不规则的不利影响，又在一定程度上降低结构整体的地震响应，化不利为有利，使得连体（连接体）可以从负担变成有效的抗震措施。消能减震技术的应用，对连体结构实现韧性设计是有效且必要的。

（2）在遭遇罕遇地震时，塔楼结构不发生严重破坏，连体及其连接构件只能发生轻微破坏或不破坏（连接体多处高空位置，一旦损伤严重，基本不存在迅速修复的可能）；地震结束后，结构能迅速修复，尤其是易损零部件应采用易拆解的装配式设计，可快速更换，恢复功能，抵抗余震。

2. 本工程的韧性连体结构设计

连廊下弦支座处采用独创的发明专利技术："防锁死单向滑移弹性减震铰支座 + 黏滞型阻尼器"的复合减震装置。减震支座在横桥向为"大刚度、小位移量"，避免风振鞭梢效应，可提供良好的舒适度，并且可以提供微量的滑移能力，不会出现前述"锁死"现象。减震支座在顺桥向为"小刚度、大位移量"，配合顺桥向布置的黏滞型阻尼器，既消耗了地震能量，又有效地控制了连廊与塔楼间的相对位移，结构整体构成了韧性连体结构。这种韧性连接方式，既消除了复杂连体的不利作用，还可以利用连廊自身质量，起到类似调频质量阻尼器（Tuned Mass Damper，TMD）的作用，通过两个类 TMD 的连接，可在一定程度上降低整体结构的地震响应（图 19.4-1）。

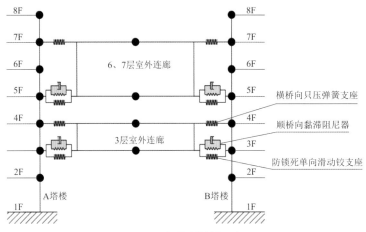

图 19.4-1　韧性连体结构示意图

（1）连廊支座选型及分析

由于连廊跨度较大且 6、7 层室外连廊的屋面为屋顶花园，重力作用下两端支座的反力较大，通过对两道连廊仅底端设支座和顶端、底端均设支座两种方案进行分析，试算结果表明，在连廊顶端增加抗压支座后，两道连廊的下弦支座最大反力值分别减小了 41% 和 31%，但考虑到上、下弦支座的实际受力情况易受吊装施工过程、构件加工误差、支座安装误差等不确定因素的影响，上、下弦支座承担竖向力的比例无法保证与计算值一致。此外，如果连廊上、下弦支座都是固定铰约束的话，连廊端部相当于与主塔楼固接，3 层室外连廊的上、下弦支座距离近，弯矩大，力臂小，上弦支座及相关塔楼构件在重力荷载下须承受很大的水平拉力，对抗震不利。从确保安全的角度出发，本项目最终按"竖向力全部由下弦支座承担，顺桥向水平力由下弦支座承担，横桥向水平力由上、下弦支座共同承担"的思路进行设计。因此确定桁架两侧顶端和底端共设置 8 个支座的方式与塔楼连接，以 6、7 层室外连廊为例，如图 19.4-2

所示。由于两道连廊均与塔楼非正交连接，支座远近端内力大小不均，大震作用下最大支座压力约为25000kN，常规的铅芯橡胶支座竖向承载力难以满足设计要求，而且会造成承托牛腿过大，影响建筑效果。因此，下弦支座考虑采用可承受更大竖向力和水平力的铸钢球铰支座。

为了分析连接方式对结构的影响，在塔楼及连廊结构形式确定的基础上，建立了6个模型：

M1：连廊与塔楼刚性连接（上、下弦支座均为固定铰接）的模型；

M2：连廊与塔楼水平刚性连接（上弦支座可沿顺桥向单向滑移，下弦支座均为固定铰接）的模型；

M3：连廊与B塔水平刚性连接，与A塔双向滑动连接（B塔上弦支座可沿顺桥向单向滑移，下弦支座均为固定铰接；A塔下弦支座均为双向滑动支座）的模型；

M4：连廊与B塔铰接，与A塔单向滑动连接（B塔上弦支座和一个下弦支座可沿顺桥向单向滑移，另一个下弦支座为固定铰接；A塔下弦支座均为单向滑动支座）的模型；

M5：连廊与塔楼顺桥向弹性连接（上弦支座为沿顺桥向单向滑移支座，下弦支座为顺桥向弹性刚度$K_s = 8000kN/m$的单向滑移铰支座）的模型；

M6：连廊与塔楼"韧性连接"（上弦支座为沿顺桥向弹性单向滑移支座，横桥向只压弹簧弹性刚度$K_h = 90000kN/m$；下弦支座为"防锁死单向滑移弹性铰支座"，顺桥向弹性刚度$K_s = 8000kN/m$、横桥向弹性刚度$K_h = 90000kN/m$；并于下弦支座处设置顺桥向的黏滞阻尼器）的模型。

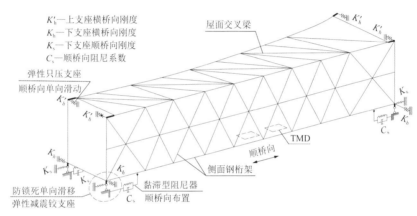

图 19.4-2　6、7层室外连廊与主塔楼的连接示意图

采用有限元分析软件MIDAS Gen进行模型分析，对比地震作用下整体结构与东西塔楼的地震响应，以及分析连廊对主塔楼的影响。采用小震振型分解反应谱法（CQC法）进行分析，本模型的振动特性及基底剪力、支座剪力等的对比如表19.4-1所示。考虑到连体结构的扭转很大程度上其实是各塔楼的不同步振动，连接体跨度越大、连接越弱，主塔楼实质扭转效应越小。为此特别对比了"主塔楼的扭转位移比"，以揭示不同连接方式对主塔楼扭转效应的影响。

整体模型振动特性及部分计算结果　　　　　　　　　　　　　　　　　　　　　表 19.4-1

| 计算模型 | 振型 | 周期/s | 振型质量参与系数/% | | | 扭转周期比 | 主塔扭转位移比 | | 连廊支座剪力/kN | | 基底剪力/t |
			X向	Y向	扭转		A塔	B塔	横桥向	顺桥向	
M1 模型 （刚性连接）	1	1.173	1.56	27.28	40.73	0.95	1.29	1.23	F6：850 F3：389	F6：2457 F3：1914	X向：37992 Y向：35897
	2	1.117	8.22	24.56	26.55						
	3	1.072	46.14	0.95	4.58						
M2 模型 （水平刚性连接）	1	1.175	1.28	28.133	38.92	0.95	1.27	1.21	F6：877 F3：377	F6：1720 F3：1210	X向：37071 Y向：36243
	2	1.130	38.00	13.34	5.58						
	3	1.118	3.22	6.88	25.01						

计算模型	振型	周期/s	振型质量参与系数/%			扭转周期比	主塔扭转位移比		连廊支座剪力/kN		基底剪力/t
			X向	Y向	扭转		A塔	B塔	横桥向	顺桥向	
M3 模型 （与B塔刚性连接）	1	1.177	8.87	17.83	30.88	0.97	1.31	1.25	F6：598 F3：582	F6：1785 F3：812	X向：36256 Y向：35920
	2	1.172	13.42	9.18	11.24						
	3	1.138	4.96	21.42	25.58						
M4 模型 （B塔铰接，A塔单向滑动）	1	1.178	0.17	29.36	37.57	0.97	1.28	1.26	F6：1411 F3：677	F6：1741 F3：1213	X向：36621 Y向：35790
	2	1.156	29.15	0.93	0.88						
	3	1.130	1.31	15.37	29.94						
M5 模型 （顺桥向弹性连接）	1	1.177	0.29	29.98	37.52	0.96	1.33	1.22	F6：1055 F3：558	F6：185 F3：130	X向：34079 Y向：34252
	2	1.155	28.53	1.01	0.87						
	3	1.130	1.06	16.07	30.12						
M6 模型 （韧性连接）	1	1.184	7.89	19.82	16.93	0.96	1.32	1.22	F6：314 F3：192	F6：185 F3：130	X向：33367 Y向：33837
	2	1.176	14.14	12.91	16.42						
	3	1.139	4.33	14.67	34.33						

注：表中振型均已剔除连廊自身振动的振型。位移比、支座剪力只列出了最大值。X、Y为整体坐标方向。

计算结果显示，采用刚性连接、顺桥向弹性连接时，均出现了"锁死"现象。小震作用下M1刚性连接模型的支座剪力达到了竖向荷载的13%，远大于剪重比；韧性连接的支座剪力大幅降低，解决了"锁死"问题。M3、M4模型连廊的支座剪力主要由B塔楼承受，明显加剧了B塔的扭转，且支座剪力较大，其连接方式不利于抗震。采用顺桥向弹性连接、韧性连接时，均可在一定程度上减小整体结构的地震响应。采用韧性连接时，相比采用刚性连接，整体结构的前3阶自振周期均略大，X向、Y向基底剪力分别减小了12.2%、5.7%。

对于弹性连接整体模型，由于是连廊与塔楼采用弹性连接，并且连廊跨高比较大，所以两个连廊的水平振动的振型先于结构整体振动的振型出现，在对主体结构进行分析时，均剔除连廊自身振动的振型。为研究连廊对整体结构振动特性的影响，对比了弹性连接整体模型与删除连廊模型主体结构前3阶振型，如图19.4-3所示。从剔除连廊振动的前3阶振型可知，删除连廊后，结构周期增大0.6%～3.6%，连廊对塔楼结构的振动特性有一定影响，但影响很小。

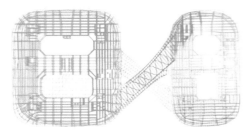

(a) 弹性连接整体模型1阶振型（$T_1 = 1.3040$s）

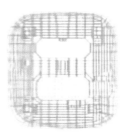

(b) 删除连廊模型1阶振型（$T_1 = 1.3170$s）

(c) 弹性连接整体模型2阶振型（$T_2 = 1.2674$s）

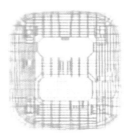

(d) 删除连廊模型2阶振型（$T_2 = 1.3014$s）

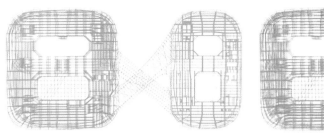
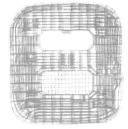

(e) 弹性连接整体模型 3 阶振型（$T_3 = 1.1222s$）   (f) 删除连廊模型 3 阶振型（$T_3 = 1.1293s$）

图 19.4-3 弹性连接整体模型与删除连廊模型主体结构振型对比

滑动弹性支座＋黏滞阻尼器的措施有效地减小了连体的不利影响，使得连体之后两栋塔楼的振动特性与独立的两栋塔楼差别不大。因此弹性连接是使结构整体构成韧性连体结构的必要条件。

（2）连廊支座参数的优选与分析

为确定合适的组合减震支座设计参数，针对弹性支座刚度及阻尼器的参数进行了 5 组支座方案对比分析，见表 19.4-2，表中黏滞阻尼器的刚度为 50kN/m，阻尼系数为 3000kN/(m/s)，阻尼指数为 0.3。方案分析过程中对比了黏滞阻尼器横桥向、顺桥向设置，实施方案考虑效能及经济性，仅在顺桥向设置黏滞阻尼器，顺桥向黏滞阻尼器布置示意图如图 19.4-2 所示。通过连体结构在罕遇地震作用下的动力弹塑性分析，同一条人工波、不同方案单个支座的剪力、变位及阻尼力如表 19.4-2 所示。

连廊与塔楼不同连接方案下支座剪力、变位及阻尼力   表 19.4-2

方案	上弦支座刚度/（kN/m）	下弦支座刚度/（kN/m）	阻尼系数/[kN/(m/s)]	支座水平剪力		支座水平变位		阻尼器阻尼力/kN
				横桥向	顺桥向	横桥向	顺桥向	
方案 1	$K'_h = \infty$	$K_h = \infty$，$K_s = 25000$	$C_s = 0$	7455	3750	0	99	0
方案 2	$K'_h = \infty$	$K_h = \infty$，$K_s = 10000$	$C_s = 0$	8266	2059	0	119	0
方案 3	$K'_h = \infty$	$K_h = \infty$，$K_s = 5000$	$C_s = 0$	8072	1504	0	217	0
方案 4	$K'_h = \infty$	$K_h = \infty$，$K_s = 10000$	$C_s = 3000$	7387	525	0	53	1901
方案 5	$K'_h = 90000$	$K_h = 90000$，$K_s = 8000$	$C_s = 3000$	1753	420	10	53	1932

由于支座竖向压力主要由静荷载控制，且支座竖直向刚度大，不同方案的竖向压力、变形的变化都很小。仅调整支座顺桥向水平刚度时，随着水平刚度从 25000kN/m 减小至 5000kN/m，支座顺桥向剪力减小约 60%，而支座水平变位增大 119%；加黏滞阻尼器后，支座水平刚度为 10000kN/m 的方案相比无黏滞阻尼器时的支座顺桥向剪力减小约 74%。增设横桥向弹簧对竖向的变形基本没有影响，而支座横桥向剪力显著减小，相比支座横桥向刚度为 10000kN/m 的方案，减小约 76%。

计算结果显示，方案 1～4 下弦支座剪力过大，所需要支承支柱的截面过大，难以满足建筑要求；方案 3 支座位移过大，不能满足建筑要求；方案 5 支座剪力和水平位移均显著小于其他方案，可满足建筑空间要求。

3．防锁死单向滑移弹性减震铰支座

考虑到地震的强随机性、不可预测性以及减震支座的重要性，减震铰支座在大震作用下，设计控制其主要部件强度压力比小于 0.7，并经足尺模型荷载试验验证。

考虑到极端情况下，支座内部的活动零件仍有可能损坏，为了实现"韧性连体结构"的设计，相关零部件均为螺栓连接，可在持荷状态下拆卸，以便在遭遇大震损坏后第一时间更换修复（图 19.4-4）。

该支座已获得发明专利授权（专利号 ZL202110965588.4）。

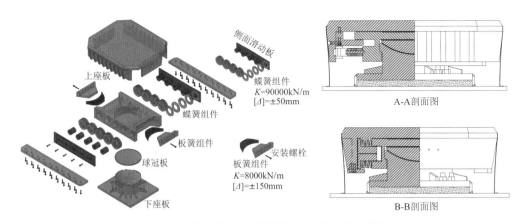

图 19.4-4　防锁死单向滑移弹性减震铰支座分解图与剖面图

19.4.2　钢连廊选型设计

以 3 层室外连廊为例，对比分析了普通桁架、斜腹杆为双拉杆的桁架以及空腹桁架三种结构形式，如图 19.4-5 所示。由于桁架端部整体受剪变形，弦杆会有较大弯矩，在相同截面积的前提下，截面高度越大，分担的弯矩越大，弯曲应力越大，经济性就越差；由于连廊两侧均为透光玻璃，且层高只有 4.2m，弦杆截面高度越小，对建筑效果的影响也越小；因此弦杆采用宽扁截面，弦杆和交叉梁的截面高度相同。交叉梁与弦杆间为刚接节点，弦杆如采用箱形截面，弦杆、梁的翼缘焊接存在焊缝堆叠，因此弦杆最终采用了"亚"字形（即"Ⅱ"形）的截面，腹板内收至腹杆的位置，既解决了翼缘焊接问题，又使腹杆与弦杆的连接受力更直接、更可靠。

方案Ⅰ：普通桁架。弦杆及腹杆均为箱形截面，材质为 Q420，斜腹杆最大截面为□600mm×600mm，弦杆截面为□600mm×1200mm，具体截面尺寸如图 19.4-5（a）所示。

方案Ⅱ：斜腹杆为双拉杆的桁架。斜腹杆采用 Q650 高强实心钢拉杆，考虑外观、施工及制造工艺等方面的影响，拉杆均为并排双拉杆布置，直径为 60～150mm。弦杆及直腹杆均为箱形截面，材质为 Q420，弦杆截面为□600mm×1200mm，具体截面尺面如图 19.4-5（b）所示。

方案Ⅲ：空腹桁架。为尽可能保证外立面的透视效果，取消桁架的斜杆，如图 19.4-5（c）所示。弦杆及腹杆材质均为 Q420，弦杆截面为□1200mm×1200mm，直腹杆截面为□1200mm×(1200～1300)mm。

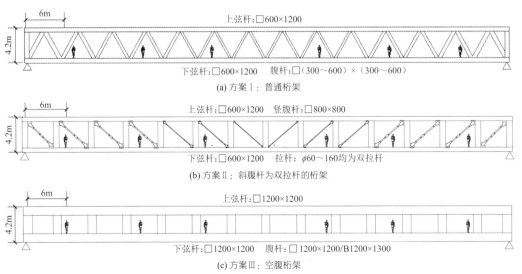

图 19.4-5　桁架结构方案对比

各方案主要指标对比见表 19.4-3。

结构形式		钢材用量/t	材料单价/（万元/t）	总价/万元
普通桁架		891.7	1.0	891.7
斜腹杆为双拉杆的桁架	弦杆及直腹杆	812.4	1.0	893.2
	钢拉杆	50.5	1.6	
空腹桁架		1204.0	1.0	1204.0

从以上三个方案的对比可以看出：

（1）空腹桁架方案因缺少斜腹杆有效抗剪，弦杆及直腹杆均承受较大弯矩，弦杆截面高度达到 1.2m，直腹杆的最大截面为□1200mm × 1300mm × 65mm，对净高及立面影响非常大；

（2）斜腹杆为双拉杆的桁架方案的弦杆截面高度可控制在 600mm，拉杆直径为 60～150mm，但端部节点间的拉杆锚具尺寸达 600mm，视觉效果并不协调；

（3）普通桁架方案的斜腹杆最大截面为□600mm × 600mm × 50mm，建筑净空满足要求，整体效果较为均衡。

综合考虑结构效率、经济性、建筑功能的需求，本工程最终采用普通桁架方案。

19.4.3　钢结构关键节点有限元仿真分析

室外连廊钢结构由两侧桁架及楼面、屋面交叉梁组成，横截面为矩形。6、7 层室外连廊平面为不规则的枕形，在重力作用下，会有明显的扭转效应，微弧的侧面桁架实质仍是平面桁架，扭转刚度很弱，为了抵抗扭转及水平力，矩形横截面的四个角点须按固接进行设计。侧面桁架的腹杆除承受桁架面内的内力之外，还承受着面外方向交叉梁传递而来的弯矩，受力复杂，其节点安全性须高于杆件本身。关键节点的位置及其弯矩图见图 19.4-6，①号节点为下弦支座节点，②号节点为腹杆与弦杆连接节点，③号节点为腹杆交叉节点。

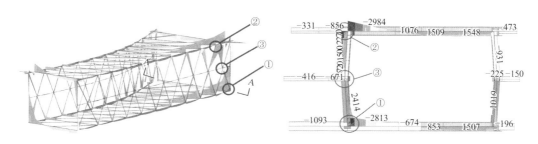

(a) 6、7 层室外连廊轴测弯矩图　　　　　　　(b) 6、7 层室外连廊横截面弯矩图

图 19.4-6　6、7 层室外连廊弯矩图

侧面桁架的弦杆、腹杆均为箱形的空心截面，交叉梁均为 H 形截面，交汇点为承弯型的刚接节点，设计的难点在于如何保证内力在空腔处的可靠传递。常见做法有两种：一是采用铸钢节点，内置加劲肋；二是扩大节点区，增大板件作用力臂，通过减小拉、压力来减少内隔板的设置。第一种做法造价昂贵，拉弯杆件与铸钢焊接的质量难保证；第二种做法影响建筑造型，扩大段板件弯折处会产生面外张力，增加用钢量。本工程采用多重内隔板的做法，设计时综合考虑了受力需要和施工可行性，通过优化内隔板的设置、拼焊的位置、焊接的顺序来尽量避免加大节点区，达到了类似铸钢节点的力学性能，且焊接质量更可靠、造价更经济。

针对上述节点分别进行了实体建模及 ANSYS 有限元分析。实体模型参照实际的节点与构件尺寸、构造进行建模，摘取整体模型的杆件最不利组合内力进行分析。钢管采用四节点厚壳单元，本构关系采用理想弹塑性模型，钢材材质 Q420，计算取标准强度 420MPa。计算模型及结果如图 19.4-7 所示。

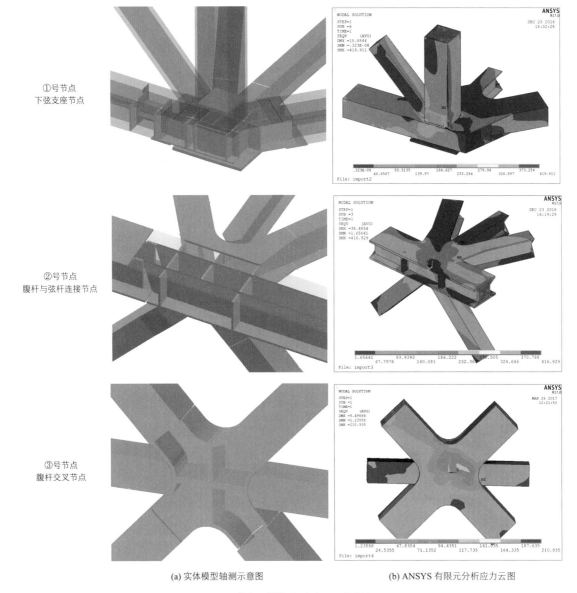

①号节点
下弦支座节点

②号节点
腹杆与弦杆连接节点

③号节点
腹杆交叉节点

(a) 实体模型轴测示意图　　　　　　　　(b) ANSYS 有限元分析应力云图

图 19.4-7　节点三维模型图与有限元计算结果云图

分析结果显示，仅在构件角点处存在应力集中现象，最大处为 419MPa，其余大部分均处于良好的弹性状态。通过有限元分析，检验了节点在中震作用下的承载能力，分析结果表明节点是安全的。

19.4.4　紧邻地铁、强烈发育岩溶场地的基础设计

本工程采用了大直径嵌岩灌注桩基础，基桩可穿越溶洞，桩端落在相对完整的微风化岩上，具有单桩承载力高、在溶洞地区适应性和可靠性好等优点。遇较大溶洞、土洞时：采用全套筒全回转钻孔桩，无振动、防塌孔，入岩能力强、桩身质量好；其余桩基：除了距地铁隧道 50m 之内采用旋挖桩之外，主要采用冲孔桩，经济性较好（见图 19.2-3）。基础施工前，对紧邻地铁影响地铁安全及桩基施工安全的大溶洞、土洞进行预先注浆，并对基坑底部一定范围内的溶洞进行封堵处理，为桩基础的顺利施工和地铁隧道的安全保护创造了有利条件。

每根工程桩均进行了每桩一孔的超前钻及管波探测，地铁两侧各 15m 范围内的两排基础则补充应用

了跨孔 CT 法，三种方法联合运用，全面摸查了场地内的溶、土洞分布情况。管波法是通过解析管波在钻孔内部的波阻抗变化引起的反射，可探明钻孔 1～2m 半径范围内溶洞、软弱夹层等不良地质体，可避免超前钻探"一孔之见"的局限性。跨孔弹性波 CT 法是在一定距离间隔的两个钻孔内激发和接收弹性波，利用弹性波走时或振幅变化分析解释岩与土的分界面和溶洞的边界、发育与分布情况，可探明钻孔之间岩溶洞隙、软弱岩层的位置、形状、大小及连通性、临空面、桩基持力层及下卧层中岩溶洞隙的发育和分布情况，但容易忽略基岩中零星分布体积较小的溶洞。设计人通过超前钻、管波、跨孔 CT 揭示的岩土情况进行综合评估，尽量利用被穿越岩层的承载力，并充分考虑施工条件，对桩基础进行了精细化设计，每根桩的桩底标高都经过多次计算和多方讨论，力求在确保地铁和主体结构安全的前提下降低施工难度、节省造价。

桩基检测按照比规范更严格的要求，结果仍能达到优良水平。施工过程中确实引起了地铁隧道的局部沉降，并数次出现超限值报警，各方协商采取措施后，沉降值最终得到了有效控制。

在如此复杂、不利的地质条件下，在保护地铁安全的巨大压力下，成桩方式的灵活运用、先进物探技术的综合应用、精细化的设计方法、参建各方的密切配合，使得基础施工得以顺利、高效地进行，达到了安全、质优、经济的目标。

19.4.5　跨浅埋隧道的室外连廊吊装的概念方案设计

为保护地铁隧道的安全，地面施工堆载不能超过 20kN/m²，设计人密切配合施工单位，共提出了三种吊装方案进行分析对比：

方案一为钢桁架原地拼装，待拼装完成后，利用格构井子架整体提升。优点是技术要求低，施工方便，但由于钢桁架及胎架的自重过大，以致施工荷载达 35kN/m²，超过限值，无法进行施工。

方案二先在离地 1.5m 处建设安装水平贝雷架作为钢桁架的支撑安装架，待拼装完成后，再整体提升。优点是施工面零荷载，对地铁运营安全无影响，且施工条件好，安装质量有保障。缺点是贝雷架须跨越 30 多米，造价高，施工难度大。

方案三是在前两个方案未能获得审批的情况下，由设计人提出的概念方案，其思路为"卧拼、翻转、整体提升"，是最终被采用的方案，如图 19.4-8～图 19.4-10 所示。

（1）利用基坑支护的双排桩，在冠梁顶浇筑 0.8m 厚的钢筋混凝土板，作为运输、安装、提升钢桁架的场地和通道，格构式提升架也立在双排桩上。

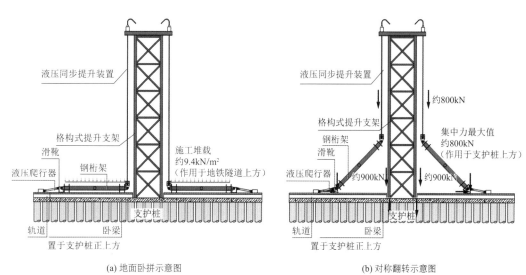

(a) 地面卧拼示意图　　　　　　　　　　(b) 对称翻转示意图

图 19.4-8　室外连廊吊装立面示意图

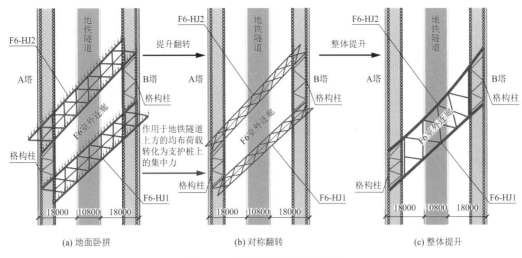

图 19.4-9　室外连廊吊装平面示意图

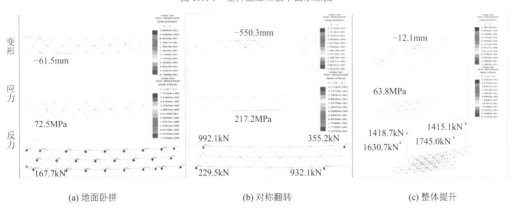

图 19.4-10　室外连廊吊装计算结果图

（2）平卧拼装两榀单片桁架，通过将荷载分摊到最大的面积上，来减小堆载压强，桁架下面铺设路基箱，将地面荷载进一步扩散至 15.8kN/m² （含桁架、路基箱、胎架、小型设备、施工荷载），满足荷载限值要求。

（3）钢桁架拼装完成后，利用滑移轨道、液压爬行器、液压同步提升装置及滑靴进行翻转。为保证格构提升架两端受力平衡，不产生偏心弯矩，两侧钢桁架同步提升。一旦桁架翻转脱离路基箱，原来作用于地面的均布荷载即变成集中力，转移到支护桩上，最大程度地减少对地铁结构的影响。

（4）桁架完全竖直就位，即拼装楼面、屋面主梁，形成箱形的稳定结构后，整体提升到设计标高。

在实际施工之前，进行了施工过程模拟验算。为考虑钢结构连接节点的重量，自重按 1.2 倍计算，钢桁架变形、应力及支点反力如图 19.4-10 所示。最大应力 217MPa，最大变形 550mm，出现在桁架翻转、脱离胎架的时刻，整体处于弹性状态。待桁架竖直后，应力、变形大幅降低。整体提升时，杆件应力多在 50MPa 之内，个别节点应力 64MPa。卧拼时支点反力为 25.0~167.7kN，作用在地面胎架上；翻转、脱架时支点反力 229.5~992.0kN，转移到支护桩上；整体提升时支点反力 1415.1~1745.0kN，依次通过吊索、胎架作用在支护桩。由于整体拼装成型时的受力状态与使用阶段大致相同，吊装施工基本不产生残余的附加内力。吊装时进行了全过程的监测，应力、变形监测结果与模拟计算值吻合良好。

19.4.6　连廊舒适度分析

本工程连廊楼面功能均为办公及走廊，3 层室外连廊屋面为休闲空间，按步行考虑；6、7 层室外连廊屋面为健身、运动场所，按跑步考虑。行人荷载激励下的竖向振动固有频率的临界范围为 1.25~2.3Hz，横向振动的固有频率的临界范围为 0.5～1.2Hz。3 层室外连廊及 6、7 层室外连廊的竖向振动频率分别为 1.3Hz、1.4Hz，均在行人荷载激励的临界范围内，故有必要对连廊进行人致振动的舒适度验算。

竖直向的人行激励时程曲线采用国际桥梁及结构工程协会（IABSE）连续步行的荷载模式，考虑了步行力幅值随步频增大而增大的特点。激励力按普通人的体重取为 0.7kN，步行、跑步行进频率分别为 1.4Hz、2.1Hz。根据模态计算结果，共计算了三种荷载工况：工况 1 为激励频率 1.3Hz（行走），对应模态 3，作用于 3 层室外连廊楼面及屋面；工况 2 为激励频率 1.4Hz（行走），对应模态 4，作用于 6、7 层室外连廊楼面及屋面；工况 3 为激励频率 2.8Hz（跑步），对应模态 11，作用于 6、7 层室外连廊屋面。计算结果显示，步行激励下，连廊办公楼面跨中的竖直向振动加速度峰值为 0.089～0.197m/s²，不满足《高层建筑混凝土结构技术规程》JGJ 3—2010 舒适度要求，需要采取减振措施；屋面在步行及跑步激励下均满足舒适度要求，无需采取措施。

根据计算结果，选取了两种规格的质量调谐阻尼器（TMD）各 6 个。型号 A 的质量为 1t，频率为 1.3Hz，阻尼比为 0.1，布置在 3 层室外连廊的跨中楼面下方。型号 B 的质量为 1t，频率为 1.4Hz，阻尼比为 0.1，布置在 6、7 层室外连廊的跨中楼面下方。连廊安装 TMD 前后，跨中节点的振动加速度响应如图 19.4-11 所示。安装 TMD 后，结构的振动有明显减弱的趋势，满足舒适度要求（图 19.4-11）。

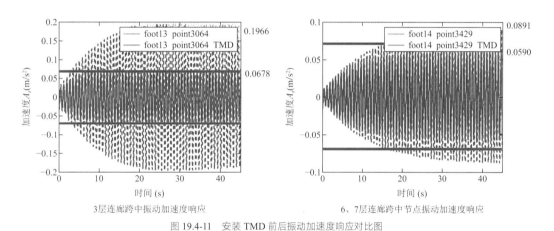

| 3层连廊跨中振动加速度响应 | 6、7层连廊跨中节点振动加速度响应 |

图 19.4-11　安装 TMD 前后振动加速度响应对比图

19.5　试验研究

19.5.1　支座足尺荷载试验

1．试验目的

为了验证节点构造的合理性，了解节点实际受力的工作性状、破坏机理及承载能力，开展节点试验，主要试验目的为测试支座的竖向承载力、水平刚度及摩擦系数，验证节点能否满足规范及设计要求。

2．试验设计

试验于中交公路长大桥建设国家工程检测中心有限公司检测中心进行（图 19.5-1），共进行三项试验：（1）单压工况受压承载力试验；（2）压、剪复合工况的受剪承载力试验和水平刚度测试；（3）4500kN 只受压滑动支座横向刚度、摩擦系数测试。

加载设备采用当年国内能做压、剪复合工况试验的最大加载设备——FCS 佛力系统大型结构试验机，最大加载压力 20000kN，单拉工况≤3500kN，单剪工况≤4000kN；拉剪复合工况时，拉力≤2500kN，剪力≤4000kN。为了保证设备安全，经协商，最大压力确定为 19000kN，约等于支座受压荷载标准值。

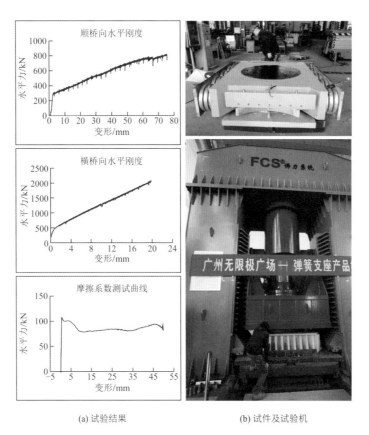

(a) 试验结果   (b) 试件及试验机

图 19.5-1　支座足尺试验结果及过程

3. 试验现象与结果

各支座均通过了竖向承载力试验、水平刚度检测及摩擦系数测试, 符合规范的规定, 满足设计要求。

19.5.2　支座转角及转动力矩试验

1. 试验目的

对支座进行受压状态下的转动性能试验; 通过试验验证节点能否满足设计要求。

2. 试验设计

试验于华南理工大学结构试验室进行。选取了设计承载力 34000kN、24000kN 的支座各一个进行试验, 如图 19.5-2 所示。

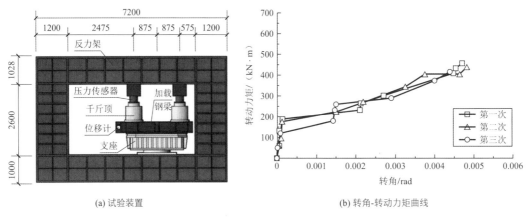

(a) 试验装置   (b) 转角-转动力矩曲线

图 19.5-2　支座足尺试验结果及过程照片

传感器的度数产生明显变化时，说明支座已经发生转动，分别记录此时两个千斤顶的荷载，该过程重复三次。转动力矩为$M = P \times L/2$，P为支座转动时两个千斤顶的荷载之差，L为千斤顶中心间距。

3. 试验现象与结果

达到预定荷载后，开始通过调整两个千斤顶的竖向荷载差来缓慢施加转动力矩，起初支座转角微小，随着力矩的增大，四个竖向位移计均发生了比较明显的变化，支座发生了明显的转动。试验过程中未出现破坏的情况。结果取三次试验的平均值，34000kN、24000kN支座的平均转动力矩分别为222kN·m、160kN·m，均满足《桥梁球型支座》GB/T 17955—2009第4.1.5条要求。

经过试验研究，并结合有限元分析，可以得到试验结论如下：

（1）经过试验验证，原节点的设计方法可行，节点构造合理。

（2）有限元分析结果与试验结果基本吻合，说明分析方法合理，可用于其他节点设计分析。

（3）该支座能够满足设计及规范要求，有优秀的承压及转动性能。

19.6 结语

在结构设计过程中，主要完成了以下创新性工作：

1. 超大跨度斜交连体结构的超限设计

本工程属特大跨度连体的特殊类型超限高层建筑结构，结构设计根据特殊的连体形式合理选择塔楼结构体系及连接体的连接方式，采用结构抗震的性能设计方法、运用多种程序对结构进行了弹性、弹塑性计算分析，除保证结构在小震作用下完全处于弹性工作外，还补充了关键构件在中震和大震作用下的验算。计算结果表明，结构整体、构件及节点均满足设定的性能目标要求，抗震性能良好。

2. 韧性连体结构设计及专利复合减震装置

连廊下弦支座处采用独创的发明专利技术："防锁死单向滑移弹性减震铰支座＋黏滞型阻尼器"的复合减震装置。减震支座在横桥向为"大刚度、小位移量"，避免风振鞭梢效应，可提供良好的舒适度，并且具备微量的滑移能力，不会出现"锁死"现象。减震支座在顺桥向为"小刚度、大位移量"，配合顺桥向布置的黏滞型阻尼器，既消耗了地震能量，又有效地控制了连廊与塔楼间的相对位移，结构整体构成了韧性连体结构。这种韧性连接方式，既消除了复杂连体的不利作用，还可以利用连廊自身质量，起到类似TMD的作用，可在一定程度上降低整体结构的地震响应。

3. 紧邻地铁、强烈发育岩溶场地的基础设计

针对岩溶强烈发育、紧邻浅埋地铁隧道的不利场地条件，灵活选择合适的成桩方式，综合运用传统超前钻及管波、跨孔CT的先进物探技术，对揭示的岩土情况进行综合评估，尽量利用被穿越岩土层的承载力，并充分考虑施工条件，对桩基础进行了精细化设计，每根桩的桩底标高都经过多次计算和多方讨论，力求在确保地铁和主体结构安全的前提下降低施工难度。桩基检测按照比规范更严格的要求，结果仍能达到优良水平。施工确实也引起了地铁隧道的局部沉降，但沉降值最终得到了有效控制。

4. 室外连廊的吊装方案设计

创新使用"卧拼、翻转、整体提升"的概念。为保护地铁结构，在地铁区间两侧，在基坑支护桩外5.8m处设置地铁双排保护桩。然后在支护桩上设置提升架，以此为支点，将两榀主桁架对称翻转、侧立起来，在这过程中将桁架荷载全部转移到支护桩上，再利用提升架提升离地，拼装横向杆件后，整体提升到位。这种吊装方式可以最大限度地减轻对地铁隧道的不利影响，且安全、经济。

5. TMD 控制舒适度

3 层室外连廊在步行激励下的振动加速度超过规范限值，在连廊跨中安装 TMD 后，加速度峰值得以大幅降低。本工程为运用 TMD 改善大跨高比结构的舒适度，提供了一个很好的实例。

参考资料

[1]　广东省建筑设计研究院有限公司. 广州无限极广场项目超限高层抗震设防专项审查[R]. 2018.

[2]　广东省建筑设计研究院有限公司. 广州无限极广场罕遇地震作用下动力弹塑性分析报告[R]. 2018.

设计团队

广东省建筑设计研究院有限公司（初步设计＋施工图设计）：
罗赤宇、廖旭钊、劳智源、谭　和、李恺平、梁银天、温惠琪、钟维浩、梁启超、赖鸿立、吴桂广、刘星兰、周智途、方　杰、林顺波、陈志成、罗益群、曹兆丰、徐乾智

英国扎哈·哈迪德建筑事务所（ZHA）（方案）

执笔人：罗赤宇、廖旭钊、梁银天、劳智源、徐乾智

获奖信息

2022—2023 年度第一批中国建设工程鲁班奖（国家优质工程）

第十四届詹天佑故乡杯奖

"广州无限极广场建造关键技术研究与应用"获得 2022 年（第十届）广东省土木建筑学会科学技术奖一等奖

"跨浅隧超大跨度弧形斜交双层钢连廊关键技术研究与应用"获得 2022 年度广东省工程勘察设计行业协会科学技术奖一等奖

第20章

珠海市横琴新区保利
国际广场二期工程

20.1 工程概况

20.1.1 建筑概况

保利国际广场二期位于珠海市横琴岛，港澳大道以南、琴政路以北、琴达道以东以及琴飞道以西地区，南望天沐河，北靠小横琴山。主楼总建筑面积 21.8 万 m²，建筑高度 100m，建筑塔楼平面外轮廓尺寸约 100m × 100m（含外装饰百叶），结构地下 1 层，地上 19 层，地下室底板标高−5.0m，功能设有办事接待中心、展示中心、档案中心、信息中心、资料中心、办公用房及综合性会议室等。平面为回字形，长宽比 $L/B ≈ 1$，结构高宽比为 100/80.6 = 1.24。基础埋深 6m，塔楼基础形式为灌注桩 + 隔水板基础，裙房基础形式为预应力管桩 + 隔水板基础。

建筑方案采用"空中立方"的构想，整个建筑形体简洁，外立面采用节能遮阳的横向金属百叶，利用百叶各层随机设置的办公室外空间及空中绿化平台形成了立面上韵律感极其丰富的"云符"，以此造就独特的"横琴岛建筑外立面风格"——琴歌。为了实现建筑"悬浮"的造型效果，塔楼由四个核心筒支撑巨型钢结构转换桁架层，桁架层最大悬挑达 13m，3 层以上楼层的所有结构柱均由桁架层进行转换。整个项目通过一次转换，实现"空中立方"的建筑方案构想。主塔楼为超限高层建筑，建筑建成实景和主楼剖面图如图 20.1-1 所示，建筑典型平面图如图 20.1-2 所示。

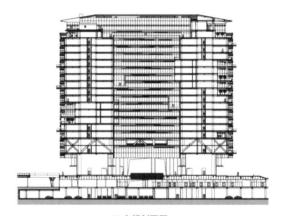

(a) 保利国际广场主楼建成实景　　　　　　　　　　　(b) 主楼剖面图

图 20.1-1　保利国际广场建成实景和主楼剖面图

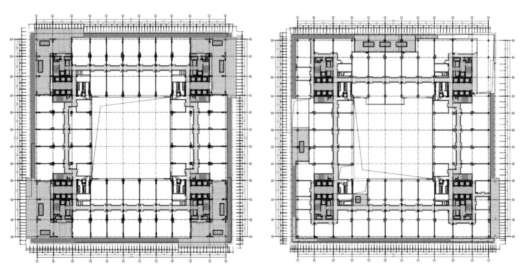

图 20.1-2　建筑典型平面图

20.1.2 设计条件

1. 主体控制参数

控制参数见表 20.1-1。

控制参数　　　　　　　　　　　　　　　　　　　　表 20.1-1

项目		标准
结构设计基准期		50 年
建筑结构安全等级		二级
结构重要性系数		1.0
建筑抗震设防分类		重点设防（乙类）
地基基础设计等级		一级
设计地震动参数	抗震设防烈度	7 度
	设计地震分组	第一组
	场地类别	III 类
	小震特征周期	0.45s
	大震特征周期	0.50s
	基本地震加速度	0.10g
建筑结构阻尼比	多遇地震	地上：0.05；地下：0.05；
	罕遇地震	0.05
水平地震影响系数最大值	多遇地震	0.088
	设防烈度地震	0.23
	罕遇地震	0.50
地震峰值加速度	多遇地震	35cm/s^2

2. 结构抗震设计条件

抗震等级依据《建筑抗震设计规范》GB 50011—2010 和《高层建筑混凝土结构技术规程》JGJ 3—2010 及《建筑工程抗震设防分类标准》GB 50223—2008，7 度区，框架-剪力墙结构、乙类建筑，抗震等级如下：

塔楼部分，结构高度 100m > 60m，为一级。裙房相关范围内按塔楼为一级，裙房相关范围外为二级。转换桁架，包括转换桁架、转换梁、转换柱抗震等级为特一级。地下室一层相关范围内，按上部结构采用，相关范围（无上部结构）外为三级，地下室顶板为嵌固端。

3. 风荷载

结构变形验算时，按 50 年一遇取基本风压为 0.85kN/m^2，承载力验算时按基本风压的 1.1 倍，场地粗糙度类别为 B 类。项目开展了风洞试验，模型缩尺比例为 1：250。设计中采用了规范风荷载和风洞试验结果进行位移和强度包络验算。

20.2　建筑特点

20.2.1　悬浮的空中立方

建筑方案采用"空中立方"的构想，整个建筑形体简洁，塔楼标准层平面面宽 100m，进深 100m，总体高度 100m，形成一个完美的正立方体外形。塔楼中心设置 40m×40m 的内天井用于通风采光。塔楼首层为南侧广场延伸形成的大台阶"基座"，中轴对称，仪式感强，二层整体内缩，形成标准层外挑空间。

结合建筑造型，为实现建筑"悬浮"的造型效果，塔楼由四个核心筒支撑巨型钢结构转换桁架层。塔楼上部结构体系采用带巨型转换桁架的框架-剪力墙结构，在 9m 层高的第 3 层设置了外挑 13m 的巨型钢结构转换桁架，以支撑建筑四周不落地的 44 根外围柱、二层无柱大堂和架空层不落地的 18 根中柱；2~4 层采用钢板混凝土剪力墙；4 层及以下框架柱采用钢筋混凝土柱，4 层以上为钢筋混凝土结构。整个项目通过一次转换，实现"空中立方"的建筑方案。整个结构体系为带巨型转换桁架的框架-剪力墙结构，结构体系与建筑造型高度契合（图 20.2-1）。

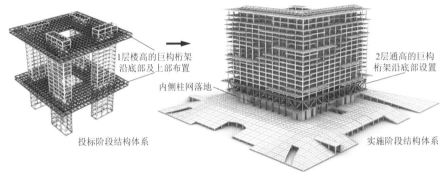

投标阶段结构体系

1 层楼高的巨构桁架沿底部及上部布置
内侧柱网落地

2 层通高的巨构桁架沿底部设置

实施阶段结构体系

图 20.2-1 结构概念演变

20.2.2 竖向错位展开的表皮与露台

设计理念采用以人为本的多样露台，在空中、屋顶、开放的眺望露台随处可见，它将横琴的自然拉近身旁，它是城市之中的露台建筑。同时采用遮阳的双重表皮——横向百叶形成建筑表皮系统控制阳光的照射。百叶的穿插变化，形成非均质的立面形态，能创造一个具有识别性的"横琴风格"，外表皮采用横向梭形百叶形成遮阳系统控制阳光的照射，能有效防止热量侵入，有效降低平均全年太阳辐射量，结构设计在两层表皮之间设置马道以便于维修清洗（图 20.2-2）。

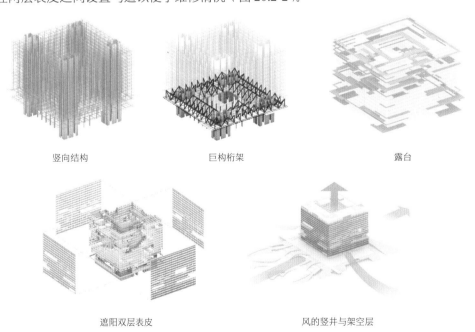

竖向结构

巨构桁架

露台

遮阳双层表皮

风的竖井与架空层

图 20.2-2 结构与表皮

20.3 体系与分析

20.3.1 方案对比

方案设计阶段，根据建筑悬浮造型及竖向抗侧力结构布置深化调整，进行了5种结构体系方案初选，最终根据建筑效果、结构特点、经济造价及后期服务运营角度，最终选用带巨型转换桁架的框架-剪力墙结构体系（图20.3-1）。

1．方案一：钢支撑核心筒+顶底层转换桁架

采用4个超级核心筒形成竖向支撑体系，4个超级核心筒采用方钢管混凝土柱加减震钢支撑形式，巨型桁架布置位于结构顶层和底层。从计算结果来看，布置2个1层通高的巨型桁架并不能完全吊挂或支托下部楼层，楼层梁受力相互独立，从结构楼层梁跨中弯矩及悬挑端弯矩都说明了这一点，同时吊杆受力不明确，吊杆靠近顶部巨型桁架为受拉构件，靠近底部巨型桁架为受压构件，由于施工等因素的不确定性，给结构带来了一定的安全隐患。

2．方案二：钢支撑核心筒+顶中层转换桁架

采用4个超级核心筒形成竖向支撑体系，4个超级核心筒采用方钢管混凝土柱加减震钢支撑形式，1层巨型桁架悬挂布置位于结构顶层和中部楼层。从计算结果来看，布置2个1层通高的巨型桁架刚度不大，不能完全吊挂下部楼层，从结构楼层梁跨中弯矩及悬挑端弯矩都说明了这一点。

3．方案三：钢支撑核心筒+底部2层转换桁架

采用4个超级核心筒形成竖向支撑体系，4个超级核心筒采用方钢管混凝土柱加减震钢支撑形式，2层通高的巨型桁架布置于底部楼层并支撑上部楼层。从计算结果来看，布置1个2层通高的巨型桁架刚度大大增加，结构楼层梁跨中弯矩已变为多跨连续梁弯矩，但悬挑部位刚度偏弱，悬挑部位楼层梁不经济。

4．方案四：钢支撑核心筒+底部2层转换桁架+斜拉索

在方案3的基础上借鉴斜拉索桥梁的理念，在2层通高巨型转换桁架的基础上布置跨越3层的预应力索，结构受力大大改善并减少上部楼层及转换桁架的用钢量。

5．方案五：带巨型转换桁架的框架-剪力墙结构体系

在建筑方案不断深化及考虑经济造价和沿海地区强腐蚀环境与开发商后期维护困难的情况下，在借鉴方案3巨型转换桁架布置方案基础上，在两核心筒之间布置落地框架柱并采用核心筒混凝土和混凝土框架梁柱，最终形成带巨型转换桁架的框架-剪力墙结构体系。

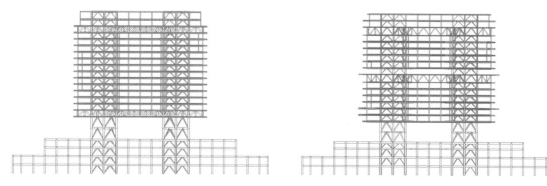

方案一　　　　　　　　　　　　　　　　　　　　　方案二

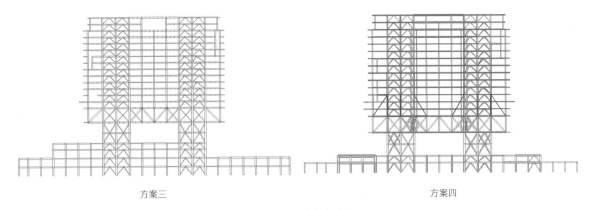

| 方案三 | 方案四 |

图 20.3-1　结构方案对比

经典回眸　广东省建筑设计研究院有限公司篇

20.3.2　结构布置

结构高度为 100m，选用带巨型转换桁架的框架-剪力墙结构体系，剪力墙布置在电梯筒，由 4 个小的矩形筒（"日"字形）组成，布置在结构的角部。结构从 3 层开始竖向外挑约 11.60～14.65m，3 层采用转换桁架支承上部结构，转换桁架上、下弦采用型钢混凝土构件，斜腹杆采用钢构件，2 层高度 13m，3 层高度 9m，转换桁架悬挑长 11.6m，连接在剪力墙或型钢混凝土柱上；在架空层、桁架层及上一层（2 层、3 层、4 层）剪力墙内设置钢板形成钢板混凝土剪力墙（图 20.3-2～图 20.3-4）。二层剪力墙厚度为 600mm，三层剪力墙厚为 500mm，结构三维模型如图 20.3-5 所示。

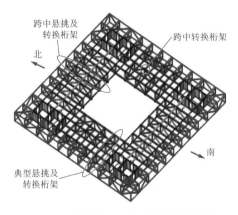

图 20.3-2　转换桁架层及矩形筒剪力墙轴测图

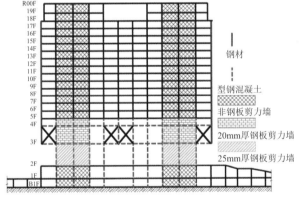

图 20.3-3　结构立面布置图

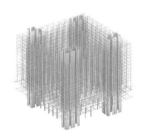

图 20.3-4　竖向抗侧力构件

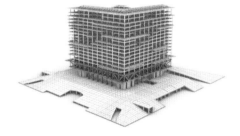

图 20.3-5　结构三维模型

20.3.3　性能目标

1. 抗震超限分析和采取的措施

本工程采用框架-剪力墙结构体系，不属于特殊类型高程结构。但存在扭转不规则、楼板不连续、尺寸突变、承载力突变、竖向构件不连续 4 项不规则类型，不存在特别不规则项目。

1）四个矩形筒剪力墙是本结构的主要抗侧力构件，因此必须采取措施提高核心筒墙体的延性，使抗侧刚度和整体结构延性更好地匹配，达到框架柱与剪力墙有效地协同抗震。针对剪力墙的具体措施有：

（1）通过调整剪力墙及框架柱沿楼层高度方向的截面变化及剪力墙开洞来调整结构的刚度，使底部加强区的剪力墙满足"中震抗弯不屈服，抗剪弹性"的要求，轴压比控制不超过 0.5。

（2）参考设防烈度地震作用下计算结果配置剪力墙竖向钢筋，再根据罕遇地震作用下时程分析计算的剪力墙受拉弯损坏的情况。剪力墙底部加强区适当提高水平及竖向钢筋的配筋率和约束边缘构件的配筋率，水平分布筋配筋率 0.4%～0.6%，竖向分布筋配筋率 0.4%～0.8%。

（3）架空层（二层）至桁架层上一层（四层）采用钢板组合剪力墙，二层采用 25mm 厚钢板，三、四层采用 20mm 厚钢板，加强架空层侧向刚度和剪力墙受剪承载力。

（4）底部加强区部位剪力墙抗震等级提高一级为特一级。

2）针对转换桁架层：

（1）转换桁架上、下弦层处楼板采用弹性膜单元，考虑平面内的实际刚度。

（2）转换桁架上、下弦层的楼板厚度增至 150mm。

（3）转换构件的地震作用计算内力乘以增大系数 1.9，同时考虑竖向地震作用。

（4）中震作用下转换构件按照中震弹性的性能目标进行构件验算，构造措施上转换柱内型钢延伸至上弦以上一层。

（5）转换构件抗震等级提高一级为特一级。

（6）地震作用计算考虑竖向地震作用，通过计算转换桁架满足强度、刚度的要求。

2．抗震性能目标

根据抗震性能化设计方法，确定了主要结构构件的抗震性能目标，如表 20.3-1 所示。

主要构件抗震性能目标 表 20.3-1

结构性能水准描述			设计要求		
			多遇地震	设防烈度地震	罕遇地震
			性能 1：完好、无损坏	性能 3：轻度损坏	性能 4：中度损坏
关键构件承载力	底部加强区剪力墙		弹性	斜截面弹性，正截面不屈服	不屈服
	底部加强区塔楼框架柱		弹性	斜截面弹性，正截面不屈服	不屈服
	转换桁架	弦杆	弹性	斜截面弹性，正截面不屈服	不屈服
		腹杆	弹性	弹性	不屈服
	转换梁		弹性	斜截面弹性，正截面不屈服	不屈服
	转换柱		弹性	斜截面弹性，正截面不屈服	不屈服
普通竖向构件承载力	普通剪力墙		弹性	斜截面弹性，正截面不屈服	部分屈服，满足最小抗剪截面条件
	普通框架柱		弹性	斜截面弹性，正截面不屈服	部分屈服，满足最小抗剪截面条件
耗能构件承载力	剪力墙连梁		弹性	部分屈服，满足抗剪截面条件	大部分屈服，满足最小抗剪截面条件
	框架梁		弹性	部分屈服，满足抗剪截面条件	大部分屈服，满足最小抗剪截面条件
楼板			弹性	局部开裂。开裂处混凝土退出工作，应力主要由楼板钢筋承担	大部分屈服
结构变形能力	层间位移角		1/800	—	1/100

注：1．设防烈度和罕遇地震作用下的层间位移角计算，应考虑重力二阶效应，可扣除整体弯曲变形。高宽比大于 3 时，可扣除整体转动的影响。
　　2．计算方法依据《高层建筑混凝土结构技术规程》JGJ 3—2010 第 3.11 条所列各水准的验算公式计算。

20.3.4 结构分析

1. 小震弹性计算分析

采用 YJK 和 SATWE 分别计算,振型数取为 60 个,周期折减系数 0.85。计算结果见表 20.3-2~表 20.3-4。两种软件计算的结构总质量、振动模态、周期、基底剪力、层间位移比等均基本一致,可以判断模型的分析结果准确、可信。结构第一扭转周期与第一平动周期比值为 0.77,表明四个角部核心筒抗扭刚度很强,同时进行了小震弹性时程补充分析,并按照规范要求根据小震时程分析结果对反应谱分析结果进行了相应调整。

总质量与周期计算结果   表 20.3-2

软件		YJK	SATWE	SATWE/YJK	说明
总质量/t		271924	278974	102%	
周期/s	T_1	2.45	2.39	98%	X 平动
	T_2	1.94	1.89	97%	Y 平动
	T_3	1.91	1.85	97%	扭转振型

基底剪力计算结果   表 20.3-3

荷载工况	YJK/kN	SATWE/kN	SATWE/YJK	说明
SX	58137	55858	96%	X 向地震
SY	68072	66754	98%	Y 向地震
Wind X	24799	24799	100%	X 向风荷载
Wind Y	24836	24716	99%	Y 向风荷载

层间位移比计算结果   表 20.3-4

荷载工况	YJK	SATWE	SATWE/YJK	说明
SX	1/1137	1/1176	97%	X 向地震
SY	1/1420	1/1482	96%	Y 向地震
Wind X	1/2542	1/2714	94%	X 向风荷载
Wind Y	1/4309	1/4582	94%	Y 向风荷载

2. 动力弹塑性时程分析

采用 PKPM-SAUSAGE 软件进行罕遇地震作用下动力弹塑性分析。

1）构件模型及材料本构关系

本工程中主要有两类基本材料,即钢材和混凝土。计算中钢材的本构模型采用双线性随动硬化模型,考虑包辛格效应,在循环过程中,无刚度退化。计算分析中,设定钢材的强屈比为 1.2,极限应变为 0.025。混凝土采用弹塑性损伤模型,该模型能够考虑混凝土材料拉压强度差异、刚度及强度退化以及拉压循环裂缝闭合呈现的刚度恢复等性质。计算中,混凝土材料轴心抗压和轴心抗拉强度标准值按《混凝土结构设计规范》GB 50010—2010（2015 年版）取值。偏保守考虑,计算中混凝土均不考虑截面内横向箍筋的约束增强效应,仅采用规范中建议的素混凝土参数。

2）地震波输入

根据抗震规范要求,在进行动力时程分析时,按建筑场地类别和设计地震分组选用两组实际地震记录和一组人工模拟的加速度时程曲线。计算中，地震波峰值加速度取 220Gal（罕遇地震），地震波持续时间取 25s。

3）动力弹塑性分析结果

（1）罕遇地震分析参数

地震波的输入方向，依次选取结构 X 或 Y 向作为主方向，另两方向为次方向，分别输入三组地震波的两个分量记录进行计算。结构初始阻尼比取 5%。每个工况地震波峰值按水平主方向：水平次方向：竖向 = 1：0.85：0.65 进行调整。

（2）基底剪力响应

表 20.3-5 给出了基底剪力峰值及其剪重比统计结果。

大震时程分析底部剪力对比 　　　　　　　　　　　　　　　表 20.3-5

地震波	X 输入主方向		Y 输入主方向	
	V_x/MN	剪重比	V_y/MN	剪重比
人工波	237.63	9.4%	209.0	8.3%
天然波 1	249.0	9.9%	190.5	7.6%
天然波 2	220.0	8.7%	203.3	8.1%
三组波均值	235.54	9.33%	200.93	8.0%

（3）楼层位移及层间位移角响应

X 为输入主方向时，楼顶最大位移为 487mm（人工波），楼层最大层间位移角为 1/122（天然波 2，第 13 层）；Y 为输入主方向时，楼顶最大位移为 435mm（天然波 2），楼层最大层间位移角为 1/144（天然波 2，第 11 层）。

（4）罕遇地震作用下竖向构件损伤情况分析

图 20.3-6、图 20.3-7 给出了框架柱的混凝土受压损伤因子分布和核心筒剪力墙塑性应变分布情况，可以看出，7 度三向、罕遇地震作用下，大部分框架柱没有出现混凝土的刚度退化和钢材的塑性应变，19 层和裙房部分框架柱出现损伤，主要由于顶层的鞭梢效应较大和裙房大跨度引起，整体来看，框架柱损伤较少且仅属于中度损伤，满足大震不屈服的性能目标。底部加强区部位剪力墙墙身未出现损伤，主要集中在连梁上，剪力墙钢筋及剪力墙中钢板无塑性应变，其他部位个别墙身出现竖向通长的轻微损伤，满足抗震性能目标，损伤部位主要集中在连梁部位，连梁起到较好的耗能作用，核心筒剪力墙收进处及顶层，由于刚度突变及鞭梢效应，墙身出现损伤，加大分布筋配筋起到较好的作用。

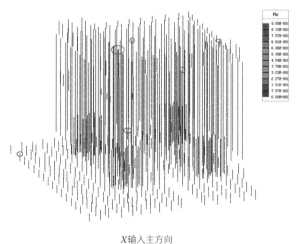

X 输入主方向

图 20.3-6　人工波输入混凝土柱受压损伤因子分布

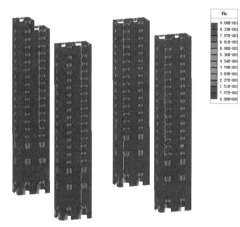

X 输入主方向

图 20.3-7　核心筒剪力墙塑性应变分布

（5）罕遇地震作用下转换桁架的损伤情况

在 7 度三向、罕遇地震作用下，转换桁架的损伤情况如图 20.3-8 所示。转换桁架层的上、下弦及腹杆没有出现塑性损伤，角部转换桁架中部分受压斜腹杆设置为矩形钢管混凝土构件，其钢材没有出现塑性应变、混凝土出现部分受拉损伤（人工波、X 为输入主方向）。

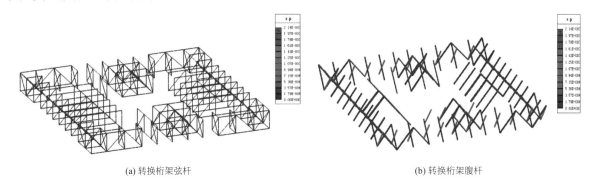

| (a) 转换桁架弦杆 | (b) 转换桁架腹杆 |

图 20.3-8　人工波、*X* 输入主方向转换桁架塑性应变分布

（6）结论

由上述分析结果可知，本结构在大震作用下，最大层间位移角均不大于 1/100，满足规范要求，整个计算过程中，结构始终保持直立，能够满足规范的"大震不倒"要求；剪力墙中的连梁充分发挥了耗能作用，剪力墙损伤基本集中在连梁上，剪力墙边缘构件塑性应变非常小，充分保护了墙身的安全，底部加强区钢板剪力墙中钢板没有出现塑性应变。转换桁架及转换柱没有出现塑性损伤及钢材的塑性应变，底部加强区剪力墙墙身没有出现损伤，仅连梁出现损伤，核心筒剪力墙收进处及顶层，由于刚度突变及鞭梢效应，墙身出现损伤，加大分布筋配筋起到较好的作用。综上所述，分析结果表明整体结构在大震作用下是安全的，达到了预期的抗震性能目标。

20.4　专项设计

20.4.1　巨型转换桁架下的钢板混凝土剪力墙的设计应用

结构体系为带巨型转换桁架的框架-剪力墙超限结构，剪力墙布置在主楼四个角部电梯筒位置，共 4 组，每组剪力墙呈"日"字形，尺寸为 19.3m × 9.9m，二层为架空层，架空层层高 13m，巨型转换桁架层位于第 3 层和第 4 层，属于高位转换结构，针对高位巨型转换桁架结构的特点，提出"强转换层及下部，弱转换层上部"和"转换层强斜腹杆、强节点"的设计思路，针对转换层下部楼层存在的天然薄弱层，在不通过增加剪力墙厚度而增加地震作用的情况下，创新性地采用加肋钢板与型钢端柱组合的钢板混凝土组合剪力墙（图 20.4-1）来解决受剪承载力和层刚度的不足。

结构方案选型阶段转换桁架层下剪力墙进行了三种方案的选型比较，分别为普通混凝土剪力墙、钢板混凝土剪力墙和带钢支撑混凝土剪力墙，见表 20.4-1。经计算分析，为满足受剪承载力和层刚度的要求，三种方案中采用普通混凝土剪力墙的厚度最大且基底剪力最大、钢支撑混凝土剪力墙厚度和基底剪力次之、钢板混凝土剪力墙厚度和基底剪力最小。由于采用普通混凝土剪力墙方案时剪力墙厚达到 1000mm，不仅地震作用增大同时影响建筑电梯间的使用面积，方案不合理；采用带钢支撑混凝土剪力墙方案与带钢板混凝土剪力墙方案相比，剪力墙的厚度相差不大但满足受剪承载力的情况下增大了地震作用，且钢支撑的布置不够灵活，受剪力墙门洞的影响较大。综上，在高位巨型转换桁架中采用钢板混凝土剪力墙的方案是一种比较合理的方案选择。

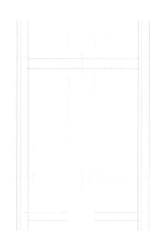

图 20.4-1　钢板混凝土剪力墙

剪力墙方案对比　　　　　　　　　　　　表 20.4-1

方案		普通混凝土剪力墙方案	钢板混凝土剪力墙方案	带钢斜撑混凝土剪力墙方案 （整体模型未建斜撑）
墙厚度变化（2 层-3 层-4 层）/mm		1000-1000-900	600-500-500	650-550-500 （钢斜撑 I800×350×35×35）
第一、二平动周期/s		2.18	2.38	2.31
		1.74	1.87	1.82
第一扭转周期/s		1.70	1.84	1.88
第一扭转周期/第一平动周期		0.78	0.77	0.77
剪重比/%	X	2.15	1.97	1.93
	Y	2.50	2.37	2.32
地震作用下基底剪力/kN	X	63842	57565	58228
	Y	75088	69313	71631
地震作用下倾覆弯矩/（kN·m）	X	3132788	2889193	2927233
	Y	3829280	3581886	3614926
地震作用下最大层间位移角	X	1/1208	1/1176	1/1153
	Y	1/1498	1/1482	1/1435
扭转位移比	X	1.35	1.18	1.19
	Y	1.38	1.23	1.25
层刚度比最小值	X	1.03	1.03	1.03
	Y	1.04	0.73	0.76
楼层受剪承载力与上层的比值	X	0.72	0.77	0.74
	Y	0.76	0.74	0.73
剪力墙中钢板及钢斜撑用钢量/t		—	715（钢板）	706（钢斜撑）

　　从整体参数中可以看出，1000mm-1000mm-900mm 钢筋混凝土剪力墙体系整体刚度较大，导致地震作用下基底剪力和倾覆弯矩较大，而 600mm-500mm-500mm 内置钢板剪力墙体系刚度相对较柔，钢板对刚度贡献不大，与普通剪力墙的方案结果接近，地震作用下基底剪力和倾覆弯矩较小。

20.4.2　外挑转换桁架交叉受压注浆腹杆的应用

　　针对悬挑转换桁架变形过大及二道防线的要求，采用了交叉腹杆布置并在受压腹杆注浆（图 20.4-2）

的技术创新措施，外挑转换桁架腹杆作为关键受力构件，为增加多道传力路径、增加结构的防连续倒塌能力，外挑桁架采用交叉腹杆的形式，同时在受压腹杆中注入无收缩高强灌浆料，参数见表 20.4-2，这不仅提高安全度，同时增加结构承载力。

CGM 高强无收缩灌浆料参数 表 20.4-2

抗压强度/MPa	1d	≥20
	3d	≥40
	28d	≥60
流动度/mm	初始值	≥380
	30min 保留值	≥340
竖向膨胀率/%	3h	0.1～3.5
	24h 与 3h 膨胀值之差	0.02～0.5
对钢筋有无锈蚀作用		无
沁水率		0

经典回眸 广东省建筑设计研究院有限公司篇

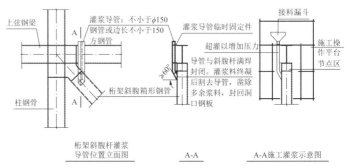

图 20.4-2 交叉受压灌浆腹杆

20.4.3 施工模拟及全过程施工监测的应用

本项目的特殊性在于桁架层悬挑端的变形引起上部楼层悬挑部位的裂缝，关注点为悬挑部位的裂缝。剪力墙筒体先进行框架两层施工，架空层和转换层作为一个施工阶段进行施工，桁架层悬挑端设置临时支撑架施工。在结构成型过程中，影响裂缝的因素为桁架层支撑架的卸载时间及楼层悬挑端后浇带的封闭时间。卸载及后浇带时间确定原则：保证楼层悬挑梁根部裂缝宽度控制在规范规定范围内，并考虑施工实际的条件，尽量减少裂缝。

1. 支撑架的卸载时间对裂缝（变形）影响

桁架支撑架的卸载时间，可设定在桁架层（4 层）施工完成后卸载，也可设定在中间某楼层或顶层（19 层）完成后卸载。各楼层悬挑部位的变形（裂缝）情况随支撑架卸载时间不同而不同。

为了说明以上问题，分两种情况，一是支撑架在施工完桁架层后即卸载拆除，对应桁架最终变形量为 $U_总$；二是支撑架在 19 层完成后卸载拆除，对应桁架最终变形量为 $U'_总$。从受力上说，第二种情况，上部楼层与桁架层实际上共同受力，桁架层的最终变形量小，即 $U_总 > U'_总$，但对支撑架的承载力要求高，对支撑架底部的基础要求高。从表 20.4-3 可以看到变形的不同，该两个方案均不考虑后浇带的影响。

支撑架拆除时间不同时变形情况 表 20.4-3

支撑架拆除时间	桁架层（4 层）施工完成	结构封顶（19 层施工完成）
桁架悬挑端变形	$U_总$	$U'_总$

续表

支撑架拆除时间	桁架层（4层）施工完成	结构封顶（19层施工完成）
5层悬挑端的变形	$15U_总/16$	$U'_总$
6层悬挑端的变形	$14U_总/16$	$U'_总$
18层悬挑端的变形	$2U_总/16$	$U'_总$
19层悬挑端的变形	$U_总/16$	$U'_总$
对支撑承载力要求	低	高
对支撑基础要求	低	高

注：假定桁架悬挑端的最终变形为 $U_总$ 或 $U'_总$。

2. 后浇带封闭时间对裂缝（变形）影响

为了有效地减小裂缝，设计中在桁架及上部楼层悬挑端根部设置了后浇带，后浇带贯通梁板，见图20.4-3。

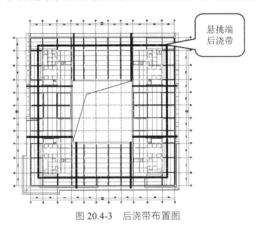

悬挑端
后浇带

图20.4-3 后浇带布置图

后浇带的封闭时间，可设定施工一层封闭一层、施工几层封闭一层或施工完19层后封闭所有后浇带。各楼层悬挑部位的变形（裂缝）情况随后浇带的封闭时间不同而不同，这里讨论的变形均为引起裂缝的变形。为了说明问题，分三种情况，一是施工完桁架层后逐层封闭后浇带，二是施工完8层后逐层封闭后浇带，三是施工完19层后逐层封闭后浇带。三种情况均以支撑架在桁架层施工完成后卸载为前提。在这里需要说明的是，本楼层后浇带封闭前的梁悬挑端变形并不统计到变形量中去，因为这部分变形不引起梁根部裂缝，仅统计后浇带封闭后上部楼层引起的本层梁悬挑端变形量。从受力上说，第一种情况，上部楼层与桁架层实际上共同受力，桁架层的最终变形量小，$U_总 < U'_总$，见表20.4-4。

后浇带封闭时间不同时变形情况 表20.4-4

桁架层施工完成后拆除支撑架	施工完桁架层后逐层封闭后浇带	施工完第8层后逐层封闭后浇带	施工至第19层后逐层封闭后浇带
桁架悬挑端变形	$U_总$	$12U'_总/16$	0
5层悬挑端的变形	$15U_总/16$	$12U'_总/16$	0
6层悬挑端的变形	$14U_总/16$	$12U'_总/16$	0
8层悬挑端的变形	$12U_总/16$	$12U'_总/16$	0
9层悬挑端的变形	$11U_总/16$	$11U'_总/16$	0
18层悬挑端的变形	$2U_总/16$	$2U'_总/16$	0
19层悬挑端的变形	$U_总/16$	$2U'_总/16$	0
对后浇带支撑承载力要求	低	中	高

注：这里讨论的变形量均为引起裂缝的变形量。

3. 施工模拟分析

从以上分析可以看出，桁架支撑架拆除时间越早，下部楼层悬挑端变形越大，上部楼层悬挑端变形就越小；支撑架拆除越晚，上部楼层悬挑端变形越大。支撑架拆除早对上部楼层悬挑端变形有利，拆除晚对下部楼层变形有利，必然存在一个较合理的中间楼层拆除方案，使各楼层悬挑端变形较一致。因此需根据现场条件及计算结果优化桁架支撑胎架的卸载时间及后浇带的封闭时间。综合分析，将支撑胎架的卸载时间和后浇带的封闭时间对应起来，在中间某一楼层卸载桁架支撑架及封闭后浇带。这样做一方面减少桁架支撑胎架的要求，便于施工，另一方面减少了底部楼层的变形，达到效率与经济的统一，最终通过详细的施工模拟分析，确定8层作为桁架卸载及后浇带封闭的施工方案，计算分析表明，该方案能有效地控制挠度及变形，施工模拟顺序如图20.4-4所示。

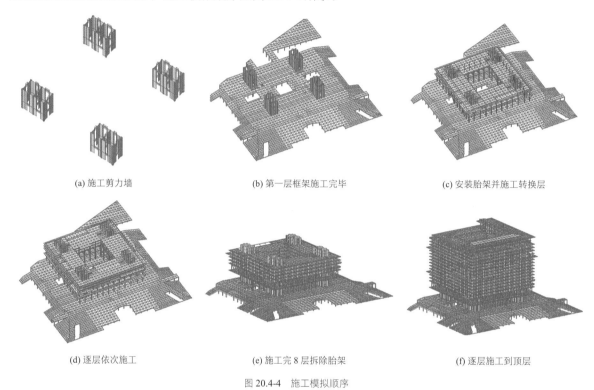

| (a) 施工剪力墙 | (b) 第一层框架施工完毕 | (c) 安装胎架并施工转换层 |
| (d) 逐层依次施工 | (e) 施工完8层拆除胎架 | (f) 逐层施工到顶层 |

图 20.4-4 施工模拟顺序

根据《混凝土结构设计规范》GB 50010—2010（2015年版）（以下简称《混规》）中受弯构件挠度限值的规定，由于下弦杆长8.4m，悬臂构件计算长度按2倍悬挑长度计算。考虑长期荷载作用下弦挠度限值为56mm，对应为长期刚度B。对于施工阶段短期荷载准永久荷载作用，由《混规》可知受弯构件对称配筋$\theta = 1.6$时，对应短期刚度B_s，挠度限值$f = 56/1.6 = 35$mm。施工模拟分析时，桁架支撑架按真实刚度建入模型，后浇带的模拟通过对梁板根部设计铰接来实现，对应为准永久荷载作用。首先计算支撑架在施工完桁架层（4层）卸载和施工完19层卸载两种情况，计算结果见表20.4-5。

施工模拟计算结果   表 20.4-5

楼层	4 层卸载/mm	19 层卸载/mm
3（桁架下弦层）	49	40
4（桁架上弦层）	49	40
5	48	40
6	45	40
7	42	40

楼层	4 层卸载/mm	19 层卸载/mm
8	40	40
9	35	40
10	32	40
11	30	40
12	26	40
13	23	40
14	20	40
15	16	40
16	13	40
17	10	40
18	6	40

从上述的计算结果来看，3~8 层变形值超过规范允许值 35mm，考虑施工方案如下：施工完 8 层，拆除桁架支撑架，同时封闭 3~8 层悬挑根部后浇带，往上施工 9 层及以上楼层时，不再预留本层悬挑梁根部后浇带。按该施工方案计算结果见表 20.4-6，表中被减数值为下部楼层引起本层悬挑端的挠度值。从计算结果可以看到，各层挠度值均控制在限制内。

考虑施工阶段准永久荷载组合后结果 　　　　　　表 20.4-6

楼层	位移结果/mm	楼层	位移结果/mm
3	49 − 14 = 35	11	30
4	49 − 14 = 35	12	26
5	48 − 13 = 35	13	23
6	45 − 11 = 34	14	20
7	42 − 10 = 32	15	16
8	40 − 9 = 31	16	13
9	35	17	10
10	32	18	6

4. 健康监测

依据相关监测规范，本项目对以下内容进行监测，典型监测点布置图见图 20.4-5。

（1）桁架层上、下弦及标准楼层挠度，跃层柱及 4 层柱的柱顶位移；

（2）桁架层上、下弦和腹杆及 2 层柱子应力应变；

（3）桁架层、标准层楼板的裂缝；

（4）桁架层斜腹杆密实度。

从挠度变形监测结果来看，其中 3 层挠度最大值为 26mm，4 层挠度最大 34mm，现阶段小于设计值，满足设计要求（图 20.4-6、图 20.4-7）。裂缝监测点共 75 个，仅在 4 层测点 L4-8 及 L4-9 两处出现裂缝，其余测点未发现裂缝。其中 L4-8 裂缝长度 2100mm，裂缝最大宽度为 0.74mm，L4-9 裂缝长度 100mm，裂缝最大宽度为 0.22mm。仅 L4-8 裂缝超过规范限制，应为施工因素造成的，下面阶段密切关注。总的来说，裂缝满足设计要求。

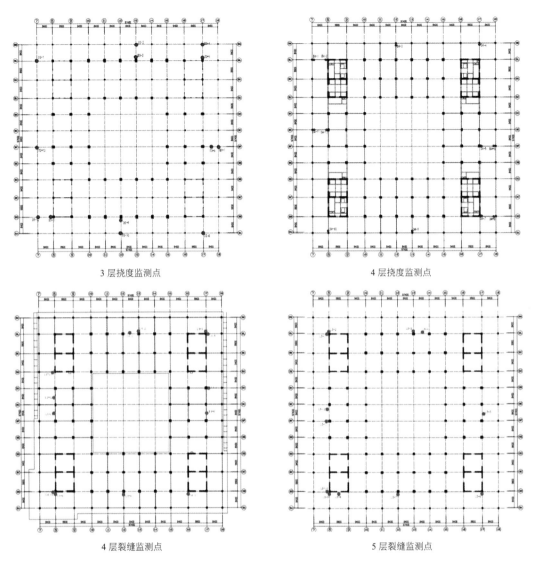

3 层挠度监测点

4 层挠度监测点

4 层裂缝监测点

5 层裂缝监测点

图 20.4-5　典型监测点布置

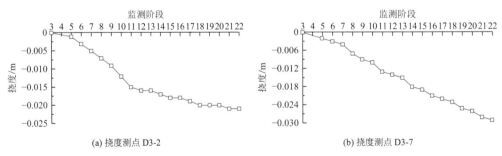

(a) 挠度测点 D3-2

(b) 挠度测点 D3-7

图 20.4-6　3 层监测点挠度值

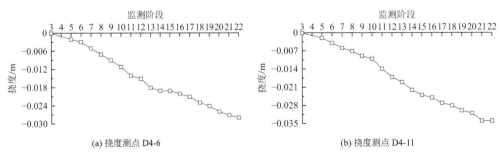

(a) 挠度测点 D4-6

(b) 挠度测点 D4-11

图 20.4-7　4 层监测点挠度值

20.4.4 转换层形式及力学分析

1. 结构转换层形式

根据建筑立面和功能要求，本工程部分局部结构竖向柱上下不连续贯通，需要进行竖向构件转换。考虑工程实际情况，通过方案比选确定转换结构采用传力合理的桁架式转换结构，桁架层高度为 9m，上、下弦层分别为建筑的 3 层及 4 层，转换桁架布置在悬挑边，中部由于中柱不落地，另外跨中布置了 10 榀桁架，如图 20.4-8 和图 20.4-9 所示。

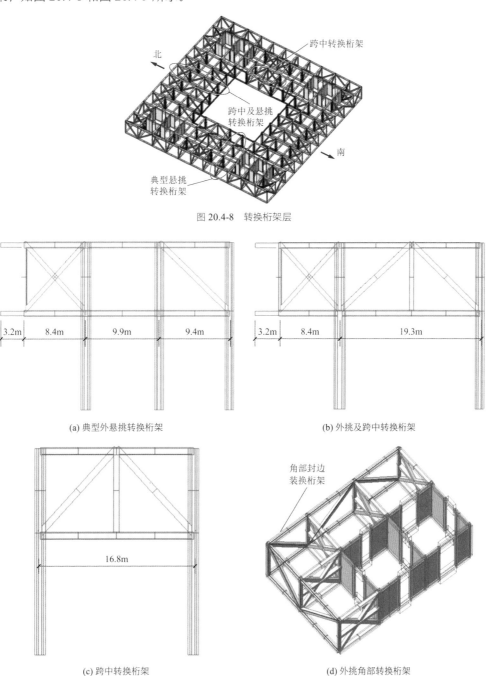

图 20.4-8 转换桁架层

(a) 典型外悬挑转换桁架

(b) 外挑及跨中转换桁架

(c) 跨中转换桁架

(d) 外挑角部转换桁架

图 20.4-9 转换桁架形式

2. 力学分析

1）平面小模型内力分析

为考察典型外悬挑转换桁架在竖向荷载作用下的传力情况，取单榀的典型外悬挑转换桁架建立平面小模型作为分析对象，小模型及各构件编号如图 20.4-10 所示。结合整体模型中外悬挑位置的钢管柱在恒荷载工况下的轴力，在小模型外悬挑相应位置施加集中力 $F = 6764kN$，采用 MIDAS/Gen 程序进行内力分析，分析结果见表 20.4-7。

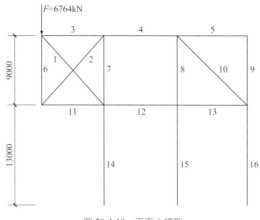

图 20.4-10　平面小模型

平面小模型内力分析　　　　　　　　　　　　　　　　　　　　　　表 20.4-7

杆件编号	1	2	3	4	5	6	7	8
轴力/kN	−5737	3950	3659	5947	20	−2954	−3826	−5911
剪力/kN	72	−46	221	−359	−254	120	−717	−395
杆件编号	9	10	11	12	13	14	15	16
轴力/kN	−387	7761	−2829	5757	−5411	−9683	−6649	4873
剪力/kN	−20	−67	342	−426	−222	−217	−48	−168

根据表 20.4-7 分析的传力途径可知：平面小模型在竖向力作用下传力路径明确直接，斜撑 2 的拉力和梁 3 的轴力主要转化为梁 4 的轴力（5974kN），柱 7 的剪力（717kN）较小；梁 4 的轴力主要直接传力为斜撑 10 的轴力（7761kN），梁 5 的轴力（20kN）和柱 8 的剪力（395kN）均较小，桁架上弦和下弦的水平力基本互相平衡，因此柱 14~16 的水平剪力较小。

2）整体模型中悬挑转换桁架内力分析

考察整体模型中单榀典型外悬挑转换桁架和矩形筒位置的单榀外悬挑桁架进行内力分析，如图 20.4-11 所示，采用 MIDAS/Gen 和 SATWE 两个程序分别进行在 1.0 恒荷载 + 1.0 活荷载作用下两个模型的内力对比分析：①转换层上、下弦层利用虚板导荷，将楼板自重采用面荷载施加，简称为无楼板模型；②转换层上、下弦层为实际板厚，采用弹性膜单元模拟，简称为有楼板模型。

通过分析无论是否考虑楼板刚度的影响，MIDAS/Gen 和 SATWE 两个程序计算的轴力值都符合得较好，除个别构件外，轴力差值均在 1%~10% 之间；外悬挑转换桁架中无楼板模型和有楼板模型，梁 3 的轴力差为 1895kN，梁 4 的轴力差为 2033kN，可以认为在该榀桁架范围内（8.8m），楼板传递的最大拉力值为 2000kN 左右，通过采取配置双层双向钢筋的措施，可承担此拉力。矩形筒位置的单榀外悬挑桁架在无楼板和有楼板整体模型中，构件轴力差别较小，差值比例主要在 1%~9% 之间；竖向构件剪力差别相对较大，个别剪力较小的构件除外，差值比例主要在 10% 范围内。梁 3 的轴力差为 1734kN，梁 10 的轴力差为 923kN，同样可以认为在该榀结构范围内，楼板传递的最大拉力值为 1700kN 左右，这与单榀典型外悬挑转换桁架的构件内力分析结果是一致的，通过采取配置双层双向钢筋的措施，可承担此拉力。

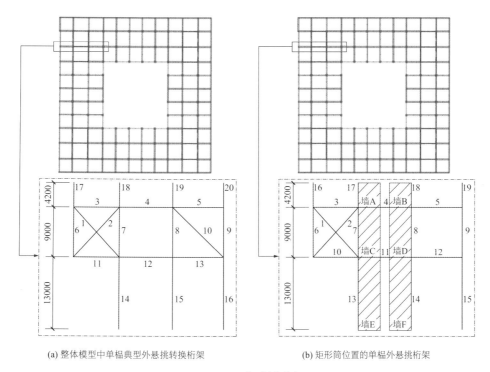

(a) 整体模型中单榀典型外悬挑转换桁架   (b) 矩形筒位置的单榀外悬挑桁架

图 20.4-11 典型转换桁架

3）楼板对桁架层矩形筒剪力墙剪力影响作用分析

取桁架层中间整榀结构进行剪力分析，考察楼板对桁架层矩形筒剪力墙剪力分布及传力情况的影响。结构东西对称，取一半结构（即柱 A～D 之间）进行分析，结构部分及构件编号示意如图 20.4-12 所示，分析数据见表 20.4-8。

中间整榀结构构件剪力分析   表 20.4-8

位置	楼板情况	柱 A	端柱 1	墙 A	墙 B	端柱 2	柱 B	柱 C	柱 D	柱 A～D 剪力和
桁架层墙、柱	无楼板	−126	434	1287	1325	270	−6	105	55	3344
	有楼板	−33	149	1336	1544	407	44	184	39	3670
	楼板差别	−74%	−66%	4%	17%	51%	—	75%	−29%	10%
架空层墙、柱	无楼板	—	−1140	−1917	−1345	492	−45	0	—	−3956
	有楼板	—	−1145	−1999	−1430	446	−53	4	—	−4177
	楼板差别	—	0%	4%	6%	−9%	17%	—	—	6%
位置	楼板情况	柱 D-	柱 C-	柱 B-	端柱 2-	墙 B-	墙 A-	端柱 1-	柱 A-	柱 A～D 剪力和
桁架层墙、柱	无楼板	−56	−107	−2	−201	−1283	−1268	−417	124	134
	有楼板	−39	−185	−52	−439	−1503	−1319	−119	19	32
	楼板差别	−30%	73%	—	118%	17%	4%	−71%	−85%	—
架空层墙、柱	无楼板	—	−2	40	−445	1281	1902	1135	—	−45
	有楼板	—	−6	47	−394	1365	1990	1149	—	−26
	楼板差别	—	—	19%	−11%	7%	5%	1%	—	—

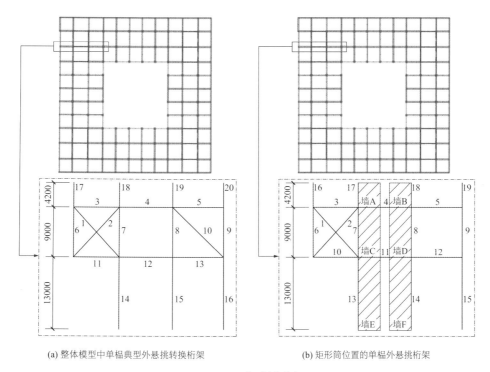

由表 20.4-8 分析可知：①对柱 A～D 之间的墙柱剪力总和，剪力墙的剪力占比为 93%～99%，框架柱仅占 1%～7%，说明与剪力墙连接的转换桁架轴力基本由剪力墙承担；②计算模型考虑楼板作用与否，对墙 A 和墙 B 的剪力影响明显，考虑楼板作用时的剪力墙剪力均比不考虑楼板作用时的大。

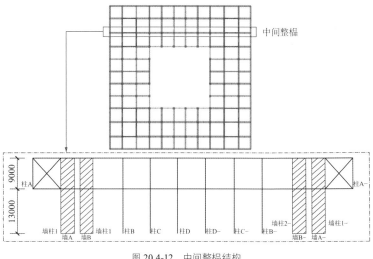

图 20.4-12　中间整榀结构

4）力学分析小结

（1）外悬挑转换桁架在竖向荷载作用下的传力路径明确直接，构件内力较为均匀。

（2）楼板刚度对桁架层水平构件的内力影响较大，桁架层水平构件应考虑桁架层无楼板和有楼板状态进行包络设计。

（3）竖向荷载引起的水平力基本不会通过楼板有效传递至剪力墙范围，单榀典型外悬挑转换桁架自身即可承担外悬挑部分竖向荷载所引起的内力。

（4）单榀典型外悬挑转换桁架范围内，楼板传递的最大拉力值为 2000kN 左右。矩形筒位置的单榀外悬挑桁架范围内，楼板传递的最大拉力值为 1700kN 左右。通过配置双层双向钢筋，可承担此拉力。

20.5　结语

横琴保利国际广场单体体量大，单体建筑面积达到 22 万 m²，单层建筑超过 8000m²，结构形式为带巨型转换桁架的框架-剪力墙结构，结构从 3 层开始竖向外挑 11.6m，局部外挑 14.65m，转换桁架整体托住上部各楼层。针对高位巨型转换桁架结构的特点，提出"强转换层及下部，弱转换层上部"和"转换层强斜腹杆、强节点"的设计思路。项目的创新应用包含高位转换桁架与钢板混凝土剪力墙的组合应用、悬挑转换桁架交叉受压腹杆注浆技术的应用、巨型转换桁架层防火砂浆计算的应用、详细的施工模拟及施工全过程监测的应用及强风下百叶系统风致噪声的研究应用。

高位转换桁架与钢板混凝土剪力墙的组合应用成功解决了巨型转换桁架层下层层刚度比和受剪承载力不满足规范要求的情况，通过内嵌钢板的组合剪力墙设计，有效地提高了 2 层的受剪承载力，仅略微提高了层刚度，有效防止了地震作用的增大，较完美地解决了受剪承载力问题，并根据项目特点，采取了一系列的加强措施，满足了规范的抗震设防要求。悬挑转换桁架交叉受压腹杆注浆技术的应用提高了悬挑转换桁架防连续倒塌的能力，提供了多道传力路径。详细的施工模拟及施工全过程监测的应用为带巨型转换桁架层的现场施工提供了数据支撑，由于结构体系复杂给施工带来了困难，项目施工重点及难点在于转换桁架层及劲性柱与钢板混凝土剪力墙施工，同时需要确定在完成转换桁架层施工后如何确定拆除胎架时间并保证转换桁架层楼板不开裂及上部楼层的安全，这需要精准的施工模拟分析确定，从